"十三五"职业教育国家规划教材

国家职业教育软件技术专业
教学资源库配套教材

信息技术基础
（WPS Office)（第2版）

主　编　眭碧霞

副主编　张　静　闫　枫　杨　丹　杨　会

参　编　丁　慧　郭永洪　周海飞　胡春芬

　　　　陶艺文　殷兆燕　刘　丹　钱银中

　　　　贺　萌　陶亚辉　赵　双　倪楚涵

高等教育出版社·北京

内容提要

2021 年 4 月，教育部制定出台了指导高等职业教育专科信息技术课程教学开展的纲领性标准《高等职业教育专科信息技术课程标准（2021 年版）》。本书以新课标为纲，由国家级教学名师、信息技术课程标准专家组成员眭碧霞教授基于多年信息技术基础课程教学、教改经验倾情编写。作者团队在充分贯彻新课标要求的基础上，围绕信息意识、计算思维、数字化创新与发展、信息社会责任四项学科核心素养精心组织教材内容的编写。

本书是"十三五"职业教育国家规划教材，也是中国特色高水平高职学校和专业建设计划项目软件技术专业群建设成果教材，同时为国家精品在线开放课程配套教材及国家职业教育软件技术专业教学资源库建设项目的配套教材。

全书设计为 18 个单元，分为基础篇和拓展篇：基础篇以实际工作中的任务案例为载体进行组织，介绍 WPS 文字处理、WPS 表格处理、WPS 演示文稿处理、信息检索、新一代信息技术概述、信息素养与社会责任 6 部分内容；拓展篇以故事描述为切入点，介绍信息安全、项目管理、机器人流程自动化、程序设计基础、大数据、人工智能、云计算、现代通信技术、物联网、数字媒体、虚拟现实以及区块链等内容。通过精心选择教学内容、有效设计教学形式，旨在培养高等职业教育专科学生的综合信息素养，培养信息意识与计算思维，提升数字化创新与发展能力，促进专业技术与信息技术融合，并树立正确的信息社会价值观和责任感。

本书配套有微课视频、课程导学、教学设计、授课用 PPT、案例素材及代码、习题答案等数字化教学资源。与本书配套的数字课程"信息技术基础"在"智慧职教"平台（www.icve.com.cn）上线，学习者可以登录平台进行在线开放课程的学习，授课教师可以调用本课程构建符合自身教学特色的 SPOC 课程，详见"智慧职教"服务指南。读者可登录网站进行资源的学习及获取，也可发邮件至编辑邮箱 1548103297@qq.com 获取相关资源。

本书紧跟信息社会发展动态，内容新颖、结构清晰、配套教学资源丰富，具有很强的趣味性和实用性。本书为高等职业教育专科信息技术课程的教学用书，同时为全国计算机等级考试一级（WPS Office）的教学指导书，也可作为信息技术爱好者的自学用书。

图书在版编目（C I P）数据

信息技术基础：WPS Office / 眭碧霞主编．--2 版
．--北京：高等教育出版社，2021.12
　　ISBN 978-7-04-056967-4

　　Ⅰ．①信…　Ⅱ．①眭…　Ⅲ．①办公自动化－应用软件
－高等职业教育－教材　Ⅳ．①TP317.1

中国版本图书馆 CIP 数据核字（2021）第 181902 号

Xinxi Jishu Jichu（WPS Office）

| 策划编辑 | 侯昀佳 | 责任编辑 | 刘子峰 | 封面设计 | 张　志 | 版式设计 | 王艳红 |
| 插图绘制 | 杨伟露 | 责任校对 | 吕红颖 | 责任印制 | 田　甜 | | |

出版发行	高等教育出版社	网　　址	http://www.hep.edu.cn
社　　址	北京市西城区德外大街 4 号		http://www.hep.com.cn
邮政编码	100120	网上订购	http://www.hepmall.com.cn
印　　刷	北京市白帆印务有限公司		http://www.hepmall.com
开　　本	889 mm×1194 mm　1/16		http://www.hepmall.cn
印　　张	24	版　　次	2019 年 10 月第 1 版
字　　数	580 千字		2021 年 12 月第 2 版
购书热线	010-58581118	印　　次	2021 年 12 月第 1 次印刷
咨询电话	400-810-0598	定　　价	55.00 元

Ⅲ "智慧职教"服务指南

"智慧职教"是由高等教育出版社建设和运营的职业教育数字教学资源共建共享平台和在线课程教学服务平台，包括职业教育数字化学习中心平台（www.icve.com.cn）、职教云平台（zjy2.icve.com.cn）和云课堂智慧职教 App。用户在以下任一平台注册账号，均可登录并使用各个平台。

● 职业教育数字化学习中心平台（**www.icve.com.cn**）：为学习者提供本教材配套课程及资源的浏览服务。

登录中心平台，在首页搜索框中搜索"信息技术基础"，找到对应作者主持的课程，加入课程参加学习，即可浏览课程资源。

● 职教云（**zjy2.icve.com.cn**）：帮助任课教师对本教材配套课程进行引用、修改，再发布为个性化课程（**SPOC**）。

1. 登录职教云，在首页单击"申请教材配套课程服务"按钮，在弹出的申请页面填写相关真实信息，申请开通教材配套课程的调用权限。

2. 开通权限后，单击"新增课程"按钮，根据提示设置要构建的个性化课程的基本信息。

3. 进入个性化课程编辑页面，在"课程设计"中"导入"教材配套课程，并根据教学需要进行修改，再发布为个性化课程。

● 云课堂智慧职教 **App**：帮助任课教师和学生基于新构建的个性化课程开展线上线下混合式、智能化教与学。

1. 在安卓或苹果应用市场，搜索"云课堂智慧职教"App，下载安装。

2. 登录 App，任课教师指导学生加入个性化课程，并利用 App 提供的各类功能，开展课前、课中、课后的教学互动，构建智慧课堂。

"智慧职教"使用帮助及常见问题解答请访问 **help.icve.com.cn**。

前言

当前，信息技术已成为经济社会转型发展的主要驱动力，是建设创新型国家、制造强国、网络强国、数字中国、智慧社会的基础支撑。如何有效提高大学生的综合信息素养，培养信息意识与计算思维，提升数字化创新与发展能力，促进专业技术与信息技术融合，树立正确的信息社会价值观和责任感，已成为高职院校关注的焦点。

2021年4月，教育部制定出台了指导高等职业教育专科信息技术课程教学开展的纲领性标准《高等职业教育专科信息技术课程标准（2021年版）》。本书以新课标为纲，由国家级教学名师、信息技术课程标准专家组成员眭碧霞教授基于多年信息技术基础课程教学、教改经验倾情编写。作者团队在充分贯彻新课标要求的基础上，围绕信息意识、计算思维、数字化创新与发展、信息社会责任四项学科核心素养精心组织教材内容的编写。

本书是"十三五"职业教育国家规划教材，也是中国特色高水平高职学校和专业建设计划项目软件技术专业群建设成果教材，同时为国家精品在线开放课程配套教材及国家职业教育软件技术专业教学资源库建设项目的配套教材。

全书设计为 18 个单元，分为基础篇和拓展篇：基础篇以实际工作中的任务案例为载体，采取"任务描述—技术分析—任务实现—相关知识—课后练习"的结构组织教学内容，并将知识点完全融入其中，使学生可以边实践、边学习、边思考、边总结、边构建，增强处理同类问题的能力，积累工作经验，养成良好的工作习惯；拓展篇以信息技术基础知识为主线，以有趣的案例为切入点，精心设计教材内容，选择与计算机应用、信息技术密切相关和必要的基础性知识，特别侧重于最近涌现出来的大数据、人工智能、云计算、现代通信技术、物联网、数字媒体、虚拟现实以及区块链等新兴技术的介绍，让学生了解现代信息技术发展的重要内容，理解利用信息技术解决各类自然与社会问题的基本思想和方法，获得当代信息技术前沿相关知识，拓展专业视野，并培养学生借助信息技术对信息进行管理、加工、利用的意识。同时，每个单元配有习题，方便学生进一步学习和巩固所学知识。

本书配套有微课视频、课程导学、教学设计、授课用 PPT、案例素材及代码、习题答案等数字化学习资源。与本书配套的数字课程"信息技术基础"在"智慧职教"平台（www.icve.com.cn）上线，学习者可以登录平台进行在线开放课程的学习，授课教师可以调用本课程构建符合自身教学特色的 SPOC 课程，详见"智慧职教"

服务指南。读者可登录网站进行资源的学习及获取，也可发邮件至编辑邮箱 1548103297@qq.com 获取相关资源。

本书编写组成员均为首批国家级职业教育教师教学创新团队骨干成员，主持并参与软件技术专业国家教学资源库建设项目及软件技术江苏省品牌专业建设项目。

本书由眭碧霞任主编，张静、间枫、杨丹、杨会任副主编，丁慧、郭永洪、周海飞、胡春芬、陶艺文、殷兆燕、刘丹、钱银中、贺萌、陶亚辉、赵双、倪楚涵参加编写。全书由眭碧霞、张静统稿，由眭碧霞审稿并定稿。具体编写分工如下：单元 1 由赵双编写，单元 2 由倪楚涵编写，单元 3 由陶艺文编写，单元 4 由杨丹编写，单元 5 由间枫编写，单元 6 和单元 16 由杨会编写，单元 7 和单元 15 由周海飞编写，单元 8 由郭永洪编写，单元 9 由钱银中编写，单元 10 由杨丹和丁慧编写，单元 11 由贺萌编写，单元 12 由张静编写，单元 13 由殷兆燕编写，单元 14 由胡春芬编写，单元 17 由刘丹编写，单元 18 由陶亚辉编写。

本书在编写过程中，参考了大量国内外相关文献，受益匪浅，特向其作者表示诚挚谢意。

限于作者水平，书中难免存在错误及不妥之处，恳请广大读者、专家不吝赐教。

编　者
2021 年 9 月

目录

基　础　篇

单元 1　WPS 文字处理　003

任务 1.1　编辑调研报告　004

任务描述　004

技术分析　004

任务实现　005

1. 处理报告的文字　005

2. 编排报告的段落　007

3. 打印调研报告　009

相关知识　010

1. WPS 文字简介　010

2. WPS 文字处理基础操作　012

3. 查找和替换文本　016

4. 设置文本格式　017

5. 设置段落格式　019

6. 复制与清除格式　021

7. 打印预览与输出　022

任务 1.2　编制产品说明书　024

任务描述　024

技术分析　024

任务实现　025

1. 制作说明书模板　025

2. 编辑说明书内容　026

3. 管理图文混排　030

4. 制作说明书图表　031

5. 添加注释　032

相关知识　033

1. 页面设置　033

2. 使用样式与模板　034

3. 分栏与分节　036

4. 应用图片　036

5. 创建表格　039

6. 使用手绘形状和智能图形　040

任务 1.3　制作图书订购单　044

任务描述　044

技术分析　045

任务实现　046

1. 创建订购单表格雏形　046

2. 编辑订购单表格　046

3. 输入与编辑订购单内容　048

4. 设置与美化订购单表格　052

5. 计算订购单表格中的数据　054

相关知识　055

1. 编辑表格　055

2. 设置表格格式　057

3. 处理表格中的数据　058

任务 1.4　毕业论文的编辑与排版　060

任务描述　060

技术分析　061

任务实现　061

1. 使用目标样式　061

2. 设置论文页面　062

3. 编辑论文中的表格　063

4. 论文中的图文混排　064

5. 创建论文目录　065

6. 设置论文的页眉和页脚　066

相关知识 067
  1. 使用大纲视图 067
  2. 使用"导航"任务窗格 068
  3. 制作目录和索引 068
  4. 设置页眉和页脚 070

课后练习 072

单元2 WPS 表格处理 075

任务 2.1 建立学生成绩表 076
  任务描述 076
  技术分析 076
  任务实现 076
    1. 输入与保存学生的基本数据 076
    2. 设置单元格格式 079
    3. 重命名工作表 080
  相关知识 080
    1. WPS 表格简介 080
    2. 工作表和工作簿的常见操作 082
    3. 在工作表中输入数据 086
    4. 单元格、行和列的相关操作 091
    5. 编辑与设置表格数据 093

任务 2.2 统计与分析学生成绩 097
  任务描述 097
  技术分析 098
  任务实现 098
    1. 计算考试成绩平均分 098
    2. 分段统计人数及比例 100
    3. 计算总评成绩、排名及奖学金 101
  相关知识 103
    1. 选择性粘贴 104
    2. 输入与使用公式 104
    3. 使用函数 106

任务 2.3 制作汽车销售统计图表 109
  任务描述 109
  技术分析 109
  任务实现 109
    1. 创建销售统计柱形图 109
    2. 向统计图表中添加数据 110
    3. 格式化统计图表 111

    4. 打印统计表及其图表 112
  相关知识 113
    1. WPS 图表简介 113
    2. 图表的基本操作 113
    3. 修改图表内容 116
    4. 页面设置 119
    5. 打印工作表 122

任务 2.4 管理与分析公司数据 122
  任务描述 122
  技术分析 123
  任务实现 124
    1. 筛选员工出勤考核情况 124
    2. 建立产品的分类汇总 125
    3. 创建产品销售情况的数据透视表 125
  相关知识 127
    1. 整理原始数据 127
    2. 对数据进行排序 129
    3. 筛选数据 131
    4. 分类汇总数据 133
    5. 建立数据透视表 134

课后练习 136

单元3 WPS 演示文稿处理 139

任务 制作产品介绍演示文稿 140
  任务描述 140
  技术分析 140
  任务实现 140
    1. 编制产品演示文稿 140
    2. 设计动感幻灯片 147
    3. 对演示文稿进行排练预演 149
  相关知识 150
    1. WPS 演示简介 150
    2. 创建演示文稿 151
    3. 处理幻灯片 152
    4. 使用幻灯片对象 154
    5. 设计幻灯片外观 160
    6. 设置动画效果与切换方式 163
    7. 放映幻灯片 169
    8. 打包与打印演示文稿 171

课后练习 173

单元 4　信息检索 175

任务 4.1　了解信息检索 176

任务描述 176

任务实现 176

1. 信息检索的定义 176

2. 信息检索的分类 176

3. 常用信息检索技术 176

任务 4.2　了解搜索引擎 177

任务描述 177

任务实现 178

1. 搜索引擎的概念 178

2. 搜索引擎的分类 178

3. 常用搜索引擎 178

任务 4.3　检索数字信息资源 180

任务描述 180

任务实现 180

1. 进入知网 180

2. 检索 181

3. 处理检索结果 182

课后练习 184

单元 5　新一代信息技术概述 185

任务 5.1　了解新一代信息技术 186

任务描述 186

任务实现 186

1. 理解信息技术的相关概念 186

2. 了解新一代信息技术及其主要代表技术 187

任务 5.2　了解新一代信息技术及其主要
代表技术的特点与典型应用 188

任务描述 188

任务实现 188

1. 了解人工智能技术 188

2. 了解量子信息技术 189

3. 了解移动通信技术 190

4. 了解物联网技术 191

5. 了解区块链技术 191

课后练习 191

单元 6　信息素养与社会责任 193

任务 6.1　了解信息素养 194

任务描述 194

任务实现 194

1. 了解信息素养的概念 194

2. 了解信息素养的内涵 194

3. 了解信息素养的特点 194

任务 6.2　了解信息技术发展史 195

任务描述 195

任务实现 195

任务 6.3　了解社会责任 195

任务描述 195

任务实现 196

1. 了解职业文化的概念 196

2. 了解信息伦理与行为规范 196

3. 了解信息安全与社会责任 197

课后练习 199

拓 展 篇

单元 7　信息安全 203

7.1　信息安全概述 204

7.1.1　信息安全的基本概念 204

7.1.2　信息安全要素 204

7.1.3　网络安全等级保护 205

7.2　信息安全技术 206

7.2.1　信息安全威胁 206

7.2.2　安全防御技术 207

7.3　配置防火墙及病毒防护 208

7.3.1　配置防火墙 208

7.3.2　配置杀毒软件 210

课后练习 211

单元 8　项目管理 213

8.1　项目管理概述 214

8.2　项目管理过程　215
　　8.2.1　项目启动　215
　　8.2.2　项目计划　216
　　8.2.3　项目执行　217
　　8.2.4　项目监控　218
　　8.2.5　项目收尾　218
8.3　项目管理工具应用　219
　　8.3.1　进度计划编制　219
　　8.3.2　资源配置　221
　　8.3.3　成本控制　222
课后练习　223

单元 9　机器人流程自动化　225
9.1　RPA 的优势　226
9.2　RPA 部署失败的原因　226
9.3　RPA 的功能　227
9.4　RPA 工具　228
9.5　RPA 平台　229
　　9.5.1　云扩 Spark　230
　　9.5.2　RPA 编辑器　230
　　9.5.3　RPA 控制台　231
　　9.5.4　RPA 机器人　231
课后练习　232

单元 10　程序设计基础　233
10.1　程序设计基础知识　234
　　10.1.1　语言分类　234
　　10.1.2　执行方式　234
10.2　程序设计语言和工具　235
　　10.2.1　C 语言　235
　　10.2.2　C++　236
　　10.2.3　Java　236
　　10.2.4　C#　236
　　10.2.5　Python　236
10.3　程序设计方法和实践　236
　　10.3.1　Python 的安装与配置　237
　　10.3.2　Python 程序运行方式　237
　　10.3.3　Python 编写规范　238
　　10.3.4　Python 语法　239

课后练习　254

单元 11　大数据　255
11.1　大数据概述　256
　　11.1.1　大数据的定义　256
　　11.1.2　大数据的特征　256
11.2　大数据相关技术　257
　　11.2.1　大数据采集　257
　　11.2.2　大数据预处理　258
　　11.2.3　大数据存储与管理　259
　　11.2.4　大数据分析与挖掘　259
　　11.2.5　大数据可视化　260
11.3　大数据分析处理平台　263
　　11.3.1　Hadoop　263
　　11.3.2　Spark　264
11.4　大数据的应用　265
　　11.4.1　政务大数据　266
　　11.4.2　行业大数据　266
　　11.4.3　教育大数据　267
11.5　大数据的未来　267
　　11.5.1　大数据发展趋势　267
　　11.5.2　工业大数据的发展　268
课后练习　268

单元 12　人工智能　271
12.1　人工智能概述　272
　　12.1.1　人工智能的定义　272
　　12.1.2　人工智能发展简史　272
　　12.1.3　人工智能应用领域　274
　　12.1.4　人工智能产业发展趋势　275
12.2　人工智能核心技术　276
　　12.2.1　机器学习　276
　　12.2.2　人工神经网络　278
12.3　常用人工智能开发框架和平台　278
　　12.3.1　常用开发框架和 AI 库　278
　　12.3.2　百度 AI 开放平台　279
12.4　人工智能应用案例——智能家居　281
课后练习　283

单元 13　云计算　285

13.1　了解云计算　286
13.2　云计算的服务交付模式　288
13.3　云计算的部署模式　289
13.4　云计算技术架构及关键技术　290
13.5　主流云服务商及其产品　292
课后练习　295

单元 14　现代通信技术　297

14.1　现代通信技术概述　298
14.1.1　什么是通信　298
14.1.2　现代通信技术简介　298
14.1.3　通信技术发展历程　299
14.1.4　现代通信发展趋势　300
14.2　移动通信技术　301
14.2.1　什么是移动通信　301
14.2.2　移动通信技术的发展　302
14.3　5G 技术　303
14.3.1　5G 的基本概念及特点　303
14.3.2　5G 网络架构　304
14.3.3　5G 关键技术　305
14.3.4　5G 网络部署　308
14.3.5　5G 网络建设流程　309
14.3.6　5G 的三大应用场景　309
14.4　其他通信技术　311
14.4.1　蓝牙　311
14.4.2　Wi-Fi　311
14.4.3　ZigBee　311
14.4.4　RFID　311
14.4.5　NFC　312
14.4.6　卫星通信技术　313
14.4.7　光纤通信技术　313
课后练习　314

单元 15　物联网　317

15.1　物联网的概念　318
15.2　物联网的体系结构　318
15.3　物联网的应用领域　321

15.4　物联网的发展趋势　323
课后练习　324

单元 16　数字媒体　327

16.1　数字媒体技术概述　328
16.2　数字媒体新技术　328
16.2.1　虚拟现实技术　328
16.2.2　融媒体技术　329
16.3　数字媒体素材处理　329
16.3.1　文字素材处理　329
16.3.2　图形、图像处理　330
16.3.3　音频素材处理　333
16.3.4　视频素材处理　334
课后练习　338

单元 17　虚拟现实　341

17.1　虚拟现实的概念　342
17.2　虚拟现实的发展历程　342
17.3　虚拟现实技术应用　344
17.3.1　虚拟现实技术在游戏领域的应用　344
17.3.2　虚拟现实技术在医学领域的应用　345
17.3.3　虚拟现实技术在军事领域的应用　345
17.3.4　虚拟现实技术在教育领域的应用　346
17.3.5　虚拟现实技术的未来　346
17.4　不同虚拟现实引擎开发工具的特点和差异　346
17.4.1　Unity3D　346
17.4.2　Unreal Engine 4　348
17.5　虚拟现实引擎开发工具 Unity3D 介绍　349
17.5.1　Unity3D 的简单应用　349
17.5.2　Unity3D 虚拟现实应用程序开发　354
课后练习　356

单元 18 区块链 357

18.1 区块链概述 358
18.1.1 区块链的基本概念 358
18.1.2 区块链的发展历程 359
18.1.3 区块链的特性 360
18.2 区块链的分类 361
18.2.1 公有链 361
18.2.2 私有链 362
18.2.3 联盟链 362
18.3 区块链技术原理 362

18.3.1 分布式账本 363
18.3.2 密码算法 363
18.3.3 智能合约 364
18.3.4 共识机制 364
18.4 典型区块链技术与特点 364
18.5 区块链的应用领域 365
18.5.1 区块链在跨境结算中的应用 365
18.5.2 区块链在供应链中的应用 365
18.6 区块链的价值和前景 366
课后练习 366

参考文献 369

基础篇

信息技术基础

单元 1

WPS 文字处理

▶ 单元导读

WPS 2019 由中国金山软件股份有限公司自主研发，兼容 Word、Excel、PowerPoint 三大办公套件的不同格式，支持 PDF 文档的编辑与格式转换，界面美观，操作简便。本单元通过 4 个典型任务，详细介绍 WPS 2019 套装中的文字处理软件的使用方法，包括基本操作、版面设计、表格的制作和处理、图文混排、模板与样式的使用等内容。

文本：单元设计

任务 1.1　编辑调研报告

▶ 任务描述

　　周镇是某房地产开发公司的销售经理，主要负责商品房销售工作。由于近一段时间其所在团队的销售量出现下滑，公司领导指示其呈交一份行业调研报告，对导致业绩下降的原因进行分析，并提出合理的建议和有效的办法。公司领导对报告提出以下要求：

- 主标题醒目，有较大行距。
- 标题与正文之间有特定的字体与间距，能够让读者一目了然，清楚地了解报告的结构。
- 报告开头能够呈现首字加大与下沉效果，增添排版的美观程度。
- 对重要字眼添加不同形式的重点提示，让读者很快就能抓住报告的中心内容。
- 为重点项目与编号自定义项目符号。
- 将报告中涉及的专有名词设置成双行排列。

　　接到任务后，周镇组织员工进行了详细调研，并形成了报告初稿。接着，他在技术分析的基础上，使用 WPS 文字提供的相关功能，完成了报告的编辑与排版，效果如图 1-1 所示。最后，他将排版好的报告打印后呈报给公司领导。

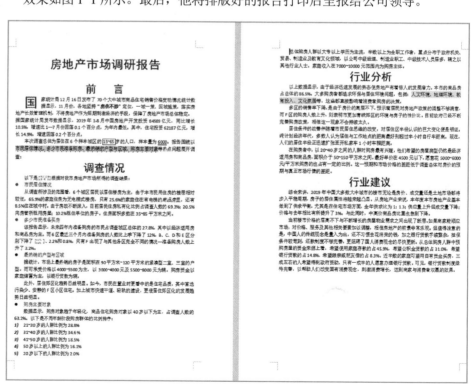

图 1-1
房地产市场调研报告效果图

▶ 技术分析

- 通过"开始"选项卡"字体"选项组中的按钮或"字体"对话框，可以对字体、字符间距进行设置与美化。

- 通过"段落"选项组或"段落"对话框，可以根据格式需要设置段落的缩进和间距、换行和分页。
- 通过"首字下沉"对话框，可以为正文的第 1 个字符添加下沉效果。
- 通过"格式刷"按钮，可以便捷地复制文本的格式。
- 通过"项目符号和编号"对话框，可以自定义列表内容。
- 通过"打印"窗格，可以实现对文件的按需打印。

▶ **任务实现**

1. 处理报告的文字

微课：1-1
任务 1.1 编辑调研报告

首先需要将报告的内容输入到文档中，然后对重点文字进行字体与间距设置。

（1）输入报告内容

① 以 Windows10 系统为例（下同），单击"开始"按钮，然后在弹出的"开始"菜单中选择"WPS Office"→"WPS Office"命令，启动 WPS 2019。

② 打开素材文件"dybg.txt"，将其内容复制到剪贴板中，再显示 WPS 文档，按〈Ctrl+V〉组合键将内容粘贴进来。接着单击快速访问工具栏左侧的"文件"按钮，在弹出的下拉菜单中选择"另存为"命令，打开"另存文件"对话框。

笔 记

③ 在"位置"下拉列表框中选择保存路径，然后在"文件名"文本框中输入文字"房地产市场调研报告"，如图 1-2 所示，单击"保存"按钮，将报告的初稿存盘。

图 1-2
"另存文件"对话框

（2）设置文字的一般格式

① 按〈Ctrl+Home〉组合键将插入点移至文档开始处，在选中区单击选定报告

笔 记

的标题，然后切换到“开始”选项卡，单击“字体”选项组中的“字体”下拉列表框右侧的箭头按钮，从下拉列表中选择“黑体”选项。保持标题的被选中状态，在“字号”下拉列表框选择“一号”选项，接着单击“段落”选项组中的“居中”按钮设置水平对齐方式。

② 切换到“视图”选项卡，单击“多页”按钮。按住〈Ctrl〉键并拖动鼠标依次选择“前言”“调查情况”等标题文本，在“字体”下拉列表框中选择“最近使用的字体”栏中的“黑体”选项，将字号设置为“小一”，并单击“居中”按钮。

③ 选择文本“房住不炒”，单击浮动工具栏中的“加粗”按钮。

④ 选择首次出现的文本“商品房”，然后单击浮动工具栏中的“倾斜”按钮。

⑤ 选择文本“6000”，然后在“字体”选项组中单击“下画线”按钮右侧的箭头按钮，从下拉列表框中选择“双下画线”选项。

⑥ 选择文本“15～65”，然后单击“字体”选项组中“拼音指南”按钮右侧的箭头按钮，在弹出的下拉菜单中选择“字符边框”命令。

⑦ 选择第 1 段中的文本“市民居住情况……主要对象”，然后单击“字符底纹”按钮。

⑧ 向下拖动垂直滚动条，显示标题“调查情况”下方的内容，然后选择文本“市民居住情况”，单击“字体颜色”按钮右侧的箭头按钮，从下拉面板中选择“蓝色”选项。

⑨ 继续拖动垂直滚动条，显示标题“行业分析”下方的内容，然后选择文本“人文环境……文化氛围”，单击“突出显示”按钮右侧的箭头按钮，从下拉面板中选择“黄色”选项。

经过上述设置后，对重要字眼添加了不同形式的重点提示，效果如图 1-3 所示。

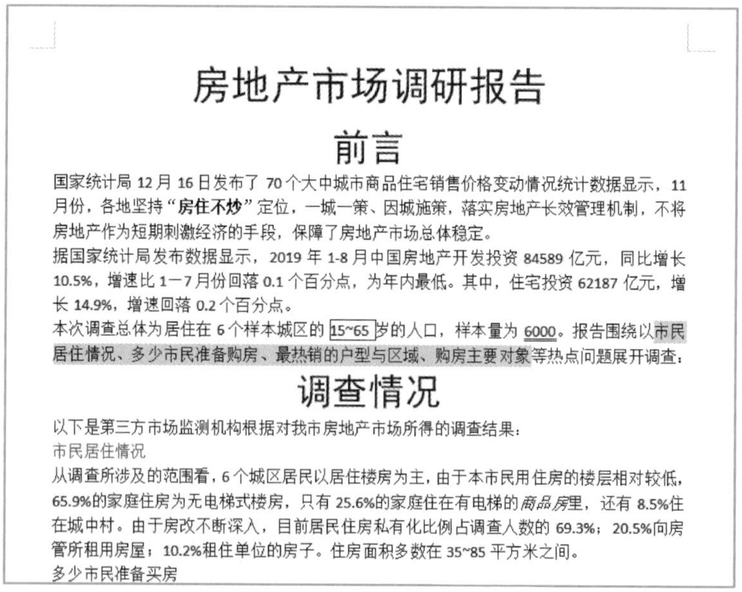

房地产市场调研报告

前言

国家统计局 12 月 16 日发布了 70 个大中城市商品住宅销售价格变动情况统计数据显示，11 月份，各地坚持“**房住不炒**”定位，一城一策、因城施策，落实房地产长效管理机制，不将房地产作为短期刺激经济的手段，保障了房地产市场总体稳定。

据国家统计局发布数据显示，2019 年 1-8 月中国房地产开发投资 84589 亿元，同比增长 10.5%，增速比 1－7 月份回落 0.1 个百分点，为年内最低。其中，住宅投资 62187 亿元，增长 14.9%，增速回落 0.2 个百分点。

本次调查总体为居住在 6 个样本城区的 15~65 岁的人口，样本量为 6000。报告围绕以市民居住情况、多少市民准备购房、最热销的户型与区域、购房主要对象等热点问题展开调查：

调查情况

以下是第三方市场监测机构根据对我市房地产市场所得的调查结果：

市民居住情况

从调查所涉及的范围看，6 个城区居民以居住楼房为主，由于本市民用住房的楼层相对较低，65.9%的家庭住房为无电梯式楼房，只有 25.6%的家庭住在有电梯的*商品房*里，还有 8.5%住在城中村。由于房改不断深入，目前居民住房私有化比例占调查人数的 69.3%；20.5%向房管所租用房屋；10.2%租住单位的房子。住房面积多数在 35~85 平方米之间。

多少市民准备买房

图 1-3
设置文字一般格式后的效果图

（3）设置字符的特殊格式

当需要设置比较特殊的文字效果时，可以通过“字体”对话框来完成。

①　选择文本"市民居住情况……主要对象"，单击"字体"选项组中右下角的"对话框启动器"按钮，打开"字体"对话框。

②　在"字体"选项卡中将"着重号"设置为"．"，在"预览"区域中查看效果，如图1-4所示，满意后单击"确定"按钮。

③　在报告标题文字"房地产市场调研报告"上连续单击3次将其选中，然后打开"字体"对话框，切换到"字符间距"选项卡，将"缩放"设置为"110%"，接着单击"确定"按钮。

④　选择标题文字"前言"，再次打开"字体"对话框，将"字符间距"选项卡中的"间距"设置为"加宽"，将"磅值"微调框的单位设置为"磅"，值设置为"20"。

⑤　选择文字"言"，在"字体"对话框的"字符间距"选项卡中将"间距"设置为"标准"，然后单击"确定"按钮，以调整字符的偏移效果。

2. 编排报告的段落

段落是划分篇章的重要特征，完成字符设置后，就可以对报告中的段落进行编排了。

（1）设置缩进和行距

首先对各段设置首行缩进，然后通过标尺栏将多组项目手动往左缩进，并设置主标题段前与段后的间距。

①　将鼠标移至第1段文字的左侧，双击选择整段文字，然后右击选中的文本，从弹出的快捷菜单中选择"段落"命令，打开"段落"对话框。

②　在"缩进和间距"选项卡中将"特殊格式"设置为"首行缩进"，此时缩进度量值默认为"2字符"，如图1-5所示，单击"确定"按钮完成对第1段的缩进设置。

图 1-4
设置字符效果
图 1-5
设置首行缩进

③ 使用上述方法，为报告的其他段落添加首行缩进效果。

④ 切换到"视图"选项卡，选中"标尺"复选项，将标尺打开。然后选择以"21～30 岁的人群"开始的 5 行文字，将鼠标移至水平标尺的"左缩进"标记处，按住鼠标左键并向右拖动，手动设置左缩进量。在拖动过程中，按住〈Alt〉键不放，可以准确地指定缩进量。

⑤ 选择主标题并打开"段落"对话框，在"缩进和间距"选项卡中将"段前"和"段后"微调框都设置为"1 行"，最后单击"确定"按钮。

（2）美化文本

为了吸引读者的视线，可以为报告添加首字下沉效果。

① 将插入点置于"前言"下方的段落中，然后切换到"插入"选项卡，单击"首字下沉"按钮，打开"首字下沉"对话框。

② 在"位置"栏中选择"下沉"选项，将"选项"栏中的"字体"设置为"黑体"、"下沉行数"微调框的值设置为"2"、"距正文"微调框的值设置为"0.3 厘米"，最后单击"确定"按钮，如图 1-6 所示。

使用中文版式命令能够将版面中的某些文字设置为特定的中式风格，可以考虑将报告中指定的文字进行双行合一处理。

③ 选中文字"3.7%、3.3%"，切换到"开始"选项卡，单击"段落"选项组中的"中文版式"按钮，从下拉菜单中选择"双行合一"命令，打开"双行合一"对话框。

④ 选中"带括号"复选框，然后将"括号样式"设置为"[ ]"，如图 1-7 所示，最后单击"确定"按钮。

图 1-6
设置首字下沉
图 1-7
设置双行合一

（3）使用格式刷复制格式

① 选择添加了双行合一效果后的文字，切换到"开始"选项卡，单击"剪贴板"选项组中的"格式刷"按钮，在标题"调查情况"下的文字"第三方调查机构"上拖动，套用复制的格式。

② 选择已设置为蓝色的文字"市民居住情况"，然后双击"格式刷"按钮，按住鼠标左键拖动，依次选择"多少市民准备买房""最热销的户型与区域"和"购房主要对象"等文字，使它们完成格式的复制。

③ 单击"格式刷"按钮或按键盘上的〈Esc〉键，关闭重复复制特性。

（4）设置列表内容

① 按住〈Ctrl〉键不放，用鼠标依次选择刚刚设置为深蓝色的 4 处文字，切换

到"开始"选项卡，单击"段落"选项组中的"插入项目符号"按钮，为它们添加项目符号。

② 选择"购房主要对象"下方的 5 项内容，然后单击"编号"按钮右侧的箭头按钮，从下拉菜单中选择"自定义编号"命令，打开"项目符号和编号"对话框。

③ 在"编号"选项卡中选择单括号格式"1）、2）、3）"，单击"自定义"按钮，在打开的"自定义编号列表"对话框中单击"字体"按钮，打开"字体"对话框，在"字体"选项卡的"字形"组合框中选择"加粗 倾斜"选项，如图 1-8 所示。单击"确定"按钮，返回"自定义编号列表"对话框，如图 1-9 所示，最后单击"确定"按钮。

 笔 记

图 1-8
设置编号的字形
图 1-9
自定义编号列表

3. 打印调研报告

至此"房地产市场调研报告"就完成了，按〈Ctrl+S〉组合键再次保存文档，以免劳动成果付之东流。

在打印报告之前，最好利用打印预览功能对报告的内容与排版做最后的检查。

① 单击快速访问工具栏左侧的"文件"按钮，在下拉列表中选择"打印"→"打印预览"命令。

② 将"显示比例"修改为"50%"，查看文档全貌，如图 1-10 所示。

③ 在"打印预览"窗格的左侧选择打印机并设置打印份数，然后单击"直接打印"按钮即可。

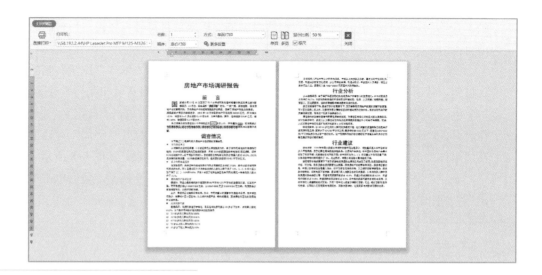

图 1-10
"打印预览"窗格

笔 记

▶ 相关知识

1. WPS 文字简介

　　金山开发的 WPS 2019 套装由一系列软件共同组成, 它们各司其职, 满足人们实际工作中不同场合的需求, 其中 WPS 文字是最基本的部分, 负责文字文档的处理。

（1）启动与关闭 WPS 2019

　　启动 WPS 是指将 WPS 系统的核心程序调入内存, 退出 WPS 是指结束 WPS 应用程序的运行, 同时关闭所有的 WPS 文档。

　　① 启动 WPS 应用程序。下面以 WPS 2019 为例进行介绍, 选择下列方法之一, 可以启动 WPS 2019 应用程序。

　　● 单击任务栏中的"开始"按钮, 然后选择"WPS Office"→"WPS Office"命令。

　　● 在文件夹中双击扩展名为 wps 或 wpt 的文件, 启动 WPS, 并打开该文字文件。

　　● 如果桌面上有 WPS Office 的快捷方式图标, 双击该快捷方式图标。

　　● 在"开始"菜单的搜索框中输入"WPS", 然后在显示的列表中单击"WPS Office"选项。

　　② 关闭 WPS 应用程序。选择下列方法之一, 可以关闭 WPS 2019 应用程序。

　　● 单击标题栏中的"关闭"按钮。

　　● 按〈Alt+F4〉组合键。

　　● 按〈Ctrl+W〉组合键。

　　● 单击快速访问工具栏左侧的"文件"按钮, 在弹出的下拉菜单中选择"退出"命令。

（2）WPS 文字工作界面

WPS 文字的工作界面如图 1-11 所示。

　　① 标题栏。标题栏包括"首页"、文档名称和窗口控制按钮等部分。

　　② 功能区。用于放置常用的功能按钮以及下拉菜单等调整工具。

　　③ 编辑区。编辑区是 WPS 窗口的主体部分, 用于显示文档的内容供用户进行编辑。

微课: 1-2
WPS 文字简介

快速访问工具栏　标题栏　　　　选项卡　　　　　　　　调整窗口大小按钮

功能区

"关闭"按钮

任务窗格

Hello,WPS 2019!

编辑区

垂直滚动条

状态栏　　　　　　　　视图按钮　显示比例控件

图 1-11
WPS 文字工作界面

④ "对话框启动器"按钮。单击功能区中某些选项组右下角的"对话框启动器"按钮 ⏎，即可打开该功能区对应的对话框或任务窗格，将鼠标悬停在按钮上，可以看到选项组名称。

⑤ 任务窗格。任务窗格是用于提供常用命令的窗口。

⑥ 状态栏。状态栏位于主窗口的底部，其中显示了多项状态信息。例如，单击"字数"按钮，可以打开"字数统计"对话框，其中显示了文档的一些统计信息。

（3）新建空白文件

如果在操作已有文件后需要新建空白文件，执行下列操作：

① 按〈Ctrl+N〉组合键，立即创建一个新的空白文件。

② 在快速访问工具栏左侧单击"文件"按钮，在弹出的下拉菜单中选择"新建"命令，弹出"新建"页面，切换到"W 文字"选项卡，下方列出了一些新建文件推荐模板，如图 1-12 所示。单击"新建空白文字"图标，即可创建一个新的空白文件。

微课：1-3
文件的基本操作

图 1-12
"新建"文字文件

（4）保存和命名文件

① 保存新文件。首先使用下列方法打开"另存文件"对话框。

- 单击快速访问工具栏中的"保存"按钮。
- 按〈Ctrl+S〉或〈Shift+F12〉组合键。

然后在该对话框中设置保存路径和文件名称，单击"保存"按钮。

② 保存已存盘的文件。可以使用步骤①中的方法完成该操作，不会打开"另存文件"对话框。

③ 将文件另外保存。切换到"文件"选项卡，在弹出的下拉菜单中选择"另存为"命令（或按〈F12〉键），在打开的"另存文件"对话框中选择不同于当前文档的保存位置等，然后单击"保存"按钮。

（5）打开文件

① 打开单个文件。在文件夹窗口中双击文件图标，或将文字文档拖曳到 WPS工作区。

- 按〈Ctrl+O〉组合键，打开如图 1-13 所示的对话框。

图 1-13
"打开文件"对话框

- 单击"文件"按钮，在弹出的下拉菜单中选择"打开"命令，在打开的对话框中选择文件所在位置并选中文件，再单击"打开"按钮。

② 同时打开多个文件。若要一次打开多个连续的文档，在"打开"对话框中单击第 1 个文件名称，然后按住〈Shift〉键并单击最后一个名称，最后单击"打开"按钮。或者按住〈Ctrl〉键，依次单击要打开的多个不连续文件，最后单击"打开"按钮。

2. WPS 文字处理基础操作

（1）视图模式

为扩展使用文档的方式，WPS 文字提供了多种可以使用的工作环境，称为视图。

切换到"视图"选项卡，单击相关按钮，可以启用相应的视图。

① 阅读版式。阅读版式视图允许用户在同一个窗口中单页或者多页显示文档。此时，用户可以通过键盘的上下左右键来切换页面。

② 页面。页面视图是 WPS 文字默认的视图模式，用于显示页面的布局与大小，产生"所见即所得"的效果。

③ Web 版式。Web 版式视图显示文档在 Web 浏览器中的外观。

④ 大纲。大纲视图可以清楚地显示文档的目录，方便用户快速跳转到所需的章节。

⑤ 写作模式。写作模式提供了素材推荐、统计字数及稿费、护眼模式等功能。

（2）输入文本

用户要学会使用 WPS 编辑文档的方法，首先要掌握如何将内容输入到文档中。

① 定位插入点。首先确定光标（闪烁的黑色竖线"|"，也称为插入点）的位置，然后切换到适当的输入法，接下来就可以在文档中输入英文、汉字和其他字符了。

用鼠标在编辑区单击，可以实现光标的定位。有时，使用键盘按键控制光标的位置更加便捷，具体方法见表 1-1。

微课：1-4
视图模式

微课：1-5
输入文本

表 1-1 在 WPS 中用键盘按键控制光标的方式

键 盘 按 键	作 用	键 盘 按 键	作 用
〈↑〉、〈↓〉、〈←〉、〈→〉	光标上、下、左、右移动	〈Shift+F5〉	返回到上次编辑的位置
〈Home〉	光标移至行首	〈End〉	光标移至行尾
〈Page Up〉	向上滚过一屏	〈Page Down〉	向下滚过一屏
〈Ctrl+↑〉	光标移至上一段落的段首	〈Ctrl+↓〉	光标移至下一段落的段首
〈Ctrl+←〉	光标向左移动一个汉字（词语）或英文单词	〈Ctrl+→〉	光标向右移动一个汉字（词语）或英文单词
〈Ctrl+ Page Up〉	光标移至上页顶端	〈Ctrl+Page Down〉	光标移至下页顶端
〈Ctrl+Home〉	光标移至文档起始处	〈Ctrl+End〉	光标移至文档结尾处

笔 记

对光标的定位也可以使用滚动条实现，垂直滚动条中的 ▲、▼ 按钮分别表示上移、下移。单击垂直滚动条间的浅灰色区域可以向上或向下滚动一屏。

② 输入符号。一些常见的中、英文符号可从键盘直接输入。无法通过键盘上的按键直接输入的符号，可以从 WPS 文字提供的符号集中选择，方法为：将插入点移至目标位置，切换到"插入"选项卡，单击"符号"按钮，从下拉列表框中选择在文档中已使用过的符号，或选择"其他符号"命令，打开"符号"对话框，如图 1-14 所示，在"子集"下拉列表框中选择符号的种类，然后从下方的列表框中选择要插入的符号并单击"插入"按钮，最后单击"关闭"按钮。

③ 输入数学公式。切换到"插入"选项卡，单击"公式"按钮，在下拉菜单中选择"公式"命令，打开"公式编辑器"面板，如图 1-15 所示，使用其中的相关命令编辑公式即可。

图 1-14
"符号"对话框

图 1-15
"公式编辑器"面板

【课堂练习 1-1】 在 WPS 文字文件中输入公式 $\sqrt{a-\sqrt{x}}+\sqrt{a+\sqrt{x}}<\sqrt{2}$。

（3）选取文本

使用鼠标或键盘均可实现对文本内容的选取，方法如下。

① 用鼠标选取文本。用鼠标选取文本的常用方法见表 1-2。

表 1-2　用鼠标选取文本的常用方法

选取对象	操　作	选取对象	操　作
任意字符	拖动要选取的字符	字或单词	双击该字或单词
一行文本	单击该行左侧的选中区	多行文本	在字符左侧的选中区中拖动
大块区域	单击文本块的起始处，然后按住〈Shift〉键单击文本块的结束处	句子	按住〈Ctrl〉键，并单击句子中的任意位置
一个段落	双击段落左侧的选中区或在段落中三击	多个段落	在选中区拖动鼠标
整个文档	3 次单击选中区	矩形文本区域	按住〈Alt〉键，再用鼠标拖动

② 用键盘选取文本。使用功能键可以方便、快捷地选取文本，具体方法见表 1-3。

表 1-3 用键盘选取文本的常用方法

组 合 键	作 用	组 合 键	作 用
〈Shift+ →〉	向右选取一个字符	〈Ctrl +Shift + ↑〉	插入点与段落开始之间的字符
〈Shift+ ←〉	向左选取一个字符	〈Ctrl +Shift + ↓〉	插入点与段落结束之间的字符
〈Shift+ ↑〉	向上选取一行	〈Ctrl +Shift +Home〉	插入点与文档开始之间的字符
〈Shift+ ↓〉	向下选取一行	〈Ctrl +Shift +End〉	插入点与文档结束之间的字符
〈Shift +Home〉	插入点与行首之间的字符	〈Ctrl+A〉	整个文档
〈Shift +End〉	插入点与行尾之间的字符		

（4）删除文本

删除文本是指将指定内容从文档中清除，操作方法如下：

① 按〈Backspace〉键可以删除插入点左侧的内容，按〈Ctrl+ Backspace〉组合键可以删除插入点左侧的一个单词。

② 按〈Delete〉键可以删除插入点右侧的内容，按〈Ctrl+ Delete〉组合键可以删除插入点右侧的一个单词。

③ 如果要删除的文本较多，可以先将这些文本选中，然后按〈Backspace〉键或〈Delete〉键将它们一次全部删除。

微课：1-6
文本的复制与删除

✎ 笔 记

（5）复制和移动文本

① 一般方法。选取文本后，切换到"开始"选项卡，使用"剪贴板"选项组中的命令或快捷键即可完成复制或移动文本的操作，具体方法见表 1-4。

表 1-4 复制与移动文本的方法

操作方式	复 制	移 动
选项卡按钮	① 切换到"开始"选项卡，在"剪贴板"选项组中单击"复制"按钮； ② 单击目标位置，然后单击"粘贴"按钮	将左侧步骤中的第①步改为单击"剪切"按钮
快捷键	① 按〈Ctrl+C〉组合键； ② 在目标位置按〈Ctrl+V〉组合键	将左侧步骤中的第①步改为按〈Ctrl+X〉组合键
鼠标	① 如果要在短距离内容复制文本，按住〈Ctrl〉键，然后拖动选择的文本块； ② 到达目标位置后，先释放鼠标左键，再放开〈Ctrl〉键	在左侧步骤中不按〈Ctrl〉键
快捷菜单	① 将鼠标指针移至选取内容上，按下鼠标右键的同时拖动到目标位置； ② 松开鼠标右键后，从弹出的快捷菜单中选择"复制到此处"命令	在左侧步骤的第②步中选择"移动到此处"命令

② 选择性粘贴。复制或移动文本后，切换到"开始"选项卡，在"剪贴板"选项组中单击"粘贴"按钮下方的箭头按钮，从下拉菜单中选择适当的命令可以实现选择性粘贴。

笔 记

③ 使用剪贴板。复制文本后，即可将选中的内容放入"剪贴板"任务窗格中。当需要使用"剪贴板"中某个项目的内容时，只须单击该项目即可实现粘贴操作。所有在"剪贴板"任务窗格列表中的内容均可反复使用。单击该任务窗格中的"全部粘贴"按钮，可以将列表中的所有项目按"先复制，先粘贴"的原则，首尾相连粘贴到光标处。

（6）撤销与恢复

可以使用快速访问工具栏中的按钮或快捷键方式撤销和恢复上一次操作，具体方法见表 1-5。

表 1-5   撤销和恢复一次操作的方法

操作方式	撤销前一次操作	恢复撤销的操作
工具栏按钮	单击快速访问工具栏中的"撤销"按钮 ↻	单击快速访问工具栏中的"恢复"按钮 ↻
快捷键	按〈Ctrl+Z〉组合键	按〈Ctrl+Y〉组合键

单击"撤销"按钮右侧的箭头按钮，将弹出包含之前每一次操作的列表。其中，最新的操作在最顶端。移动鼠标选定其中的多次连续操作，单击鼠标即可将它们一起撤销。

3. 查找和替换文本

微课：1-7
查找和替换文本

（1）使用"导航"任务窗格定位文本

通过"导航"任务窗格定位文本，操作步骤如下：

① 切换到"视图"选项卡，单击"导航窗格"右下角箭头按钮，在弹出的下拉菜单中选择相应的命令，确认窗格放置的位置。

② "导航"任务窗格可以智能识别文档目录，目录可以展开、收起，单击目录可直接跳转到文本的相应位置，如图 1-16 所示。

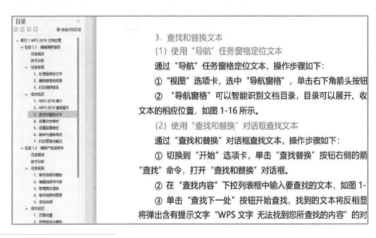

图 1-16
使用"导航"任务窗格
搜索文本

（2）使用"查找和替换"对话框查找文本

通过"查找和替换"对话框查找文本，操作步骤如下：

① 切换到"开始"选项卡，单击"查找替换"按钮右侧的箭头按钮，从下拉菜单中选择"查找"命令，打开"查找和替换"对话框。

② 在"查找内容"下拉列表框中输入要查找的文本，如图 1-17 所示。

图 1-17
"查找和替换"对话框

③ 单击"查找下一处"按钮开始查找，找到的文本将反相显示；若查找的文本不存在，将弹出含有提示文字"WPS 文字 无法找到您所查找的内容"的对话框。

④ 如果要继续查找，再次单击"查找下一处"按钮；若单击"关闭"按钮，则关闭"查找和替换"对话框。

（3）替换文本

替换功能是指将文档中查找到的文本用指定的其他文本予以替代，操作步骤如下：

① 打开"查找和替换"对话框，并切换到"替换"选项卡。

② 在"查找内容"下拉列表框中输入或选择被替换的内容，在"替换为"下拉列表框中输入或选择用来替换的新内容。

③ 单击"全部替换"按钮，若查找的文本存在，则统一进行替换处理。如果要进行选择性替换，可以先单击"查找下一处"按钮找到被替换的内容，若想替换则单击"替换"按钮，否则继续单击"查找下一处"按钮，如此反复即可。

【课堂练习 1-2】 将素材文件"dybg.txt"重新复制到 WPS 文字中，然后将其中的文本"购房对象"的字体修改为黑体、字形加粗，将颜色设置为红色。

4. 设置文本格式

WPS 文字有 4 个级别的格式，分别是文本、段落、节与文档。

（1）设置字体、字号与字形

在 WPS 文字中，汉字默认为宋体、五号，英文字符默认为 Calibri、五号。设置文本字体、字号与字形的方法如下：

① 使用功能区工具。切换到"开始"选项卡，在"字体""字号"下拉列表框中选择或输入所需的格式，即可快速设置文本的字体与字号。

【注意】

WPS 提供了两种字号系统，中文字号的数字越大，文本越小；阿拉伯数字字号以磅为单位，数字越大文本越大。

微课：1-8
设置文本格式

字形是指文本的显示效果，如加粗、倾斜、下画线、删除线、上标和下标等。在"字体"选项组中单击用于设置字形的按钮，即可为选定的文本设置所需的字形。

② 使用"字体"对话框。首先打开"字体"对话框，在"字体"选项卡的"中文字体""西文字体"下拉列表框中设置文本的字体，在"字号""字形"组合框中设置文本的字号与字形，在"效果"栏中为文字添加特殊效果。

笔 记

③ 使用浮动工具栏。选中文本，此时会出现浮动工具栏，可以方便地设置字体、字号、字形等。

（2）美化字体

① 设置字体颜色。切换到"开始"选项卡，单击"字体"选项组中的"字体颜色"按钮右侧的箭头按钮，从下拉菜单中选择适当的命令可以设置文本的字体颜色，如图 1-18 所示。如果对 WPS 预设的字体颜色不满意，可以在下拉菜单中选择"其他字体颜色"命令，打开"颜色"对话框，在其中自定义文本颜色。

② 设置字符边框与底纹。切换到"开始"选项卡，在"字体"选项组中单击"拼音指南"右侧的箭头按钮，在下拉菜单中选择"字符边框"命令，按钮默认值更改为"字符边框"，反复单击"字符边框"按钮，可以设置或撤销文本的边框；反复单击"字符底纹"按钮，文本的背景会在灰色和默认值之间切换。单击"字体"选项组中"突出显示"按钮右侧的箭头按钮，从下拉菜单中选择适当的命令可以为文本设置其他的背景颜色；选择其中的"无"命令，可以将所选文本的背景颜色恢复成默认值。

在"开始"选项卡的"段落"选项组中单击"底纹颜色"按钮右侧的箭头按钮，从下拉菜单中选择适当的命令可以设置字符的底纹效果。

单击"段落"选项组中的"边框"按钮右侧的箭头按钮，从下拉菜单中选择"边框和底纹"命令，打开"边框和底纹"对话框，如图 1-19 所示。在"边框"选项卡中可以自定义选定文本的边框样式，在"底纹"选项卡中可以进一步设置文本的底纹效果。

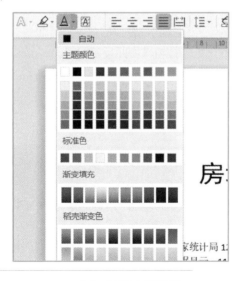
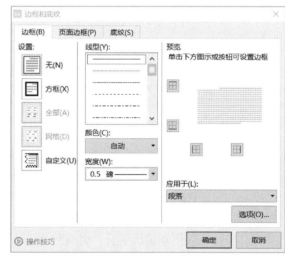

图 1-18
"字体颜色"下拉菜单
图 1-19
"边框和底纹"对话框

（3）设置字符缩放

切换到"开始"选项卡，在"段落"选项组中单击"中文版式"按钮，从下拉菜单中选择"字符缩放"命令，然后在其子菜单中选择适当的比例，即可设置在保持文本高度不变的情况下文本横向伸缩的百分比。

（4）设置字符间距与位置

① 设置字符间距。打开"字体"对话框，切换到"字符间距"选项卡，将"间距"下拉列表框设置为合适的选项。

② 设置字符位置。在"字体"对话框的"字符间距"选项卡中，将"位置"

下拉列表框设置为合适的选项，可以设置选定文本相对于基线的位置。

（5）双行合一

当需要在一行中显示两行文字，即实现单行、双行文字的混排效果时，操作步骤如下：

① 选取准备在一行中双行显示的文字，切换到"开始"选项卡，在"段落"选项组中单击"中文版式"按钮，从下拉菜单中选择"双行合一"命令，打开"双行合一"对话框。

② 如果选中"带括号"复选框，则双行文字将在括号内显示，最后单击"确定"按钮，返回 WPS 文字工作界面。

5. 设置段落格式

设置段落格式是指设置整个段落的外观，包括对段落进行对齐方式、缩进、间距与行距、项目符号、边框和底纹、分栏等的设置。

微课：1-9
设置段落格式

笔 记

如果只对某一段设置格式，需要将插入点置于段落中；如果是对几个段落进行设置，则需要先将它们选定。

（1）设置段落对齐方式

WPS 文字提供了 5 种水平对齐方式，默认为两端对齐。可以使用以下方法设置段落的对齐方式：

① 使用功能区工具。切换到"开始"选项卡，在 "段落"选项组中单击"左对齐"按钮、"居中对齐"按钮、"右对齐"按钮、"两端对齐"按钮或"分散对齐"按钮。

② 使用"段落"对话框。单击"段落"选项组中的"对话框启动器"按钮，或在需要设置格式的段落内右击，从弹出的快捷菜单中选择"段落"命令，打开"段落"对话框，在"缩进和间距"选项卡的"常规"栏中将"对齐方式"下拉列表框设置为适当的选项。

（2）设置段落缩进

文本与页面边界之间的距离称为段落缩进，其设置方法如下：

① 使用功能区工具。切换到"页面布局"选项卡，通过"页面设置"选项组的"左"和"右"微调框，可以设置段落左侧及右侧的缩进量。

在"开始"选项卡中，单击"段落"选项组中的"增加缩进量"按钮或"减少缩进量"按钮，能够设置段落左侧的缩进量。

② 使用"段落"对话框。在"段落"对话框中，通过"缩进"栏的"文本之前"和"文本之后"微调框可以设置段落的相应边缘与页面边界的距离。在"特殊格式"下拉列表框中选择"首行缩进"或"悬挂缩进"选项，然后在后面的"度量值"微调框中指定数值，可以设置在段落缩进的基础上的段落首行或除首行以外的其他行的缩进量。

③ 使用水平标尺。单击垂直滚动条上方的"标尺"按钮，或者切换到"视图"选项卡，选中"标尺"复选框，可以在文档的上方与左侧分别显示水平标尺和垂直标尺。

水平标尺上有"首行缩进""左缩进"和"右缩进"3 个缩进标记，其作用相当于"段落"对话框的"缩进"栏中的相应选项。

（3）设置段落间距与行距

当前段落与其前、后段落之间的距离称为段落间距，段落内部各行之间的距离称为行距，其设置方法如下：

① 使用功能区工具。切换到"开始"选项卡，在"段落"选项组中单击"行距"按钮，从下拉菜单中选择适当的命令，可以设置当前段落的行距。

② 使用"段落"对话框。在"缩进和间距"选项卡的"间距"栏中，通过"段前""段后"微调框可以设置选定段落的段前和段后间距；"行距"下拉列表框用于设置选定段落的行距，如果选择"固定值""多倍行距"或"最小值"选项，可以在"设置值"微调框中输入具体的值。

（4）设置项目符号和编号

项目符号是指放在文本前以强调效果的点或其他符号；编号是指放在文本前具有一定顺序的字符。在 WPS 文字中，除可使用系统提供的项目符号和编号，还可以自定义项目符号和编号。

① 创建项目符号。如果要为段落创建项目符号，先选取相应的段落，再切换到"开始"选项卡，在"段落"选项组中单击"插入项目符号"按钮右侧的箭头按钮，从下拉列表中选择一种项目符号，如图 1-20 所示。

如果对系统提供的项目符号不满意，可以在下拉菜单中选择"自定义项目符号"命令，在打开的"项目符号和编号"对话框中单击"自定义"按钮，打开"自定义项目符号列表"对话框，设置项目符号的字符、字体等，如图 1-21 所示。

图 1-20
"项目符号"下拉列表
图 1-21
"自定义项目符号列表"
对话框

② 创建编号。在为段落创建编号时，首先选取所需的段落，然后在"开始"选项卡的"段落"选项组中单击"编号"按钮右侧的箭头按钮，从下拉列表中选择一种编号，如图 1-22 所示。

也可以在下拉菜单中选择"自定义编号"命令，打开"项目符号和编号"对话框，单击"自定义"按钮，打开"自定义编号列表"对话框，对要添加的编号进行自定义处理。

（5）设置段落边框和底纹

① 设置段落底纹。设置段落底纹是指为整段文字设置背景颜色，方法为：切换到"开始"选项卡，在"段落"选项组中单击"底纹颜色"按钮右侧的箭头按钮，然后在下拉面板中选择适当的颜色。

② 设置段落边框。设置段落边框是指为整段文字设置边框，方法为：在"段落"选项组中单击"边框"按钮右侧的下拉按钮，从下拉菜单中选择适当的命令，对段落的边框进行设置。也可以通过选择"边框和底纹"命令，在打开的"边框和底纹"对话框的"边框"选项卡中单击"选项"按钮，打开"边框和底纹选项"对话框，设置边框与文本之间的距离，如图 1-23 所示。

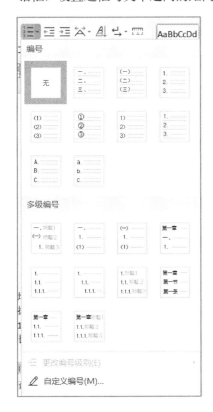

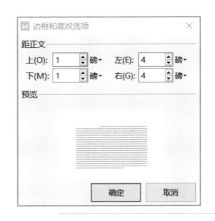

图 1-22
"编号"下拉列表
图 1-23
"边框和底纹选项"对话框

【课堂练习 1-3】在本任务制作的 WPS 文字文档中，为正文第 1 段添加绿色、1 磅宽的三维边框；为页面添加心形边框；将正文第 3 段～第 5 段的底纹设置为"灰色-10%"。

（6）设置首字下沉

为了让文字更加美观与个性化，可以使用"首字下沉"功能让段落的首个文字放大或者更换字体，方法为：将插入点移至要设置的段落中，切换到"插入"选项卡，单击"首字下沉"按钮，在打开的"首字下沉"对话框中选择"下沉"或"悬挂"选项。

如果要对首字下沉的文字进行字体、下沉行数等设置，可在对话框的"选项"栏进行设置。

设置首字下沉效果后，WPS 文字会将该字从行中剪切下来，为其添加一个图文框。既可以在该字的边框上双击，打开"图文框"对话框，对该字进行编辑，也可以通过拖动文本，对下沉效果进行调整，此时段落的效果也会随之改变。

笔 记

6. 复制与清除格式

（1）复制文本格式

复制一次文本格式的操作步骤如下：

① 选择已设置好字符格式的文本，在"开始"选项卡的"剪贴板"选项组中单击"格式刷"按钮。

② 将鼠标移至要复制格式的文本开始处，按住鼠标左键拖动到要复制格式的文本结束处，然后释放鼠标按键。

另外，在上述步骤①中双击"格式刷"按钮，然后重复步骤②，可以反复对不同位置的目标文本进行格式复制。复制完成后，再次单击"格式刷"按钮即可。

（2）复制段落格式

首先，选择已设置好格式的段落的结束标志，然后单击"格式刷"按钮，接着单击目标段落中的任意位置。这样，已设置的格式将复制到该段落中。

（3）清除格式

清除格式是指将设置的格式恢复到默认状态。选择要清除格式的文本，切换到"开始"选项卡，在"字体"选项组中单击"清除格式"按钮即可。

7. 打印预览与输出

对于已输入了各种对象并且设置好格式的文档，可以打印出来。在此之前，借助"打印预览"功能，能够在屏幕上显示出打印的效果。

（1）打印预览文档

打印预览文档的操作步骤如下：

① 单击快速访问工具栏中的"打印预览"按钮，此时在文档窗口上部将显示所有与打印有关的命令，在正文窗格中能够预览打印效果。

② 在"显示比例"下拉菜单中选择相关选项能够调整文档的显示大小；单击"单页"按钮和"多页"按钮，能够调整并排预览的行数。

（2）打印文档

对打印的预览效果满意后，即可对文档进行打印，操作步骤如下：

① 单击快速访问工具栏左侧的"文件"按钮，在下拉菜单中选择"打印"命令，打开"打印"对话框，在"份数"微调框中设置打印的份数，然后单击"确定"按钮，即可开始打印。

② WPS 文字默认打印文档中的所有页面，在"页码范围"框内可以选中"全部"或"当前页"单选按钮，另外，还可以在"页码范围"文本框中指定打印页码。

③ 当需要在纸张的双面打印文档，可选中"双面打印"复选框，当需要反片打印时，可选中"反片打印"复选框。

④ 如果想把几页缩小打印到一张纸上，可以在"并打和缩放"栏内设置每页的版数及按纸型缩放。

（3）保护文档

保护文档指为文档设置密码，防止非法用户查看和修改文档的内容，从而起到一定的保护作用，操作步骤如下：

① 文档编辑完成后，单击快速访问工具栏左侧的"文件"按钮，在下拉菜单中选择"文档加密"→"密码加密"命令，打开"密码加密"对话框。

② 在"打开文件密码"文本框中输入密码，如图 1-24 所示，密码字符可以是字母、数字和符号，其中字母区分大小写，在"再次输入密码"文本框中输入相同的密码，然后单击"应用"按钮。

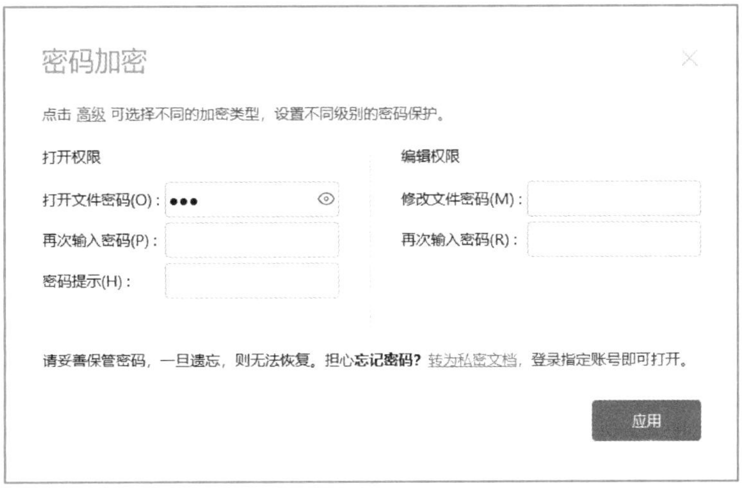

图 1-24
设置打开文档的密码

密码设置完成后，每次重新打开此文档时，就会弹出“文档已加密”对话框，要求用户输入密码进行核对。若密码输入正确，则文档被打开。

笔 记

（4）输出 PDF 格式的文档

文档除了可以保存输出为 WPS 格式外，还可以保存为 PDF 文档或其他格式的文档。操作步骤为：

① 在快速访问工具栏左侧单击“文件”按钮，在下拉菜单中选择“另存为”命令，打开“另存文件”对话框。

② 在“文件类型”下拉列表框中选择“PDF 文件格式（*.pdf)”，如图 1-25 所示。

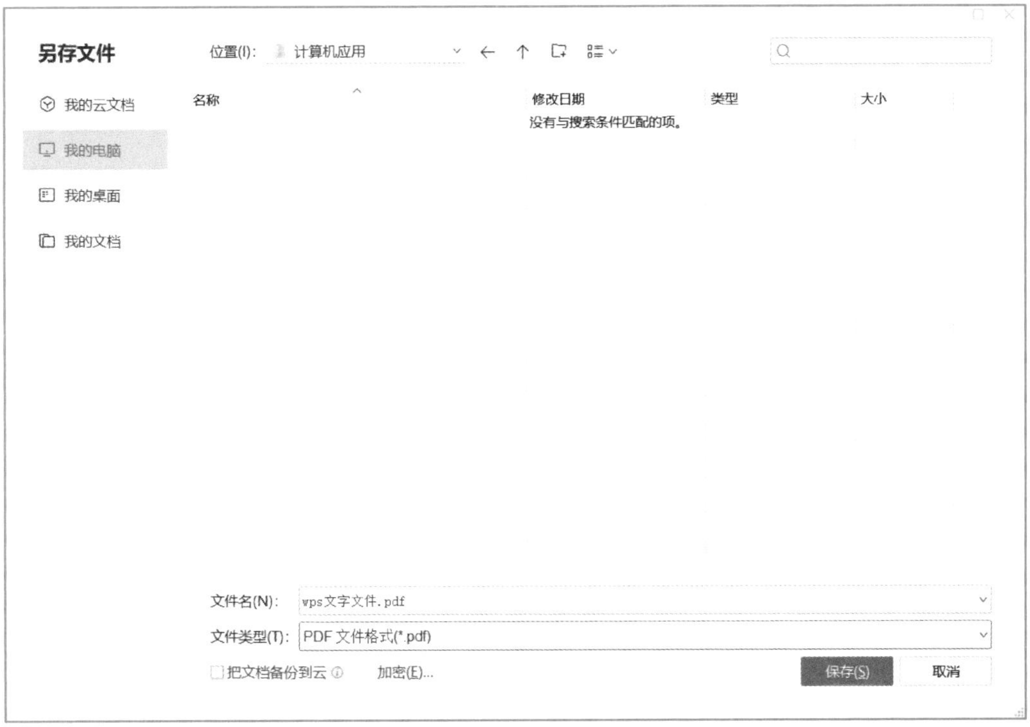

图 1-25
输出为 PDF 格式的文档

③ 若不做其他设置，单击“保存”按钮即可。若要对 PDF 文档设置打开密码，则选择保存类型为 PDF 后，单击“加密”按钮，打开“密码加密”对话框，输入打开文件密码并确认输入后，单击“应用”按钮即可。

（5）联机文档

在需要多人协同编辑同一文档时，可借助腾讯文档实现。腾讯文档是一款可多人协作的在线文档，支持 WPS 文字、WPS 表格和 WPS 演示文件，打开网页就能查看和编辑，在云端实时保存，可多人实时编辑文档，权限安全可控。

腾讯文档无须下载安装，只需要打开浏览器，搜索"腾讯文档"进入其官网，登录后即可新建或导入本地文件。它同时支持 iOS 和 Android 系统，使用 PC、Mac、iPad 等任意设备皆可顺畅访问、创建和编辑文档。

任务 1.2 编制产品说明书

▶ 任务描述

南京天地电器股份有限公司刚刚研发了一台型号为 TD-W568 MICROWAVE 的新式微波炉。为了让用户在购买该产品时了解该产品的结构、原理、使用方法与注意事项，公司指派秘书部的小王在参考文字和图片素材的基础上，为该型号的产品编制一份产品说明书。说明书必须具备以下特色与要求：

- 封面设计简洁且突出重点，包含公司名称、产品型号、文档名称与产品图片等元素。
- 根据公司产品开发的需要，定制出适合以后研发产品使用的说明书模板。
- 在说明书中插入图片，并且有美观的图文混排效果。
- 不同的主题或者重点应排版在不同的页面上。
- 以标注的形式展示产品结构的介绍。
- 将繁多的内容分栏排版。
- 重点术语或者词组插入注释。

小王在仔细学习了《工业产品使用说明书总则》中关于工业产品说明书的内容及编写方法的基础上，经过技术分析，充分利用 WPS 文字提供的相关技术精心设计与制作，圆满完成了该任务。说明书效果如图 1-26 所示。

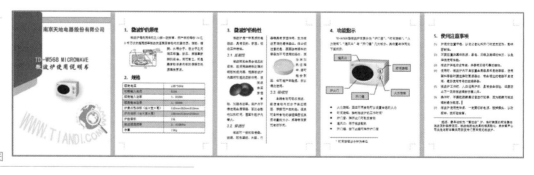

图 1-26
某新式微波炉说明书效果图

▶ 技术分析

- 在创建模板文件前，要设置好页面大小、样式等基本格式，然后将文档以 WPT 格式进行保存。在套用模板时，只须打开模板文件，然后将其保存成 WPS 格式的文件即可。

- 通过"分页"下拉菜单，可以将文档进行分页或分节处理。
- 插入图片后，通过调整大小和位置，可以将其作为封面或者背景。
- 通过"分栏"对话框，可以将指定内容分成相同或者不同大小的双栏或多栏。
- 通过"插入表格"对话框，可以快速创建具有特定样式效果的表格。
- 通过插入"形状"，可以为文档的指定部分添加标注图形。
- 通过插入脚注和尾注，可以为文档添加必要的注释。

▶ 任务实现

1. 制作说明书模板

首先，使用 WPS 文字制作一个模板，设置相关的页面尺寸与样式等基本信息。当需要为新产品编写说明书时，直接使用该模板即可。

微课：1-10
任务 1.2 编制产品说明书

笔 记

（1）设置模板页面

① 打开 WPS 文字，切换到"页面布局"选项卡，单击"页面设置"选项组中的"对话框启动器"按钮，打开"页面设置"对话框。

② 切换到"纸张"选项卡中，将"纸张大小"设置为"自定义大小"，将"宽度"和"高度"微调框分别设置为"10.5 厘米"和"14.8 厘米"。

③ 在"页边距"选项卡的"页边距"栏中，将"上""下"微调框设置为"1.27 厘米"，将"左""右"微调框设置为"1 厘米"，如图 1-27 所示，最后单击"确定"按钮。

（2）设置模板样式

① 切换到"开始"选项卡，右击列表中的"标题 1"选项，从弹出的快捷菜单中选择"修改样式"命令，打开"修改样式"对话框。在"格式"栏中，将"字号"设置为"四号"，如图 1-28 所示。

图 1-27
"页面设置"对话框

图 1-28
"修改样式"对话框

② 单击"修改样式"对话框中的"格式"按钮，从弹出的下拉菜单中选择"段落"命令，打开"段落"对话框。在"缩进"栏中，将"特殊格式"下拉列表框设置为"悬挂缩进"，并将"缩进值"微调框修改为"0.74 厘米"；在"间距"栏中，将"段前""段后"微调框设置为"0 行"，在"行距"下拉列表框中选择"最小值"选项，并将"设置值"微调框设置为"12 磅"。设置完成后，单击"确定"按钮，返回"修改样式"对话框，然后单击"确定"按钮，完成对"标题 1"样式的修改。

③ 参考上述步骤，将"标题 2"样式的格式设置如下：字号设置为"五号"，文字倾斜、不加粗；将段落的对齐方式设置为"两端对齐"，段前、段后间距设置为"3 磅"，行距设置为"单倍行距"。

④ 将"正文"样式的格式做如下设置：字号设置为"小五"；段落的对齐方式设置为"两端对齐"；为段落设置"首行缩进"，缩进值为"0.63 厘米"。

（3）保存模板

按〈Ctrl+S〉组合键，打开"另存文件"对话框，在"保存类型"下拉列表框中选择"WPS 文字模板文件"选项，在"文件名"文本框中输入文字"说明书模板"，最后单击"保存"按钮，将文档保存成模板文件。

2. 编辑说明书内容

在编制说明书前，需要预算各页面容纳的内容，以便做出最佳的分页处理。

（1）载入模板并套用格式

① 在保存说明书模板的文件夹中双击文件"说明书模板.wpt"，WPS 文字将以该模板创建名称为"文字文稿 1"的空白文档。单击垂直滚动条右侧的"样式和格式"按钮，打开"样式和格式"任务窗格，单击其中的"正文"样式，然后在编辑区中输入说明书的所有标题，如图 1-29 所示。

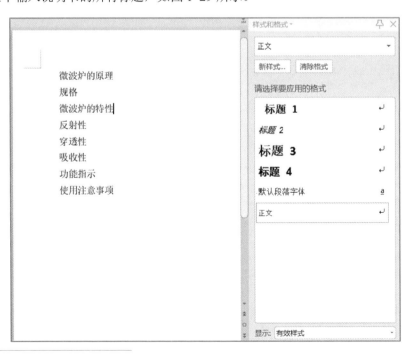

图 1-29
输入说明书标题

② 按住〈Ctrl〉键不放，选择除"反射性""穿透性"和"吸收性"外的文字，然后单击"样式和格式"任务窗格中的"标题 1"样式。

③ 选择"反射性""穿透性"与"吸收性"文字，为其套用"标题 2"样式。

④ 按〈Ctrl+A〉组合键选择所有文档内容，然后切换到"开始"选项卡，单击"段落"选项组中的"编号"下拉按钮，在弹出的多级编号下拉列表中选择相应命令，如图 1-30 所示。

（2）将内容分页

① 将插入点定位于标题文字"微波炉的原理"之前，切换到"页面布局"选项卡，单击"页面设置"选项组中的"分隔符"按钮，从下拉菜单中选择"下一页分节符"命令，如图 1-31 所示。此时，文档被分为两节：第 1 节为空白页，将用于插入封面；第 2 节用于编辑说明书的内容。

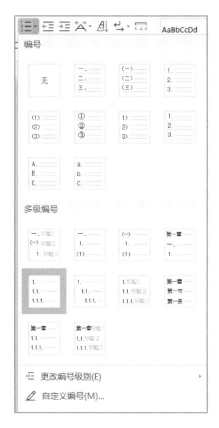

图 1-30
选择多级编号样式
图 1-31
插入"下一页分节符"分隔符

② 切换到"开始"选项卡，单击"段落"选项组中的"显示/隐藏编辑标记"按钮，在下拉列表中选择"显示/隐藏段落标记"选项，使其前方出现"√"符号。然后将插入点定位于文字"分节符（下一页）"所在行的最左侧，单击"样式和格式"任务窗格中的"正文"样式，清除空白页中的"标题 1"样式。

③ 将插入点移至标题文字"规格"之后，切换到"页面布局"选项卡，单击"页面设置"选项组中的"分隔符"按钮，从下拉菜单中选择"下一页分节符"命令。此时，在新页的页首会插入一个空行，按〈Delete〉键将其删除。

④ 使用上述方法，将"3.微波炉的特性""4.功能指示""5.使用注意事项"等内容分隔成独立的页面，效果如图 1-32 所示。

图 1-32
将内容分页后的效果

（3）制作说明书封面

① 将插入点移至首页，切换到"插入"选项卡，单击"图片"按钮，在打开的"插入图片"对话框中指定正确的位置，选择图片文件"封面.jpg"，如图 1-33 所示，然后单击"打开"按钮。

图 1-33
选择封面图片

② 选择插入的图片，切换到"图片工具"选项卡，将"大小和位置"选项组中的"高度"微调框设置为"14.8 厘米"，使图片与页面具有相同的尺寸。然后单击

"文字环绕"按钮，从下拉菜单中选择"浮于文字上方"命令，接着单击"对齐"按钮，从下拉菜单中选择"水平居中"和"垂直居中"命令。

　　也可以拖动图片，使其边缘与页面的四周对齐，在拖动过程中可以配合〈Alt〉键进行微调处理。调整后的封面效果如图 1-34 所示。

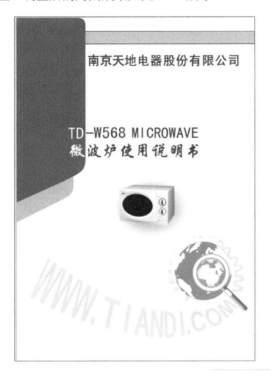

图 1-34
调整后的说明书封面效果

（4）复制文字素材

将文字素材复制到文档的相应位置，效果如图 1-35 所示。

图 1-35
将文字素材添加
到文档后的效果

（5）设置分栏排版

　　可以将"反射性""穿透性"和"吸收性" 3 个主题的内容设置成双栏版式，并在栏间添加分隔线。操作步骤如下：

　　① 将插入点移至第 3 页的标题"微波炉的特性"之后，切换到"页面布局"选项卡，单击"页面设置"选项组中的"分隔符"按钮，从下拉菜单中选择"连续分节符"类型，使该标题的内容不受分栏影响。

　　② 将光标处的空行删除，接着选择要分栏的内容，单击"页面设置"选项组中的"分栏"按钮，从下拉菜单中选择"更多分栏"命令，打开"分栏"对话框。

笔 记

在"预设"栏中选择"两栏"样式，接着选中"分隔线"复选框，如图 1-36 所示，最后单击"确定"按钮。

（6）添加编号

选取"5.使用注意事项"后的所有文本，切换到"开始"选项卡，在"段落"选项组中单击"编号"按钮右侧的箭头按钮，从下拉菜单中选择第 2 行第 1 列的命令，使文档便于阅读。

3. 管理图文混排

相对于单纯的文字而言，图片的直观性更强，而且更容易说明问题，因此使用图片是文档编排的常用方法之一。

（1）设置文字环绕

① 在文档的第 2 页中，将光标移至文字"糖类、"后指定图片的插入点，然后通过"插入图片"对话框将素材文件"原理.png"插入文档中。

② 选择插入的图片，将鼠标移至图片右下角的节点上，按住左键并向左上角拖动以缩小图片。接着通过"文字环绕"下拉菜单中的命令，将图片设置为"紧密型环绕"。

③ 选择环绕方式后，图片的大小和位置可能还不太理想，需要再次调整图片的大小，将其移至段落文字的左下方。

④ 将素材图片"金属.png"插入到"反射性"的内容中，将其环绕方式设置为"四周型环绕"，并适当调整图片的位置和大小。选中图片，在图片右侧的浮动工具栏中单击"布局选项"按钮，在下拉列表中选择"查看更多"命令，打开"布局"对话框，切换到"文字环绕"选项卡，将"距正文"栏中的"上""下""左""右"4 个微调框都设置为"0 厘米"，如图 1-37 所示，然后单击"确定"按钮。

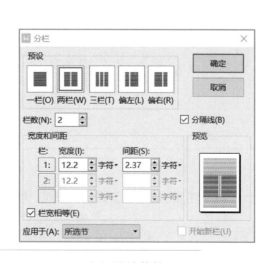

图 1-36
"分栏"对话框
图 1-37
设置图片与文字的距离

（2）图片裁剪

如果图片的边缘留有较多的空白区域，无论设置多么紧密的环绕程度，都会显得疏松。此时，可以对图片的空白区域进行裁剪，以达到将文字紧密环绕图片主体

部分的目的。操作步骤如下:

① 将素材图片"塑料.png"插入到"穿透性"的内容中,并调整到适当的位置和大小。切换到"图片工具"选项卡,将其设置为四周型环绕,然后在"大小和位置"选项组中单击"裁剪"按钮,或者在图片右侧的浮动工具栏中单击"裁剪图片"按钮。

② 此时,图形四周会出现一个黑色的矩形虚线框,将鼠标移至边框上向内拖动,可以看到空白区域被裁剪,如图 1-38 所示,最后单击图片外区域,完成图片裁剪。

4. 制作说明书图表

一般的产品说明书都以表格的形式介绍产品的配置与规格,此外,还可以用标注对产品的使用方法或结构进行说明。

(1)快速制作表格并输入内容

① 将插入点置于文字"2.规格"之下,切换到"插入"选项卡,单击"表格"按钮,从下拉菜单中选择"插入表格"命令,打开"插入表格"对话框,将"列数"和"行数"微调框分别设置为"2"和"9",如图 1-39 所示。单击"确定"按钮,完成表格的初步制作。

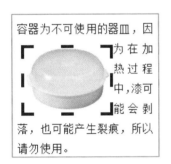

图 1-38
图片裁剪

图 1-39
"插入表格"对话框

② 使光标位于表格的单元格中,切换到"表格样式"选项卡,取消选中"首行填充"和"首列填充"复选框;在"表格样式"列表框中选择"浅色样式 1"选项,如图 1-40 所示。

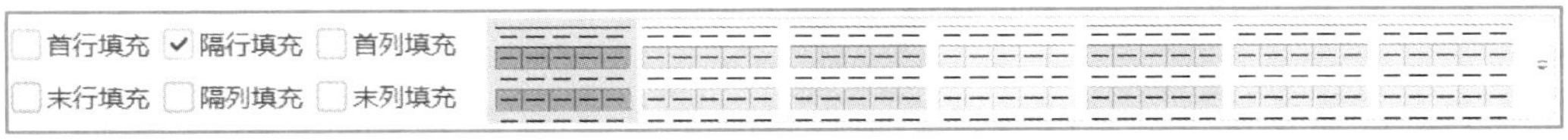

图 1-40
设置表格样式和格式

③ 在表格中输入各项规格的内容,如图 1-41 所示。

(2)插入图形标注

① 将素材图片"产品.jpg"插入到"4.功能指示"的内容之后。

② 切换到"插入"选项卡,单击"形状"按钮,从下拉菜单中选择"标注-线形标注 3"样式。

③ 在刚插入的图片附近按住鼠标左键并拖动,然后将标注点拖到图片中的时间旋钮处,单击形状上浮动工具栏中的"形状轮廓"按钮,在弹出的下拉列表中选择"线型"→"其他线条"命令,打开"设置对象格式"对话框,切换到"文本框"

选项卡，选中"重新调整自选图形以适应文本"复选框，如图 1-42 所示，单击"确定"按钮。在图形中输入文字"时间旋钮"，使其居中对齐。

额定电压	220V
初期输入电流	8.6A
额定输入功率	1000W
额定输出功率	1000W
炉身外形体积（长×宽×高）	510mm×382mm×310mm
炉内体积（长×宽×高）	330mm×310mm×200mm
炉腔容积	23L
微波振荡频率	2450MHz
净重	15kg

图 1-41
输入与编辑表格内容
图 1-42
"设置对象格式"对话框

④ 单击标注框的边框，切换到"绘图工具"选项卡，单击"填充"按钮右侧的下拉箭头按钮，从弹出的列表中选择"暗板岩蓝，文本 2，浅色 80%"选项，单击"边框"列表框的下拉箭头按钮，从弹出的列表中选择"线型"→"1 磅"选项。

⑤ 按住〈Ctrl〉键不放，拖动制作好的标注图形进行快速复制，拖动黄色标注点以调整标注线的指向和位置，再将其中的文字修改为"通风口"。使用相同的方法制作出其他 3 个标注图形，并将其中的文字分别修改为"炉火门""开门键"和"火力旋钮"，接着根据图框中的文字调整标注的大小，效果如图 1-43 所示。

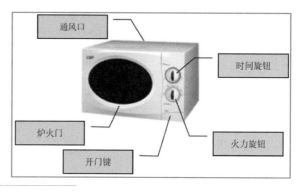

图 1-43
标注图形制作完成后的效果

⑥ 在标注示意图的下方输入各项标注的说明文字（可以从素材文件中复制），然后为这些文字添加默认的项目符号。

5. 添加注释

在说明书中通常会出现一些专业术语，可以通过添加注释的方式对它们进行说明。本例中，可以考虑为时间旋钮周围的时间单位添加脚注，为介绍微波炉的起源添加尾注。

①　在文档第 4 页中选择图片下方的文本"时间旋钮"，切换到"引用"选项卡，单击"脚注和尾注"选项组中的"插入脚注"按钮，在光标处输入脚注文本"时间旋钮以分钟为单位"。

②　在文档的第 2 页选择正文文字"微波炉"，然后单击"脚注和尾注"选项组中的"插入尾注"按钮，在光标处输入尾注内容。

至此，微波炉的说明书制作完成。

▶ 相关知识

微课：1-11
页面设置

1. 页面设置

WPS 文字提供了丰富的页面设置选项，允许用户根据需要更改页面的大小、设置纸张的方向、调整页边距大小，以满足各种打印输出需求。

（**1**）设置页面大小

WPS 文字以办公最常用的 A4 纸为默认页面。如果需要将文档打印到 A3、16K 等其他不同大小的纸张上，最好在编辑文档前修改页面的大小。

笔 记

切换到"页面布局"选项卡，在"页面设置"选项组中单击"纸张大小"按钮，从下拉菜单中选择需要的纸张大小，即可设置页面大小。

如果要自定义特殊的纸张大小，在下拉菜单中选择"其他页面大小"命令，打开"页面设置"对话框，在"纸张"选项卡的"纸张大小"栏中进行相应的设置。

（**2**）调整页边距

当文档默认页边距不符合打印需求时，可以自行调整，操作步骤如下：

①　切换到"页面布局"选项卡，在"页面设置"选项组中单击"页边距"按钮，从下拉列表中选择一种页边距大小，如图 1-44 所示。

②　如果要自定义边距，可直接在"页边距"按钮右侧的"上""下""左""右"微调框中设置页边距的数值。

③　如果打印后要装订，单击"页边距"按钮，在下拉菜单中选择"自定义页边距"命令，打开"页面设置"对话框，在"装订线宽"微调框中输入装订线的宽度，在"装订线位置"下拉列表框中选择"左"或"上"选项。在"应用于"下拉列表框中可以选择要应用新页边距设置的文档范围。

④　在"方向"栏中选择"纵向"或"横向"选项，可以决定文档页面的方向。

（**3**）修改页面背景

在使用 WPS 文字编辑文档时，可以根据需要对页面进行必要的装饰，如添加水印效果、调整页面颜色、设置稿纸等。

①　水印效果。为了声明版权、强化宣传或美化文档，可以在文档中添加水印，方法为：切换到"插入"选项卡，单击"水印"按钮，从下拉列表中选择一种水印样式，如图 1-45 所示。

图 1-44
"页边距"下拉列表
图 1-45
"水印"下拉列表

② 调整页面颜色。调整页面颜色的方法为：切换到"页面布局"选项卡，单击"背景"按钮，从下拉菜单中选择一种主题颜色。如果 WPS 文字提供的现有颜色都不符合需求，可以选择"其他填充颜色"命令，打开"颜色"对话框，在"自定义"选项卡中设置 RGB 值。

2. 使用样式与模板

微课：1-12
使用样式与模板

样式和模板是 WPS 文字中最重要的排版工具。应用样式可以直接将文字和段落设置成事先定义好的格式，应用模板则可以轻松制作出精美的信函、商务文书等文件。

（1）创建新样式

样式是一套预先调整好的文本格式。系统自带的样式为内置样式，用户无法将它们删除，但可以对其进行修改。可以根据需要创建新样式，操作步骤如下：

① 单击垂直滚动条右侧的"样式和格式"按钮，打开"样式和格式"任务窗格，如图 1-46 所示。单击"新样式"按钮，打开"新建样式"对话框，如图 1-47 所示。

② 在"名称"文本框中输入新建样式的名称。注意，要尽量取有意义的名称，并且不能与系统默认的样式同名。

③ 在"样式类型"下拉列表框中选择样式类型，其中包括段落和字符两个选项。

④ 在"样式基于"下拉列表框中列出了当前文档中的所有样式。如果要创建的样式与其中某个样式比较接近，选择该样式，新样式会继承选择样式的格式，只要稍作修改即可。

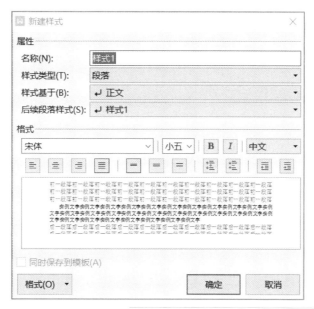

图 1-46
"样式和格式"任务窗格
图 1-47
"新建样式"对话框

⑤ 在"后续段落样式"下拉列表框中显示了当前文档中的所有样式，其作用是在编辑文档的过程中按〈Enter〉键后，转到下一段落时自动套用样式。

⑥ 在"格式"栏中，可以设置字体、段落的常用格式，还可以单击"格式"按钮，从弹出的列表中选择要设置的格式类型，对格式进行详细的设置。

⑦ 单击"确定"按钮，新样式创建完成。

（2）修改与删除样式

对于内置样式和自定义样式都可以进行修改。先打开"修改样式"对话框，步骤如下：

① 在垂直滚动条右侧的"样式和格式"任务窗格中选中要修改的样式，上方文本框内的样式名称发生相应的改变。

② 单击样式名右侧的箭头按钮，从弹出的下拉菜单中选择"修改"命令。在打开的"修改样式"对话框中可以根据需要重新设置样式，其方法与操作"新建样式"对话框基本类似。

③ 或打开"样式和格式"任务窗格，单击样式名右侧的箭头按钮，或右击样式名，从弹出的快捷菜单中选择"删除"命令，即可删除不再使用的样式。

（3）使用和管理模板

模板是一种框架，它包含了一系列文字和样式等项目，文档都是在模板的基础上建立的。以下介绍与模板相关的操作，包括新建模板、使用已有模板以及管理模板中的样式。

① 新建模板。在快速访问工具栏左侧单击"文件"按钮，在下拉菜单中选择"新建"→"本机上的模板"命令，打开"模板"对话框，在右下角"新建"栏中选中"模板"单选按钮，然后单击"确定"按钮，新建一个名称为"模板 1"的空白文档窗口，并将模板保存起来，其扩展名为 wpt。

② 使用已有模板。在快速访问工具栏左侧单击"文件"按钮，在下拉菜单中选择"新建"→"本机上的模板"命令，打开"模板"对话框，在"常规"选项卡

笔 记

中选择本机上已创建的模板，然后单击"确定"按钮。

③ 管理模板中的样式。如果多个文档套用了一个样式，就会涉及对模板中样式的管理问题。用户在套用模板的文档中修改了样式或新建样式后，其他套用相同模板的文档也会对修改的样式做出反应或添加新建的样式。

3. 分栏与分节

微课：1-13
分栏与分节

笔 记

分栏经常用于报纸、杂志和词典，它有助于版面的美观、便于阅读，同时也可以起到节约纸张的作用。

（1）分栏排版

① 设置分栏。选定要设置分栏的文本，切换到"页面布局"选项卡，在"页面设置"选项组中单击"分栏"按钮，从下拉菜单中选择相应的分栏命令。

如果预设的几种分栏格式不符合要求，选择"更多分栏"命令，打开"分栏"对话框。在"预设"栏中选择要使用的分栏格式，在"应用于"下拉列表框中指定分栏格式应用的范围。如果要在栏间设置分隔线，选中"分隔线"复选框。

② 修改与取消分栏。若要修改已存在的分栏，将插入点移到要修改的分栏位置，然后打开"分栏"对话框进行相应的处理，最后单击"确定"按钮；或将插入点置于已设置分栏排版的文本中，在"页面设置"选项组中单击"分栏"按钮，在下拉菜单中选择"一栏"命令，取消对文档的分栏。

（2）分页与分节

WPS 文字具有自动分页的功能，用户也可以根据需要在文档中手工分页，所插入的分页符称为人工分页符或硬分页符。

① 设置分页。打开原始文件，将光标定位到要作为下一页的段落的开头，切换到"页面布局"选项卡，在"页面设置"选项组中单击"分隔符"按钮，从下拉菜单中选择"分页符"命令，即可将光标所在位置后的内容下移一个页面。

② 设置分节符。所谓的"节"，是指 WPS 文字用来划分段落的一种方式。对于新建立的文档，整个文档就是一节，只能用一种版面格式编排。为了对文档的多个部分使用不同的格式，要把文档分成若干节，即插入分节符。切换到"页面布局"选项卡，在"页面设置"选项组中单击"分隔符"按钮，从下拉菜单中选择一种分节符命令，即可插入相应的分节符。

4. 应用图片

微课：1-14
应用图片

一篇图文并茂的文档比纯文字文档更美观、更具说服力。WPS 文字允许将来自文件的图片插入文档中，并对其进行编辑。

（1）插入图片

"稻壳素材"提供了包含背景、人物、动物、标志、地点等图片资源，用户无须打开浏览器或离开文档即可将图像插入文档中。如果对图片有更高的要求，可以选择插入计算机中保存的图片文件（部分功能需要有会员权限）。

在文档中插入图片的操作步骤如下：

① 将插入点置于目标位置，切换到"插入"选项卡，单击"图片"按钮，弹出下拉菜单。

② 在"稻壳图片"搜索框中输入关键字，如"动物"等，或者直接在下方分类图片库里选择对应分类。

③ 单击左侧"搜索"按钮或按〈Enter〉键，搜索结果将显示在下方"结果"区中。

④ 单击所需的图片资源，即可将其插入到文档中；或者切换到"插入"选项卡，单击"稻壳素材"按钮，在打开的窗口中选择需要的图片或素材。也可以切换到"插入"选项卡，单击"图片"按钮，在下拉菜单中选择"本地图片"命令，在打开的"插入图片"对话框中选择需要的图片文件，然后单击"打开"按钮，即可将图片文件插入文档中。

WPS 文字提供了屏幕截图功能，用户在编写文档时，可以直接截取程序窗口或屏幕中某个区域的图像，这些图像将自动插入当前光标所在的位置。方法为：在"插入"选项卡中单击"更多"按钮，在下拉菜单中选择"截屏"→"屏幕截图"命令，可以实现全屏截取图像；如果要自定义截取图像，选择"截屏"→"自定义区域截图"命令，在半透明的白色效果画面中拖动鼠标，选取要截取的画面区域，然后释放鼠标按键。

（2）编辑图片

① 调整图片的大小和角度。图片插入文档后，可以通过 WPS 文字提供的缩放功能控制其大小，还可以旋转图片。方法为：单击要缩放的图片，其周围会出现 8 个句柄，如果要横向、纵向或沿对角线缩放图片，将鼠标指向图片的某个句柄上，然后按住鼠标左键沿缩放方向拖动即可。另外，用鼠标拖动图片上方的旋转按钮，可以任意旋转图片。

如果要精确地设置图片或图形的大小和角度，单击图片，切换到"图片工具"选项卡，在"大小和位置"选项组中对"形状高度"和"形状宽度"微调框进行设置，如图 1-48 所示。也可以单击右下角"对话框启动器"按钮，打开"布局"对话框，在"大小"选项卡中进行相应的高度和宽度设置，在"旋转"栏可以设置图片旋转的角度。

② 裁剪图片。单击文档中要裁剪的图片，切换到"图片工具"选项卡，在"大小和位置"选项组中单击"裁剪"按钮，此时图片的四周会出现黑色的控点。将鼠标指向图片上的控点，指针会变成黑色的倒立 T 形状，按住鼠标左键拖动即可将鼠标经过的部分裁剪掉。最后单击文档的任意位置，即可完成图片的裁剪操作。

如果要使图片在文档中显示为其他形状，而不是默认的矩形，单击要裁剪的图片，切换到"图片工具"选项卡，在"大小和位置"选项组中单击"裁剪"按钮的箭头按钮，从下拉列表中选择所需的形状，如图 1-49 所示。

（3）美化图片

① 设置图片的文字环绕效果。环绕方式是指文档中的图片与周围文字的位置关系。WPS 文字提供了嵌入型、四周型环绕、紧密型环绕等 7 种环绕方式。单击图片，切换到"图片工具"选项卡，单击"环绕"按钮，从下拉菜单中选择所需的命令，即可设置图片的文字环绕效果。

笔 记

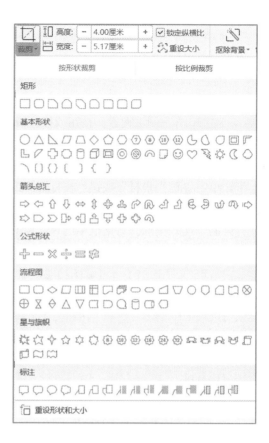

图 1-48
精确设置图片大小的数值
图 1-49
将图片裁剪为不同的形状

✑ 笔记

② 设置图片样式。单击图片，在"图片工具"选项卡的"设置形状格式"选项组中单击"效果"按钮，在下拉列表中可选择设置图片的"阴影""边缘"等效果。或选择"更多设置"命令打开"属性"任务窗格，可以从弹出的下拉列表中选择其他样式。例如，将"发光"栏下的"颜色"设置为标准颜色"蓝色"，得到的效果如图 1-50 所示。

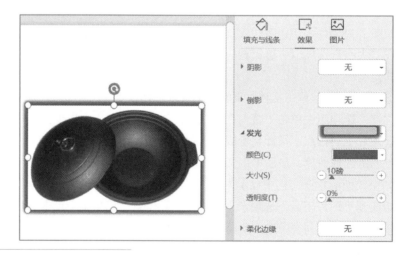

图 1-50
设置图片样式

也可以在"设置形状格式"选项组中单击"边框"按钮，从下拉列表中选择所需的命令，对图片的边框进行设置，如图 1-51 所示。

③ 调整图片的亮度和对比度。方法为：单击图片，切换到"图片工具"选项卡，在"设置形状格式"选项组中分别单击"增加对比度"按钮和"降低对比度"按钮，可以调整图片的对比度；单击"增加亮度"按钮和"降低亮度"按钮，可以

调整图片的亮度。图 1-52 所示为增加图片对比度的效果。

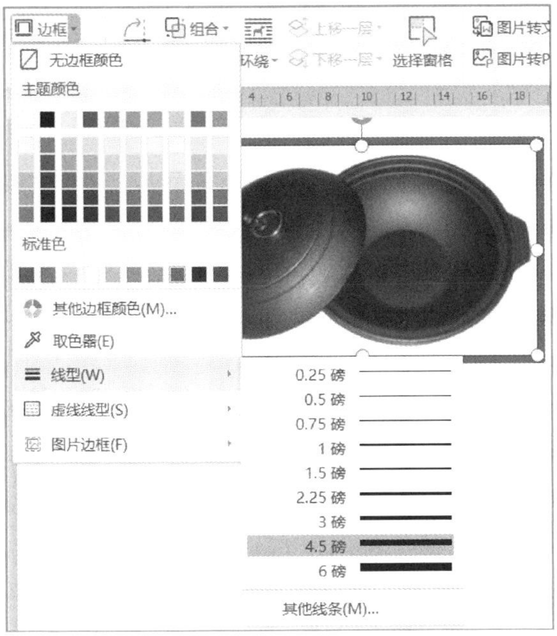

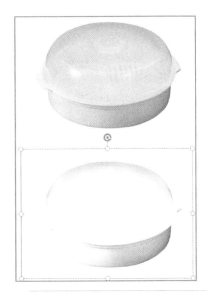

图 1-51
设置图片边框
图 1-52
调整图片对比度的效果

④ 调整图片的色调。可以通过调整图片的色温达到调整色调的目的。方法为：单击图片，切换到"图片工具"选项卡，单击"色彩"按钮，从下拉菜单中选择 4 种色调中的一种，如图 1-53 所示。

5. 创建表格

微课：1-15
表格的创建与删除

WPS 文字提供了强大的表格处理功能，包括创建表格、编辑表格、设置表格的格式以及对表格中的数据进行排序和计算等。

（1）建立表格

① 自动创建表格。将插入点置于目标位置，切换到"插入"选项卡，单击"表格"按钮，在弹出的下拉菜单中用鼠标在示意表格中拖动，以选择表格的行数和列数，同时在示意表格的上方显示相应的行、列数。选定所需行、列数后，释放鼠标按键即可。

② 手动创建表格。单击"表格"按钮，从下拉菜单中选择"插入表格"命令，打开"插入表格"对话框，接着在其中进行设置，最后单击"确定"按钮，如图 1-54 所示。

图 1-53
调整图片的色调
图 1-54
"插入表格"对话框

（2）表格的快速样式

当将鼠标移到表格中时，表格的左上角和右下角会出现两个控制点，分别是表格移动控制点"⊕"和表格大小控制点"↘"。

表格移动控制点有两个作用，其一是将鼠标放在该控制点后按住左键拖动时，可以移动表格；其二是单击后将选中整个表格。

表格大小控制点的作用是改变整个表格的大小，将鼠标停在该控制点后，按住左键拖动将按比例放大或缩小表格。

表格的快速样式是指对表格的字符字体、颜色、底纹、边框等套用 WPS 文字预设的格式。无论是新建的空表，还是已经输入数据的表格，都可以使用表格的快速样式来设置表格的格式，操作步骤如下：

① 将插入点置于表格的单元格中，切换到"表格样式"选项卡，在"表格样式"选项中选择一种样式，即可在文档中预览此样式的排版效果。

② 选中或取消选中"表格样式"左侧的复选框，可以决定特殊样式应用的区域，如图 1-55 所示。

图 1-55
设置表格样式

（3）删除表格

当表格不再需要时，单击表格的任意单元格，切换到"表格工具"选项卡，在"插入单元格"选项组中单击"删除"按钮，从下拉菜单中选择"表格"命令将其删除。

另外，将鼠标放在表格移动控制点"⊞"上，当指针变为带双向十字箭头的形状时，单击选定整个表格。然后右击任意单元格，从弹出的快捷菜单中选择"删除表格"命令，也可以将表格整体删除。

有关表格的其他操作见任务 1.3。

6. 使用手绘形状和智能图形

在 WPS 文字中，可以插入矩形、圆形、线条、流程图符号、文本框等手绘形状，也可以插入智能图形和艺术字，并且能对其进行编辑和添加效果。

（1）插入手绘形状和智能图形

① 插入图形。切换到"插入"选项卡，单击"形状"按钮，将弹出如图 1-56 所示的下拉列表，其中包括线条、基本形状、箭头总汇、公式形状、流程图、标注、星与旗帜等几大类。从下拉列表中选择要绘制的图形，在需要绘制图形的开始位置按住鼠标左键并拖动到结束位置，然后释放鼠标按键，即可绘制出基本图形。

当要插入多个图形时，为避免随着文档中其他文本的增删而导致插入形状的位置发生错误，手动绘图最好在画布中进行。在"形状"下拉菜单中选择"新建绘图画布"命令，即可在文档中插入空白画布，接着向其中插入图形，设置叠放次序并对其进行组合操作。

微课：1-16
使用图形对象

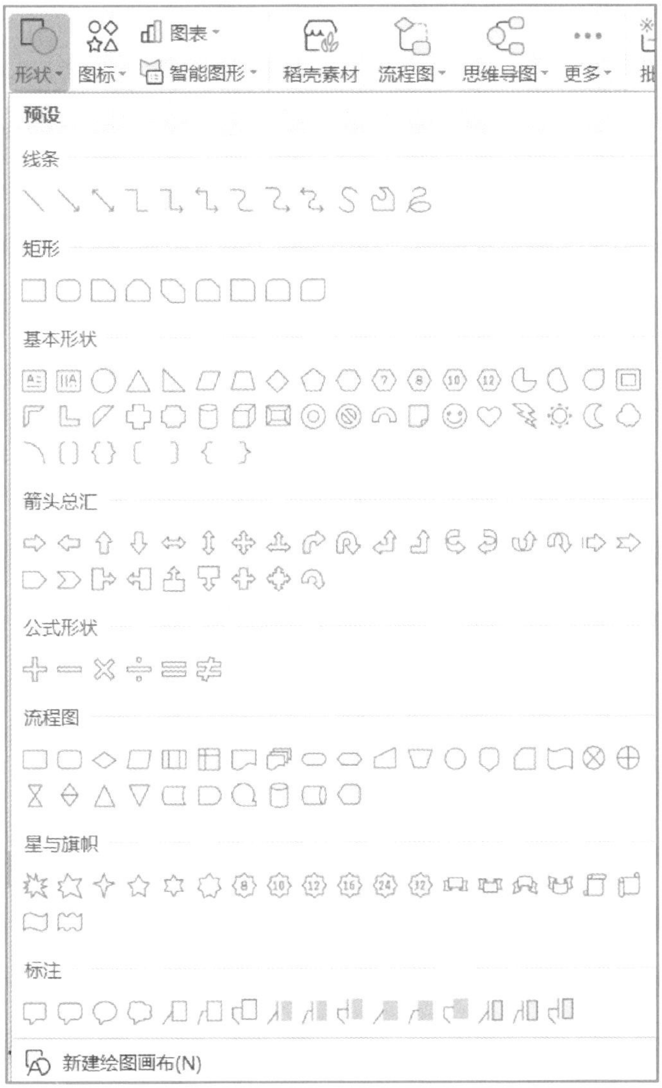

图 1-56
"形状"下拉列表

② 插入文本框。方法为：切换到"插入"选项卡，单击"文本框"按钮，从下拉菜单中选择一种文本框样式，快速绘制带格式的文本框。

如果要手动绘制文本框，单击"文本框"按钮，使图标呈现选中状态，在编辑区按住鼠标左键拖动，当文本框的大小合适后，释放鼠标按键。

③ 插入智能图形。智能图形是信息和观点的视觉表现形式，主要用于演示流程、层次结构、循环和关系。在文档中插入智能图形的方法为：切换到"插入"选项卡，单击"智能图形"按钮，在下拉菜单中选择"智能图形"命令，在打开的"选择智能图形"对话框中选择所需的图形，接着向智能图形中输入文字或插入图片。

④ 插入艺术字。WPS 文字提供了大量的艺术字样式，在编辑 WPS 文字文档时，可以套用与文档风格最接近的艺术字，以获得更佳的视觉效果。在文档中插入艺术字的方法为：切换到"插入"选项卡，单击"艺术字"按钮，从下拉菜单中选择一种艺术字样式，如图 1-57 所示。然后，在光标所处位置的文本输入框中输入内容。

笔 记

图 1-57
"艺术字"下拉列表

笔 记

（2）编辑图形对象

对于插入到文档中的形状、文本框、智能图形和艺术字对象，可以进行编辑和美化处理，使其更符合自己的需要。对这些对象的处理方法类似，下面以处理图形对象为例进行介绍。

① 选定图形对象。在对某个图形对象进行编辑之前，首先要选定该图形对象，方法如下：

● 如果要选定一个图形，用鼠标单击该对象。此时，该图形周围会出现句柄。

● 如果要选定多个对象，按住〈Shift〉键，然后用鼠标分别单击要选定的图形。

② 调整图形对象的大小。选定图形对象之后，在其拐角和矩形边界会出现尺寸句柄，拖动该句柄即可调整对象的大小。如果要保持原图形的比例，拖动拐角上的句柄时按住〈Shift〉键；如果要以图形对象中心为基点进行缩放，拖动句柄时按住〈Ctrl〉键。

③ 复制或移动图形对象。选定图形对象后，可以将鼠标左键移到图形对象的边框上（不要放在句柄上），按住鼠标左键拖动，到达目标位置后释放鼠标按键即可。在拖动过程中按住〈Ctrl〉键，可以将选定的图形复制到新位置。

④ 对齐图形对象。选定要对齐的多个图形对象，切换到"图片工具"选项卡，单击"对齐"按钮，从下拉菜单中选择所需的对齐方式，如图 1-58 所示；或选中想对齐的图片，在浮动工具栏中单击相应对齐方式的按钮即可。

⑤ 叠放图形对象。在同一区域绘制多个图形时，后来绘制的图形将覆盖前面的图形。在改变图形的叠放次序时，需要选定要移动的图形对象，若该图形被隐藏在其他图形下面，可以按〈Tab〉键来选定该图形对象，然后单击"上移一层"或"下

移一层"按钮。如果要将图形对象置于正文之后,单击"下移一层"左侧的"环绕"按钮,从下拉菜单中选择"衬于文字下方"命令。

⑥ 组合多个图形对象。方法为:选定要组合的图形对象,单击"组合"按钮,从下拉菜单中选择"组合"命令。

单击组合后的图形对象,再次单击"组合"按钮,从下拉菜单中选择"取消组合"命令,即可将多个图形对象恢复为之前的状态。

(3)美化图形对象

在文档中绘制图形对象后,可以改变图形对象的线型、填充颜色等,即对图形对象进行美化。

① 设置线型与线条颜色。在 WPS 文字中,设置线型的方法为:选定图形对象,切换到"图片工具"选项卡,单击"设置形状样式"选项组的"对话框启动器"按钮,打开"属性"任务窗格,在"填充与线条"选项卡中的"线条"栏中选中"实线"单选按钮,再从"线条"右侧的下拉列表框中选择需要的线型。设置线条的颜色时,在"颜色"栏右侧的下拉列表框中选择所需的颜色。

② 设置填充颜色。选定要设置的图形对象,切换到"图片工具"选项卡,单击"设置形状样式"选项组的"对话框启动器"按钮,打开"属性"任务窗格,在"填充与线条"选项卡"填充"栏中选中"纯色填充"单选按钮,从"颜色"下拉列表框中选择所需的填充颜色,如图 1-59 所示。如果其中没有合适的颜色,选择"其他填充颜色"命令,在打开的"颜色"对话框中进行设置。

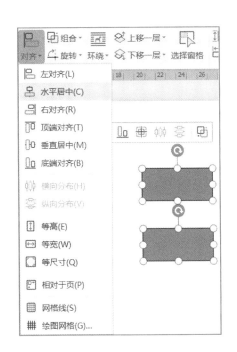

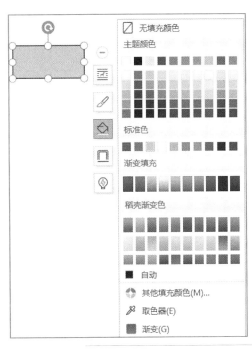

图 1-58
"对齐"下拉菜单
图 1-59
设置"形状填充"

③ 设置外观效果。若要给图形设置阴影、发光、三维旋转等外观效果,选定要添加外观效果的图形对象,在"属性"任务窗格中切换到"效果"选项卡,从"阴影"下拉列表框中选择一种预设样式,如图 1-60 所示。

设置文本框格式时,右击文本框的边框,从弹出的快捷菜单中选择"设置对象格式"命令,打开"属性"任务窗格。在"文本选项"选项卡中选择"文本框"选项，在"文本框"栏中可设置"左边距""右边距""上边距"和"下边距"4 个微调框中的数值，调整文本框内文字与文本框四周边框之间的距离。

在智能图形插入文档后，通过"设计"和"格式"选项卡，可以对图形的整体样式、图形中的形状与文本等进行重新设置。

在对插入到文档中的艺术字进行设置时，利用"绘图工具"和"文本工具"选项卡在相关的选项中进行操作即可。

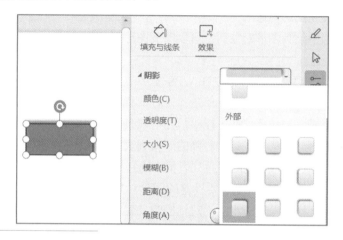

图 1-60
设置"效果"

【课堂练习 1-4】 使用 WPS 文字提供的绘制图形和插入文本框等功能，为本任务中提及的南京天地电器股份有限公司绘制交通线路图（该公司位于财富大厦 108 室），并进行适当的美化处理，基本效果如图 1-61 所示。

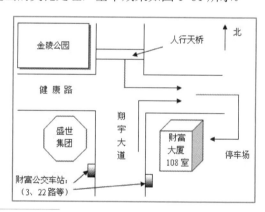

图 1-61
天地电器公司交通线路图

任务 1.3 制作图书订购单

▶ 任务描述

如今，直邮销售成为购物新时尚。针对这一商机，四维书店新增了邮购图书业务。为此，需要制作一份图书订购单作为客户购买图书与书店发货的凭据。经理指出订购单应具备以下特色：

● 根据订购人资料、收货人资料、订购商品资料、付款方式、配送方式等几个部分划分订购单区域。

笔 记

● 整个表格的外边框、不同部分之间的边框以双实线来划分；对处于同一区域中的不同内容，可以用虚线等特殊线型来分隔。

● 重点部分用粗体或者插入特殊符号来注明。

● 为表明注意事项中提及内容的重要性，用项目符号对其进行组织。

● 对于选择性的项目或者填写数字之处，可以通过插入空心的方框作为书写框。

● 对于重点部分或者不需要填写的单元格，填充比较醒目的底色。

● 注意事项中可以添加底纹效果。

● 可以快速计算出每种商品的金额以及订购的总金额。

邮购部的小夏主动请缨，按照经理提出的上述要求，经过技术分析，借助 WPS 文字提供的表格制作功能，出色地完成了任务，其效果如图 1-62 所示。

图书订购单

订购日期：____年___月___日　　№：						
订购人资料	□会员 □首次	会员编号	姓　名	联系电话		
	姓　名		电子邮箱			
	联系电话		QQ 号码			
	家庭住址	省　市　县/区		邮政编码：□□□□□□		
收货人资料	**★指定其他送货地址或收货人时请填写**					
	姓　名		联系电话			
	送货地址	省　市　县/区（□家庭　□单位）				
	备　注	**有特殊送货要求时请说明**				
订购商品资料	书号	商品名称	单价(元)	数量	金额(元)	
	W001	《Java 程序设计》	32	40	1280.00	
	E132	《Python 程序设计》	35	28	980.00	
	P203	《C 程序设计》	30	33	990.00	
	A468	《C++程序设计》	26	18	468.00	
	合计总金额：□拾□万□千□百□拾□元整(3718.00 RMB)					
付款方式	□邮政汇款　□银行汇款　□货到付款(只限北京地区)					
配送方式	□普通包裹　□送货上门(只限北京地区)					
注意事项	◆ 请务必详细填写，以便尽快为您服务。 ◆ 在收到您的订单后，我们的客户服务人员将会与您联系确认。					

图 1-62
图书订购单效果图

技术分析

● 通过“插入”选项卡的“表格”下拉菜单、“插入表格”或者“绘制表格”对话框，皆可创建表格。

● 通过“表格工具”选项卡的“表格属性”选项组中的相关命令，可以设置单元格的宽度和高度。

● 通过"表格工具"选项卡的"自动调整"按钮，可以自动等分行高与列宽。

● 通过"表格工具"选项卡的"插入单元格"选项组中的命令，可以新增或删除单元格、清除表格中的任意边框线。

● 通过"表格工具"选项卡的"字体"选项组中的命令，可以设置文字的字体、大小、在单元格内的方向和对齐方式。

● 通过"表格工具"选项卡的"快速计算"按钮或"公式"按钮，可以对表格中的数据进行求和与乘积计算。

● 通过"表格样式"选项卡中的命令或使用"边框和底纹"对话框，可以为单元格设置边框线的样式、颜色，以及添加底纹效果。

微课：1-17
任务 1.3 制作图书
订购单（1）

笔 记

▶ 任务实现

1. 创建订购单表格雏形

在创建表格前，最好先在纸上绘制出表格的草图，规划好行数和列数，以及表格的大概结构，再在 WPS 文字文档中创建。

（1）插入标准表格

① 打开 WPS 文字，在"页面布局"选项卡中设置文档的页边距，将"左"和"右"页边距设置为"1.5 厘米"。

② 在文档的首行输入标题文字"图书订购单"，并按〈Enter〉键。插入表格，"列数"和"行数"分别为"4"和"20"。

③ 将标题文字"图书订购单"的字体设置为黑体、加粗，字号设置为一号，文字居中对齐。

④ 将鼠标移至表格右下角的表格大小控制点上，按住鼠标左键向下拖动，增大表格的高度。

（2）合并单元格

选择表格第 1 行和第 2 行第 1 列的两个单元格，然后右击选定的单元格，从弹出的快捷菜单中选择"合并单元格"命令，将它们合并。

（3）绘制表格斜线表头

切换到"表格样式"选项卡，单击"绘制斜线表头"按钮，打开"斜线单元格类型"对话框，选择第 2 种形式的斜线表头，如图 1-63 所示。

（4）平均分布列宽

① 将鼠标移至第 3 列单元格的右侧边框上，当指针变成左右相对的"箭头"形状时，按住鼠标左键向左拖动，手动调整第 3 列的宽度。

② 选择表格的左边 3 列，切换到"表格工具"选项卡，单击"自动调整"按钮，在下拉菜单中选择"平均分布各列"命令，WPS 文字会根据当前选择的总宽度平均分配各列的宽度。

2. 编辑订购单表格

在制表过程中，经常要在指定的位置插入或者删除一些行或列，或者将多个单元格合并、拆分，以符合整个表格的内容要求。

（1）插入表格行和列

① 将鼠标置于第 1 行的左侧，当指针变成 "↗" 形状时，单击选择这一整行。然后切换到 "表格工具" 选项卡，单击 "在上方插入行" 按钮即可。

② 将鼠标置于表格最右侧的边框上，按住鼠标左键并向左拖动以缩小表格宽度，准备插入一整列。

③ 将鼠标移至第 1 列的上方，当指针变成 "↓" 形状时，单击选择一整列。然后右击鼠标，从弹出的快捷菜单中选择 "插入"→"在左侧插入列" 命令，如图 1-64 所示，在被选列的左侧插入一列相同大小的单元格。

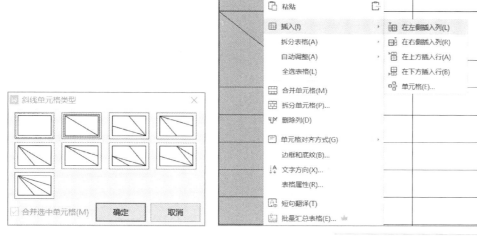

图 1-63
"斜线单元格类型" 对话框
图 1-64
使用快捷菜单插入列

④ 由于新插入的列过宽，将鼠标移至其右侧边框线上，当指针变成 "↔" 形状时，按住鼠标左键向左拖动，手动调整此列的宽度。

⑤ 将表格第 2 列～第 4 列的列宽平均分布。

（2）清除不需要的边框线

切换到 "表格样式" 选项卡，单击 "擦除" 按钮，清除不需要的边框线，效果图如图 1-65 所示。

（3）合并与拆分单元格

① 选择表格的第 10 行和第 11 行第 3 列～第 5 列的 6 个单元格，然后在其中右击，从弹出的快捷菜单中选择 "合并单元格" 命令，将其合并。

② 选择第 10 行和第 11 行第 2 列的两个单元格，切换到 "表格工具" 选项卡，单击 "合并单元格" 按钮，合并选定的单元格。

③ 使用上述方法将倒数第 4 行第 2 列～第 5 列的 4 个单元格合并。

④ 选择倒数第 5 行～第 9 行最后一列的 5 个单元格，切换到 "表格工具" 选项卡，单击 "拆分单元格" 按钮，打开 "拆分单元格" 对话框，如图 1-66 所示。将 "列数" 微调框设置为 "2"，最后单击 "确定" 按钮。

⑤ 选择倒数第 5 行～第 9 行第 3 列的 5 个单元格，然后将鼠标移至单元格的右侧边框上，当指针变成 "↔" 形状时，按住鼠标左键向右拖动，加宽所选单元格的宽度。

⑥ 选择倒数第 5 行～第 9 行第 4 列～第 6 列的单元格，切换到 "表格工具" 选项卡，单击 "自动调整" 下拉按钮，在下拉菜单中选择 "平均分布各列" 命令。

笔 记

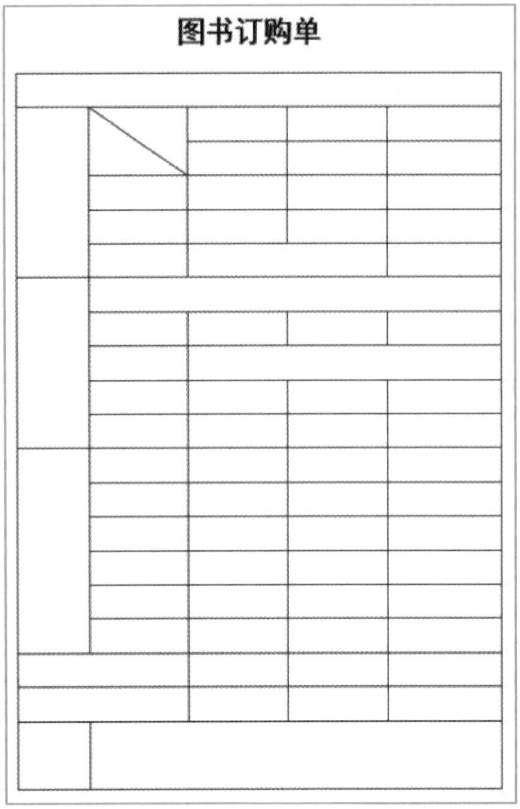

图书订购单

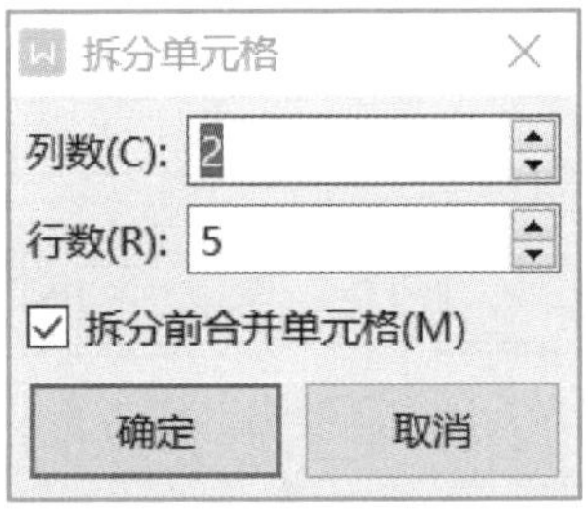

图 1-65
清除不需要的边框线
图 1-66
"拆分单元格"对话框

拆分单元格 ✕

列数(C): 2

行数(R): 5

☑ 拆分前合并单元格(M)

确定　　取消

3. 输入与编辑订购单内容

笔记

完成表格的结构编辑后，即可在其中输入内容，然后对文字进行相关的设置，从而得到最佳效果。

（1）输入表格内容

① 在绘制了斜线表头单元格的右上角双击，当出现光标闪动后输入文字"会员"，然后在该单元格的左下角双击，在光标闪烁处输入文字"首次"。

② 在其他单元格中输入文本内容，对于重点内容或者要特别注意的事项，可以为其添加粗体，输入完毕后的效果如图 1-67 所示。

③ 将插入点置于表格第 1 行文字的右侧，输入合适数量的空格。然后切换到"插入"选项卡，单击"符号"按钮，从下拉菜单中选择"其他符号"命令，打开"符号"对话框。在"符号"选项卡中，将"字体"设置为"（普通文本）"，将"子集"设置为"类似字母的符号"，然后在列表框中选择"№"符号，接着在插入的符号后面输入"："。

④ 将插入点定位于文本"会员"的前面，然后打开"符号"对话框，将"字体"设置为"（普通文本）"，将"子集"设置为"几何图形符"，接着选择空心方框符号"□"，单击"插入"按钮，在文本"会员"的前面插入该符号。然后单击"插入到符号栏"按钮，切换到"符号栏"选项卡。

⑤ 在"自定义符号"栏中选择"□"，在"快捷键"栏中按〈Ctrl+Q〉组合键，如图 1-68 所示，并依次单击"指定快捷键"按钮和"关闭"按钮。

图书订购单

订购日期：____年___月___日

订购人资料	会员 首次	会员编号		姓　名		联系电话	
	姓　名			电子邮箱			
	联系电话			QQ 号码			
	家庭住址	省　市　县/区			邮政编码：		

收货人资料	**指定其他送货地址或收货人时请填写**						
	姓　名		联系电话				
	送货地址	省　市　县/区（家庭　单位）					
	备　注	**有特殊送货要求时请说明**					

订购商品资料	书号	商品名称			单价(元)	数量	金额(元)
	合计总金额：拾 万 千 百 拾 元整(　　RMB)						

付款方式	邮政汇款　银行汇款　货到付款(只限北京地区)
配送方式	普通包裹　　　　送货上门(只限北京地区)
注意事项	请务必详细填写，以便尽快为您服务。 在收到您的订单后，我们的客户服务人员将会与您联系确认。

图 1-67
输入表格内容后的效果

图 1-68
"符号"对话框

⑥ 在表格中的合适位置按〈Ctrl+Q〉组合键插入"□"符号。或者切换到"插入"选项卡，单击"符号"按钮，在下拉菜单中选择"近期使用的符号"栏中的第 1 个，也可以在文本中插入"□"符号。

⑦ 将插入点移至"收货人资料"区域强调文字的左侧，再次打开"符号"对话框，设置"子集"为"类似字母的符号"，选择"★"符号，依次单击"插入"按钮和"关闭"按钮。

⑧ 选择"注意事项"右侧单元格中的所有内容，为其添加默认的项目符号。输入表格内容与符号后的效果如图 1-69 所示。

图书订购单

订购日期: ＿＿年＿＿月＿＿日   №:

订 购 人 资 料	□会员 □首次	会员编号		姓　名		联系电话
		姓　名		电子邮箱		
		联系电话		QQ 号码		
		家庭住址	省　市　县/区		邮政编码:	

收 货 人 资 料

★指定其他送货地址或收货人时请填写

姓　名		联系电话	
送货地址	省　市　县/区　（家庭　单位）		
备　注	有特殊送货要求时请说明		

订 购 商 品 资 料	书号	商品名称	单价(元)	数量	金额(元)
	合计总金额: 拾 万 千 百 拾 元整(　　RMB)				

| 付款方式 | □邮政汇款　□银行汇款　□货到付款(只限北京地区) |
| 配送方式 | □普通 包裹　　　　□送货上门(只限北京地区) |

| 注意 事项 | ● 请务必详细填写，以便尽快为您服务。
● 在收到您的订单后，我们的客户服务人员将会与您联系确认。 |

图 1-69
输入表格内容和符号
后的效果

（2）设置单元格对齐方式

① 单击表格左上角的表格移动控制点符号"田"选定整个表格，然后切换到"表格工具"选项卡，单击"表格属性"按钮，打开"表格属性"对话框。

② 切换到"单元格"选项卡，在"垂直对齐方式"栏中选择"居中"选项，接着单击"确定"按钮，将整个表格中的文字垂直居中。

③ 选择"订购人资料"区域第 3 列～第 5 列的多个单元格，切换到"表格工具"选项卡，单击"字体"选项组中的"对齐方式"按钮，在下拉菜单中选择"水

平居中"命令。

④ 选择文本"□会员"，切换到"开始"选项卡，单击"段落"选项组中的"右对齐"按钮，以适合斜线表头的格式。

⑤ 在表格中按住〈Ctrl〉键不放，然后选择要水平居中对齐的单元格，按〈Ctrl+E〉组合键进行设置。

（3）设置文字方向与分散对齐

① 选择文本"订购人资料"，切换到"表格工具"选项卡，单击"字体"选项组中的"文字方向"按钮，在下拉菜单中选择"垂直方向从左往右"命令，使文字垂直显示。

② 保持文字"订购人资料"的选中状态，然后单击"对齐方式"按钮，在下拉菜单中选择"水平居中"命令。单击"中文版式"按钮，在下拉菜单中打开"调整宽度"对话框，在"新文字宽度"微调框中输入合适的数值，并单击"确定"按钮。

③ 使用上述方法，对"收货人资料""订购商品资料"以及"注意事项"等文字进行适当的调整，最终效果如图 1-70 所示。

图 1-70
设置文字方向与分散对齐后的效果

4. 设置与美化订购单表格

完成表格的内容编辑后，可以对表格的边框和填充颜色进行设置。

（1）设置表格边框线

① 将光标定位在表格中，单击"表格样式"选项卡中的"边框"按钮，从下拉菜单中选择"边框和底纹"命令，打开"边框和底纹"对话框，在"设置"栏中选择"网格"选项，在"线形"列表框中选择"双画线"选项，如图 1-71 所示，单击"确定"按钮，整个表格的外侧边框线设置完成。

图 1-71
设置表格的外侧边框

② 选择"订购人资料"栏目的所有单元格，切换到"表格样式"选项卡，单击"边框"按钮，在下拉菜单中选择"边框和底纹"命令，打开"边框和底纹"对话框，在"设置"栏中选择"网格"选项，"线型"选择"双画线"，将此栏目的下边框设置成双画线，以便与其他栏目分隔开。

③ 使用步骤②的方法，为其他栏目设置"双实线"线型的下边框效果。

（2）填充表格底色

① 按住〈Ctrl〉键，依次选择左侧第 1 列的所有单元格，然后切换到"表格样式"选项卡，单击"边框"按钮，在下拉菜单中选择"边框和底纹"命令，打开"边框和底纹"对话框，切换到"底纹"选项卡，在"填充"下拉菜单中选择"白色，背景1，深色 25%"选项，最后单击"确定"按钮。

② 按住〈Ctrl〉键，然后拖动鼠标选择如图 1-72 所示的多个单元格。切换到"表格样式"选项卡，单击"底纹"按钮右侧的箭头按钮，从下拉菜单中选择"巧克力黄，着色 6，浅色 80%"选项，为选定的单元格填充底色。

③ 选择"注意事项"右侧单元格的所有内容，然后右击，在弹出的快捷菜单中选择"边框和底纹"命令，打开"边框和底纹"对话框，切换到"底纹"选项卡，在"样式"下拉列表框中选择"5%"选项，最后单击"确定"按钮，完成对表格底色的填充，效果如图 1-73 所示。

笔 记

图书订购单

订购日期：_____年___月__日　　　　No：

订购人资料	□会员 □首次	□会员	会员编号	姓　名	联系电话
		姓　名		电子邮箱	
		联系电话		QQ 号码	
		家庭住址	省　　市　　县/区	邮政编码□□□□□□	

收货人资料	★指定其他送货地址或收货人时填写
	姓　名 ｜ 联系电话
	送货地址 ｜ 省　　市　　县/区（□家庭　□单位）
	备　注 ｜ 有特殊送货要求时请说明说明

书号	商品名称	单价（元）	数量	金额（元）

图 1-72
通过工具栏填充底纹颜色

图书订购单

订购日期：_____年___月__日　　　　No：

订购人资料	□会员 □首次	□会员	会员编号	姓　名	联系电话
		姓　名		电子邮箱	
		联系电话		QQ 号码	
		家庭住址	省　　市　　县/区	邮政编码□□□□□□	

收货人资料	★指定其他送货地址或收货人时填写
	姓　名 ｜ 联系电话
	送货地址 ｜ 省　　市　　县/区（□家庭　□单位）
	备　注 ｜ 有特殊送货要求时请说明说明

	书号	商品名称	单价（元）	数量	金额（元）
订购商品资料					
	合计总金额：　叁仟柒佰壹拾捌　元整（　RMB）				

付款方式	□邮政汇款　　□银行汇款　　□货到付款（只限北京地区）
配送方式	□普通包裹　　　□送货上门（只限北京地区）

注意事项	● 请务必详细填写，以便尽快为您服务。 ● 在收到您的订单后，我们的客户服务人员将会与您联系确认。

图 1-73
填充表格底纹颜色后的效果

至此，图书订购单表格的绘制与美化工作结束。

5. 计算订购单表格中的数据

直邮销售业务推出后，某计算机培训机构向书店订购了《Java 程序设计》等图书各若干本。现在需要将这些信息输入订购单中，利用 WPS 文字提供的简易公式进行计算，得到单件商品的金额以及所有订购图书的总金额。

（1）输入图书订购信息

在"订购商品资料"栏目的"书号""商品名称""单价（元）"和"数量"4 列中依次输入图书订购信息，见表 1-6。

表 1-6　订购图书的基本信息

书号	商 品 名 称	单价（元）	数量（本）
W001	《Java 程序设计》	32	40
E132	《Python 程序设计》	35	28
P203	《C 程序设计》	30	33
A468	《C++程序设计》	26	18

（2）计算图书的订购金额

① 将插入点定位于"金额（元）"下方的单元格中，切换到"表格工具"选项卡，单击"公式"按钮，打开"公式"对话框。

② 删除"公式"文本框中原有字符，然后在光标处输入"PRODUCT(LEFT)"，表示自动将左边的数值进行乘积操作，接着将"数字格式"设置为"0.00"，如图 1-74 所示，最后单击"确定"按钮。

③ 使用上述方法，为其他订购图书分别求出订购金额，如图 1-75 所示。

图 1-74
输入乘法公式

	书号	商品名称	单价(元)	数量	金额(元)
订购商品资料	W001	《Java 程序设计》	32	40	1280.00
	E132	《Python 程序设计》	35	28	980.00
	P203	《C 程序设计》	30	33	990.00
	A468	《C++程序设计》	26	18	468.00

图 1-75
计算每种书的金额

④ 将插入点定位至"合计总金额"所在单元格中的文本"RMB"的前面，然后打开"公式"对话框。

⑤ 在"公式"文本框中输入"=SUM(ABOVE)"，将"数字格式"设置为"0.00"，然后单击"确定"按钮，计算出该订购单的总金额。

相关知识

1. 编辑表格

微课：1-19
编辑表格

新表格创建后，可以切换到"表格样式"选项卡，使用"边框"菜单提供的功能编辑表格。

（1）选定表格内容

表格的编辑操作依然遵循"先选中，后操作"的原则，选取表格对象的方法见表 1-7。

表 1-7　选取表格对象的方法

选 取 对 象		方　　法
单元格	一个单元格	将鼠标移至要选取单元格的左侧，当指针变成"↗"形状时单击；或者将插入点置于单元格中，单击鼠标左键 3 次，此方法只适用于非空单元格
	连续的单元格	将鼠标移至左上角的第 1 个单元格中，按住鼠标左键向右拖动，可以选取处于同一行的多个单元格；向下拖动，可以选取处于同一列的多个单元格；向右下角拖动，可以选取矩形单元格区域
	不连续的单元格	首先选中要选定的第 1 个矩形区域，然后按住〈Ctrl〉键，依次选定其他区域，最后松开〈Ctrl〉键
行	一行	将鼠标移至要选定行的左侧，当指针变成"⇗"形状时单击
	连续的多行	将鼠标移至要选定首行的左侧，然后按住鼠标左键向下拖动，直至选中要选定的最后一行松开按键
	不连续的行	选中要选定的首行，然后按住〈Ctrl〉键，依次选中其他待选定的行
列	一列	将鼠标移至要选定列的上方，当指针变成"↓"形状时单击
	连续的多列	将鼠标移至要选定首列的上方，然后按住鼠标左键向右拖动，直至选中要选定的最后一列松开按键
	不连续的列	选中要选定的首列，然后按住〈Ctrl〉键，依次选中其他待选定的列

单击文档的其他位置，即可取消对表格内容的选取。

（2）复制或移动行或列

如果要复制或移动表格的一整行，参照以下步骤进行操作：

① 选定包括行结束符在内的一整行，然后按〈Ctrl+C〉或〈Ctrl+X〉组合键，将该行内容存放到剪贴板中。

② 将插入点置于要插入行的第 1 个单元格中，然后按〈Ctrl+V〉组合键，复制或移动的行被插入到当前行的上方，并且不替换其中的内容。

（3）插入与删除单元格、行和列

插入或删除单元格、行和列的步骤如下：

① 插入与删除单元格。插入单元格时，在要插入新单元格位置的左边或上边

笔 记

选定一个或几个单元格，其数目与要插入的单元格数目相同。然后切换到"表格工具"选项卡，在"插入单元格"选项组中单击右下角的"对话框启动器"按钮，打开"插入单元格"对话框，选中"活动单元格右移"或"活动单元格下移"单选按钮后，单击"确定"按钮。

删除单元格时，右击选定的单元格，从弹出的快捷菜单中选择"删除单元格"命令。或者切换到"表格工具"选项卡，在"插入单元格"选项组中单击"删除"按钮，在下拉菜单中选择"单元格"命令，打开"删除单元格"对话框。根据需要，选中"右侧单元格左移"或"下方单元格上移"单选按钮后，最后单击"确定"按钮。

② 插入行和列。在表格中插入行和列的方法有以下几种：

● 右击单元格，从弹出的快捷菜单中选择"插入"命令的子命令。

● 单击某个单元格，切换到"表格工具"选项卡，在"插入单元格"选项组中单击"在上方插入行"或"在下方插入行"按钮，可在当前单元格的上方或下方插入一行。插入列时，只须单击"在左侧插入列"或"在右侧插入列"按钮即可。

● 切换到"表格工具"选项卡，单击"插入单元格"选项组中的"对话框启动器"按钮，在"插入单元格"对话框中选中"整行插入"或"整列插入"单选按钮，然后单击"确定"按钮。

● 将插入点移至整个表格最右下角的单元格中，然后按〈Tab〉键。

● 将插入点置于表格某一行右侧的行结束处，然后按〈Enter〉键。

● 如果想要在表格最后一行或最后一列插入行和列，只须将鼠标移动到表格内部，表格右侧和下侧出现"＋"号，单击该符号即可插入行或列。

③ 删除行和列。删除行和列的方法有以下几种：

● 选定想删除的行或列，从浮动工具栏中单击"删除"按钮，在下拉菜单中选择"删除行"或"删除列"命令。

● 单击要删除行或列包含的一个单元格，切换到"表格工具"选项卡，在"插入单元格"选项组中单击"删除"按钮，从下拉菜单中选择"行"或"列"命令。

（4）合并与拆分单元格和表格

借助于合并和拆分功能，可以使表格变得不规则，以满足用户对复杂表格的设计需求。

① 合并单元格。在 WPS 文字中，合并单元格是指将矩形区域的多个单元格合并成一个较大的单元格，方法为选定要合并的单元格，然后使用下列方法进行操作：

● 切换到"表格工具"选项卡，单击"合并单元格"按钮。

● 右击选定的单元格，从弹出的快捷菜单中选择"合并单元格"命令。

② 拆分单元格。选定要拆分的单元格，切换到"表格工具"选项卡，单击"拆分单元格"按钮，打开"拆分单元格"对话框，在其中输入要拆分的行数和列数，然后单击"确定"按钮。

③ 拆分和合并表格。将插入点移至拆分后要成为新表格第 1 行的任意单元格，切换到"表格工具"选项卡，单击"拆分表格"按钮，在下拉菜单中选择"按行拆分"或"按列拆分"，可将一个表格拆分为两个表格。

2．设置表格格式

表格的修饰与文字修饰基本相同，只是操作对象的选择方法不同而已。

（1）设置单元格内文本的对齐方式

选定单元格或整个表格，切换到"表格工具"选项卡，在"字体"选项组单击"对齐方式"按钮，在下拉菜单中选择相应的命令。

（2）设置文字方向

① 将插入点置于单元格中，或者选定要设置的多个单元格，切换到"表格工具"选项卡，在"字体"选项组中单击"文字方向"按钮，在打开的"文字方向"对话框中设置文字方向。

② 右击选定的表格对象，从弹出的快捷菜单中选择"文字方向"命令，在打开的"文字方向"对话框中设置文字方向即可。

（3）设置单元格边距和间距

在 WPS 文字中，单元格边距是指单元格中的内容与边框之间的距离；单元格间距是指单元格和单元格之间的距离。选定整个表格，切换到"表格工具"选项卡，单击"表格属性"按钮，打开"表格属性"对话框，切换到"表格"选项卡，单击"选项"按钮，在打开的"表格选项"对话框中进行设置。

（4）设置行高和列宽

调整行高和列宽的方法类似，下面以调整列宽为例说明操作方法。

① 通过鼠标拖动调整。将鼠标移至两列中间的垂直线上，当指针变成"↔"形状时，按住鼠标左键在水平方向上拖动，当出现的垂直虚线到达新的位置后释放鼠标按键，列宽随之发生了改变。

② 手动指定行高和列宽值。选择要调整的行或列，切换到"表格工具"选项卡，在"表格属性"选项组中设置"高度"和"宽度"微调框的值。

③ 通过 WPS 文字自动调整功能调整。切换到"表格工具"选项卡，单击"自动调整"按钮，从下拉菜单中选择合适的命令。

另外，将多行的行高或多列的列宽设置为相同时，先选定要调整的多行或多列，然后切换到"表格工具"选项卡，单击"自动调整"按钮，从下拉菜单中选择"平均分布各行"或"平均分布各列"命令。

选取表格对象后，切换到"表格工具"选项卡，单击"表格属性"按钮，可以在打开的"表格属性"对话框中切换到"行"和"列"选项卡来设置选定对象的相关属性。

（5）设置表格的边框和底纹

设置表格边框的操作步骤如下：

① 选定整个表格，切换到"表格样式"选项卡，单击"边框"按钮右侧的箭头按钮，从下拉菜单中选择适当的命令。

② 如果要自定义边框，在步骤①的下拉菜单中选择"边框和底纹"命令，打开"边框和底纹"对话框。

③ 在打开的"边框和底纹"对话框中对"线型""颜色"和"宽度"等选项进行适当的设置，然后单击"确定"按钮。

可以给表格标题添加底纹，切换到"表格样式"选项卡，单击"底纹"按钮右

微课：1-21
处理表格中的数据

侧的箭头按钮，从下拉菜单中选择所需的颜色。

3. 处理表格中的数据

WPS 文字的表格中自带了对公式的简单应用，若要对数据进行复杂处理，需要使用后续单元介绍的 WPS 表格。下面以如图 1-76 所示的学生成绩表为例介绍 WPS 文字中公式的使用方法。

	A	*B*	*C*	*D*	*E*	*F*	*G*
1	学号	姓名	高数	英语	政治	总分	平均分
2	10001	刘备	78	62	90		
3	10002	曹操	85	88	93		
4	10003	孙权	66	91	82		

图 1-76
学生成绩表

> **说明**
>
> 图中倾斜且加粗的字符只是用来说明表格的样式，并不出现在表格中。其中，A、B 等英文字母表示表格的列标，最左侧的 1、2 等数字表示表格的行号，例如，"刘备"所处的单元格编号为 B2。

笔记

（1）求和

① 将光标置于单元格 F2 中，切换到"表格工具"选项卡，单击"公式"按钮，打开"公式"对话框。

② 在"公式"文本框中自动输入了默认公式"=SUM(LEFT)"，将"LEFT"修改为"C2:E2"，表示对该行左侧的 3 门课程求和，可以在"数字格式"下拉列表框中选择需要的格式。

③ 单击"确定"按钮，求出姓名为"刘备"的学生的课程总分。

④ 在单元格 F3 和 F4 中使用相同的公式，计算其他学生的总分。

> **【注意】**
>
> 公式中的字符需要在英文半角状态下输入，并且字母不区分大小写；公式前面的"="不能遗漏。

（2）求平均值

① 将光标置于单元格 G2 中，然后打开"公式"对话框。

② 将"公式"文本框中除"="以外的所有字符删除，并将光标置于"="后，接着将"粘贴函数"设置为"AVERAGE"，在光标处输入"C2:E2"，并将"数字格式"设置为"0.00"，最后单击"确定"按钮，计算出刘备的平均分。

③ 使用 AVERAGE 函数，分别引用处于同一行中各门课程成绩对应的单元格，计算出姓名为"曹操"和"孙权"的学生的平均分，并放置在单元格 G3 和 G4 中。

（3）排序

WPS 文字提供了对表格中的数据排序的功能，用户可以依据拼音、笔画、日期或数字等对表格内容以升序或降序进行排序。操作步骤如下：

① 将插入点置于表格中，切换到"表格工具"选项卡，单击"排序"按钮，打开"排序"对话框（如果表格有合并的单元格，则会提示"表格中有合并后的单元格，无法排序"）。

② 在"列表"栏中选中"有标题行"单选按钮，可以防止对表格中的标题行

进行排序。如果没有标题行，则选中"无标题行"单选按钮。

③ 在"主要关键字"栏中选择排序首先依据的列，如"总分"，然后在右边的"类型"下拉列表框中选择数据的类型。选中"升序"或"降序"单选按钮，表示按照该列的升序或降序排列，如图 1-77 所示。

④ 分别在"次要关键字"和"第三关键字"栏中选择排序的次要和第三依据的列名，如"高数"和"英语"。右侧的下拉列表框及单选按钮的含义同上，按照需要分别做出选择即可。

⑤ 单击"确定"按钮，进行排序。

如果要对表格的部分单元格排序，首先选定这些单元格，然后使用上述步骤操作即可。

【课堂练习 1-5】表 1-8 中统计了某网络公司各子公司的季度广告收入，要求计算"季度总计"行的值，并以"全年合计"列为排序依据排列表格数据（除"季度总计"行外）。

表 1-8　网络公司广告收入

子公司	第一季度	第二季度	第三季度	第四季度	全年合计
A 公司	12 000	6 000	8 000	15 000	41 000
B 公司	20 000	7 000	8 500	13 000	48 500
C 公司	10 000	8 000	7 600	12 000	37 600
D 公司	14 000	7 500	7 700	13 500	42 700
季度总计					

（4）对表格中的一列进行排序

如果要对表格中的单独一列排序，而不改变其他列的排列顺序，参考以下步骤进行操作：

① 选中要单独排序的列，然后打开"排序"对话框。

② 单击"选项"按钮，在打开的"排序选项"对话框中选中"仅对列排序"复选框，如图 1-78 所示。然后单击"确定"按钮，返回"排序"对话框。

③ 单击"确定"按钮，完成排序。

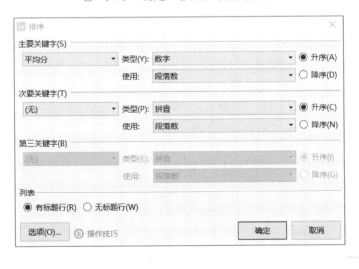

图 1-77
"排序"对话框
图 1-78
"排序选项"对话框

任务 1.4 毕业论文的编辑与排版

▶ 任务描述

　　小陈是某高职院校的一名大三学生，临近毕业，他按照指导老师发放的毕业设计任务书的要求，先期完成了项目开发和论文内容的书写。下一步，他将使用 WPS 文字对论文进行编辑和排版，其依据是教务处公布的"论文编写格式要求"。

　　① 论文必须包括封面、中文摘要、目录、正文、致谢、参考文献等部分，如果有源代码或线路图等，也可以在参考文献后追加附录。各部分的标题均采用论文正文中一级标题的样式。

　　② 论文各组成部分的正文：中文字体为宋体，西文字体为 Times New Roman，字号均为小四，首行缩进两个字符；除已说明的行距外，其他正文均采用 1.25 倍行距。

　　③ 封面：教务处给出了模板，从其网站上下载，并根据需要做必要的修改，封面中不写页码。

　　④ 目录：自动生成；字号为小四，对齐方式为右对齐。

　　⑤ 摘要：在摘要正文后，间隔一行，输入文字"关键词："，字体为宋体、四号、加粗，首行缩进两个字符，其后的关键词格式同正文。

　　⑥ 论文正文中的各级标题。

　　● 一级标题：字体为黑体、三号、加粗，对齐方式为居中，段前、段后均为 0 行，1.5 倍行距。

　　● 二级标题：字体为楷体、四号、加粗，对齐方式为左对齐，段前、段后均为 0 行，1.25 倍行距。

　　● 三级标题：字体为楷体、小四、加粗，对齐方式为左对齐，段前、段后均为 0 行，1.25 倍行距。

　　⑦ 论文中的图片：插入到 1 行 1 列的表格中，对齐方式为居中；每张图片有图序和图名，并在图片正下方居中书写。图序采用"图 1-1"的格式，并在其后空两格书写图名；图名的中文字体为宋体，西文字体为 Times New Roman，字号为五号。

　　⑧ 论文中的表格：对齐方式为居中；单元格中的内容，对齐方式为居中，中文字体为宋体，西文字体为 Times New Roman，字号均为五号，标题行文字加粗；表格允许下页接写，表题可省略，表头应重复写，并在左上方写"续表××"；每张表格有表序和表题，并在表格正上方居中。表序采用"表 1-1"的格式，并在其后空两格书写表题；表名的中文字体为宋体，西文字体为 Times New Roman，字号为五号。

　　⑨ 参考文献：正文按指定的格式要求书写，1.5 倍行距。

　　⑩ 页面设置：采用 A4 大小的纸张打印，上、下页边距均为 2.54 厘米，左、右页边距分别为 3.17 厘米和 2.54 厘米；装订线为 0.5 厘米；页眉、页脚距边界 1 厘米。

　　● 页眉：中文字体为宋体，西文字体为 Times New Roman，字号为五号；采用单倍行距，居中对齐。除论文正文部分外，其余部分的页眉中书写当前部分的标题；论文正文奇数页的页眉中书写章题目，偶数页书写"××职业技术学院毕业设计论文"。

　　● 页脚：中文字体为宋体，西文字体为 Times New Roman，字号为小五；采用单倍行距，居中对齐；页脚中显示当前页的页码。其中，中文摘要与目录的页码使用希腊文，且分别单独编号；从论文正文开始，使用阿拉伯数字，且连续编号。

- 论文左侧装订，封面、摘要单面打印，目录、正文、致谢、参考文献等双面打印。

经过技术分析，小陈按照上述要求完成了排版，效果如图 1-79 所示。

图 1-79
论文编辑与排版后的效果图

▶ 技术分析

- 通过"日期和时间"对话框，可以插入指定格式的日期。
- 通过"页面布局"选项卡，可以设置页边距、版式、装订线、页眉和页脚的位置。
- 通过"样式和格式"任务窗格，可以快速地创建与应用样式。
- 通过"题注"和"交叉引用"对话框，可以为表格添加标签，实现交叉引用。
- 通过"目录"和"目录选项"对话框，可以为文档定制目录。
- 通过"页眉页脚"选项卡中的相关按钮，可以达到论文不同章、奇偶页中页眉和页脚的制作要求。

▶ 任务实现

1. 使用目标样式

为了更便捷地执行教务处的排版规则，可以将论文中涉及的样式全部创建出来，然后将其分别应用到论文中。

（1）创建新样式

① 打开文档"论文.wps"，按〈Ctrl+End〉组合键，将插入点置于论文结尾。然后单击垂直滚动条右侧的"样式和格式"按钮，打开"样式和格式"任务窗格。

② 单击任务窗格中的"新样式"按钮，打开"新建样式"对话框。在"名称"文本框中输入样式名称"论文正文"，将"后续段落样式"设置为"论文正文"选项。

③ 单击对话框左下角的"格式"按钮，在下拉菜单中分别选择"字体"和"段落"命令，在打开的对话框中，按"要求"分别设置论文正文的字体和段落样式。注意，要在"段落"对话框的"缩进和间距"选项卡中取消选中"如果定义了文档网格，则与网格对齐"复选框，如图 1-80 所示。

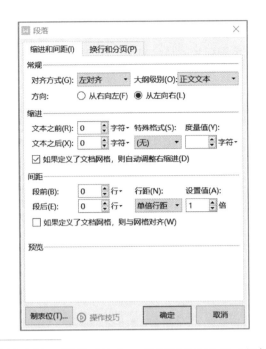

图 1-80
"段落"对话框

④ 使用上述方法,新建"论文一级标题""论文二级标题""论文三级标题""关键词""图表标题"以及"参考文献"等样式。其中,创建论文各级标题样式时,在"新建样式"对话框中,将"样式基于"设置为 WPS 文字默认的同级标题样式;对于其他新建的样式,将"样式基于"设置为"正文"。另外,在所有创建新样式对话框中,将"后续段落样式"设置为"论文正文"。

（2）应用样式

① 将插入点置于文本"摘要"所在的行中,然后在"样式和格式"任务窗格中单击列表框中的"论文一级标题"样式;使用同样的方法,将文字"第×章 ……""致谢"以及"参考文献"也设置成"论文一级标题"样式。

② 将"1.1……"等设置成"论文二级标题"样式。

③ 将"1.2.1……"等设置成"论文三级标题"样式。

④ 将摘要中的"关键词:"一行的文本格式按要求进行相应的设置。

⑤ 将"参考文献"样式应用到参考文献部分。

2. 设置论文页面

为了方便管理,首先对论文进行页面设置,并编辑论文封面的内容,然后将论文正文与封面页面合并,以便于直观地查看页面中的内容和排版是否适宜,避免事后修改。

（1）论文正文页面设置

① 切换到"页面布局"选项卡,单击"页面设置"选项组中的"对话框启动器"按钮,打开"页面设置"对话框。在"页边距"选项卡中,将"右"微调框设置为"2.54 厘米",将"装订线宽"微调框设置为"0.5 厘米",单击"确定"按钮。

② 在"版式"选项卡中选中"奇偶页不同"复选框,并在"距边界"栏中将页眉、页脚微调框的数值都设置成"1 厘米"。

③ 在"文档网格"选项卡中,选中"网格"栏中的"无网格"单选按钮。

笔 记

④ 单击"确定"按钮，完成对论文正文页面的设置。

（2）编辑论文内容

① 打开 WPS 文字文档"论文封面模板.wps"，将文本"二号黑体居中"修改为论文的标题"基于 ASP.NET 的在线考试系统的设计与实现"，输入学生个人、指导教师及顾问教师的有关信息。

② 选中"【中文日期】"等字符，切换到"插入"选项卡，单击"日期"按钮，打开"日期和时间"对话框。在"可用格式"列表框中选择"二〇二一年五月"的格式（由实际时间决定），然后单击"确定"按钮。

③ 依次按〈Ctrl+A〉和〈Ctrl+C〉组合键，将论文封面复制到剪贴板中。

④ 显示文档"论文.wps"，将插入点置于文档开始处。然后切换到"页面布局"选项卡，单击"页面设置"选项组中的"分隔符"按钮，从下拉菜单中选择"奇数页分节符"命令。接着，依次按〈Ctrl+Home〉和〈Ctrl+V〉组合键将封面复制到第 1 节中，效果如图 1-81 所示。

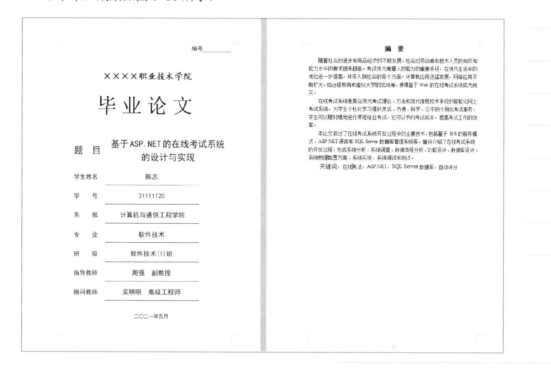

图 1-81
封面与正文合并
后的效果（局部）

⑤ 按〈F12〉键，打开"另存文件"对话框，将文档保存到适当的位置，并命名为"论文送审稿"，单击"保存"按钮，封面与正文合并完成。

3.　编辑论文中的表格

首先将表格从文档"论文中的表格.wps"复制到论文中，然后按前面介绍的"论文编写格式要求"对其中的内容进行格式设置。

（1）设置表格格式

① 按〈Ctrl+F〉组合键打开"查找与替换"对话框，在"查找内容"框中输入文字"见表 3-1"，确定表格的插入位置。

② 打开文档"论文中的表格.wps"，选中"test 数据库包含的数据表及其功能"表，然后按〈Ctrl+C〉组合键，将其复制到剪贴板中。

③ 显示文档"论文送审稿.wps",将插入点置于查找到的段落最后,然后按〈Ctrl+V〉组合键,将表格粘贴到论文中。接着在插入点处按〈Delete〉键,将空行删除。

④ 单击表格左上角十字型符号,选中整个表格,按〈Ctrl+E〉组合键,使表格居中对齐。然后选定表格,在"表格工具"选项卡中单击"对齐方式"按钮,在下拉菜单中选择"水平居中"命令,设置单元格中字符的对齐格式。

⑤ 使用同样的方法,将表格"admin 表"复制到文字"见表 3-2"的后面,并设置有关的格式。

(2)插入题注

① 选中"表 3-1"整个表格,切换到"引用"选项卡,单击"题注"按钮,打开"题注"对话框。

② 单击"新建标签"按钮,打开"新建标签"对话框,在"标签"文本框中输入"表 3-",然后单击"确定"按钮,返回"题注"对话框。

③ 将"位置"下拉列表框设置为"所选项目上方"选项,然后单击"确定"按钮,在表格上方插入题注"表 3-1"。

④ 在题注"表 3-1"后按两次空格键,然后输入表名"test 数据库包含的数据表及其功能"。接着单击"样式和格式"任务窗格中的"图表标题"样式,设置满足"论文编写格式要求"指定的表格标题的格式。

⑤ 选中"表 3-2"整个表格,然后打开"题注"对话框,此时"题注"文本框中已自动生成了文本"表 3-2",直接单击"确定"按钮,表格上方会出现题注"表 3-2"。

⑥ 在题注"表 3-2"后按两次空格键,然后输入表名"admin 表",接着在"样式和格式"任务窗格中选择"图表标题"样式。

4. 论文中的图文混排

首先将相关图片插入到论文中,然后使用"插入题注"功能为图片添加标签,并实现交叉引用,最后设置表格中对象的格式。

(1)论文中插入图片

① 将插入点定位于文本"Browser/Server 三层体系结构,如图所示。"后面(位于第三章的上方),插入一个 1 行 1 列的表格,并将表格下方产生的空行删除。

② 将光标置于表格中,切换到"插入"选项卡,单击"图片"按钮,在打开的"插入图片"对话框中找到图片"图 2-1 BSD 三层结构图",并单击"打开"按钮,将其插入表格中。

③ 使用同样的方法,将图片"图 3-1 考生使用在线考试系统流程图"和"图 3-2 在线考试系统总体构架图"分别插入到文本"考生使用在线考试系统流程图,如图所示:"和"在线考试系统总体构架图,如图所示。"的段落之后。

(2)设置表格中对象的格式

① 选中含有"图 2-1"的表格,单击"样式和格式"任务窗格中的"图表标题"样式,使图片和题注居中对齐。

② 保持表格的选中状态,切换到"表格样式"选项卡,在"表格样式"选项组中单击"边框"按钮右侧的箭头按钮,从下拉列表中选择"无框线"选项,去掉表格的边框。

③ 参考步骤①和②中的方法，设置含有“图 3-1”和“图 3-2”的表格。

笔 记

5. 创建论文目录

首先将论文分节，然后使用 WPS 文字提供的生成目录的功能，在摘要后插入目录。

（1）对论文正文分节

① 将插入点置于字符“第一章 序言”的前面，然后切换到“页面布局”选项卡，单击“页面设置”选项组中的“分隔符”按钮，从下拉菜单中选择“奇数页分节符”命令。

② 在文本“第二章”“第三章”“第四章”“第五章”“致　谢”以及“参考文献”的前面插入“下一页分节符”。

（2）插入目录

① 将插入点置于文字“第一章 序言”的前面，插入“奇数页分节符”，在第 3 页插入一空白页。

② 将插入点置于第 3 页的首行，然后输入文本“目　录”，接着按〈Enter〉键换行，并切换到“引用”选项卡。单击“目录”按钮，从下拉菜单中选择“自定义目录”命令，打开“目录”对话框。

③ 由于要使用自定义的三级标题样式，故单击“选项”按钮，打开“目录选项”对话框。对于“目录级别”下方文本框中的数字，除“论文一级标题”“论文二级标题”和“论文三级标题”保留，分别设置为 1、2、3 之外，其余全部将文本框清空，如图 1-82 所示。单击“确定”按钮，返回“目录选项”对话框。

④ 此时，“目录”选项卡中的设置已经满足要求，直接单击“确定”按钮，即可插入目录。

⑤ 选中整个目录文本，将其字体大小设置为小四，效果如图 1-83 所示。

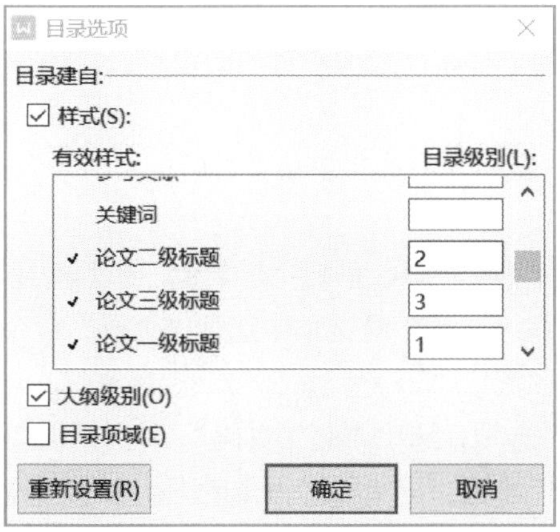

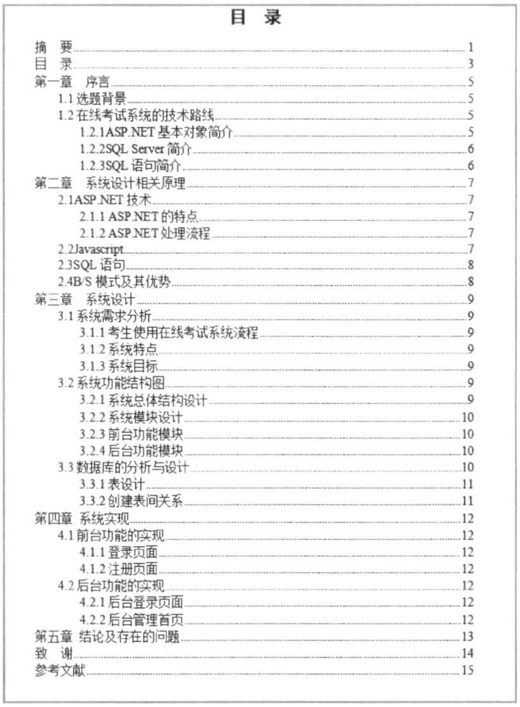
目　录

摘　要……1
目　录……3
第一章　序言……5
1.1 选题背景……5
1.2 在线考试系统的技术路线……5
1.2.1ASP.NET 基本对象简介……5
1.2.2SQL Server 简介……6
1.2.3SQL 语句简介……6
第二章　系统设计相关原理……7
2.1ASP.NET 技术……7
2.1.1 ASP.NET 的特点……7
2.1.2 ASP.NET 处理流程……7
2.2Javascript……7
2.3SQL 语句……8
2.4B/S 模式及其优势……8
第三章　系统设计……9
3.1 系统需求分析……9
3.1.1 考生使用在线考试系统流程……9
3.1.2 系统特点……9
3.1.3 系统目标……9
3.2 系统功能结构图……9
3.2.1 系统总体结构设计……9
3.2.2 系统模块设计……10
3.2.3 前台功能模块……10
3.2.4 后台功能模块……10
3.3 数据库的分析与设计……10
3.3.1 表设计……11
3.3.2 创建表间关系……11
第四章 系统实现……12
4.1 前台功能的实现……12
4.1.1 登录页面……12
4.1.2 注册页面……12
4.2 后台功能的实现……12
4.2.1 后台登录页面……12
4.2.2 后台管理首页……12
第五章 结论及存在的问题……13
致　谢……14
参考文献……15

图 1-82
“目录选项”对话框

图 1-83
创建目录后的效果

6. 设置论文的页眉和页脚

（1）创建论文的页眉

① 将插入点置于"封面"页面中，切换到"插入"选项卡，单击"页眉页脚"按钮，进入"页眉页脚"选项卡，单击"页眉"按钮，在下拉菜单中选择"编辑页眉"命令后，光标定位在了封面的页眉区，由于封面中不书写页眉，所以不输入任何内容。然后单击"页眉页脚"选项卡中的"显示后一项"按钮，将插入点置于摘要页的页眉区中。

② 取消选中"同前节"按钮，断开与封面页的联系，然后在页眉区输入"摘　要"，并选中页眉文本，切换到"开始"选项卡，将其字号设置为"五号"。接着切换回"页眉页脚"选项卡，单击"页眉横线"按钮，在下拉菜单中选择单实线；单击"显示后一项"按钮，将插入点置于目录页的页眉区中。

③ 单击"同前节"按钮，切断与摘要节的联系，并输入文本"目　录"。然后单击"显示后一项"按钮，将插入点置于正文的页眉区中。

④ 使"同前节"按钮处于未选中状态，然后输入第一章的标题"序言"，如图 1-84 所示。单击"显示后一项"按钮，将插入点置于正文偶数页的页眉区中。

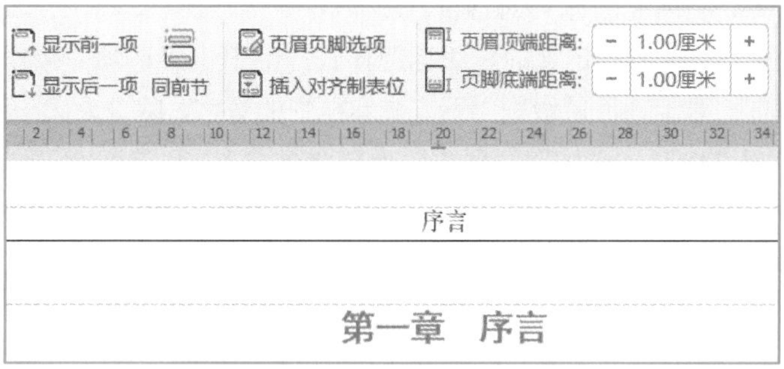

图 1-84
创建正文第一章的页眉

⑤ 使"同前节"按钮处于未选中状态，然后输入文本"××职业技术学院毕业设计论文"，并将其字号设置为"五号"。

⑥ 依次设置第二章和第三章的页眉。其中，设置奇数页的页眉时，首先使"同前节"按钮处于未选中状态，然后输入相应章的标题。设置偶数页的页眉时，选中"同前节"按钮。

⑦ 将第四章、第五章、"致　谢"和"参考文献"这 4 节的页眉分别设置为其标题文本。

⑧ 单击"页眉页脚"选项卡中的"关闭"按钮，完成对页眉的设置。

（2）创建论文的页脚

① 在页眉文本"摘　要"上双击，进入其编辑状态。单击"页眉页脚切换"按钮，将插入点移至页脚区。

② 使"同前节"按钮处于未选中状态，然后按〈Ctrl+E〉组合键，使其居中对齐。单击"页面设置"选项组中的"页码"按钮，从下拉菜单中选择"页码"命令，打开"页码"对话框。

③ 将"样式"设置为"Ⅰ，Ⅱ，Ⅲ，…"选项，选中"起始页码"单选按钮，并将后面的微调框设置为"1"，在"应用范围"栏选中"本节"单选按钮，如图 1-85

所示。然后单击"确定"按钮，返回页脚区。

图 1-85
设置"摘要"节的页码格式

④ 单击"显示后一项"按钮，将插入点置于"目 录"节的页脚区。确保"同前节"按钮处于未选中状态，使用与创建"摘 要"节中相同的方法，将希腊文页码插入其中。

⑤ 再次单击"显示后一项"按钮，将插入点置于"正文"节的页脚区，确保"同前节"按钮处于未选中状态。打开"页码"对话框，设置"样式"为"1，2，3…"，将"起始页码"后面的微调框设置为"1"，设置应用范围为"本页及之后"，然后单击"确定"按钮返回文档中，阿拉伯数字页码出现在本页及其后所有页中。

⑥ 单击"页眉页脚"选项卡中的"关闭"按钮，完成对页脚的设置。

经过上述步骤，所有的编辑与排版任务基本完成。在论文目录的内容中右击，从弹出的快捷菜单中选择"更新域"命令，打开"更新目录"对话框。由于生成目录后只是设置了页眉和页脚，故直接单击"确定"按钮即可。

再次按〈Ctrl+S〉组合键将文档存盘，接着小陈通过 QQ 将论文传给了指导老师。

▶ 相关知识

1. 使用大纲视图

在编辑 WPS 文字文档的过程中，可以为文档中的段落指定大纲级别，即等级结构为 1~9 级的段落格式。指定了大纲级别后，即可在大纲视图或"导航"任务窗格中处理文档。设置大纲级别的操作步骤如下：

① 切换到"视图"选项卡，单击"大纲"按钮，打开文档的大纲视图，在左上角"大纲级别"列表框中可以看到当前光标所在位置的大纲级别。

② 单击每一个标题的任意位置，从"大纲级别"下拉列表框中选择所需的选项，可以将该标题设置为相应的大纲级别。

③ 大纲级别设置完成后，从"显示级别"下拉列表框中选择合适的选项，即可显示文档的大纲视图效果，如图 1-86 所示为设置"显示级别 2"的效果。

微课：1-24
使用大纲视图

④ 在大纲视图方式下，将光标定位于某段落中，单击"上移"按钮或"下移"按钮，可以将该段落内容向相应的方向进行移动。

单击"关闭"按钮，可以从大纲视图退出，返回页面视图方式。

2. 使用"导航"任务窗格

在用 WPS 文字编辑文档时，用户有时会遇到长达几十页甚至上百页的超长文档，使用 WPS 文字的"导航"任务窗格可以为用户提供精确导航。

切换到"视图"选项卡，单击"导航窗格"按钮使其处于选中状态，即可在 WPS 文字编辑区的左侧打开"导航"任务窗格。WPS 文字提供"目录"导航和"章节"导航两种方式。

（1）"目录"导航

当对超长文档事先设置了标题样式后，即可使用"目录"导航方式。打开"导航"任务窗格后，默认即为"目录"导航模式。WPS 文字会对文档进行分析，智能识别出目录，并将文档标题在"导航"任务窗格中列出，单击其中的标题，即可自动定位到相关段落。

（2）"章节"导航

使用 WPS 文字编辑文档会自动分页，"章节"导航就是根据 WPS 文字文档的默认分页进行导航的。单击"导航"任务窗格左侧"目录"按钮下的"章节"按钮，任务窗格切换到"章节"导航，WPS 文字会在任务窗格中以缩略图形式列出文档分页。只要单击分页缩略图，即可定位到相应页面查阅，如图 1-87 所示。

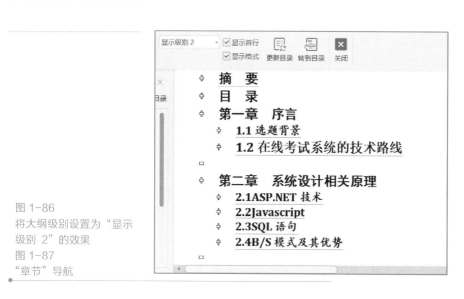

图 1-86
将大纲级别设置为"显示级别 2"的效果

图 1-87
"章节"导航

3. 制作目录和索引

目录是一篇长文档或一本书的大纲提要，可以通过目录了解文档的整体结构，以便把握全局内容框架。在 WPS 文字中可以直接将文档中套用样式的内容创建为目录，也可以根据需要添加特定内容到目录中。

（1）使用自动目录样式

如果文档中应用了 WPS 文字定义的各级标题样式，创建目录的操作步骤如下：

① 检查文档中的标题，确保它们已经以标题样式被格式化。

② 将插入点移到需要目录的位置，切换到"引用"选项卡，单击"目录"按钮，在弹出的下拉菜单"目录"栏中选择一种目录样式，即可快速生成该文档的目录。

微课：1-25
制作目录和索引

（2）自定义目录

如果要利用自定义样式生成目录，参照下列步骤进行操作：

① 将光标移到目标位置，切换到"引用"选项卡，单击"目录"按钮，从下拉菜单中选择"自定义目录"命令，打开"目录"对话框。

② 在"制表符前导符"下拉列表框中指定文字与页码之间的分隔符，在"显示级别"下拉列表框中指定目录中显示的标题层次。

③ 要从文档的不同样式创建目录，单击"选项"按钮，打开"目录选项"对话框，在"有效样式"列表框中找到标题使用的样式，通过"目录级别"文本框指定标题的级别，单击"确定"按钮。

④ 单击"确定"按钮，即可在文档中插入目录。

（3）更新目录

当文档内容发生变化时，需要对其目录进行更新，操作步骤如下：

① 切换到"引用"选项卡，单击"更新目录"按钮（或者右击目录文本，从弹出的快捷菜单中选择"更新域"命令），打开"更新目录"对话框。

② 如果只是页码发生改变，选中"只更新页码"单选按钮；如果有标题内容的修改或增减，选中"更新整个目录"单选按钮。

③ 单击"确定"按钮，目录更新完毕。

选中整个目录，然后按〈Ctrl+Shift+F9〉组合键，中断目录与正文的链接，目录即被转换为普通文本。这时，可以像编辑普通文本那样直接编辑目录。

（4）制作索引

由于索引的对象为"关键词"，因此，在创建索引前必须对索引关键词进行标记，操作步骤如下：

① 在文档中选择要作为索引项的关键词，切换到"引用"选项卡，单击"标记索引项"按钮，打开"标记索引项"对话框，如图 1-88 所示。

② 此时，在"主索引项"文本框中显示被选中的关键词，单击"标记"按钮，完成第 1 个索引项的标记，单击"关闭"按钮。

③ 从页面中查找并选定第 2 个需要标记的关键词，再次单击"标记索引项"对话框，单击"标记"按钮。

④ 完成后单击"关闭"按钮，将"标记索引项"对话框关闭。

⑤ 定位到文档结尾处，单击"插入索引"按钮，打开"索引"对话框，如图 1-89 所示。在"类型"栏中选择索引的类型，通常选择"缩进式"类型；在"栏数"文本框中指定栏数以编排索引。此外，还可以设置排序依据、页码右对齐等选项。

笔 记

图 1-88
"标记索引项"对话框
图 1-89
"索引"对话框

4. 设置页眉和页脚

微课：1-26
设置页眉和页脚

笔 记

位于页面顶部、底部的说明信息分别称为页眉和页脚，其内容可以是页码、日期、作者姓名、单位名称、徽标及章节名称等。

（1）创建页眉和页脚

在使用 WPS 文字编辑文档时，可以在进行版式设计时直接为所有的页面添加页眉和页脚。WPS 文字提供了许多漂亮的页眉、页脚格式，添加页眉和页脚的操作步骤如下：

① 切换到"插入"选项卡，单击"页眉页脚"按钮，显示"页眉页脚"选项卡。

② 单击"页眉"按钮，从下拉菜单中选择所需的样式，即可在页眉区中添加相应的内容。

③ 输入页眉的内容，或者单击"日期和时间"等按钮来插入一些特殊的信息，如图 1-90 所示。

④ 单击"页眉页脚切换"按钮，切换到页脚区进行设置。由于页脚的设置方法与页眉相同，在此不再赘述。

⑤ 单击"页眉页脚"选项卡中的"关闭"按钮，返回到正文编辑状态。

（2）为奇偶页创建不同的页眉和页脚

如果文档要双面打印，通常需要为奇偶页设置不同的页眉和页脚，操作步骤如下：

① 双击文档首页的页眉或页脚区，进入页眉和页脚编辑状态。

② 切换到"页眉页脚"选项卡，单击"页眉页脚选项"按钮，显示"页眉/页脚设置"对话框，选中"奇偶页不同"复选框，如图 1-91 所示。此时，页眉区的顶部显示"奇数页 页眉-第×节-"字样，可以根据需要创建奇数页的页眉。

③ 单击"显示后一项"按钮，在页眉的顶部显示"偶数页 页眉"字样，根据需要创建偶数页的页眉。

④ 如果想创建偶数页的页脚，单击"页眉页脚切换"按钮，切换到页脚区进行设置。

⑤ 设置完毕后，单击"页眉页脚"选项卡中的"关闭"按钮。

图 1-90
特殊页眉元素
图 1-91
"页眉/页脚设置"对话框

（3）修改与删除页眉和页脚

对页眉和页脚内容进行编辑的操作步骤如下：

① 双击页眉区或页脚区，进入对应的编辑状态，然后修改其中的内容，或者进行排版。

② 如果要调整页眉顶端或页脚底端的距离，在"页眉顶端距离"和"页脚底端距离"微调框中输入数值，如图 1-92 所示。

③ 单击"页眉页脚"选项卡中的"关闭"按钮，返回正文编辑状态。

当用户不想显示页眉下方的默认横线时，可以参考以下操作步骤进行删除：

单击滚动条右侧的"样式和格式"按钮，打开"样式和格式"任务窗格。

在列表框中右击"页眉"选项，从快捷菜单中选择"修改"命令，并在打开的"修改样式"对话框中单击左下角的"格式"按钮，从弹出的下拉菜单中选择"边框"命令，打开"边框和底纹"对话框。

接着在"边框"选项卡的"设置"栏中选择"无"选项，单击"确定"按钮，返回"修改样式"对话框。最后单击"确定"按钮，完成对"页眉"样式的修改。

当文档中不再需要页眉时，可以将其删除，方法为：双击要删除的页眉区，然后按〈Ctrl+A〉组合键选取页眉文本和段落标记，接着按〈Delete〉键。

（4）设置页码

当一篇文章由多页组成时，为便于按顺序排列与查看，可以为文档添加页码，操作步骤如下：

① 切换到"插入"选项卡，单击"页码"按钮，从下拉菜单"预设样式"中选择页码出现的位置，如图 1-93 所示。

| 页眉顶端距离: | − 1.00厘米 | + |
| 页脚底端距离: | − 1.00厘米 | + |

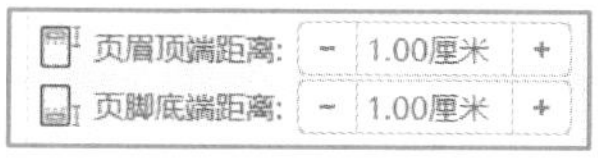

图 1-92
设置页眉页脚距离
图 1-93
选择页码样式

笔 记

② 如果要设置页码的格式，从"页码"下拉菜单中选择"页码"命令，打开"页码"对话框。

③ 在"样式"下拉列表框中选择一种页码格式，如"1，2，3，…"或"i，ii，iii，…"等。

④ 如果不想从 1 开始编制页码，设置"起始页码"微调框中的数字。

⑤ 单击"确定"按钮，关闭对话框，此时可以看到修改后的页码。

课后练习

文本：课后练习答案

一、单选题

1. 在 WPS 文字中，下列关于页眉和页脚的说法不正确的是（   ）。

　　A. 页眉和页脚是可以打印在文档每页顶端和底部的描述性内容

　　B. 页眉和页脚的内容是专门设置的

　　C. 页眉和页脚可以是页码、日期、简单文字等

　　D. 页眉和页码不能是图片

2. 在 WPS 文字中，能够显示页眉和页脚的方式是（   ）。

　　A. 普通视图　　　　　　　　　　B. 页面视图

　　C. 大纲视图　　　　　　　　　　D. Web 版式视图

3. 下列（   ）是 WPS 文字提供的导航方式。

　　A. 关键字导航　　　　　　　　　B. 文档标题导航

　　C. 特定对象导航　　　　　　　　D. 章节导航

4. 在 WPS 文字中，下列关于文档窗口的说法正确的是（   ）。

　　A. 只能打开一个文档窗口

　　B. 可以同时打开多个文档窗口，被打开的窗口都是活动窗口

　　C. 可以同时打开多个文档窗口，但其中只有一个窗口是活动窗口

　　D. 可以同时打开多个文档窗口，但在屏幕上只能看到一个文档窗口

5. "段落"对话框不能完成下列（   ）操作。

　　A. 改变行与行之间的间距　　　　B. 改变段与段之间的间距

　　C. 改变段落文字的颜色　　　　　D. 改变段落文字的对齐方式

6. 若想让文字尽可能包围图片，可以选择的文字环绕方式是（   ）。

　　A. 四周型环绕　　　　　　　　　B. 紧密型环绕

　　C. 穿越型环绕　　　　　　　　　D. 编辑环绕顶点

7. 在 WPS 文字的表格操作中，计算求和的函数是（   ）。

　　A. TOTAL　　　　　　　　　　　B. AVERAGE

　　C. COUNT　　　　　　　　　　　D. SUM

8. 下列有关表格排序的正确说法是（   ）。

　　A. 只有字母可以作为排序的依据　　B. 只有数字类型可以作为排序的依据

　　C. 排序规则有升序和降序　　　　　D. 笔画和拼音不能作为排序的依据

9. 文档模板的扩展名是（   ）。

　　A. wps　　　　　　B. wpt　　　　　　C. txt　　　　　　D. htm

10. WPS 文字中保存文件的快捷键是（　　）。

A. Ctrl + S　　B. Ctrl + A　　C. Ctrl + P　　D. Ctrl + Q

二、填空题

1. 当文档较长，设置了多级标题样式后，可以使用__________功能翻阅文档。

2. 字符格式设置好后，如果要在其他字符中也应用相同的格式，可以使用__________将字符格式复制到其他字符，而不需要重新设置。

3. 如果要将 WPS 文字当前的“插入”方式改成“改写”方式，可以在窗口编辑状态下按__________键。

4. 在 WPS 文字中，文本框的排版方式有__________和__________两种。

5. 在设置图片大小时，选中__________复选框可以保证图片按原来的宽高比例进行缩放。

6. 在选定表格中不连续的行时，首先选中要选定的首行，然后按住__________键，依次选中其他待选定的行。

三、制作题

按以下要求，制作毕业生就业推荐表，效果如图 1-94 所示。

<table>
<tr><td colspan="9">毕业生就业推荐表</td></tr>
<tr><td>姓名</td><td></td><td>性别</td><td></td><td>民族</td><td></td><td>出生年月</td><td></td><td rowspan="4">照片</td></tr>
<tr><td>籍贯</td><td></td><td>学历</td><td></td><td>婚否</td><td></td><td>政治面貌</td><td></td></tr>
<tr><td colspan="2">所学专业</td><td colspan="2"></td><td colspan="2">计算机水平</td><td></td><td></td></tr>
<tr><td colspan="2">爱好与特长</td><td colspan="2"></td><td>外语语种</td><td></td><td>等级</td><td></td></tr>
<tr><td colspan="2">曾任何职务</td><td colspan="2"></td><td colspan="2">联系方式</td><td colspan="3"></td></tr>
<tr><td>在校获奖情况</td><td colspan="8"></td></tr>
<tr><td colspan="9">主要课程成绩</td></tr>
<tr><td colspan="2">课程</td><td>成绩</td><td colspan="2">课程</td><td>成绩</td><td colspan="2">课程</td><td>成绩</td></tr>
<tr><td colspan="2"></td><td></td><td colspan="2"></td><td></td><td colspan="2"></td><td></td></tr>
<tr><td colspan="2"></td><td></td><td colspan="2"></td><td></td><td colspan="2"></td><td></td></tr>
<tr><td colspan="2"></td><td></td><td colspan="2"></td><td></td><td colspan="2"></td><td></td></tr>
<tr><td colspan="2"></td><td></td><td colspan="2"></td><td></td><td colspan="2"></td><td></td></tr>
<tr><td colspan="2"></td><td></td><td colspan="2"></td><td></td><td colspan="2"></td><td></td></tr>
<tr><td colspan="2">诚信承诺</td><td colspan="7">我对就业推荐表的内容作如下承诺：
1、我保证以上所填写内容真实可靠，无任何虚假成分。
2、如和贵公司签约，我将本着负责的态度，认真履行约定义务。
3、如有欺瞒成分，我个人承担一切后果。
个人签名：
年　月　日</td></tr>
<tr><td>系意见</td><td colspan="8">系主任签字：　　系盖章
年　月　日</td></tr>
<tr><td>学院意见</td><td colspan="8">主管领导签字：　　就业指导中心盖章
年　月　日</td></tr>
</table>

图 1-94
毕业生就业推荐表效果图

① 使用 A4 版面，上、左、右边距均为 2.5 厘米，下边距为 2 厘米。

② 标题"毕业生就业推荐表"设置为居中、黑体、三号，段后间距为 0.5 行。

③ 在第 2 行光标处插入一个 16 行 9 列的表格，并按需要对单元格进行合并与拆分。

④ 列宽：第 1 列、第 3 列～第 6 列为 1.2 厘米，第 2 列、第 7 列和第 8 列为 2 厘米，最后一列为 3 厘米。

⑤ 行高：第 6 行和第 14 行为 3.5 厘米，最后两行为 3 厘米，其他行为 0.8 厘米。

⑥ 整个表格居中放置，表格内除最后 3 行的右边单元格外，其余单元格在水平方向和垂直方向均居中。

⑦ 将表格的外框线设置成双实线。

⑧ 为粘贴照片的单元格设置底纹。

WPS 表格处理

▶ 单元导读

WPS 表格是一款功能强大的电子表格处理软件，可以管理账务、制作报表、分析数据，或者将数据转换为直观的图表等，广泛应用于财务、统计、经济分析等领域。本单元通过 4 个典型任务介绍 WPS 表格的基本操作，编辑数据与设置格式的方法和技巧，公式和函数的使用，图表的制作与美化，以及数据的排序、筛选与分类汇总等内容。

文本：单元设计

任务 2.1 建立学生成绩表

▶ 任务描述

新学期开学后，班主任让学习委员小魏利用 WPS 表格制作本班同学上学期的成绩表，并以"学生考试成绩"为文件名进行保存，具体要求如下：

- 输入序号、学生的学号与姓名、各门课程的成绩。
- 对表格内容进行格式化处理。

学生小魏借助 WPS 表格实现了将不及格的成绩用倾斜、加粗的红色字体显示等设置，效果如图 2-1 所示，以便于班主任高效地查看数据，并为奖学金评定准备基础数据。

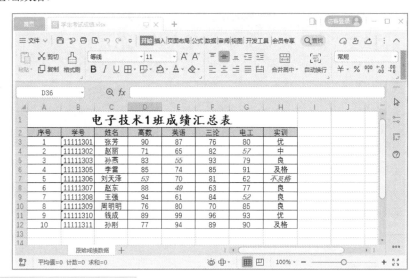

图 2-1
学生成绩汇总表效果图

▶ 技术分析

- 通过 WPS 表格提供的自动填充功能，可以自动生成序号。
- 通过"开始"选项卡中的按钮，可以设置单元格数据的格式、字体、对齐方式等。
- 通过"删除"对话框，可以实现数据的删除、相邻单元格数据的移动。
- 通过对"有效性"对话框进行设置，可以保证输入的数据在指定的范围内。
- 通过"新建格式规则"对话框，可以将指定单元格区域的数据按要求格式进行显示。

▶ 任务实现

微课：2-1
任务 2.1 建立学生成绩表

1. 输入与保存学生的基本数据

（1）创建新工作簿

在 WPS 2019 中的快速访问工具栏左侧单击"文件"按钮，选择"新建"→"S

表格"→"新建空白文档"选项，启动 WPS 2019，创建空白工作簿。

（2）输入表格标题及列标题

① 单击单元格 A1，输入标题"电子技术 1 班成绩汇总表"，然后按〈Enter〉键，使光标移至单元格 A2 中。

② 在单元格 A2 中输入列标题"序号"，然后按〈Tab〉键，使单元格 B2 成为活动单元格，并在其中输入标题"学号"。使用相同的方法，在单元格区域 C2:H2 中依次输入标题"姓名""高数""英语""三论""电工"和"实训"。

（3）输入"序号"列的数据

增加"序号"列，可以直观地反映出班级的人数。

① 单击单元格 A3，在其中输入数字"1"。

② 将鼠标指针移至单元格 A3 的右下角，当出现控制句柄"+"时，按住鼠标左键拖动至单元格 A12（只输入部分学生的信息），单元格区域 A4:A12 内会自动生成序号。

（4）输入"学号"列的数据

为了教务系统管理的方便，学生的学号往往由数字组成，但这些数字已不具备数学意义，只是作为区分不同学生的标记，因此，将学号输入成文本型数据即可。

① 按住鼠标左键拖动选定单元格区域 B3:B12，切换到"开始"选项卡，在"数字"选项组中单击"常规"下拉列表框右侧的箭头按钮，在下拉列表框中选择"文本"选项，如图 2-2 所示。

② 在单元格 B3 中输入学号"11111301"，然后利用控制句柄在单元格区域 B4:B12 中自动填充学号。

③ 由于学号为"11111304"的同学已转学，需要将后续学号前移。右击该单元格，从弹出的快捷菜单中选择"删除"命令，然后在弹出的级联菜单中选择"下方单元格上移"命令，如图 2-3 所示。

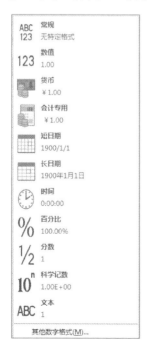

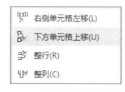

图 2-2　设置文本数据类型
图 2-3　使用快捷菜单命令删除单元格数据

④ 选定单元格区域 B6:B7，然后将鼠标移至单元格 B7 的控制句柄上，按住鼠标左键拖动至单元格 B12，在单元格区域 B8:B12 中重新填充学号。

（5）输入姓名及课程成绩

① 在单元格区域 C3:C12 中依次输入学生的姓名。

在输入课程成绩前，先使用"数据验证"功能将相关单元格的值限定在 0～100，输入的数据一旦越界，就可以及时发现并改正。

② 选定单元格区域 D3:G12，切换到"数据"选项卡，单击"有效性"按钮，打开"数据有效性"对话框。

③ 在"设置"选项卡中，将"允许"设置为"整数"，将"数据"设置为"介于"，在"最小值"和"最大值"文本框中分别输入数字 0 和 100，如图 2-4 所示。

④ 切换到"输入信息"选项卡，在"标题"文本框中输入"注意"，在"输入信息"文本框中输入"请输入 0～100 之间的整数"。

⑤ 切换到"出错警告"选项卡，在"标题"文本框中输入"出错啦"，在"错误信息"文本框中输入"您所输入的数据不在正确的范围！"，最后单击"确定"按钮。

⑥ 在单元格区域 D3:G12 中依次输入学生课程成绩。如果不小心输入了错误数据，会弹出如图 2-5 所示的提示框。此时，可以在单元格中重新输入正确的数据。

图 2-4
设置数据有效范围
图 2-5
出错提示框

实训成绩只能是"优""良""中""及格"和"不及格"中的某一项，可以考虑将其制作成有效序列，输入数据时只须从中选择即可。

⑦ 选定单元格区域 H3:H12，打开"有效性"对话框。切换到"设置"选项卡，将"允许"设置为"序列"，在"来源"文本框中输入构成序列的值"优，良，中，及格，不及格"。注意，序列中的逗号需要在英文状态下输入。

⑧ 单击单元格区域 H3:H12 中的任意单元格，其右侧均会显示一个下拉箭头按钮，单击该按钮会弹出含有自定义序列的列表，如图 2-6 所示，使用列表中的选项依次输入学生的实训成绩。

基础数据输入完成后的结果如图 2-7 所示。

（6）保存工作簿

按〈Ctrl+S〉组合键，在打开的"另存文件"对话框中选择适当的保存位置，以"学生考试成绩"为文件名保存工作簿。

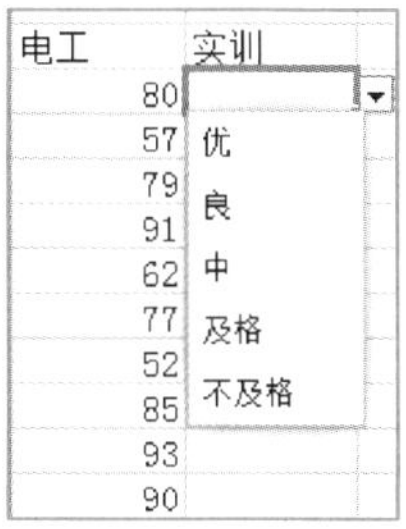

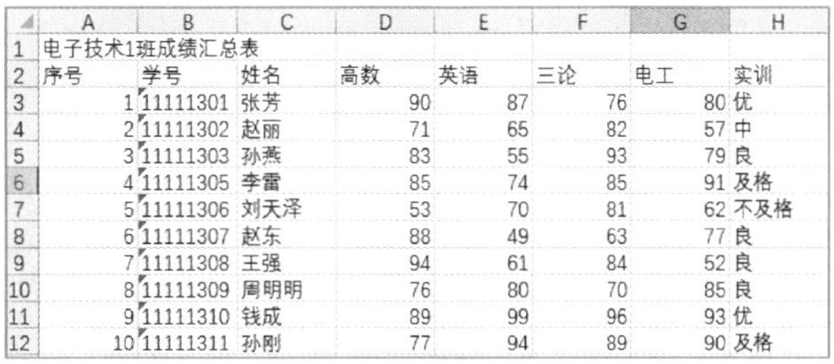

	电工	实训
	80	
	57	优
	79	良
	91	
	62	中
	77	及格
	52	不及格
	85	
	93	
	90	

	A	B	C	D	E	F	G	H
1	电子技术1班成绩汇总表							
2	序号	学号	姓名	高数	英语	三论	电工	实训
3	1	11111301	张芳	90	87	76	80	优
4	2	11111302	赵丽	71	65	82	57	中
5	3	11111303	孙燕	83	55	93	79	良
6	4	11111305	李雷	85	74	85	91	及格
7	5	11111306	刘天泽	53	70	81	62	不及格
8	6	11111307	赵东	88	49	63	77	良
9	7	11111308	王强	94	61	84	52	良
10	8	11111309	周明明	76	80	70	85	良
11	9	11111310	钱成	89	99	96	93	优
12	10	11111311	孙刚	77	94	89	90	及格

图 2-6 输入实训成绩时的列表
图 2-7 输入的基础数据

2. 设置单元格格式

① 选定单元格区域 A1:H1，切换到"开始"选项卡，单击"合并居中"按钮，使标题行居中显示。继续选定标题行单元格，单击"单元格"按钮，从下拉菜单中选择"设置单元格格式"命令（或者〈Ctrl+1〉组合键），打开"单元格格式"对话框，在"字体"选项卡中将"字体"设置为"楷体"，将"字号"设置为"20"，并将"字形"设置为"粗体"，完成标题行设置。

② 选定单元格区域 A2:H12，切换到"开始"选项卡，单击"单元格"按钮，从下拉菜单中选择"设置单元格格式"命令（或者〈Ctrl+1〉组合键），打开"单元格格式"对话框，选择"边框"选项卡，单击"外边框"按钮和"内部"按钮，并单击"确定"按钮。接着单击"开始"选项卡中的"水平居中"按钮，完成表格区域的格式。

③ 选定单元格区域 A2:H2，切换到"开始"选项卡，单击"单元格"按钮，从下拉菜单中选择"设置单元格格式"命令（或者〈Ctrl+1〉组合键），打开"单元格格式"对话框，选择"图案"选项卡，设置单元格底纹颜色，实现对行标题的美化效果。

④ 然后设置条件格式，可以将学生成绩表中数字型成绩小于 60 分和文本型成绩为"不及格"的单元格设置为倾斜、加粗、红色字体。

选定单元格区域 D3:G12，单击"开始"选项卡中的"条件格式"按钮，从下拉菜单中选择"新建规则"命令，打开"新建格式规则"对话框。

在"选择规则类型"列表框中选择"只为包含以下内容的单元格设置格式"选项，将"编辑规则说明"组中的条件设置为"小于"，并在后面的数据框中输入数字"60"，如图 2-8 所示。接着单击"格式"按钮，打开"单元格格式"对话框。

图 2-8 创建单元格的格式规则

切换到"字体"选项卡，在"字形"组合框中选择"加粗 倾斜"选项，将"颜色"设置为"标准色"组中的"红色"选项，如图 2-9 所示。

图 2-9
设置单元格的条件格式

选定单元格区域 H3:H12，再次打开"新建格式规则"对话框，参照上述步骤完成对实训成绩的条件格式设置。

3. 重命名工作表

双击工作表标签"Sheet1"，在突出显示的标签中输入新的名称"学生成绩汇总表"，然后按〈Enter〉键，完成工作表的重命名。最后，按〈Ctrl+S〉组合键将工作簿再次保存，任务完成。

▶ **相关知识**

1. WPS 表格简介

启动 WPS Office 后，打开如图 2-10 所示的 WPS Office 工作界面。

从图 2-10 中可以看出，WPS 表格的工作界面与 WPS 文字有类似之处，也有选项卡、功能区、状态栏等。以下主要介绍它与 WPS 文字不同的部分。

（1）数据编辑区

数据编辑区位于选项卡的下方，由名称框和编辑栏两个部分组成。

① 名称框。名称框也称活动单元格地址框，用于显示当前活动单元格的位置。

② 编辑栏。编辑栏用于显示和编辑活动单元格中的数据和公式，选定某单元格后，即可在编辑框中输入或编辑数据。其左侧有以下 3 个按钮：

● "取消"按钮。该按钮位于左侧，用于恢复到单元格输入之前的状态。

● "输入"按钮。该按钮位于中间，用于确认编辑框中的内容为当前选定单元格的内容。

微课：2-2
WPS 表格简介

● "插入函数"按钮。该按钮位于右侧，用于在单元格中使用函数。

（2）工作表区域

数据编辑区和状态栏之间的区域就是工作表区域，也称为工作簿窗口。注意，在图 2-10 中，"最小化""最大化/向下还原"和"关闭"等控制按钮均属于工作簿窗口。

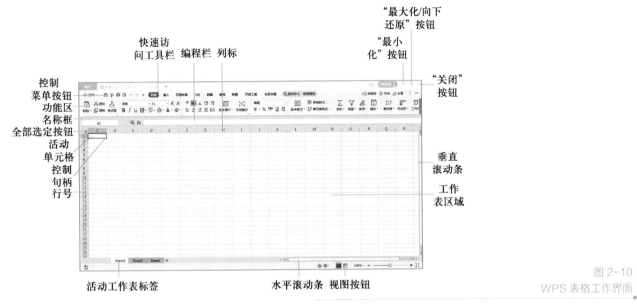

图 2-10
WPS 表格工作界面

工作表区域包括行号、列标、滚动条、工作表标签等。

① 工作簿与工作表。工作簿是指 WPS 表格中用来保存并处理数据的文件，其默认扩展名是 et，一个工作簿中默认有 1 张工作表，其默认名称为 Sheet1。

工作表也称为电子表格，用于存储和处理数据，由若干行列交叉而成的单元格组成，行号用数字表示，列标由英文字母及其组合表示。

② 单元格与单元格区域。单元格是工作表的最小单位，在其中可以输入数字、字符串、公式等各种数据。单元格所在列标和行号组成的标识称为单元格名称或地址，如第 6 行第 2 列单元格的地址是 B6。

单击某一单元格，它便成为活动单元格，右下角的黑色小方块称为控制句柄，用于单元格的复制和填充。

单元格区域表示法是只写出单元格区域的开始和结束两个单元格的地址，二者之间用冒号隔开，以表示包括这两个单元格在内的、它们之间所有的单元格，如图 2-11 所示。

笔记

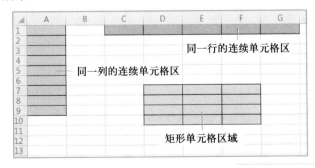

图 2-11
单元格区域示例

● 同一列的连续单元格。A1:A9 表示从 A1 到 A9，连续的、都在第 1 列中从第 1 行到第 9 行的 9 个单元格。

● 同一行的连续单元格。C1:G1 表示从 C1 到 G1，连续的、都在第 1 行中从第 3 列到第 7 列的 5 个单元格。

● 矩形区域中的单元格。D7:F10 表示以 D7 和 F10 作为对角线两端的矩形区域，3 列 3 行共 9 个单元格。

③ 水平分隔线和垂直分隔线。窗口进行拆分后出现的两条绿色直线就是水平分隔线和垂直分隔线。被拆分的窗口都有独立的滚动条便于操作内容较多的工作表，如图 2-12 所示。

学号	姓名	性别	出生日期	数学	语文	英语	物理	化学
01001	徐彦	男	1985/7/27	81	87	99	100	85
01002	余鹏飞	男	1985/5/23	100	99	99	85	100
01003	杨敏	女	1985/3/1	96	87	93	80	85
01004	韩政	男	1985/2/10	91	58	88	95	70
01008	刘洁	女	1985/4/22	82	86	82	90	85
01009	周冠英	男	1985/12/5	98	93	88	90	95
01010	周婷	女	1985/12/3	94	94	94	80	95
01011	赵晨	男	1985/3/9	94	86	96	70	100
01012	苗春晓	女	1985/1/1	76	40	53	85	34
01013	周浩	女	1985/3/7	98	73	89	85	90

图 2-12
拆分工作表

双击水平或垂直分隔线可以取消相应的拆分状态，双击水平与垂直分隔线的交叉处可同时取消水平和垂直拆分状态。

2. 工作表和工作簿的常见操作

微课：2-3
新建、保存、打开和
关闭工作簿

（1）新建和保存工作簿

启动 WPS 2019 表格后，在工作界面中选择"新建"→"S 表格"→"新建空白文档"选项，即可创建一个名称为"工作簿 1"的工作簿，接着就可以在工作区中进行相应的操作。如果要再创建一个新的工作簿，单击快速访问工具栏左侧的"文件"按钮，在下拉菜单中选择"新建"命令，在窗口上方选择"S 表格"，然后选择"新建空白文档"选项即可，新创建工作簿名称的数字会依次顺延。

单击快速访问工具栏左侧的"保存"按钮（或者按〈Ctrl+S〉组合键），打开"另存文件"对话框，选择保存的位置，在"文件名"文本框中输入工作簿名称，在"文件类型"下拉列表框中选择保存类型，单击"保存"按钮，即可将当前工作簿进行保存，如图 2-13 所示。

图 2-13
保存工作簿

单击快速访问工具栏左侧的"文件"按钮，在下拉菜单中选择"保存"命令或"另存为"命令，也可以对工作簿进行保存。

利用上述方法保存已经存在的工作簿，按〈Ctrl+S〉组合键时，WPS 不再打开"另存文件"对话框，而是直接保存。

（2）打开和关闭工作簿

在计算机窗口中双击准备打开的工作簿的名称，即可启动 WPS 并打开该工作簿。

在 WPS 2019 表格中，单击快速访问工具栏左侧的"文件"按钮，在下拉菜单中选择"打开"命令（或者按〈Ctrl+O〉组合键），在"打开文件"对话框中定位到指定路径下，然后选择所需的工作簿，并单击"打开"按钮，也可以将工作簿打开，如图 2-14 所示。

图 2-14
打开工作簿

最近打开的工作簿会保存在"文件"菜单中。单击快速访问工具栏左侧的"文件"按钮，在下拉菜单中选择"打开"命令，在"打开文件"对话框中选择"最近"命令，在中间窗格中可以打开相应的 WPS 工作簿。

当编写、修改或浏览工作簿后，可以使用以下方法将其关闭：

① 单击标题栏中的"关闭"按钮。

② 按〈Ctrl+F4〉组合键。

③ 按〈Ctrl+W〉组合键。

④ 单击快速访问工具栏左侧的"文件"按钮，在下拉菜单中选择"退出"命令，可以关闭 WPS 2019 表格应用程序。

（3）插入工作表

① 单击所有工作表标签名称右侧的"插入工作表"按钮＋。

② 右击工作表标签，从弹出的快捷菜单中选择"插入工作表"命令，如图 2-15 所示，打开"插入工作表"对话框。在"插入数目"中选择要新建的工作表数量，选择插入的位置在"当前工作表之后"或者"当前工作表之前"，并单击"确定"按钮，如图 2-16 所示。

微课：2-4
插入、切换、删除、
重命名和选定工作表

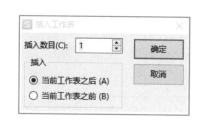

图 2-15
右击工作表标签后弹出的快捷
菜单
图 2-16
利用"插入工作表"对话框插入
工作表

笔 记

微课：2-5
移动、复制、隐藏、
显示和冻结工作表

③ 按〈Shift+F11〉组合键。

④ 切换到"开始"选项卡，单击"工作表"按钮下方的箭头按钮，从下拉菜单中选择"插入工作表"命令，如图 2-17 所示。

如果想一次性插入多张工作表，按住〈Shift〉键，依次选择工作表标签，然后使用以上方法插入工作表，则 WPS 表格会根据所选标签数增加相同数量的工作表。

（4）删除工作表

① 右击工作表标签，从弹出的快捷菜单中选择"删除工作表"命令。

② 单击工作表标签，切换到"开始"选项卡，单击"工作表"按钮下方的箭头按钮，从下拉菜单中选择"删除工作表"命令。

如果要删除的工作表中包含数据，会弹出含有"永久删除这些数据"提示框。单击"确定"按钮，工作表以及其中的数据都会被删除。

（5）重命名工作表

① 双击要重名的工作表标签。

② 右击工作表标签，从快捷菜单中选择"重命名"命令。

③ 单击工作表标签，切换到"开始"选项卡，单击"工作表"按钮，从下拉菜单中选择"重命名"命令。

此时的工作表名称将突出显示，直接输入新的工作表名，并按〈Enter〉键即可。

（6）移动或复制工作表

拖动要移动的工作表标签，当小三角箭头到达新的位置后释放鼠标左键，即可实现工作表的移动操作。

如果要在同一个工作簿内复制工作表，在按住〈Ctrl〉键的同时拖动工作表标签，当到达新位置时，先释放鼠标左键，再松开〈Ctrl〉键。

如果要将一个工作表移动到另一个工作簿中，参照以下步骤进行操作：

① 打开源工作表所在的工作簿和目标工作簿。

② 右击要移动的工作表标签，从弹出的快捷菜单中选择"移动工作表"命令，打开"移动或复制工作表"对话框，如图 2-18 所示。

③ 在"工作簿"下拉列表框中选择接收工作表的工作簿。若选择"（新工作簿）"选项，可以将选定的工作表移动或复制到新的工作簿中。

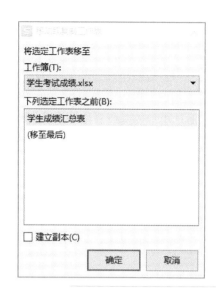

图 2-17
"工作表"下拉菜单
图 2-18
"移动或复制工作表"对话框

④ 在"下列选定工作表之前"列表框中选择移动后的位置。如果对工作表进行复制操作，要选中"建立副本"复选框。

⑤ 单击"确定"按钮，完成工作表的移动或复制处理。

（7）隐藏或显示工作表

隐藏工作表的方法有以下两种：

① 右击工作表标签，从弹出的快捷菜单中选择"隐藏工作表"命令。

② 单击工作表标签，切换到"开始"选项卡，单击"工作表"按钮，从下拉菜单中选择"隐藏工作表"命令。

如果要取消对工作表的隐藏，右击工作表标签，从弹出的快捷菜单中选择"取消隐藏工作表"命令，打开"取消隐藏"对话框，如图 2-19 所示。在列表框中选择需要再次显示的工作表，然后单击"确定"按钮即可。

（8）冻结工作表

单击标题行下一行中的任意单元格，然后切换到"视图"选项卡，单击"冻结窗格"按钮，从下拉菜单中选择"冻结首行"命令，可以冻结工作表标题以使其位置固定不变，从而方便数据的浏览，如图 2-20 所示。

图 2-19
"取消隐藏"对话框
图 2-20
"冻结窗格"下拉菜单

如果要取消冻结，切换到"视图"选项卡，单击"冻结窗格"按钮，从下拉菜单中选择"取消冻结窗格"命令。

笔 记

微课：2-6
选定单元格及单元格
区域

笔 记

3. 在工作表中输入数据

（1）选定单元格及单元格区域

当一个单元格成为活动单元格时，它的边框会变成绿线，其行号、列标会突出显示，用户可以在名称框中看到其坐标。选定工作表元素的操作见表 2-1。

表 2-1　WPS 中选定工作表元素的操作

选 定 对 象	选 定 方 法
单个单元格	单击相应的单元格，或用方向键移动到相应的单元格
连续单元格区域	单击要选定单元格区域的第 1 个单元格，然后按住鼠标左键拖动直到要选定的最后一个单元格；或者按住〈Shift〉键单击单元格区域中的最后一个单元格；或者在名称框中输入单元格区域的地址，并按〈Enter〉键
不相邻的单元格或单元格区域	选定第 1 个单元格或单元格区域，然后按住〈Ctrl〉键选定其他的单元格或单元格区域；或者在名称框中输入使用逗号间隔的每个单元格区域地址，并按〈Enter〉键
单行或单列	单击行号或列标
相邻的行或列	按住鼠标左键沿行号或列标拖动，或者先选定第 1 行或第 1 列，然后按住〈Shift〉键选定其他的行或列
不相邻的行或列	先选定第 1 行或第 1 列，然后按住〈Ctrl〉键选定其他的行或列
连续的数据区域	单击数据区域中的任意单元格，然后按〈Ctrl+A〉组合键
工作表中的全部单元格	单击行号和列标交叉处的"全部选定"按钮；或者单击空白单元格，再按〈Ctrl+A〉组合键
增加或减少活动区域中的单元格	按住〈Shift〉键，并单击新选定区域中的最后一个单元格，在活动单元格和所单击单元格之间的矩形区域将成为新的选定区域
取消选定的区域	单击工作表中的其他任意单元格，或按方向键

若选定的是单元格区域，该区域将反白显示，其中，用鼠标单击的第 1 个单元格正常显示，表明它是活动单元格。

也可以利用工具快速选取数量众多、位置比较分散的相同数据类型的单元格，如选择所有内容是文本的单元格，操作步骤如下：

① 切换到"开始"选项卡，单击"查找"按钮，从下拉菜单中选择"定位"命令，打开"定位"对话框。

② 选中"数据"单选按钮，然后选中"常量"复选框和"文本"复选框，如图 2-21 所示。

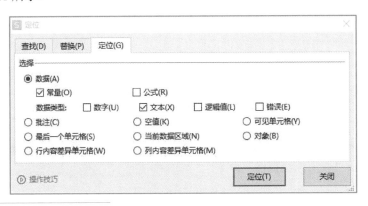

图 2-21
使用"定位"对话框

③ 单击"定位"按钮，结果如图 2-22 所示。

（2）输入数据

① 输入数值。直接输入的数值数据默认为右对齐。在输入数值数据时，除 0～9、正/负号和小数点外，还可以使用以下符号。

- "E"和"e"：用于指数的输入，如 2.6E-3。
- 圆括号：表示输入的是负数，如（312）表示-312。
- 以"$"或"¥"开始的数值：表示货币格式。
- 以符号"%"结尾的数值：表示输入的是百分数，如 40%表示 0.4。
- 逗号：表示千位分隔符，如 1,234.56。

当然，可以先输入基本数值数据，然后切换到"开始"选项卡，通过"数字"选项组中的下拉列表框或按钮实现上述效果，如图 2-23 所示。

企业员工档案							
序号	姓名	性别	年龄	学历	部门	进入企业时间	担任职务	工资
001	杨林	男	31	硕士	研发部	2001年3月1日	部门经理	¥6,582
002	何晓玉	女	30	硕士	广告部	2000年6月1日		¥4,568
003	郭文	女	28	硕士	研发部	1999年8月1日		¥6,064
004	杨彬	男	32	本科	广告部	2005年6月1日		¥3,256
005	苏宇拓	男	34	硕士	销售部	2002年6月1日		¥5,236
006	杨楠	女	25	大专	文秘部	2003年3月1日		¥2,856
007	陈强	男	28	大专	采购部	1997年11月1日	部门经理	¥5,896
008	杨燕	女	28	本科	研发部	1999年12月1日		¥5,698
009	陈蔚	女	29	硕士	采购部	1996年4月1日		¥4,646
010	邱鸣	男	31	大专	广告部	2004年1月1日		¥3,598
011	王耀华	男	33	本科	文秘部	2003年2月1日		¥3,698
012	杜鹏	男	36	硕士	研发部	2000年10月1日		¥3,456
013	孟永科	男	35	本科	销售部	1999年2月1日		¥4,452
014	巩月明	女	32	大专	采购部	1999年1月1日		¥5,550
015	田格艳	女	25	本科	广告部	1997年6月1日		¥6,523
016	王琪	女	34	硕士	研发部	2001年3月1日		¥3,465
017	董国林	男	27	本科	销售部	2000年7月1日	部门经理	¥6,456
018	张昭	男	29	本科	采购部	2006年4月1日		¥5,002
019	龙丹丹	女	30	本科	广告部	2003年7月1日		¥4,135

图 2-22
使用对话框选择相同类型的单元格
图 2-23
"数字"选项组

另外，当输入的数值长度超过单元格的宽度时，将会自动转换成文本类型；选择"转换为数字"命令，将会自动转换成科学记数法，即以指数法表示。当输入真分数时，应在分数前加 0 及一个空格，即"0 "，如输入"0 3/4"表示分数 $\frac{3}{4}$。

② 输入文本。文本也就是字符串，默认为左对齐。当文本不是完全由数字组成时，直接由键盘输入即可。若文本由一串数字组成，输入时可以使用下列方法：

- 在该串数字的前面加一个半角单引号，例如，要输入邮政编码 223003，则应输入"'223003"。
- 选定要输入文本的单元格区域，切换到"开始"选项卡，将"数字格式"下拉列表框设置为"文本"选项，然后输入数据。

③ 输入日期和时间。日期的输入形式比较多，可以使用斜杠"/"或连字符"-"对输入的年、月、日进行间隔，如输入"2019-6-8""2019/6/8"均表示 2019 年 6 月 8 日。

如果输入"6/8"形式的数据，系统默认为当前年份的月和日。如果要输入当天

笔 记

的日期，需要按〈Ctrl+;〉组合键。

在输入时间时，时、分、秒之间用冒号"："隔开，也可以在后面加上"A"（或"AM"）或者"P"（或"PM"）表示上午、下午。注意，表示秒的数值和字母之间应有空格，如输入"10:34:52 A"。

当输入"10:29"形式的时间数据时，表示的是小时和分钟。如果要输入当前的时间，需要按〈Ctrl+Shift+;〉组合键。

另外，也可以输入"2019/6/8 10:34:52 A"形式的日期和时间数据。注意，二者之间要留有空格。在单元格中输入"=NOW( )"时，可以显示当前的日期和时间。

如果需要对日期或时间数据进行格式化，单击"单元格"按钮，从下拉菜单中选择"设置单元格格式"命令，打开"单元格格式"对话框。然后在"数字"选项卡"分类"列表框中选择"日期"或"时间"选项，在右侧的"类型"列表框中进行选择，如图 2-24 所示。

图 2-24
设置日期格式

微课：2-8
快速输入工作表数据

（3）快速输入工作表数据

① 使用鼠标填充项目序号。向单元格中输入数据后，在控制句柄处按住鼠标左键向下或向右拖动（也可以向上或向左拖动），如果原单元格中的数据是文本，则鼠标经过的区域中会用原单元格中相同的数据填充；如果原数据是数值，WPS 表格会进行递增式填充。

在按住〈Ctrl〉键的同时拖动控制句柄进行数据填充时，则在拖动的目标单元格中复制原来的数据。

在单元格 A1 中输入数字"1"，向下填充单元格后，单击右下角的"自动填充选项"按钮，从下拉菜单中选择所需的填充选项，如"以序列方式填充"，可改变填充方式，结果如图 2-25 所示。

② 使用鼠标填充等差数列。在开始的两个单元格中输入数列的前两项，然后将这两个单元格选定，并沿填充方向拖动控制句柄，即可在目标单元格区域填充等差数列。

③ 填充日期和时间序列。选中单元格输入第 1 个日期或时间，按住鼠标左键向需要的方向拖动，然后单击"自动填充选项"按钮，从下拉菜单中选择适当的选项即可。例如，在单元格 A1 中输入日期"2019/12/10"，向下拖动并选择"以工作日填充"选项后的结果如图 2-26 所示。

图 2-25
使用"自动填充选项"按钮填充序列
图 2-26
选择"以工作日填充"选项的结果

④ 使用对话框填充序列。用鼠标填充的序列范围比较小，如果要填充等比数列，可以使用对话框方式。下面以在单元格区域 A1:E1 中的单元格填充序列 1、3、9、27、81 为例说明操作步骤：在单元格 A1 中输入数字 1，然后选中单元格区域 A1:E1，切换到"开始"选项卡，单击"填充"按钮，从下拉菜单中选择"序列"命令，打开"序列"对话框。在"类型"栏中选中"等比序列"单选按钮，在"步长值"文本框中输入数字 3，如图 2-27 所示，最后单击"确定"按钮。

图 2-27
"序列"对话框

⑤ 自定义序列。根据实际工作需要，可以更加快捷地填充固定的序列，方法为：单击快速访问工具栏左侧的"文件"按钮，在下拉菜单中选择"选项"命令，打开"选项"对话框，在其中选择"自定义序列"选项卡，如图 2-28 所示。

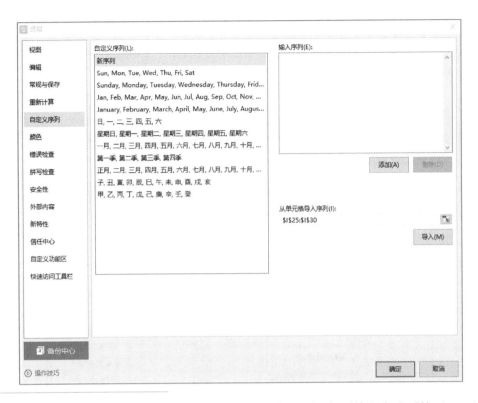

图 2-28
"选项"对话框

在"输入序列"文本框中输入自定义的序列项，每项输入完成后按〈Enter〉键进行分隔，如图 2-29 所示，然后单击"添加"按钮，新定义的序列就会出现在"自定义序列"列表框中。单击"确定"按钮，回到工作表窗口，在单元格中输入自定义序列的第 1 个数据，通过拖动控制句柄的方法进行填充，到达目标位置后释放鼠标按键即可完成自定义序列的填充，结果如图 2-30 所示。

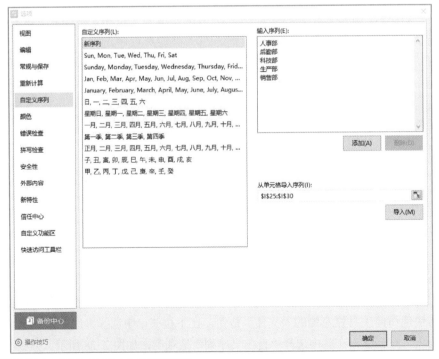

图 2-29
自定义序列
图 2-30
利用自定义序列填充的
结果

【课堂练习 2-1】在空白工作表的单元格区域 A4:A8 中，自动填充序列"黑人"

"中华""佳洁士""云南白药""草珊瑚"等牙膏品牌。

（4）查找和替换

查找操作的步骤如下：

① 选定查找范围，不选定时默认为当前工作表。切换到"开始"选项卡，单击"查找"按钮，从下拉菜单中选择"查找"命令，打开"查找"对话框，并显示"查找"选项卡。注意，单击"选项"按钮可以将对话框展开。

② 在"查找内容"下拉列表框中输入或选择要查找的内容，并将其他列表框、复选框设置为合适的选项。

③ 单击"查找全部"按钮，WPS 表格会将查找到的所有结果显示在对话框的列表框中，如图 2-31 所示。

笔 记

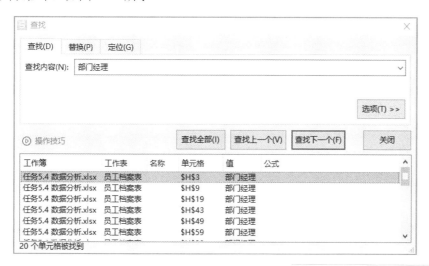

图 2-31
使用对话框查找数据

在进行替换操作时，选定替换范围后，单击"查找"按钮，从下拉菜单中选择"替换"命令，打开"替换"对话框，并显示"替换"选项卡。然后单击"查找下一个"按钮，从活动单元格开始查找，当找到第 1 个满足条件的单元格后将停下来，如果单击"替换"按钮，单元格的内容将被新数据替换；若再次单击"查找下一个"按钮，则表示不替换该单元格的内容，然后自动查找下一个满足条件的单元格，依此类推；单击"全部替换"按钮后，所有满足条件的单元格都将被替换。

4. 单元格、行和列的相关操作

（1）插入与删除单元格

① 单击某个单元格或选定单元格区域以确定插入位置，然后在选定单元格区域右击，从弹出的快捷菜单中选择"插入"命令（或者切换到"开始"选项卡，单击"行和列"按钮，从下拉菜单中选择"插入单元格"命令），打开"插入"对话框，如图 2-32 所示。

② 在该对话框中选择合适的插入方式。

● 活动单元格右移。当前单元格及同一行中右侧的所有单元格右移一个单元格。

● 活动单元格下移。当前单元格及同一列中下方的所有单元格下移一个单元格。

● 整行。当前单元格所在的行上面会出现空行，行数默认为 1。

● 整列。当前单元格所在的列左边会出现空列，列数默认为 1。

微课：2-9
单元格操作

③ 单击"确定"按钮，完成操作。

删除单元格时，首先单击某个单元格或选定要删除的单元格区域，然后在选定区域中右击，从弹出的快捷菜单中选择"删除"命令（或按〈Ctrl+-〉组合键），打开"删除"对话框。接着在"删除"栏中做合适的选择，最后单击"确定"按钮，完成操作。

（2）合并与拆分单元格

选定要合并的单元格区域，切换到"开始"选项卡，单击"合并居中"按钮下侧的箭头按钮，从下拉列表中选择"合并居中"命令，如图 2-33 所示。

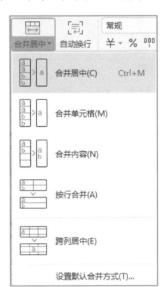

图 2-32
"插入"对话框
图 2-33
"合并居中"下拉菜单

选中已经合并的单元格，切换到"开始"选项卡，单击"合并居中"按钮下侧的箭头按钮，从下拉菜单中选择"取消合并单元格"命令，即可将其再次拆分。

（3）插入与删除行和列

下面以插入行为例，说明插入行或列的操作。如果需要插入一行，单击要插入的新行之下相邻行中的任意单元格；当要插入多行时，在行号上拖动鼠标，选定与待插入空行数量相等的若干行，然后使用下列方法进行操作：

① 右击选中区域，从弹出的快捷菜单中选择"插入"命令。

② 切换到"开始"选项卡，单击"行和列"按钮下方的箭头按钮，从下拉菜单中选择"插入单元格"→"插入行"命令，如图 2-34 所示。

此时可以看到，被选定的行自动向下平移。

在删除行或列时，按住鼠标左键在行号或列标上拖动，选定要删除的行或列，然后使用下列方法进行操作：

① 右击选中区域，从弹出的快捷菜单中选择"删除"命令。

② 切换到"开始"选项卡，单击"行和列"按钮下方的箭头按钮，从下拉菜单中选择"删除单元格"→"删除行"命令。

（4）隐藏与显示行和列

① 隐藏行和列。隐藏行和列的方法类似，下面以隐藏列为例，说明操作方法：

● 在需要隐藏列的列标上按住鼠标左键拖动，然后右击选中区域，从弹出的快捷菜单中选择"隐藏"命令。

微课：2-10
行列操作

● 选中要隐藏列的部分单元格区域，切换到"开始"选项卡，单击"行和列"按钮，从下拉菜单中选择"隐藏与取消隐藏"→"隐藏列"命令。

② 取消行和列的隐藏。

● 按住鼠标左键在隐藏列的左、右两列的列标上拖动，然后右击选中区域，从弹出的快捷菜单中选择"取消隐藏"命令。

● 选中隐藏列的左、右两列的部分单元格区域，切换到"开始"选项卡，单击"行和列"按钮，从下拉菜单中选择"隐藏与取消隐藏"→"取消隐藏列"命令。

（5）改变行高与列宽

① 手动调整行高。将鼠标指针移至行号区中要调整行高的行和它下一行的分隔线上，当指针变成"➕"形状时，拖动分隔线到合适的位置，可以粗略地设置当前行的行高。

若要精确地设置行高，将光标定位到要设置行的任意单元格中，或者选定多行，切换到"开始"选项卡，单击"行和列"按钮，从下拉菜单中选择"行高"命令，打开"行高"对话框，在文本框中输入行高值，如图 2-35 所示，然后单击"确定"按钮。

图 2-34
"行和列"下拉菜单
图 2-35
"行高"对话框

② 自动调整行高。双击行号的下边界，或将光标定位到要设置行的任意单元格中，然后切换到"开始"选项卡，单击"行和列"按钮，从下拉菜单中选择"最适合的行高"命令，该行的行高值将符合最高的条目。

改变列宽的方法与之类似，切换到"开始"选项卡，单击"行和列"按钮，在下拉菜单中选择相应的命令或在列标的右边界上操作即可。

5. 编辑与设置表格数据

（1）修改与删除单元格内容

当需要对单元格的内容进行编辑时，可以通过下列方式进入编辑状态：

① 双击单元格，可以直接对其中的内容进行编辑。

② 将光标定位到要修改的单元格中，然后按〈F2〉键。

③ 激活需要编辑的单元格，然后在编辑框中修改其内容。

进入单元格编辑状态后，光标变成了垂直竖条的形状，可以用方向键来控制插入点的移动。按〈Home〉键，插入点将移至单元格的开始处；按〈End〉键，插入

微课：2-11
编辑数据

点将移至单元格的尾部。

修改完毕后，按〈Enter〉键或单击编辑栏中的"输入"按钮对修改予以确认；若要取消修改，按〈Esc〉键或单击编辑栏中的"取消"按钮。

选定单元格或单元格区域，然后按〈Delete〉键，可以快速删除单元格的数据内容，并保留单元格具有的格式。

（2）移动与复制表格数据

① 使用鼠标拖动。移动单元格内容时，将鼠标移至所选区域的边框上，然后按住鼠标左键将数据拖曳到目标位置，再释放鼠标按键。

复制数据时，首先将鼠标移至所选区域的边框上，然后按住〈Ctrl〉键并拖动鼠标到目标位置。

② 使用剪贴板。首先选定含有移动数据的单元格或单元格区域，然后按〈Ctrl+X〉组合键（或单击"剪切"按钮），接着单击目标单元格或目标区域左上角的单元格，并按〈Ctrl+V〉组合键（或单击"粘贴"按钮）。

复制过程与移动过程类似，只是按〈Ctrl+C〉组合键（或单击"复制"按钮）即可。

③ 复制到邻近的单元格。WPS 表格为复制到邻近单元格提供了附加选项。例如，要将单元格复制到下方的单元格区域，选中要复制单元格，然后向下扩大选区，使其包含复制到的单元格，接着切换到"开始"选项卡，单击"填充"按钮，从下拉菜单中选择"向下填充"命令即可，如图 2-36 所示。

在使用"填充"下拉菜单中的命令时，不会将信息放到剪贴板中。

（3）设置字体格式与文本对齐方式

在 WPS 表格中设置字体格式的方法与 WPS 文字类似，此处不再赘述。

（4）设置表格边框和填充效果

① 设置表格的边框。默认情况下，工作表中的表格线都是浅色的，称为网格线，它们在打印时并不显示。为了打印带边框线的表格，可以为其添加不同线型的边框，方法为：选择要设置的单元格区域，切换到"开始"选项卡，单击"边框"按钮，然后从下拉菜单中选择适当的边框样式。

如果对下拉菜单中列举的边框样式不满意，选择"其他边框"命令，打开"单元格格式"对话框并切换到"边框"选项卡，然后在"样式"列表框中选择边框的线条样式，在"颜色"下拉列表框中选择边框的颜色，在"预置"栏中为表格添加内、外边框或清除表格线，在"边框"栏中自定义表格的边框位置。

② 添加表格的填充效果。选择要设置的单元格区域，切换到"开始"选项卡，单击"填充颜色"按钮右侧的箭头按钮，从下拉列表中选择所需的颜色。

在"单元格格式"对话框的"图案"选项卡中，还可以设置单元格区域的背景色、填充效果、图案颜色和图案样式等。

（5）套用表格格式

WPS 2019 表格提供了"表"功能，用于对工作表中的数据套用"表"格式，从而实现快速美化表格外观的目的。其操作步骤如下：

① 选定要套用"表"格式的单元格区域，切换到"开始"选项卡，单击"表格样式"按钮，从弹出的下拉列表中选择一种表格样式，如图 2-37 所示。

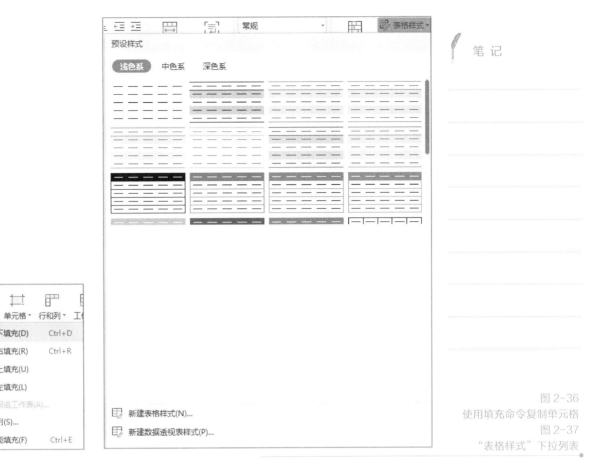

图 2-36
使用填充命令复制单元格
图 2-37
"表格样式"下拉列表

② 在打开的"套用表格样式"对话框中，确认表数据的来源区域是否正确。如果希望转换成表格，选中"转换成表格，并套用表格样式"单选按钮；如果希望标题出现在套用样式的表中，选中"表包含标题"复选框；如果希望筛选按钮出现在表中，选中"筛选按钮"复选框，如图 2-38 所示。

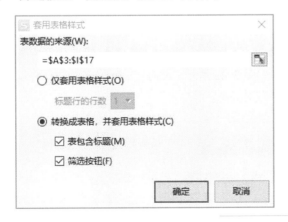

图 2-38
"套用表格样式"对话框

③ 单击"确定"按钮，表格式套用在选择的数据区域中。

如果要将表转换为普通的区域，切换到"表格工具"选项卡，单击"转换为区域"按钮，如图 2-39 所示，在弹出的对话框中单击"确定"按钮。

（6）设置条件格式

若只对选定单元格区域中满足条件的数据进行格式设置，就要用到条件格式。

在为数据设置默认条件格式时，首先选择要设置的数据区域，例如任务中的高数成绩区域 D3:D12，然后切换到"开始"选项卡，单击"条件格式"按钮，从下拉菜单中选择设置条件的方式，如图 2-40 所示。

图 2-39
转换为区域
图 2-40
"条件格式"下拉菜单

例如，选择"项目选取规则"→"前 10 项"命令，打开"前 10 项"对话框，在左侧的微调框中指定最大值项的数目，在此输入"3"，表示查看高数成绩最高的 3 个数值，在"设置为"下拉列表框中选择符合条件时数据显示的外观，如图 2-41 所示。

选择"条件格式"下拉菜单中的"色阶"命令，从其级联菜单中选择一种三色刻度，可以帮助用户比较某个区域的单元格，颜色的深浅表示值的高、中、低。

当默认条件格式不满足用户需求时，可以对条件格式进行自定义设置，操作步骤已经在本任务中介绍过，此处不再赘述。

【课堂练习 2-2】 在本任务的工作表中，为英语成绩中高于平均分的成绩设置加粗字体。

（7）格式的复制与清除

微课：2-14
格式的复制与清除

① 复制格式。和 WPS 文字一样，在 WPS 表格中复制格式最简单的方法是使用格式刷。

② 清除格式。当用户对单元格区域中设置的格式不满意时，切换到"开始"选项卡，单击"字体"选项组中的"清除"按钮，从下拉菜单中选择"格式"命令将其格式清除，如图 2-42 所示。此时，单元格中的数据将以默认的格式显示，即文本左对齐、数字右对齐。

图 2-41
为符合条件的单元格设置格式
图 2-42
"清除"下拉菜单

（8）保护工作表

① 右击工作表标签，从弹出的快捷菜单选择"保护工作表"命令，打开"保护工作表"对话框。

② 如果要给工作表设置密码，在"密码（可选）"文本框中输入密码，如图 2-43 所示。

③ 在"允许此工作表的所有用户进行"列表框中选择可以进行的操作，或者取消选中禁止操作的复选框。例如，选中"设置列格式"复选框，则允许用户对列的格式进行处理。

④ 单击"确定"按钮，此时，在工作表中输入数据时会弹出对话框，禁止任何修改操作。

另外，切换到"开始"选项卡，单击"工作表"按钮，从下拉菜单中选择"撤销工作表保护"命令，即可取消对工作表的保护。如果工作表设置了密码，则会打开"撤销工作表保护"对话框，输入正确的密码后单击"确定"按钮即可，如图 2-44 所示。

微课：2-15
保护工作簿

图 2-43
"保护工作表"对话框
图 2-44
"撤销工作表保护"对话框

任务 2.2 统计与分析学生成绩

笔 记

▶ 任务描述

小魏将整理好的 WPS 表格文件"学生考试成绩"发送给了班主任赵老师，赵老师接收到文件后，经过技术分析，首先对工作表"学生成绩汇总表"中的数据进行统计与分析，结果如图 2-45 所示。

使用学院规定的公式 $\mathrm{avg} = \sum_{i=1}^{n} s_i c_i / \sum_{i=1}^{n} c_i$ 计算必修课程的加权平均成绩。其中，s_i 表示第 i 门课程的成绩，c_i 表示该课程的学分。

统计不同分数段的学生数，以及最高平均分、最低平均分。

接着，赵老师将必修课程的加权平均值作为智育成绩，复制到存放有学生德育及文体分数的 WPS 表格文件"学生学期总评"中，并按德、智、体分数以 2：7：1 的比例计算出每名学生的总评成绩。然后，她根据总评成绩，完成了学生的综合排名，并以学院有关奖学金评定的文件为依据，确定了奖学金获得者名单，结果如图 2-46 所示。

电子技术1班成绩汇总表									
序号	学号	姓名	高数	英语	三论	电工	实训	实训成绩转换	平均成绩
1	11111301	张芳	90	87	76	80	优	95	85.00
2	11111302	赵丽	71	65	82	57	中	75	66.67
3	11111303	孙燕	83	55	93	79	良	85	76.78
4	11111305	李蕾	85	74	85	91	及格	65	82.33
5	11111306	刘天泽	53	70	81	62	不及格	55	63.11
6	11111307	赵东	88	49	63	77	良	85	72.56
7	11111308	王强	94	61	84	52	良	85	70.56
8	11111309	周明明	76	80	70	85	良	85	80.22
9	11111310	钱成	89	99	96	93	优	95	94.00
10	11111311	孙刚	77	94	89	90	及格	65	85.11

课程名称	学分值		学生平均成绩分段统计		
高数	4		分数段	人数	比例
英语	4		90分以上	1	10%
三论	2		80-89分	4	40%
电工	6		70-79分	3	30%
实训	2		60-69分	2	20%
总学分	18		0-59分	0	0%
			总计	10	100%
			最高分	94.00	
			最低分	63.11	

图 2-45
学生成绩统计与分析后的结果

电子技术1班学生总评成绩、排名及奖学金发放公示							
序号	学号	姓名	德育	智育	文体	总评	排名	奖学金
1	11111301	张芳	93.83	85.00	90.00	87.27	4	三等
2	11111302	赵丽	88.11	66.67	86.00	72.89	8	
3	11111303	孙燕	84.14	76.78	86.00	79.17	6	
4	11111305	李蕾	99.56	82.33	98.00	87.35	3	二等
5	11111306	刘天泽	79.30	63.11	91.00	69.14	10	
6	11111307	赵东	76.21	72.56	81.00	74.13	7	
7	11111308	王强	71.37	70.56	71.00	70.76	9	
8	11111309	周明明	85.46	80.22	80.00	81.25	5	三等
9	11111310	钱成	92.51	94.00	73.00	91.60	1	一等
10	11111311	孙刚	100.00	85.11	85.00	88.08	2	二等

图 2-46
计算学生总评成绩、排名及奖学金后的结果

▶ **技术分析**

● 通过"移动或复制工作表"对话框，可以对工作表进行复制或移动。

● 通过使用 IF 函数，可以将实训成绩由五级制转换为百分制。

● 通过使用"选择性粘贴"对话框中的按钮，可以实现按指定要求对数据进行粘贴。

● 通过使用 COUNTIF 函数，可以统计不同分数段的人数。

● 通过对单元格数据的引用，可以统计不同分数段学生的比例。

● 通过使用 MAX、MIN 函数，可以计算指定单元格区域数据中的最大值和最小值。

● 通过使用 RANK 函数，可以实现对学生的总评排名。

▶ **任务实现**

1. 计算考试成绩平均分

首先借助于函数将实训成绩由五级制转换为百分制，然后使用公式计算平均分。

（1）复制原始数据

① 打开工作簿文件"学生考试成绩"，然后双击工作表标签"学生成绩汇总表"，将其重命名为"原始成绩数据"。

② 在按住〈Ctrl〉键的同时拖动工作表标签"原始成绩数据"，当小黑三角形出现时，释放鼠标左键，再松开〈Ctrl〉键，建立该工作表的副本。

微课：2-16
任务 2.2 统计与分析学生成绩（1）

③ 将复制后的工作表重命名为"课程成绩"。

（2）删除条件格式

选定工作表"课程成绩"的单元格区域 D3:H12，切换到"开始"选项卡，单击"样式"选项组中的"条件格式"按钮，从下拉菜单中选择"清除规则"→"清除所选单元格的规则"命令，将考试成绩中的条件格式删除。

（3）转换实训成绩

① 在工作表"课程成绩"的"实训"列后添加列标题"实训成绩转换"，然后将光标移至单元格 I3 中，并输入公式"=IF(H3="优",95,IF(H3="良",85,IF(H3="中",75,IF(H3="及格",65,55))))"，最后按〈Enter〉键，将序号为"1"的学生的实训成绩转换成百分制。

② 利用控制句柄，将其他学生的实训成绩转换成百分制，结果如图 2-47 所示。

（4）输入各门课程的学分，计算总学分

① 在单元格 A16 和 B16 中分别输入文本"课程名称"和"学分值"。

② 选定单元格区域 D2:H2，然后按〈Ctrl+C〉组合键，将其复制到剪贴板中。

③ 右击单元格 A17，从弹出的快捷菜单中选择"选择性粘贴"→"选择性粘贴"命令，在打开的"选择性粘贴"对话框中选中"转置"复选框，如图 2-48 所示，然后单击"确定"按钮，将课程名称粘贴到单元格 A17 开始的列中的连续单元格区域，接着将这些单元格的填充颜色去掉，并在相应的单元格中输入学分。

图 2-47
实训成绩转换成
百分制后的结果
图 2-48
"选择性粘贴"对话框

④ 在单元格 A22 中输入文字"总学分"，然后将光标置于单元格 B22 中，切换到"公式"选项卡，单击"自动求和"按钮，则单元格区域 B17:B21 的周围会出现实线框，且单元格 B22 中显示公式"=SUM(B17:B21)"，按〈Enter〉键计算出总学分。

⑤ 为表格添加边框，并对单元格设置字体、水平居中对齐，结果如图 2-49 所示。

（5）计算平均成绩

① 在工作表"课程成绩"的"实训成绩转换"列后添加列标题"平均成绩"，然后在单元格 J3 中输入公式"=(D3*$B$17+E3*$B$18+F3*$B$19+G3*$B$20+I3*$B$21)/$B$22"，接着按〈Enter〉键，计算出序号为"1"的学生的平均成绩。在输入过程中，可单击选中课程成绩、学分值所在的单元格，并将对学分值的引用修改为绝对引用。

② 利用控制句柄，计算出所有学生的平均成绩。

（6）设置单元格格式

① 选中单元格 A1，切换到"开始"选项卡，单击"合并居中"按钮，将单

格区域 A1:H1 拆分开。

② 选定单元格区域 A1:J1，然后单击“合并居中”按钮。

③ 选定单元格区域 J3:J12，单击“单元格”按钮，从下拉菜单中选择“设置单元格格式”命令，打开“单元格格式”对话框。切换到“数字”选项卡，在“分类”列表框中选择“数值”选项，其他设置保持默认值，然后单击“确定”按钮，将平均成绩保留 2 位小数。

④ 对“实训成绩转换”和“平均成绩”列进行适当的设置，结果如图 2-50 所示。

16	课程名称	学分值
17	高数	4
18	英语	4
19	三论	2
20	电工	6
21	实训	2
22	总学分	18

	A	B	C	D	E	F	G	H	I	J
1	电子技术1班成绩汇总表									
2	序号	学号	姓名	高数	英语	三论	电工	实训	实训成绩转换	平均成绩
3	1	11111301	张芳	90	87	76	80	优	95	85.00
4	2	11111302	赵丽	71	65	82	57	中	75	66.67
5	3	11111303	孙燕	83	55	93	79	良	85	76.78
6	4	11111305	李雷	85	74	85	91	及格	65	82.33
7	5	11111306	刘天泽	53	70	81	62	不及格	55	63.11
8	6	11111307	赵东	88	49	63	77	良	85	72.56
9	7	11111308	王强	94	61	84	52	良	85	70.56
10	8	11111309	周明明	76	80	70	85	良	85	80.22
11	9	11111310	钱成	89	99	96	93	优	95	94.00
12	10	11111311	孙刚	77	94	89	90	及格	65	85.11

图 2-49
课程学分表
图 2-50
计算平均成绩后的结果

2. 分段统计人数及比例

（1）建立统计分析表

在工作表“课程成绩”中的 D16 开始的单元格区域建立统计分析表，如图 2-51 所示，然后为该区域添加边框、设置对齐方式。

（2）计算分段人数

① 选中单元格 E18，切换到“公式”选项卡，然后单击“插入函数”按钮，打开“插入函数”对话框。

② 将“或选择类别”设置为“统计”，然后在“选择函数”列表框中选择“COUNTIF”选项，如图 2-52 所示，接着单击“确定”按钮，打开“函数参数”对话框。

笔 记

学生平均成绩分段统计		
分数段	人数	比例
90分以上		
80-89分		
70-79分		
60-69分		
0-59分		
总计		
最高分		
最低分		

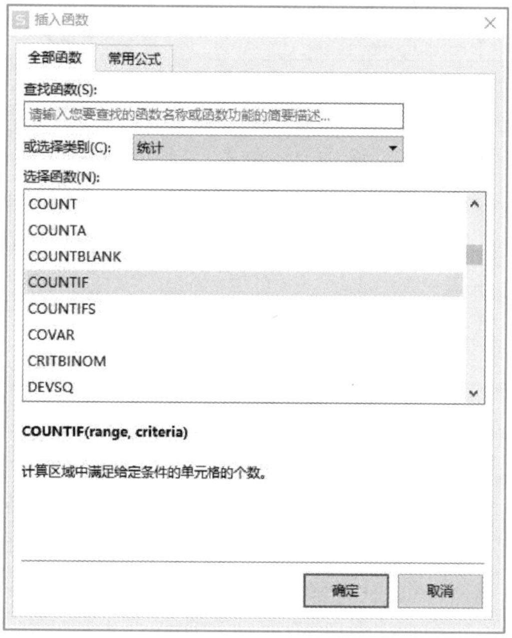
插入函数
全部函数
常用公式
查找函数(S):
请输入您要查找的函数名称或函数功能的简要描述...
或选择类别(C):
统计
选择函数(N):
COUNT
COUNTA
COUNTBLANK
COUNTIF
COUNTIFS
COVAR
CRITBINOM
DEVSQ
COUNTIF(range, criteria)
计算区域中满足给定条件的单元格的个数。
确定
取消

图 2-51
建立分段统计表的框架
图 2-52
“插入函数”对话框

③ 在工作表中选择单元格区域 J3:J12，将"函数参数"对话框中"区域"框内显示的内容修改为"$J$3: $J$12"，接着在"条件"框中输入条件">=90"，如图 2-53 所示，单击"确定"按钮，返回工作表。此时，在单元格 E18 中显示出计算结果，在编辑框中显示了对应的公式"=COUNTIF($J$3: $J$12,">=90")"，统计出平均分在 90 分以上的人数。 笔记

④ 再次单击单元格 E18，按〈Ctrl+C〉组合键复制公式，然后在单元格 E19 中按〈Ctrl+V〉组合键粘贴公式，修改为"=COUNTIF($J$3:$J$12,">=80")-COUNTIF($J$3:$J$12,">=90")"，并按〈Enter〉键，统计出平均分在 80～89 分之间的人数。

⑤ 将单元格 E20、E21、E22 中的公式分别设置为"=COUNTIF($J$3:$J$12,">=70")-COUNTIF($J$3:$J$12,">=80")""=COUNTIF($J$3:$J$12,">=60")-COUNTIF ($J$3:$J$12,">=70")"和"=COUNTIF($J$3:$J$12,"<60")"，统计出各分数段的人数。

⑥ 选定单元格区域 E18:E22，单击"自动求和"按钮，单元格 E23 中将计算出班级的总人数。

（3）统计分段人数的比例

① 在单元格 F18 中输入"="，然后单击单元格 E18，选择 90 分以上的人数，接着输入"/"，再单击单元格 E23，将公式修改为"=E18/E$23"，最后按〈Enter〉键计算结果。

② 利用控制句柄，自动填充其他分数段的比例数据。

③ 选定单元格区域 F18:F23，切换到"开始"选项卡，然后单击"百分比样式"按钮，则数值均以百分比形式显示。

（4）计算最高分与最低分

① 将光标定位到单元格 E24 中，切换到"公式"选项卡，单击"自动求和"按钮下方的箭头按钮，从下拉菜单中选择"最大值"命令，然后拖动鼠标选中平均成绩所在的单元格区域 J3:J12，按〈Enter〉键计算出平均成绩的最高分。

② 借助于函数 MIN，在单元格 E25 中计算出最低分，然后设置边框、对齐效果，如图 2-54 所示。

学生平均成绩分段统计		
分数段	人数	比例
90分以上	1	10%
80-89分	4	40%
70-79分	3	30%
60-69分	2	20%
0-59分	0	0%
总计	10	100%
最高分	94.00	
最低分	63.11	

图 2-53
COUNTIF 函数的参数对话框
图 2-54
成绩分段统计后的结果

3. 计算总评成绩、排名及奖学金

学生的德育分数是以 100 分为基础，根据学生的出勤、参加集体活动、获奖等情况，以班级制定的加、减分规则积累获得。为了使班级之间具有参照性，需要以班级德育分数最高的学生为 100 分，然后按比例换算得到其他同学的分数，接着计算总评成绩，完成最终排名。

微课：2-17
任务 2.2 统计与分析
学生成绩（2）

笔 记

（1）换算德育分数

① 打开工作簿文件“学生学期总评”，单击工作表标签“德育文体分数”。

② 在列标 E 上右击，从弹出的快捷菜单中选择“插入”命令，在德育和文体分数之间插入一个空列。

③ 将文本“德育换算分数”输入到单元格 E2，然后在单元格 E3 中输入“=”，再单击单元格 D3，选择序号为“1”的学生的德育原始分数，接着输入“/max(”，再选定单元格区域 D3:D12，然后输入“)*100”，并将公式修改为“=D3/MAX($D$3:$D$12)*100”，最后按〈Enter〉键，换算出该学生的最终德育分数。

④ 利用控制句柄，自动填充其他学生换算后的德育分数。设置边框后的结果如图 2-55 所示。

（2）引用德育分数

由于疏漏等原因，德育的原始分数可能会变更，故在总评中使用引用方式显示换算后的德育分数，而考试成绩及文体分数一般不存在上述问题，在操作时，从其他位置复制过来即可。

① 在工作簿“学生考试成绩”中插入一张工作表并命名为“总评及排名”，并在单元格 A1 中输入文本“电子技术 1 班学生总评成绩、排名及奖学金发放公示”。

② 将工作表“德育文体分数”单元格区域 A2:C12 中的内容复制到工作表“总评及排名”中单元格 A2 开始的区域。

③ 在工作表“总评及排名”的单元格 D2 中输入文本“德育”，然后在单元格 D3 中输入“=”，显示工作簿“学生学期总评”，单击工作表“德育文体分数”中的单元格 E3，并将编辑栏中的公式修改为“=[学生学期总评.xlsx]德育文体分数!E3”，最后按〈Enter〉键，引用工作表“德育文体分数”中序号为“1”的学生换算后的德育分数。

④ 利用控制句柄，引用并填充其他学生换算后的德育分数，结果如图 2-56 所示。

	A	B	C	D	E	F
1	学生德育及文体分数一览表					
2	序号	学号	姓名	德育原始分数	德育换算分数	文体分数
3	1	11111301	张芳	106.5	93.83259912	90
4	2	11111302	赵丽	100	88.10572687	86
5	3	11111303	孙燕	95.5	84.14096916	86
6	4	11111305	李雷	113	99.55947137	98
7	5	11111306	刘天泽	90	79.29515419	91
8	6	11111307	赵东	86.5	76.21145374	81
9	7	11111308	王强	81	71.36563877	71
10	8	11111309	周明明	97	85.46255507	80
11	9	11111310	钱成	105	92.51101322	73
12	10	11111311	孙刚	113.5	100	85

图 2-55 换算德育分数后的结果

	A	B	C	D
1	电子技术1班学生总评成绩、排名及奖学金发放公示			
2	序号	学号	姓名	德育
3	1	11111301	张芳	93.83259912
4	2	11111302	赵丽	88.10572687
5	3	11111303	孙燕	84.14096916
6	4	11111305	李雷	99.55947137
7	5	11111306	刘天泽	79.29515419
8	6	11111307	赵东	76.21145374
9	7	11111308	王强	71.36563877
10	8	11111309	周明明	85.46255507
11	9	11111310	钱成	92.51101322
12	10	11111311	孙刚	100

图 2-56 引用德育分数的结果

（3）复制考试平均成绩与文体分数

① 在工作表“总评及排名”的单元格 E2 中输入文本“智育”。

② 按〈Ctrl+Page Up〉组合键，切换到工作表“课程成绩”中，然后选定单元格区域 J3:J12，并按〈Ctrl+C〉组合键复制公式。

③ 按〈Ctrl+Page Down〉组合键，切换回“总评及排名”工作表，然后在单元格 E3 中右击，从弹出的快捷菜单中选择“选择性粘贴”→“粘贴值和数字格式”命令，将课程的平均成绩复制过来。

④ 在单元格 F2 中输入文本“文体”，然后将工作表“德育文体分数”中有关文体分数的数据复制到工作表“总评及排名”中单元格 F3 开始的区域，结果如图 2−57 所示。

（4）计算总评成绩

① 在工作表“总评及排名”的单元格 G2 中输入文本“总评”，然后在单元格 G3 中输入“=”，接着单击单元格 D3，选择序号为“1”的学生的德育分数，输入“*0.2+”，再单击单元格 E3，输入“*0.7+”，单击单元格 F3，输入“*0.1”，最后按〈Enter〉键，使用公式“=D3*0.2+E3*0.7+F3*0.1”计算出第 1 位同学的总评成绩。

② 利用控制句柄，填充其他学生的总评成绩。

（5）计算排名

① 在单元格 H2 中输入文本“排名”，然后选中单元格 H3，并打开“插入函数”对话框，选择 RANK 函数，打开“函数参数”对话框。当光标位于“数值”框中时，单击单元格 G3 选中总评成绩，再将光标移至“引用”框，选定工作表区域 G3:G12，并将其修改为“G$3:G$12”，最后单击“确定”按钮，计算出序号为“1”的学生的排名。

② 利用控制句柄，填充其他学生的排名，如图 2−58 所示。

	A	B	C	D	E	F
1	电子技术1班学生总评成绩、排名及奖学金公示					
2	序号	学号	姓名	德育	智育	文体
3	1	11111301	张芳	93.8326	85	90
4	2	11111302	赵丽	88.10573	66.66667	86
5	3	11111303	孙燕	84.14097	76.77778	86
6	4	11111305	李雷	99.55947	82.33333	98
7	5	11111306	刘天泽	79.29515	63.11111	91
8	6	11111307	赵东	76.21145	72.55556	81
9	7	11111308	王强	71.36564	70.55556	71
10	8	11111309	周明明	85.46256	80.22222	80
11	9	11111310	钱成	92.51101	94	73
12	10	11111311	孙刚	100	85.11111	85

图 2−57
复制考试平均成绩与文体分数后的结果

	A	B	C	D	E	F	G	H
1	电子技术1班学生总评成绩、排名及奖学金发放公示							
2	序号	学号	姓名	德育	智育	文体	总评	排名
3	1	11111301	张芳	93.83259912	85.00	90	87.26651982	4
4	2	11111302	赵丽	88.10572687	66.67	86	72.88781204	8
5	3	11111303	孙燕	84.14096916	76.78	86	79.17263828	6
6	4	11111305	李雷	99.55947137	82.33	98	87.34522761	3
7	5	11111306	刘天泽	79.29515419	63.11	91	69.13680861	10
8	6	11111307	赵东	76.21145374	72.56	81	74.13117964	7
9	7	11111308	王强	71.36563877	70.56	71	70.76201664	9
10	8	11111309	周明明	85.46255507	80.22	80	81.24806657	5
11	9	11111310	钱成	92.51101322	94.00	73	91.60220264	1
12	10	11111311	孙刚	100	85.11	85	88.07777778	2

图 2−58
计算总评成绩与排名后的结果

（6）计算奖学金

班级一、二、三等奖学金分别为 1 人、2 人和 2 人。下面根据排名结果，自动计算出获得奖学金的学生名单。

① 将文本“奖学金”输入单元格 I2 中，然后在单元格 I3 中输入公式“=IF(H3<2,"一等",IF(H3<4,"二等",IF(H3<6,"三等","")))”，按〈Enter〉键，计算出序号为“1”的学生是否获得了奖学金。如果不满足条件，该单元格中不显示任何字符。

② 利用控制句柄，自动填充其他学生获得奖学金的情况。

（7）设置单元格格式

① 选定单元格区域 A1:I1，切换到“开始”选项卡，单击“合并居中”按钮，并将其字体设置为楷体、18 磅、加粗显示。

② 将单元格区域 D3:G12 中的数据格式化为保留 2 位小数。

③ 为单元格区域 A2:I12 设置边框，并使其中的内容水平居中对齐。

最后，按〈Ctrl+S〉组合键保存工作簿，工作完成。

笔 记

相关知识

WPS 表格具有强大的计算功能，借助于其提供的丰富的公式和函数，可以大大方便用户对工作表中数据的分析和处理。当数据源发生变化时，由公式和函数计算的结果将会自动更改。

1. 选择性粘贴

在 WPS 表格中，除了能够复制选中的单元格外，还可以进行有选择的复制。例如，对单元格区域进行转置处理等。执行选择性粘贴的操作步骤如下：

① 选定包含数据的单元格区域，切换到"开始"选项卡，单击"复制"按钮。

② 选定粘贴单元格区域或区域左上角的单元格，然后单击"粘贴"按钮下方的箭头按钮，从下拉菜单中选择"选择性粘贴"命令，打开"选择性粘贴"对话框，在不同栏目中选择需要的粘贴方式。

- "粘贴"栏：用于设置粘贴"全部"还是"公式"等。
- "运算"栏：如果选中了除"无"之外的单选按钮，则复制单元格中的公式或数值将与粘贴单元格中的数值进行相应的运算。
- "跳过空单元"复选框：选中后，可以使目标区域单元格的数值不被复制区域的空白单元格覆盖。
- "转置"复选框：用于实现行、列数据的位置转换。

③ 单击"确定"按钮，完成有选择地复制数据操作。

【注意】

"选择性粘贴"命令只能将用"复制"命令定义的数值、格式、公式等粘贴到当前选定区域的单元格中，对使用"剪切"命令定义的选定区域无效。

2. 输入与使用公式

WPS 表格中的公式遵循一个特定的语法，即最前面是等于号，后面是运算数和运算符。

（1）使用运算符

① 算术运算符。算术运算符包括加号"+"、减号"-"、乘号"*"、除号"/"、乘方"^"和百分号"%"，用于对数值数据进行四则运算。例如，5%表示 0.05，6^2 表示 36。

② 比较运算符。比较运算符包括等于"="、大于">"、小于"<"、大于或等于">="、小于或等于"<="和不等于"<>"，用于对两个数值或文本进行比较，并产生一个逻辑值，如果比较的结果成立，逻辑值为 TRUE，否则为 FALSE。例如，"7>2"的结果为 TRUE，而"7<2"的结果为 FALSE。

③ 文本运算符。连接运算符"&"用于将两个文本连接起来形成一个连续的文本值。例如，"abcd"&"xyz"的结果为"abcdxyz"。

④ 引用操作符。引用操作符可以将单元格区域合并计算，包括区域运算符":"（冒号）和联合运算符","（逗号）两种。区域运算符是对指定区域之间，包括两个引用单元格在内的所有单元格进行引用，如 A2:A4 单元格区域是引用 A2、A3、A4 共 3 个单元格。联合运算符可以将多个引用合并为一个引用，如 SUM(B2:B6, D3, F5) 是对 B2、B3、B4、B5、B6、D3 和 F5 共 7 个单元格进行求和运算。

当用户在公式中同时用到多个运算符时，应该了解运算符的优先级。WPS 按照表 2-2 中的优先级顺序进行运算。如果公式中包含了相同优先级的运算符，则按照从左到右的原则进行运算。如果要更改计算的顺序，要将公式中先计算的部分用圆括号括起来。

表 2-2 运算符的运算优先级

运　算　符	说　　明	优　先　级
(和)	圆括号，可以改变运算的优先级	1
–	负号，使正数变为负数	2
%	百分号，将数字变为百分数	3
^	乘方，一个数自乘一次	4
*和/	乘法和除法	5
+和–	加法和减法	6
&	文本运算符	7
=、<、>、>=、<=、< >	比较运算符	8

（2）输入与编辑公式

公式以 "=" 开始，后面是用于计算的表达式。表达式是用运算符将常数、单元格引用和函数连接起来所构成的算式，其中可以使用括号改变运算的顺序。

公式输入完毕后，按〈Enter〉键或单击编辑栏中的 "输入" 按钮，即可在输入公式的单元格中显示出计算结果，公式内容显示在编辑栏中。

【注意】

输入到公式中的英文字母不区分大小写，运算符必须是半角符号；在输入公式时，可以使用鼠标直接选中参与计算的单元格，从而提高输入公式的效率。

（3）使用单元格引用

在公式中，通过对单元格地址的引用来使用其中存放的数据。一般而言，引用分为相对引用、绝对引用和混合引用 3 种类型。另外，公式还可以引用其他工作表中的数据。

微课：2-20
使用单元格引用

① 相对引用。相对引用是指在复制或移动公式时，引用单元格的行号、列标会根据目标单元格所在的行号、列标的变化自动进行调整。

笔记

例如，在本任务的工作表 "课程成绩" 中，计算各门课程算术平均分数的方法如下：首先在单元格 J3 中输入公式 "=(D3+E3+F3+G3+I3)/5"，得到序号为 "1" 的学生的平均成绩，然后拖动该单元格的控制句柄向下填充。接着选定单元格区域 J3:J12，在活动单元格 J3 中输入公式 "=(D3+E3+F3+G3+I3)/5"，并按〈Ctrl+Enter〉组合键。此时，单击单元格 J5，编辑栏中会显示公式 "=(D5+E5+F5+G5+I5)/5"。

② 绝对引用。在复制或移动公式时，不论目标单元格在什么位置，公式中引用单元格的行号和列标均保持不变，称为绝对引用。其表示方法是在列标和行号前面都加上符号 "$"，即表示为 "$列标$行号" 的形式。

例如，在本任务求课程平均成绩的公式中分母为 "$B$22"，表示在计算每位学生的平均成绩时，计算出加权总成绩后，都除以相同的总学分。

③ 混合引用。混合引用是指在复制或移动公式时，引用单元格的行号或列标只有一个进行自动调整，而另一个保持不变。其表示方法是在行号或列标前面加上符号 "$"，即表示为 "$列标行号" 或 "列标$行号" 的形式。例如，B$5、$D2、F$3:K$7、$A6:$E9 等都是混合引用。

④ 引用工作表外的单元格。上述 3 种引用方式都是在同一个工作表中完成的，如果要引用其他工作表的单元格，则应在引用地址之前说明单元格所在的工作表名

称，其形式为"工作表名!单元格地址"。

3. 使用函数

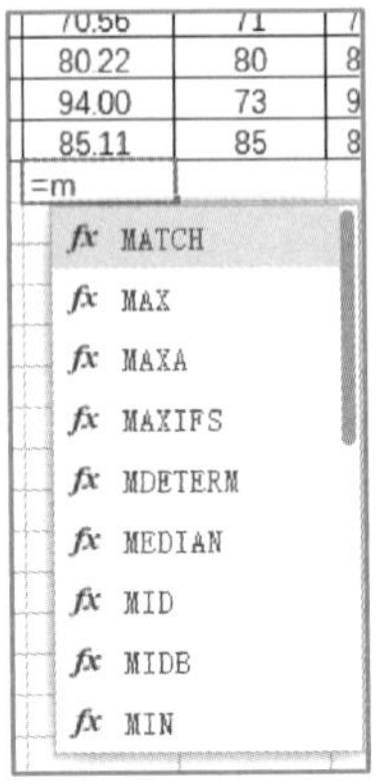

图 2-59
函数自动匹配功能

微课：2-21
使用函数

函数是按照特定语法进行计算的一种表达式。WPS 提供了数学、财务、统计等丰富的函数，用于完成复杂、烦琐的计算或处理工作。

函数的一般形式为"函数名([参数 1],[参数 2],…)"，其中，函数名是系统保留的名称，参数可以是数字、文本、逻辑值、数组、单元格引用、公式或其他函数。当函数有多个参数时，它们之间用逗号隔开；当函数没有参数时，其圆括号也不能省略。例如，函数 SUM(A1:E6)中有一个参数，表示计算单元格区域 A1:E6 中的数据之和。

（1）手动输入函数

下面以获取一组数字中的最小值为例进行说明，操作步骤如下：

① 选定要输入函数的单元格，输入等号"="，然后输入函数名的第 1 个字母，WPS 会自动列出以该字母开头的函数名，如图 2-59 所示。

② 多次按〈↓〉键定位到 MIN 函数，并按〈Tab〉键进行选择，单元格内函数名的右侧会自动输入一对"()"，此时，WPS 表格会出现一个带有语法和参数的工具提示。

③ 选定要引用的单元格或单元格区域，然后按〈Enter〉键，函数所在的单元格中显示出公式的结果。

WPS 中的函数可以嵌套，即某一函数或公式可以作为另一个函数的参数使用。

（2）使用函数向导输入函数

当用户记不住函数的名称或参数时，可以使用粘贴函数的方法，即启动函数向导引导建立函数运算公式，操作步骤如下：

① 选定需要应用函数的单元格，然后使用下列方法打开"插入函数"对话框：

● 切换到"公式"选项卡，单击某个函数分类，从下拉菜单中选择所需的函数，如图 2-60 所示。

图 2-60
"函数库"选项组

● 单击"插入函数"按钮。

② "插入函数"对话框会显示函数类别的下拉列表。在"或选择类别"下拉列表框中选择要插入的函数类别，从"选择函数"列表框中选择要使用的函数，然后单击"确定"按钮，打开"函数参数"对话框。

③ 在参数框中输入数值、单元格或单元格区域。在 WPS 表格中，所有要求用户输入单元格引用的编辑框都可以使用这样的方法输入：首先单击编辑框，然后使用鼠标选定要引用的单元格区域，此时，对话框自动缩小；如果对话框挡住了要选定的单元格，可以单击编辑框右侧的"折叠"按钮 将对话框缩小，选择结束后，再次单击该按钮恢复对话框。

④ 单击"确定"按钮，在单元格中显示出公式的结果。

（3）使用自动求和

选定要参与求和的数值所在的单元格区域，然后切换到"开始"选项卡，单击"求和"按钮（或者按〈Alt+=〉组合键），WPS 表格将自动出现求和函数 SUM 以及求和数据区域。如果 WPS 推荐的数据区域正是自己想要的，直接按〈Enter〉键即可。

单击"求和"按钮下侧的箭头按钮，会弹出一个下拉菜单，其中包含了其他常用函数，供用户在计算时快速调用。

（4）在函数中使用单元格名称

① 命名单元格或单元格区域。对选定单元格或单元格区域命名有以下几种方法：

● 单击编辑栏左侧的名称框，输入所需的名称，然后按〈Enter〉键。

● 切换到"公式"选项卡，单击"名称管理器"按钮，打开"名称管理器"对话框，单击"新建"按钮，打开"新建名称"对话框，输入名称并指定名称的有效范围，如图 2-61 所示，然后单击"确定"按钮。

图 2-61
"新建名称"对话框

● 切换到"公式"选项卡，单击"指定"按钮，打开"指定名称"对话框，根据标题名称所在的位置选中相应的复选框，如图 2-62 所示。

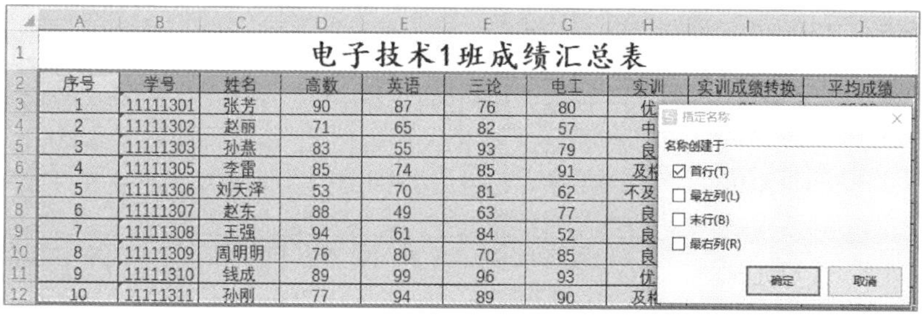

图 2-62
"指定名称"对话框

② 定义常量和公式的名称。定义常量名称就是为常量命名，例如将圆周率定义为一个名称，以后通过名称对其引用即可。此时，只需要打开"新建名称"对话框，在"名称"文本框中输入要定义的常量名称，在"引用位置"文本框中输入常量值，然后单击"确定"按钮。

除了可以为常量定义名称外，还可以为常用公式定义名称。首先打开"新建名称"对话框，在"名称"文本框中输入要定义的公式的名称，如"高数平均值"，在"引用位置"文本框中输入"=AVERAGE("，然后单击"引用位置"文本框右侧的按钮，选择单元格区域，如 D3:D12，再单击按钮返回对话框，最后输入")"，如图 2-63 所示。

③ 在公式和函数中使用命名区域。在使用公式和函数时，如果选定了已经命名的数据区域，则公式和函数内会自动出现该区域的名称。此时，按〈Enter〉键就可以完成公式和函数的输入。

例如，单击单元格 D13，切换到"公式"选项卡，单击"粘贴"按钮，打开"粘贴名称"对话框，选择定义的公式名称"高数平均值"，如图 2-64 所示，单击"确定"按钮，然后按〈Enter〉键即可得到计算结果。

笔记

图 2-63
定义公式名称
图 2-64
"粘贴名称"对话框

笔 记

（5）常用函数举例

WPS 2019 表格提供了 12 大类、300 多个函数，其中，常见的函数及说明见表 2-3。

表 2-3　WPS 2019 表格中的常见函数及说明

分类	名　　称	说　　明
数学函数	SUM	一般格式是 SUM(计算区域)，功能是计算各参数的和，参数可以是数值，也可以是对含有数值的单元格区域的引用，下同
	SUMIF	一般格式是 SUMIF(条件判断区域，条件，求和区域)，用于根据指定条件对若干单元格求和。其中，条件可以用数字、表达式、单元格引用或文本形式定义，下同
	AVERAGE	一般格式是 AVERAGE (计算区域)，功能是计算各参数的算术平均值
	AVERAGEIF	一般格式是 AVERAGEIF (条件判断区域,条件,求平均值区域)，用于根据指定条件对若干单元格计算算术平均值
	MAX	一般格式是 MAX (计算区域)，功能是返回一组数值中的最大值
	MIN	一般格式是 MIN (计算区域)，功能是返回一组数值中的最小值
	RANK	一般格式是 RANK(查找值，参照的区域，排序方式)，用于返回某数字在一组数字中相对其他数值的大小排名。当参数"排序方式"省略时，名次基于降序排列
	COUNT	一般格式是 COUNT (计算区域)，用于统计区域中包含数字的单元格的个数
	COUNTIF	一般格式是 COUNTIF(计算区域，条件)，用于统计区域内符合指定条件的单元格数目。其中，计算区域表示要计数的非空区域，空值和文本值将被忽略
逻辑函数	IF	一般格式是 IF(Exp,T,F)，其中，第 1 个参数 Exp 是可以产生逻辑值的表达式，如果其值为真，则函数的值为表达式 T 的值，否则函数的值为表达式 F 的值。例如，IF(4>6, "大于","不大于") 的结果为"不大于"，IF("abc"="ABC"，"相同"，"不相同")的结果为"相同"
	AND	一般格式是 AND(L1,L2,...)，用于判断两个以上条件是否同时具备。例如，AND(5>4,2<6)的结果为 TRUE
	OR	一般格式是 OR(L1,L2,...)，用于判断多个条件是否具备之一。例如，OR(1>3,7<9)的结果为 TRUE
文本函数	LEN	一般格式是 LEN (文本串)，用于统计字符串的字符个数。例如，LEN("Hello,World")的结果为 11
	LEFT	一般格式是 LEFT (文本串，截取长度)，用于从文本的开始返回指定长度的子串。例如，LEFT("abcdefg",4)的结果为 abcd
	MID	一般格式是 MID (文本串，起始位置，截取长度)，用于从文本的指定位置返回指定长度的子串。例如，MID("abcdefg",4,2)的结果为 de
	RIGHT	一般格式是 RIGHT (文本串，截取长度)，用于从文本的尾部返回指定长度的子串。例如，RIGHT("abcdefg",3)的结果为 efg

任务 2.3　制作汽车销售统计图表

▶ 任务描述

　　欧阳是某汽车销售部的员工，最近一段时间，她将 2021 年度前 4 个月的汽车销售情况做了汇总，并将其制作成直观性比工作表更强的柱状图，如图 2-65 所示。后来，她又添加了 5 月份和 6 月份的数据，将图表修改为折线图，对图表做了适当的格式化处理，如图 2-66 所示。最后，她将工作表打印出来进行了上报，以利于公司高层制定企业下一阶段的进货、促销等日常运作安排。

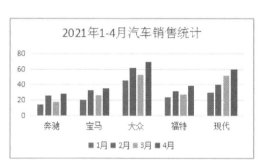

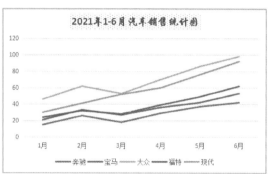

图 2-65
制作的柱状图
图 2-66
上报数据的折线图

▶ 技术分析

- 通过各图表类型按钮，可以快速地创建图表。
- 通过"编辑数据源"对话框，可以向已经创建好的图表中添加相关的数据。
- 通过"图表工具"选项卡中的相关命令，可以重新选择图表的数据、更换图表布局、对图表进行格式化处理等。
- 通过"页面设置"对话框，可以对要打印的内容进行设置。

▶ 任务实现

1. 创建销售统计柱形图

微课：2-22
任务 2.3 制作汽车
销售统计图表

　　① 欧阳将已汇总出的 2021 年前 4 个月的各汽车品牌的销售数量输入到了一个新建的工作簿中，并对单元格格式进行了相关设置，如图 2-67 所示，并以"汽车销售统计"为名保存了工作簿。

　　原始数据输入完成后，可以使用图表向导创建嵌入式柱形图。

　　② 将光标置于数据区域的任意单元格中，切换到"插入"选项卡，单击"插入柱形图"按钮，在下拉列表框中选择"簇状柱形图"选项，完成图表的创建，如图 2-68 所示。

　　为了使图表美观，需要对默认创建的图表进行样式设置。

　　③ 单击图表中的文字"图表标题"，重新输入标题文本"2021 年 1-4 月汽车销售统计"。

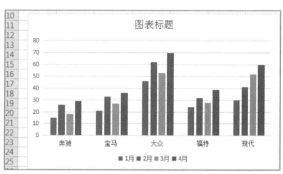

图 2-67
"2021 年 1-4 月汽车销售统
计表"工作表
图 2-68
初步制作的销售统计柱形图

B	C	D	E	F
2021年1-4月汽车销售统计表				
品牌	1月	2月	3月	4月
奔驰	15	26	18	29
宝马	21	33	27	36
大众	46	62	53	70
福特	24	32	28	39
现代	30	41	52	60

笔 记

④ 将鼠标移至图表的边框上，当指针形状变为十字形箭头时，拖动图表到合适的位置。

⑤ 将鼠标移至图表边框的控制点上，当指针变为双向箭头形状时，按住鼠标左键拖动调整图表的大小，结果如图 2-69 所示。

2. 向统计图表中添加数据

① 欧阳正准备对图表进行适当的格式化操作，这时部门主管又将 5 月份和 6 月份的销售统计传给她，要求她将这些数据也反映到图表中。欧阳收到数据后，对工作表进行了重新编辑，结果如图 2-70 所示，接着她将追加的数据反映到了图表中。

图 2-69
设置样式后的图表
图 2-70
修改后的"2021 年 1-6 月
汽车销售统计表"工作表

B	C	D	E	F	G	H
2021年1-6月汽车销售统计表						
品牌	1月	2月	3月	4月	5月	6月
奔驰	15	26	18	29	37	42
宝马	21	33	27	36	42	53
大众	46	62	53	70	86	98
福特	24	32	28	39	49	62
现代	30	41	52	60	76	92

② 选中图表，切换到"图表工具"选项卡，单击"选择数据"按钮，打开"编辑数据源"对话框。

③ 在"图例项（系列）"中单击 + 按钮，打开"编辑数据系列"对话框。然后单击"系列名称"折叠按钮，选择单元格 G3，单击"系列值"折叠按钮，选择单元格区域 G4:G8，如图 2-71 所示。最后单击"确定"按钮，返回"编辑数据源"对话框。

④ 使用同样的方法，将 6 月份的销售数据添加到图表中，然后单击"确定"按钮，关闭"编辑数据源"对话框，图表中出现了添加的数据区域，结果如图 2-72 所示。

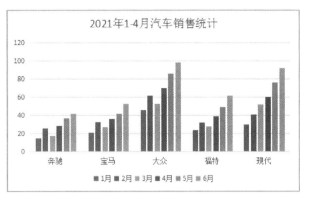

图 2-71
编辑数据系列
图 2-72
添加数据后的图表

3. 格式化统计图表

（1）设置图表标题

① 在图表标题区域右击，从弹出的快捷菜单中选择"字体"命令，打开"字体"对话框。在"中文字体"下拉列表框中选择"华文行楷"选项，将字形设置为"加粗"，将字号的"大小"微调框设置为"14"，然后单击"确定"按钮，如图 2-73 所示。

② 将图表标题修改为"2021 年 1-6 月汽车销售统计图"，并保持其选中状态，切换到"图表工具"选项卡，单击"添加元素"按钮，从下拉菜单中选择"图表标题"→"更多选项"命令，打开"属性"任务窗格，自动切换到"标题选项"选项卡。

③ 在"填充与线条"选项卡中选中"图案填充"单选按钮，然后在下方的列表框中选择"10%"选项，如图 2-74 所示。单击"关闭"按钮，图表标题格式设置完毕。

笔 记

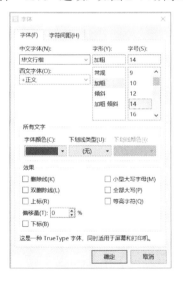

图 2-73
设置图表标题的字体
图 2-74
设置图表标题格式

（2）更改图表类型

由于统计的月份和汽车品牌比较多，图表的直观性下降，欧阳决定将图表的类型修改为折线图，以便更好地反映数据的变化趋势。

① 选中图表，切换到"图表工具"选项卡，单击"更改类型"按钮，打开"更改图表类型"对话框。

② 在"图表类型"列表框中选择"折线图"，然后从右侧列表项中选择"折线图"选项。

③ 单击"插入"按钮，结果如图 2-75 所示。

（3）交换统计图表的行与列

① 选中图表，切换到"图表工具"选项卡，单击"切换行列"按钮，图表的行、列实现了互换，结果如图 2-76 所示。

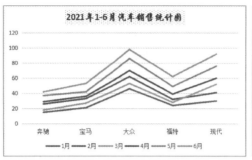
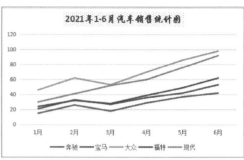

图 2-75
将图表更改为折线图
图 2-76
交换图表的行与列

② 选中图表，切换到"图表工具"选项卡，单击"快速布局"按钮，从下拉菜单中选择"布局 3"选项，使图表更具专业性。

③ 按〈Ctrl+S〉组合键保存工作簿。

至此，图表的创建、编辑和格式化操作全部完成。接下来，欧阳需要将工作表以及图表打印出来，并进行上报。

4. 打印统计表及其图表

（1）页面设置

① 为了使打印内容出现在纸张的左右居中位置，先将 A 列删除，然后切换到"页面布局"选项卡，单击"页边距"按钮，从下拉菜单中选择"自定义页边距"命令，打开"页面设置"对话框，并自动切换到"页边距"选项卡，选中"居中方式"栏中的"水平"复选框，使工作表中的内容左右居中显示，如图 2-77 所示，单击"确定"按钮。

② 切换到"插入"选项卡，单击"页眉页脚"按钮，打开"页面设置"对话框，自动切换到"页眉/页脚"选项卡，单击"自定义页脚"按钮，打开"页脚"对话框，在"左"列表框中输入公司名称，在"中"列表框中输入"制作人：欧阳"，在"右"列表框中输入"制作日期："，然后单击"插入日期"按钮，结果如图 2-78 所示。最后单击"确定"按钮，返回"页面设置"对话框，单击"确定"按钮，完成页面设置。

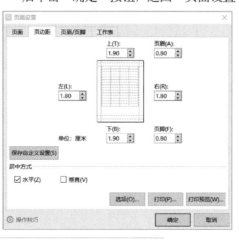

图 2-77
"页面设置"对话框
图 2-78
"页脚"对话框

（2）打印工作表

① 单击快速访问工具栏左侧的"文件"按钮，从下拉菜单中选择"打印"→

"打印预览"命令，可以预览打印效果。

② 如果对预览效果满意，将"份数"微调框设置为"5"，确保会议时人手一份，然后单击"直接打印"按钮，WPS 将使用默认的打印机将上述表格及图表打印出来。

打印完毕后，欧阳将结果上报主管和经理，任务完成。

▶ **相关知识**

1.　WPS 图表简介

图表是 WPS 最常用的对象之一，它是依据选定区域中的数据按照一定的数据系列生成的，是对工作表中数据的图形化表示方法。图表使抽象的数据变得形象化，当数据源发生变化时，图表中对应的数据也会自动更新，使得数据显示更加直观、一目了然。WPS 2019 提供的图表类型有 15 种之多。

（1）柱形图和条形图

柱形图是最常见的图表之一。在柱形图中，每个数据都显示为一个垂直的柱体，其高度对应数据的值。柱形图通常用于表现数据之间的差异，表达事物的分布规律。

将柱形图沿顺时针方向旋转 90°就成为条形图。当项目的名称比较长时，柱形图横坐标上没有足够的空间写名称，只能排成两行或者倾斜放置，而条形图却可以排成一行，如图 2-79 所示。

微课：2-23
WPS 图表简介

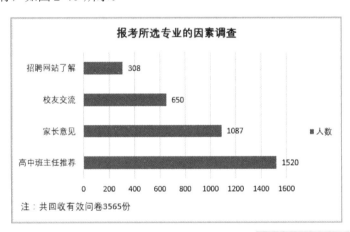

图 2-79
条形图

（2）饼图

饼图适合表达各个成分在整体中所占的比例。为了便于阅读，饼图包含的项目不宜太多，原则上不要超过 5 个扇区，如图 2-80 所示。如果项目太多，可以尝试把一些不重要的项目合并成"其他"，或者用条形图代替饼图。

（3）折线图

折线图通常用来表达数值随时间变化的趋势。在这种图表中，横坐标是时间刻度，纵坐标则是数值的大小刻度。

2.　图表的基本操作

可以先将数据以图表的形式展现出来，然后对生成的图表进行各种设置和编辑。

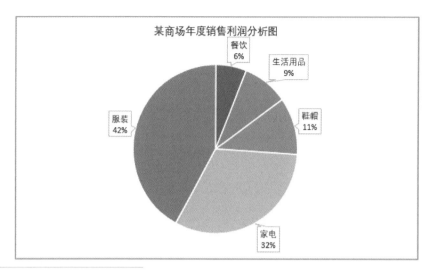

图 2-80
饼图

（1）创建图表

WPS 中的图表分为嵌入式图表和图表工作表两种。嵌入式图表是置于工作表中的图表对象，图表工作表是指图表与工作表处于平行地位。

创建图表时，首先在工作表中选定要创建图表的数据，然后切换到"插入"选项卡，单击要创建的图表类型按钮，如图 2-81 所示。例如单击"柱形图"按钮，从下拉菜单中选择需要的图表类型，即可在工作表中创建图表，如图 2-82 所示。

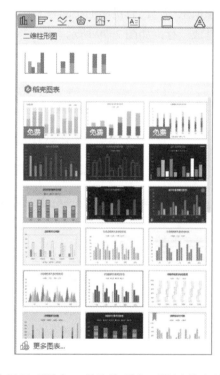

图 2-81
图表类型
图 2-82
"柱形图"下拉菜单

将创建的图表选定后，功能区中将显示"图表工具"选项卡，通过其中的命令，可以对图表进行编辑处理。

（2）选定图表项

在对图表进行修饰之前，应当单击图表项将其选定，有些成组显示的图表项可以细分为单独的元素。例如，为了在数据系列中选定一个单独的数据标记，可以先单击数据系列，再单击其中的数据标记。

另外一种选择图表项的方法为：单击图表的任意位置将其激活，然后切换到"图表工具"选项卡，单击"图表区"下拉列表框右侧的箭头按钮，从下拉列表框中选择要处理的图表项，如图 2-83 所示。

笔 记

（3）调整图表的大小和位置

如果要调整图表的大小，将鼠标移动到图表边框的控制点上，当指针形状变为双向箭头时按住鼠标左键拖动即可。也可以切换到"图表工具"选项卡，单击"设置格式"按钮，打开"属性"任务窗格，自动切换到"图表选项"选项卡，在"大小与属性"选项卡中精确地设置图表的高度和宽度。

移动图表位置分为在当前工作表中移动和在工作表之间移动两种情况。在当前工作表中移动图表时，只要单击图表区并按住鼠标左键进行拖动即可。将图表在工作表之间移动，例如将其由 Sheet1 移动到 Sheet2 时，可参考以下操作步骤：

① 右击工作表中图表的空白处，从弹出的快捷菜单中选择"移动图表"命令，如图 2-84 所示，打开"移动图表"对话框。

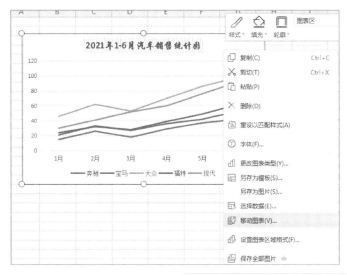

图 2-83
"图表区"下拉列表
图 2-84
右击图表空白位置
弹出的快捷菜单

② 选中"对象位于"单选按钮，在右侧的下拉列表框中选择"Sheet2"选项，如图 2-85 所示。单击"确定"按钮，即可实现图表的移动操作。

（4）更改图表源数据

图表创建完成后，可以在后续操作中根据需要向其中添加新数据，或者删除已有的数据。

① 重新添加所有数据。切换到"图表工具"选项卡，单击"选择数据"按钮，打开"编辑数据源"对话框，如图 2-86 所示。然后单击"图表数据区域"右侧的折叠按钮，在工作表中重新选择数据源区域。选取完成后单击"展开"按钮，返回对话框，WPS 将自动输入新的数据区域，并添加相应的图例和水平轴标签。单击"确定"按钮，即可在图表中添加新的数据。

② 添加部分数据。用户还可以根据需要只添加某一列数据到图表中，方法为：在"编辑数据源"对话框中找到"图例项（系列）"栏，单击 ➕ 按钮，打开"编辑数据系列"对话框。通过单击"折叠"按钮分别选择"系列名称"和"系列值"，然后单击"确定"按钮，返回"编辑数据源"对话框，可以看到添加的图例项。单击"确定"按钮，图表中出现了选择的数据区域。

图 2-85
将图表移动到另一个工作
表中

图 2-86
"编辑数据源"对话框

（5）交换图表的行与列

创建图表后，如果用户发现其中的图例与分类轴的位置颠倒了，可以很方便地对其进行调整。方法为：切换到"图表工具"选项卡下，单击"切换行列"按钮。

（6）删除图表中的数据

如果要删除图表中的数据，首先打开"编辑数据源"对话框，然后在"图例项"列表框中选择要删除的数据系列，接着单击 🗑，最后单击"确定"按钮。此外，也可以直接单击图表中的数据系列，然后按〈Delete〉键将其删除。

注意，当工作表中的某项数据被删除后，图表内相应的数据系列也会自动消失。

3. 修改图表内容

微课：2-25
修改图表内容

（1）添加并修改图表标题

① 单击图表将其选中，然后切换到"图表工具"选项卡，单击"添加元素"按钮，从下拉菜单中选择"图表标题"命令，然后从其级联菜单中选择一种放置标题的方式，如图 2-87 所示。

② 在文本框中输入标题文本。

③ 右击标题文本，从弹出的快捷菜单中选择"设置图表标题格式"命令，打开"属性"任务窗格，自动切换到"标题选项"选项卡，可以在标题选项中设置填充效果和边框样式等。

（2）设置坐标轴及标题

① 单击图表将其选中，然后切换到"图表工具"选项卡，单击"添加元素"按钮，从下拉菜单中选择"坐标轴"命令，从其级联菜单中选择"主要横向坐标轴"或"主要纵向坐标轴"命令进行设置，如图 2-88 所示。

图 2-87
"图表标题"级联菜单
图 2-88
设置坐标轴

② 在图 2-88 中选择"更多选项"命令，或者右击选中图表坐标的纵（横）坐标轴数值，在弹出的快捷菜单中选择"设置坐标轴格式"命令，可打开"属性"任务窗格，自动切换到"坐标轴选项"选项卡。

笔 记

③ 在打开的"属性"对话框中对坐标轴进行设置。例如，切换到"坐标轴选项"→"坐标轴"选项卡，设置"单位"的"主要"值为适当的数据，可以调整坐标轴刻度单位，使网格线控制在 4～6 根之间，让图表更具商务水准，满足用户的阅读需要，如图 2-89 所示。

（3）添加图例

选择图表，然后切换到"图表工具"选项卡，单击"添加元素"按钮，从下拉菜单中选择"图例"命令，从其级联菜单中选择一种放置图例的方式，WPS 会根据图例的大小重新调整绘图区的大小，如图 2-90 所示。

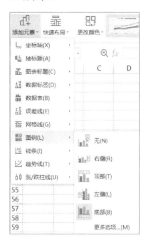

图 2-89
设置坐标轴格式
图 2-90
设置图例

若选择"更多选项"命令，则打开"属性"任务窗格，自动切换到"图例选项"选项卡，可以在其中设置图例的位置、填充色、边框颜色、边框样式和阴影效果等，如图 2-91 所示。

（4）添加数据标签

数据标签是显示在数据系列上的数据标记。可以为图表中的数据系列、单个数据点或者所有数据点添加数据标签，添加的标签类型由选定数据点相连的图表类型决定。

如果要添加数据标签，单击图表区，切换到"图表工具"选项卡，单击"添加元素"按钮，从下拉菜单中选择"数据标签"命令，从其级联菜单中选择添加数据标签的位置，效果如图 2-92 所示。

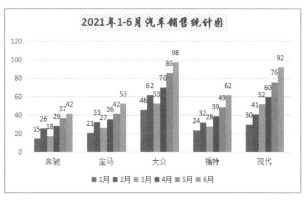

图 2-91
设置图例格式
图 2-92
添加数据标签

如果要对数据标签的格式进行设置，在其级联菜单中选择"更多选项"命令，打开"属性"任务窗格，自动切换到"标签选项"选项卡，在"标签选项"中可以设置数据标签的显示内容、标签位置、数字的显示格式以及文字对齐方式等。

（5）更改图表类型

① 如果是一个嵌入式图表，单击将其选中；如果是图表工作表，单击相应的工作表标签将其选中。

② 切换到"图表工具"选项卡，单击"更改类型"按钮，打开"更改图表类型"对话框。

③ 在"图表类型"列表框中选择所需的图表类型，再从右侧选择所需的子图表类型，如图 2-93 所示。

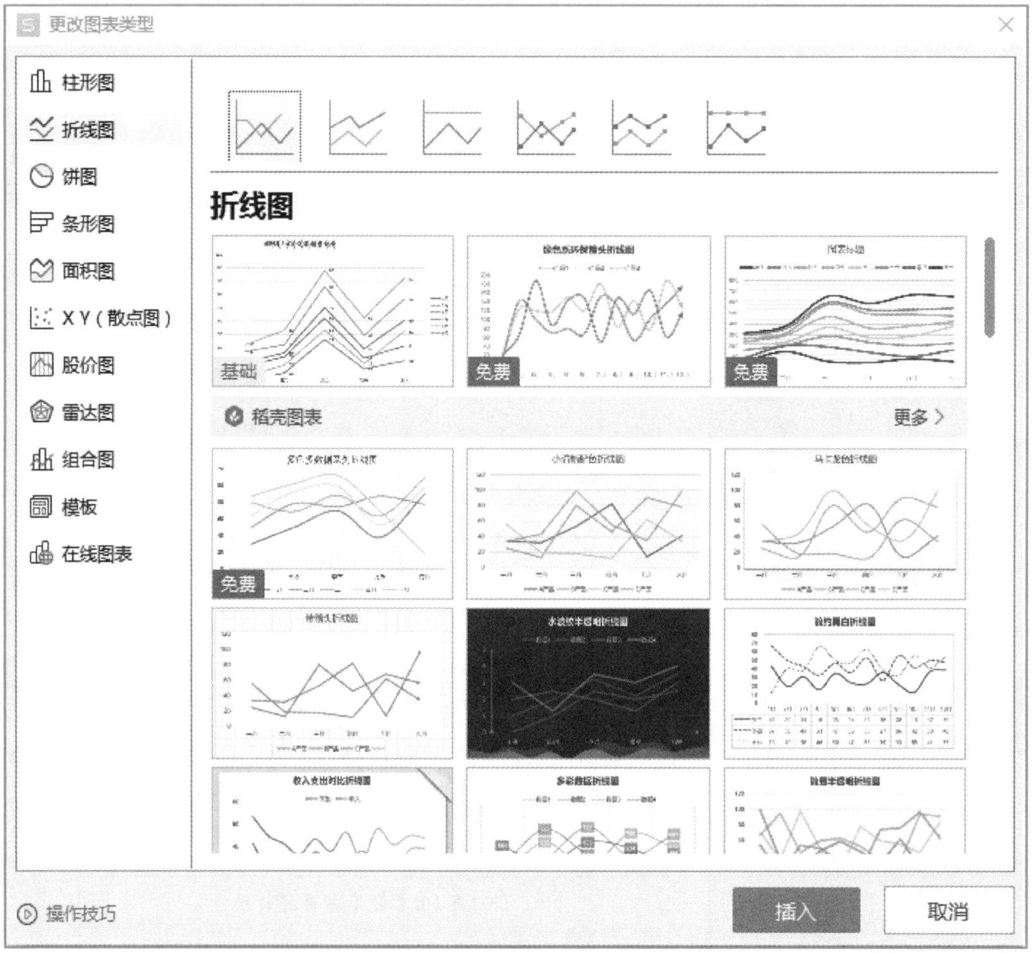

图 2-93
"更改图表类型"对话框

④ 单击"插入"按钮，完成对图表类型的更改操作。

（6）设置图表样式

可以使用 WPS 提供的布局和样式快速设置图表的外观，方法为：单击图表区，切换到"图表工具"选项卡，单击"快速布局"按钮，从下拉列表中选择图表的布局类型，然后选择图表的颜色搭配方案。例如，选择"布局 2"和"样式 13"时的效果如图 2-94 所示。

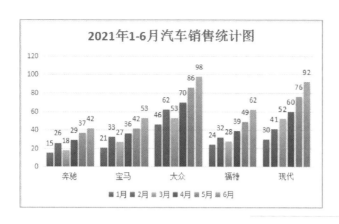

图 2-94
设置图表布局和样式后的效果

（7）添加趋势线

趋势线用于预测分析，可以在条形图、柱形图、折线图、股价图等图表中为数据系列添加趋势线。下面以创建折线图，然后为折线图添加趋势图为例进行说明，操作步骤如下：

① 选定创建折线图的数据，然后切换到"插入"选项卡，单击"插入折线图"按钮，从下拉菜单中选择一种折线图子类型。

② 单击图表区，切换到"图表工具"选项卡，单击"添加元素"按钮，从下拉菜单中选择"趋势线"命令，从其级联菜单中选择一种趋势线，如图 2-95 所示，打开"添加趋势线"对话框，在对话框中选择需要添加的系列。

③ 右击图表中已添加的趋势线，在弹出的快捷菜单中选择"设置趋势线格式"命令，打开"属性"对话框，自动切换到"趋势线选项"选项卡，在"趋势线选项"中设置趋势线的"线条颜色""线型"和"箭头类型"等格式，设置后的效果如图 2-96 所示。

笔 记

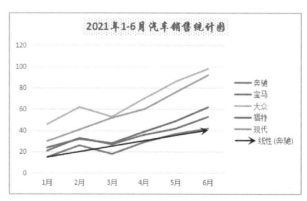

图 2-95
为图表添加趋势线
图 2-96
添加趋势线后的图表效果

4．页面设置

如果要将工作表打印输出，一般需要在打印之前对页面进行一些设置，如纸张

笔 记

大小和方向、页边距、页眉和页脚、设计要打印的数据区域等。切换到"页面布局"选项卡，可以对要打印的工作表进行相关设置。

（1）设置纸张大小

① 切换到"页面布局"选项卡，单击"纸张大小"按钮，从下拉菜单中选择所需的纸张，如图 2-97 所示。

② 如果要自定义纸张大小，选择"其他纸张大小"命令，打开"页面设置"对话框，切换到"页面"选项卡进行设置。

③ 通常情况下，采用 100% 的比例打印，还可以缩放打印表格。如果选中"缩放比例"单选按钮，可以在后面的微调框中输入所需的百分比；选中"调整为"单选按钮时，从下拉列表中选择"其他设置"，可以在"页宽"和"页高"微调框中输入具体的数值。

④ 在"纸张大小"下拉列表框中指定打印纸张的类型；在"打印质量"下拉列表框中指定当前文件的打印质量；在"起始页码"文本框中设置开始打印的页码。

⑤ 设置完毕后，单击"确定"按钮。

（2）设置纸张方向

切换到"页面布局"选项卡，单击"纸张方向"按钮，从下拉菜单中选择一种纸张方向。

（3）设置页边距

① 切换到"页面布局"选项卡，单击"页边距"按钮，从下拉菜单中选择一种页边距方案，如图 2-98 所示。

图 2-97
"纸张大小"下拉菜单
图 2-98
"页边距"下拉菜单

② 如果要自定义页边距，选择"自定义页边距"命令，打开"页面设置"对话框，然后切换到"页边距"选项卡，在"上""下""左""右"微调框中调整打印数据与页边缘之间的距离。

③ 在"页眉"和"页脚"微调框中输入数值来设置距离纸张的上边缘、下边缘多远打印页眉或页脚。

④ 在"居中方式"中选中"水平"复选框，将在左、右页边距之间水平居中显示数据；选中"垂直"复选框，将在上、下页边距之间垂直居中显示数据。

⑤ 单击"确定"按钮，完成页边距的设置。

（4）设置打印区域

默认情况下，打印工作表时会将整个工作表全部打印输出。如果要打印部分区域，首先选定要打印的区域，然后切换到"页面布局"选项卡，单击"打印区域"按钮，从下拉菜单中选择"设置打印区域"命令。

（5）设置打印标题

如果要使行和列在打印后更容易识别，可以显示打印标题。可以指定要在打印纸的顶部或左侧重复出现的行或列，操作步骤如下：

① 切换到"页面布局"选项卡，单击"打印标题"按钮，打开"页面设置"对话框，并自动切换到"工作表"选项卡。

② 在"打印区域"文本框中输入要打印的区域，在"顶端标题行"文本框中输入标题所在的区域，也可以单击文本框右侧的折叠对话框按钮，隐藏对话框的其他部分，然后直接用鼠标在工作表中选定标题区域，选定后单击右侧的展开对话框按钮。

③ 单击"确定"按钮，完成设置。

（6）设置页眉和页脚

① 切换到"插入"选项卡，单击"页眉页脚"命令，打开"页面设置"对话框，自动切换到"页眉/页脚"选项卡。

② 单击"自定义页眉"按钮，打开"页眉"对话框，在"左""中""右" 3 个框中输入页眉内容。

③ 单击"页眉页脚"按钮，打开"页面设置"对话框，然后在"页眉"或"页脚"下拉列表中选择适当的选项，可以插入系统预设的信息，如图 2-99 所示。

④ 单击"页眉页脚"按钮，打开"页面设置"对话框，自动切换到"页眉/页脚"选项卡，然后单击"自定义页眉"按钮，可以在页眉中插入文本、页码、页数、当前日期、当前时间、文件路径、文件名、工作表名、图片并设置图片格式等，如图 2-100 所示。

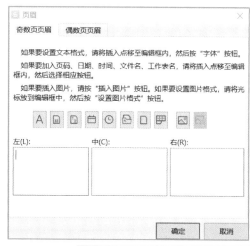

图 2-99
"页眉"下拉列表
图 2-100
"页眉"对话框

⑤ 单击"自定义页脚"按钮，打开"页脚"对话框，然后输入页脚内容，单

击"确定"按钮，返回到"页面设置"对话框。

⑥ 如果要使工作表奇、偶页的页眉、页脚不同，首先选中"奇偶页不同"复选框，然后再单击"自定义页眉"或"自定义页脚"按钮，打开"页眉"或"页脚"对话框，在奇偶页的页眉、页脚位置输入相应的内容，设置完毕后，单击"确定"按钮。

5. 打印工作表

微课：2-27
打印工作表

笔 记

可以在打印工作表前，通过打印预览命令在屏幕上观察效果，并进行必要的调整。

（1）打印预览

① 在快速访问工具栏单击"文件"按钮，在下拉菜单中选择"打印"→"打印预览"命令，预览打印效果。

② 如果看不清楚预览效果，可以在预览区域中单击鼠标，此时，预览效果比例放大，可以拖动垂直或水平滚动条来查看工作表的内容。

③ 当工作表由多页组成时，可以单击"下一页"按钮，预览其他页面。

④ 如果对预览效果不满意，可以单击"页边距"按钮，显示指示边距的虚线，然后将鼠标移到这些虚线上，对其进行拖动以调整表格到四周的距离。

（2）打印工作表

① 在快速访问工具栏单击"文件"按钮，在下拉菜单中选择"打印"命令，打开"打印"对话框。

② 在"份数"微调框中输入要打印的份数。

③ 如果打印当前工作表的所有页，选中"页码范围"下方的"全部"单选按钮，然后选中"打印内容"下方的"选定工作表"单选按钮；如果仅打印部分页，选中"页码范围"下方的"页"单选按钮，在"从"和"到"微调框中设置起始页码和终止页码即可。

④ 单击"确定"按钮，开始打印工作表。

任务 2.4　管理与分析公司数据

▶ **任务描述**

张菲菲是上海某精密仪器有限公司的一名秘书，最近几天，她按照计划完成了以下工作：

① 按照公司的规章制度，将员工月度出勤考核表中需要秘书提醒和部门经理约谈的员工及其出勤信息筛选出来，并向经理做了汇报，如图 2-101 所示。

I	J	K	L	M	N	O
迟到次数	缺席天数	早退次数				
>6		>2				
	>3	>1				
序号	时间	员工姓名	所属部门	迟到次数	缺席天数	早退次数
0017	2019年1月	陈蔚	销售部	8	1	4

图 2-101
筛选出的部门经理面谈的
员工名单

② 针对企业产品生产表，汇总了生产相同产品的 3 个车间的生产情况，如图 2-102 所示。

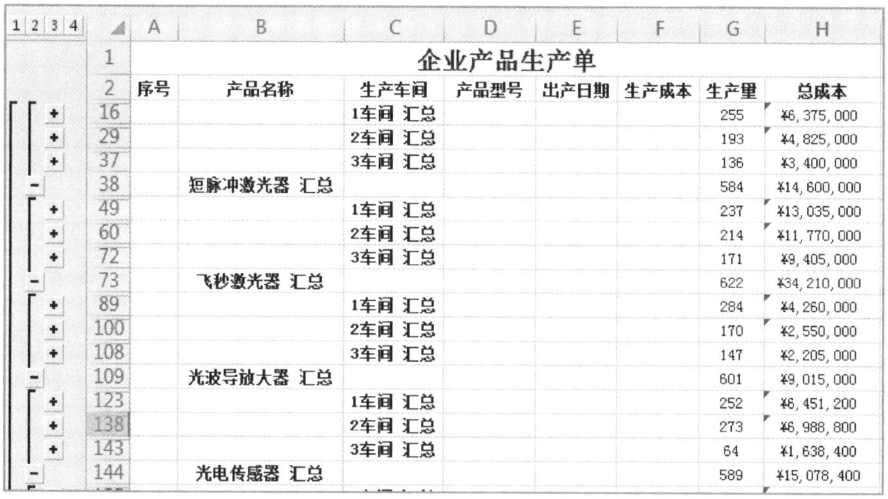

	A	B	C	D	E	F	G	H
1	企业产品生产单							
2	序号	产品名称	生产车间	产品型号	出产日期	生产成本	生产量	总成本
16			1车间 汇总				255	¥6,375,000
29			2车间 汇总				193	¥4,825,000
37			3车间 汇总				136	¥3,400,000
38		短脉冲激光器 汇总					584	¥14,600,000
49			1车间 汇总				237	¥13,035,000
60			2车间 汇总				214	¥11,770,000
72			3车间 汇总				171	¥9,405,000
73		飞秒激光器 汇总					622	¥34,210,000
89			1车间 汇总				284	¥4,260,000
100			2车间 汇总				170	¥2,550,000
108			3车间 汇总				147	¥2,205,000
109		光波导放大器 汇总					601	¥9,015,000
123			1车间 汇总				252	¥6,451,200
138			2车间 汇总				273	¥6,988,800
143			3车间 汇总				64	¥1,638,400
144		光电传感器 汇总					589	¥15,078,400

图 2-102
按产品名称和生产车间
汇总后的结果（局部）

③ 以销售业绩表中的数据为基础，汇总出各种产品在不同地点的销售量占全部销售量的百分比，如图 2-103 所示；统计出不同产品按时间、地点分类的销售件数，如图 2-104 所示。

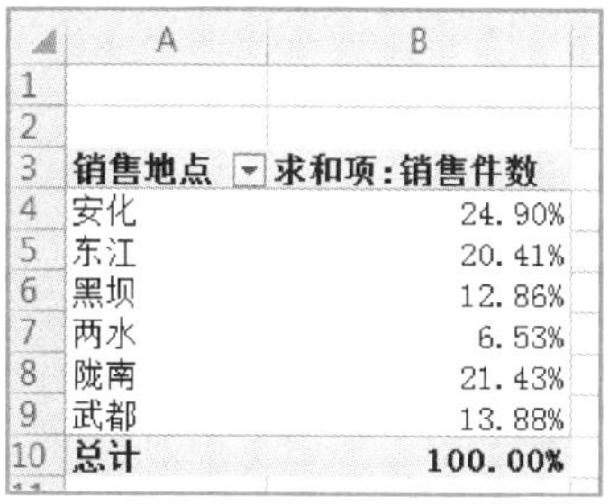

	A	B
1		
2		
3	销售地点	求和项:销售件数
4	安化	24.90%
5	东江	20.41%
6	黑坝	12.86%
7	两水	6.53%
8	陇南	21.43%
9	武都	13.88%
10	总计	100.00%

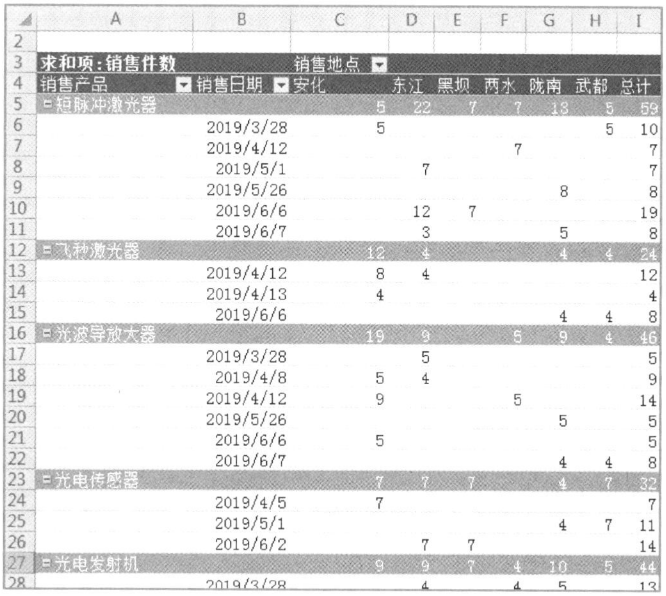

	A	B	C	D	E	F	G	H	I
2									
3	求和项:销售件数		销售地点						
4	销售产品	销售日期	安化	东江	黑坝	两水	陇南	武都	总计
5	⊟短脉冲激光器		5	22	7	7	13	5	59
6		2019/3/28	5					5	10
7		2019/4/12				7			7
8		2019/5/1		7					7
9		2019/5/26					8		8
10		2019/6/6		12	7				19
11		2019/6/7		3			5		8
12	⊟飞秒激光器		12	4			4	4	24
13		2019/4/12	8	4					12
14		2019/4/13	4						4
15		2019/6/6					4	4	8
16	⊟光波导放大器		19	9		5	9	4	46
17		2019/3/28		5					5
18		2019/4/8	5	4					9
19		2019/4/12	9			5			14
20		2019/5/26					5		5
21		2019/6/6	5						5
22		2019/6/7					4	4	8
23	⊟光电传感器		7	7	7		4	7	32
24		2019/4/5	7						7
25		2019/5/1					4	7	11
26		2019/6/2		7	7				14
27	⊟光电发射机		9	9	7	4	10	5	44
28		2019/3/28		4		4	5		13

图 2-103
一维数据透视表
图 2-104
多维数据透视表（局部）

技术分析

● 通过“高级筛选”对话框，可以筛选出满足复杂条件的数据。

● 通过“排序”对话框，可以按指定列对数据区域进行排序。

● 通过“分类汇总”对话框，可以对数据进行一级或多级分类汇总。

● 通过“创建数据透视表”对话框和“数据透视表”任务窗格，可以创建一维或多维数据透视表。

● 通过“分析”和“设计”选项卡，可以对已创建的数据透视表进行必要的设置。

▶ **任务实现**

首先打开工作簿文件"数据分析",然后使用下列步骤完成任务。

1. 筛选员工出勤考核情况

公司有关员工出勤考核的制度如下。

秘书提醒:月迟到次数超过两次,或者缺席天数多于一天,或者有早退现象。

部门经理约谈:月迟到次数大于 6 次并且早退次数大于 2 次,或者缺席天数多于 3 天并且早退次数大于 1 次。

(1)筛选出需要提醒的员工信息

① 在工作表"1 月份出勤考核表"中选择单元格区域 E2:G2,然后切换到"开始"选项卡,单击"复制"按钮。

② 将光标移至单元格 A36 中,然后单击"粘贴"按钮。

③ 在单元格 A37、B38 和 C39 中分别输入">2"">1"和">0",完成条件区域设置。

④ 将光标移至数据区域中,选中 A2:G34 的数据区域,切换到"开始"选项卡,单击"筛选"按钮下侧的箭头按钮,从下拉列表中选择"高级筛选"命令,打开"高级筛选"对话框。

⑤ 在"方式"栏中选中"将筛选结果复制到其他位置"单选按钮,由于"列表区域"框中的区域已自动指定,将光标移至"条件区域"框中,再选定单元格区域 A36:C39,接着将光标移至"复制到"框中,单击单元格 A41 指定筛选结果放置的起始单元格,如图 2-105 所示。

⑥ 单击"确定"按钮,筛选出的结果如图 2-106 所示。

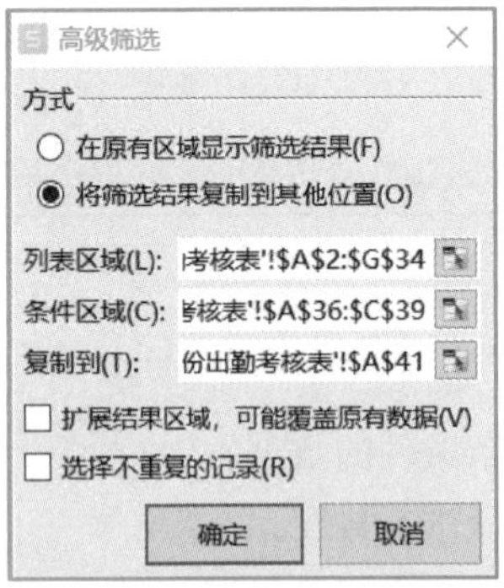

图 2-105
"高级筛选"对话框
图 2-106
需要提醒的员工信息
(局部)

36	迟到次数	缺席天数	早退次数				
37	>2						
38		>1					
39			>0				
40							
41	序号	时间	员工姓名	所属部门	迟到次数	缺席天数	早退次数
42	0002	2019年1月	郭文	秘书处	10	0	1
43	0003	2019年1月	杨林	财务部	4	3	0
44	0004	2019年1月	雷庭	企划部	2	0	2
45	0005	2019年1月	刘伟	销售部	4	1	0
46	0006	2019年1月	何晓玉	销售部	0	0	4
47	0007	2019年1月	杨彬	研发部	2	0	8
48	0008	2019年1月	黄玲	销售部	1	1	4
49	0009	2019年1月	杨楠	企划部	3	0	2
50	0010	2019年1月	张琪	企划部	7	1	1
51	0011	2019年1月	陈强	销售部	8	0	0
52	0012	2019年1月	王兰	研发部	0	0	3
53	0013	2019年1月	田格艳	企划部	5	3	4
54	0014	2019年1月	王林	秘书处	7	0	1
55	0015	2019年1月	龙丹丹	销售部	0	4	0
56	0016	2019年1月	杨燕	销售部	1	0	1
57	0017	2019年1月	陈蔚	销售部	8	1	4

高级筛选 ✕

方式
○ 在原有区域显示筛选结果(F)
● 将筛选结果复制到其他位置(O)

列表区域(L): 考核表'!$A$2:$G$34
条件区域(C): 考核表'!$A$36:$C$39
复制到(T): 份出勤考核表'!$A$41

☐ 扩展结果区域,可能覆盖原有数据(V)
☐ 选择不重复的记录(R)

确定　　取消

(2)筛选出需要约谈的员工信息

① 将单元格区域 E2:G2 中的内容复制到单元格 I2 开始的区域中。

② 在单元格 I3、K3 中分别输入">6"和">2",在单元格 J4、K4 中分别输入

"＞3" 和 "＞1"。

③ 将光标移至数据区域中，选中 A2:G34 的数据区域，切换到 "开始" 选项卡，单击 "筛选" 按钮下侧的箭头按钮，从下拉列表中选择 "高级筛选" 命令，打开 "高级筛选" 对话框，选中 "将筛选结果复制到其他位置" 单选按钮，将条件区域设置为 I2:K4，将 "复制到" 框设置为以单元格 I6 开始的区域。

④ 单击 "确定" 按钮，筛选出部门经理面谈的员工信息。

 笔 记

2. 建立产品的分类汇总

（1）对数据进行排序

在按照产品名称和生产车间两个字段分类汇总之前，首先要使用二者对数据区域排序。

① 在工作表 "企业产品生产表" 中单击数据区域的任意单元格，然后切换到 "数据" 选项卡，单击 "排序" 按钮下侧的箭头按钮，从下拉菜单中选择 "自定义排序" 命令，打开 "排序" 对话框。

② 将 "主要关键字" 设置为 "产品名称"，然后单击 "添加条件" 按钮，将 "次要关键字" 设置为 "生产车间"，单击 "确定" 按钮，完成排序。

（2）对数据进行分类汇总

① 将光标置于数据区域中，选中 A2:H351 的数据区域，然后切换到 "数据" 选项卡，单击 "分类汇总" 按钮，打开 "分类汇总" 对话框。

② 将 "分类字段" 设置为 "产品名称"，将 "汇总方式" 设置为 "求和"，在 "选定汇总项" 列表框中选择 "生产量" 和 "总成本" 两项，如图 2-107 所示。单击 "确定" 按钮，完成按产品名称对产品的分类汇总，结果如图 2-108 所示。

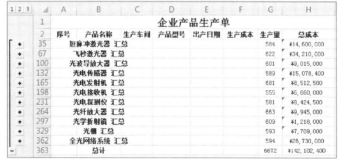

图 2-107
"分类汇总" 对话框
图 2-108
按产品名称分类汇总后的结果

③ 选中数据区域，然后单击 "分类汇总" 按钮，再次打开 "分类汇总" 对话框。

④ 将 "分类字段" 设置为 "生产车间"，"汇总方式" 设置为 "求和"，"选定汇总项" 列表框保持按产品名称进行分类汇总时的选项，取消选中 "替换当前分类汇总" 复选框，然后单击 "确定" 按钮，完成分类汇总的嵌套操作。

3. 创建产品销售情况的数据透视表

（1）建立一维数据透视表

① 在工作表 "销售业绩表" 中单击数据区域的任意单元格，然后切换到 "插

入"选项卡，单击"数据透视表"按钮，打开"创建数据透视表"对话框。

② 保持默认选项，单击"确定"按钮，进入数据透视表设计界面，如图 2-109 所示。

③ 在"数据透视表"任务窗格中，从"字段列表"列表框中，将"销售地点"字段拖到"行"文本框中，将"销售件数"字段拖到"值"文本框中，结果如图 2-110 所示。

图 2-109
数据透视表设计界面
图 2-110
将数据字段拖入相应区域
后的结果

④ 单击单元格 B3，切换到"分析"选项卡，单击"字段设置"按钮，打开"值字段设置"对话框，从中选择"值显示方式"选项卡，在"值显示方式"下拉列表框中选择"总计的百分比"选项，如图 2-111 所示，所需的一维数据透视表创建完成。

图 2-111
"值显示方式"下拉菜单

（2）建立多维数据透视表

① 将光标再次移至工作表"销售业绩表"的数据区域中，然后单击"插入"选项卡中的"数据透视表"按钮，在打开的对话框中单击"确定"按钮，进入数据

透视表的设计环境。

　　② 将"数据透视表"任务窗格列表框中的"销售产品"和"销售日期"字段拖入"行"文本框中，将"销售地点"字段拖入"列"文本框中，将"销售件数"字段拖入"值"文本框中，多维数据透视表初步完成。

　　③ 将光标置于数据透视表中，切换到"设计"选项卡，在"数据透视表样式"选项组中选择一种样式，对数据透视表进行美化，如图 2-112 所示。至此，任务完成。

笔 记

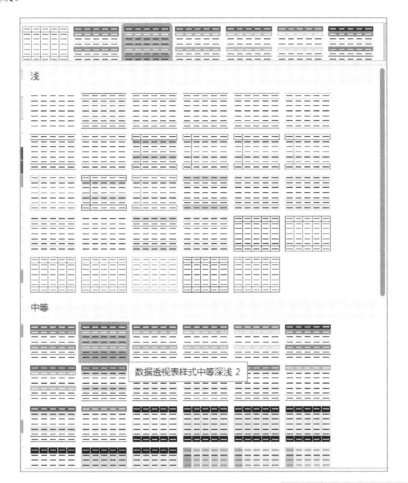

图 2-112
数据透视表样式列表框

▶ **相关知识**

　　WPS 具有强大的数据处理功能，可以方便地组织、管理和分析数据信息。在WPS 中，可以将工作表中符合一定条件的连续数据区域视为一张数据库表，从而进行整理、排序、筛选、汇总及统计等操作。

1. 整理原始数据

　　（1）分列整理
　　使用分列整理功能可以根据一定的规则，将某列保存的内容分隔后保存于多列中。下面以素材文件中的原始数据表格为例，说明分列整理数据的操作，步骤如下：
　　① 打开素材工作簿"数据分析"，显示"分列整理数据"工作表。可以看到，

微课：2-29
整理原始数据

笔 记

在“公司名称”列中英文名称和中文名称混在一起，中间以“|”分隔。内容分列后需要各占一列，所以先右击列标 B，从弹出的快捷菜单中选择“插入”命令，插入一个空白列。

② 选择待分隔的列 A，切换到“数据”选项卡，单击“分列”按钮，打开“文本分列向导”对话框，选中“分隔符号”单选按钮，然后单击“下一步”按钮。

③ 在分列向导的第 2 步中，选中“分隔符号”组中的“其他”复选框，并在右侧的文本框中输入“|”，如图 2-113 所示，然后单击“下一步”按钮。

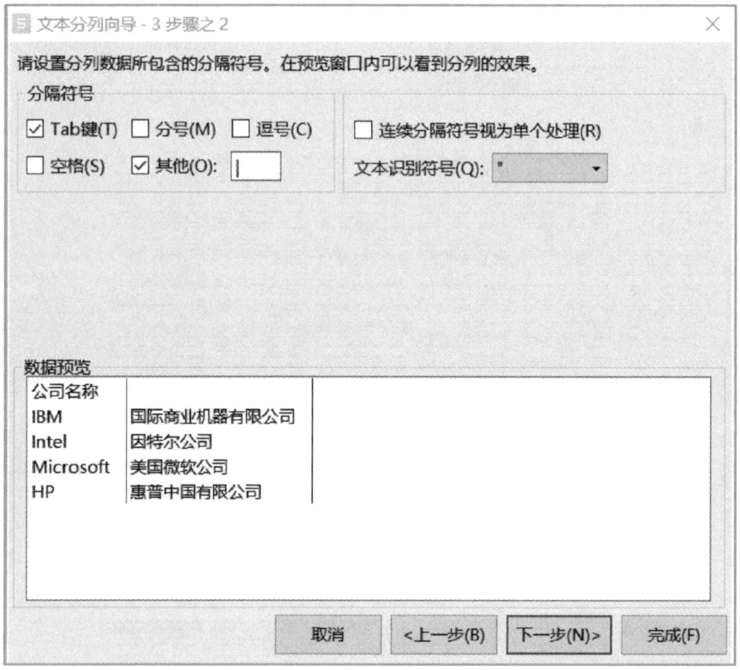

图 2-113
“文本分列向导”对话框

④ 在分列向导的第 3 步中，选中“列数据类型”组中的“常规”单选按钮，然后单击“完成”按钮，在工作表中修改相应列的列名，并为数据区域添加边框，结果如图 2-114 所示。

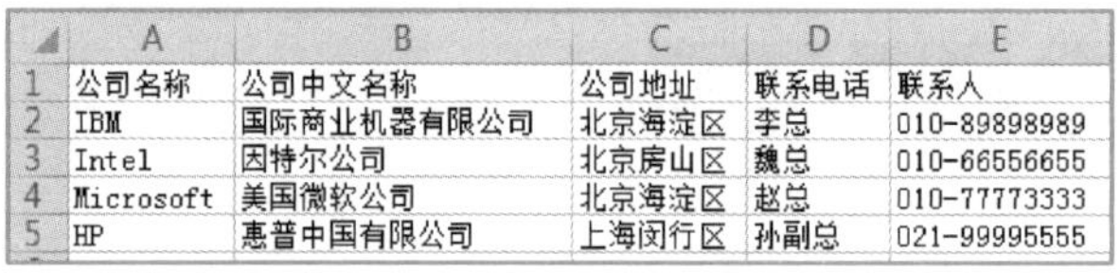

	A	B	C	D	E
1	公司名称	公司中文名称	公司地址	联系电话	联系人
2	IBM	国际商业机器有限公司	北京海淀区	李总	010-89898989
3	Intel	因特尔公司	北京房山区	魏总	010-66556655
4	Microsoft	美国微软公司	北京海淀区	赵总	010-77773333
5	HP	惠普中国有限公司	上海闵行区	孙副总	021-99995555

图 2-114
对数据分列整理后的结果

（2）删除重复项目

① 打开素材工作簿“数据分析”，显示“删除重复项目”工作表。然后选择待分析处理的单元格区域 A1:F13，切换到“数据”选项卡，单击“重复项”按钮，从下拉列表中选择“删除重复项”命令，打开“删除重复项”对话框。

② 选中“数据包含标题”复选框，将列表框中的所有复选框选中，表示只有这些列都相同时才认为是重复项，如图 2-115 所示。

③ 单击“删除重复项”按钮，WPS 将搜索并删除重复值，并弹出如图 2-116 所示的提示框给出处理结果，单击“确定”按钮，完成操作。

图 2-115
"删除重复项"对话框

图 2-116
删除重复项后的提示信息

2. 对数据进行排序

排序是指按指定的字段值重新调整记录的顺序，这个指定的字段称为排序关键字。通常，数字由小到大、文本按照拼音字母顺序、日期从最早的日期到最晚的日期的排序称为升序，反之称为降序。另外，若要排序的字段中含有空白单元格，则该行数据总是排在最后。

（1）按列简单排序

按列简单排序是指对选定的数据按照所选定数据的第 1 列数据作为排序关键字进行排序的方法，即单击待排序字段列包含数据的任意单元格，然后切换到"数据"选项卡，单击"排序"按钮下侧的箭头按钮，从下拉菜单中选择"升序"或"降序"命令。

笔记

（2）按行简单排序

按行简单排序是指对选定的数据按其中的一行作为排序关键字进行排序的方法，操作步骤如下：

① 打开要进行单行排序的工作表，单击数据区域中的任意单元格，切换到"数据"选项卡，单击"排序"按钮下侧的箭头按钮，从下拉菜单中选择"自定义排序"命令，打开"排序"对话框，如图 2-117 所示。

② 单击"选项"按钮，打开"排序选项"对话框，在"方向"组中选中"按行排序"单选按钮，如图 2-118 所示，单击"确定"按钮，返回"排序"对话框。

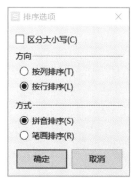

图 2-117
"排序"对话框

图 2-118
"排序选项"对话框

③ 单击"主要关键字"下拉列表框右侧的箭头按钮，从弹出的列表中选择"行2"作为排序关键字的选项，在"次序"中选择"降序"选项，单击"确定"按钮，结果如图 2-119 所示。

笔 记

（3）多关键字复杂排序

多关键字复杂排序是指对选定的数据区域，按照两个以上的排序关键字按行或按列进行排序的方法。下面以工作表"员工档案表"的"年龄"降序排列、年龄相同的按"工资"降序排列为例，介绍多关键字排序的操作步骤。

① 单击数据区域的任意单元格，切换到"数据"选项卡，单击"排序"按钮下侧的箭头按钮，从下拉菜单中选择"自定义排序"命令，打开"排序"对话框。

② 在"主要关键字"下拉列表框中选择排序的首要条件"年龄"，并将"排序依据"设置为"数值"，将"次序"设置为"降序"。

③ 单击"添加条件"按钮，在打开的对话框中添加次要条件，将"次要关键字"设置为"工资"，将"排序依据"设置为"数值"，将"次序"设置为"降序"。

④ 设置完毕后，单击"确定"按钮，即可看到排序后的结果。

（4）自定义排序

自定义排序是指对选定数据区域按用户定义的顺序进行排序。例如，在"员工档案表"中按指定的序列"行政部，研发部，财务部，广告部，市场部，销售部，文秘部，采购部"对员工的个人信息进行排序，这就需要使用"自定义排序"功能，操作步骤如下：

① 单击数据区域的任意单元格，切换到"数据"选项卡，单击"排序"按钮下侧的箭头按钮，从下拉菜单中选择"自定义排序"命令，打开"排序"对话框。在"主要关键字"下拉列表框中选择"部门"，在"次序"下拉列表框中选择"自定义序列"选项，打开"自定义序列"对话框。

② 在"自定义序列"选项卡的"输入序列"列表框中依次输入排序序列，每输入一行，按一次〈Enter〉键，全部输完后单击"添加"按钮，序列就被添加到"自定义序列"列表框中。

③ 单击"确定"按钮，返回"排序"对话框，然后单击"确定"按钮，数据区域按上述指定的序列排序完成，结果如图 2-120 所示。

图 2-119
按行排序的结果

图 2-120
自定义排序的结果（局部）

	A	B	C	D	E	F
1	姓名	钱灵	吴华	张家明	汤沐化	杨美华
2	总分	277	263	229	219	209

	A	B	C	D	E	F	G	H	I
1				企业员工档案					
2	序号	姓名	性别	年龄	学历	部门	进入企业时间	担任职务	工资
3	476	宋派沛	女	40	大专	行政部	2003年4月1日		¥5,698
4	037	阮南贺	男	39	硕士	行政部	1999年4月1日		¥6,000
5	188	苏红江	男	36	硕士	行政部	2003年4月1日		¥6,000
6	365	张昭	男	35	硕士	行政部	2002年5月1日		¥6,582
7	409	孟永科	男	35	本科	行政部	2006年4月1日		¥5,000
8	321	刘用佳	男	35	硕士	行政部	2001年1月1日		¥4,646
9	067	龙丹丹	男	34	本科	行政部	2003年7月1日		¥6,523
10	445	宋派沛	男	34	本科	行政部	1999年2月1日		¥5,002
11	148	阮南贺	女	34	硕士	行政部	2005年6月1日		¥5,000
12	104	陈蔚	女	34	硕士	行政部	1999年12月1日		¥4,000
13	489	苏宇拓	男	34	本科	行政部	1996年4月1日		¥3,598
14	027	倒累	男	34	本科	行政部	1998年5月1日		¥3,485
15	439	陈小永	女	34	本科	行政部	1997年11月1日		¥3,456
16	275	熊亮用	女	33	本科	行政部	1992年1月1日		¥6,523
17	024	廖嘉一	女	33	本科	行政部	2000年7月1日		¥4,452
18	231	张华郡	女	33	本科	行政部	2003年1月1日		¥3,456
19	312	王琪	男	32	硕士	行政部	2000年7月1日		¥4,000
20	485	杨林	男	31	本科	行政部	2002年6月1日		¥6,456
21	107	杜鹏	男	30	本科	行政部	2003年2月1日		¥6,064
22	503	龙丹丹	男	30	本科	行政部	2001年3月1日		¥5,500
23	151	杨彬	男	30	本科	行政部	1997年11月1日		¥4,300

3. 筛选数据

筛选数据是指隐藏不希望显示的数据，只显示指定条件的数据行的过程。

微课：2-31
筛选数据

（1）自动筛选

自动筛选是指按单一条件进行数据筛选。例如，在“员工档案表”工作表中筛选出学历为“大专”的人员信息，操作步骤如下：

① 单击数据区域的任意单元格，切换到“开始”选项卡，单击“筛选”按钮，表格中的每个标题右侧将显示自动筛选箭头按钮。

② 单击“学历”字段名右侧的自动筛选箭头按钮，从下拉菜单中取消选中“（全选）”复选框，并选中“大专”复选框，如图 2-121 所示。

③ 单击“确定”按钮，即可显示符合条件的数据，如图 2-122 所示。

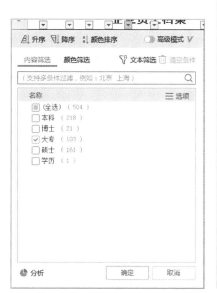

图 2-121
自动筛选

	A	B	C	D	E	F	G	H	I
1	企业员工档案								
8	006	杨楠	女	25	大专	文秘部	2003年3月1日		¥2,856
9	007	陈强	男	28	大专	采购部	1997年11月1日	部门经理	¥5,896
12	010	邱鸣	男	31	大专	广告部	2004年1月1日		¥3,598
16	014	巩月明	女	32	大专	采购部	1999年1月1日		¥5,550
27	025	刘用佳	女	25	大专	文秘部	2006年4月1日		¥5,550
34	032	宋派沛	男	26	大专	文秘部	2004年7月1日		¥6,000
36	034	张华郡	女	34	大专	文秘部	2003年2月1日		¥6,000
37	035	白中雪	女	23	大专	文秘部	1992年1月1日		¥5,500
41	039	王名梓	女	24	大专	市场部	2003年1月1日		¥6,000
52	050	宋派沛	女	25	大专	广告部	2000年6月1日		¥5,600
53	051	柳小鑫	男	28	大专	文秘部	1999年8月1日		¥6,000
56	054	孙小民	男	31	大专	采购部	2003年3月1日		¥4,568
60	058	邱鸣	女	32	大专	采购部	2004年1月1日		¥2,856
71	069	程丹	女	25	大专	市场部	1999年1月1日		¥6,456
78	076	想兄	男	26	大专	文秘部	1997年7月1日		¥4,452
80	078	吴娜你	女	34	大专	研发部	1997年2月1日	部门经理	¥6,523
81	079	丁数琴	女	23	大专	市场部	1995年4月1日		¥3,465
85	083	白中雪	女	24	大专	研发部	1992年1月1日		¥5,500
96	094	吴娜你	男	25	大专	采购部	1994年4月1日	部门经理	¥2,500
97	095	丁数琴	男	28	大专	广告部	1995年8月1日		¥2,500
100	098	张华郡	女	31	大专	采购部	2000年6月1日		¥6,000
104	102	罗小重	女	32	大专	研发部	2003年3月1日		¥5,600
115	113	张昭	男	25	大专	行政部	2000年7月1日		¥4,646
122	120	刘用佳	女	26	大专	市场部	2000年7月1日		¥3,465

图 2-122
自动筛选的结果（局部）

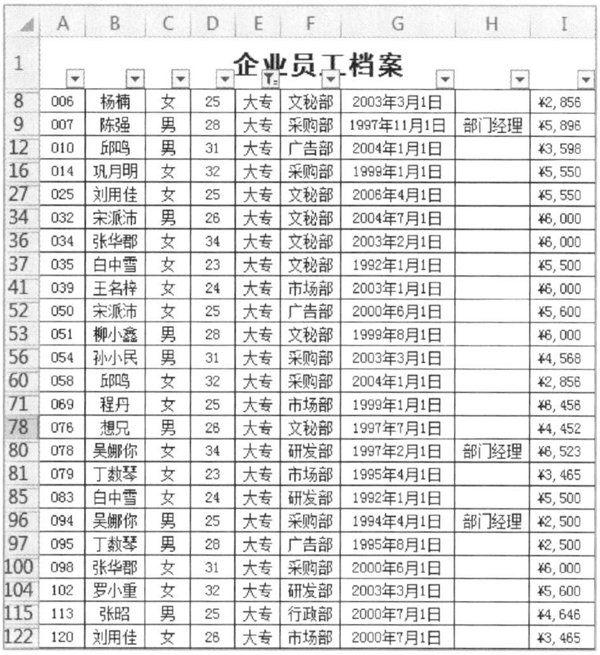

④ 如果要使用基于另一列中数据的附加“与”条件，在另一列中重复步骤②和③即可。

当需要取消对某一列进行的筛选时，单击该列旁边的自动筛选箭头按钮，从下拉菜单中选中“（全选）”复选框，然后单击“确定”按钮。

再次单击“开始”选项卡中的“筛选”按钮，可以退出自动筛选功能。

（2）自定义筛选

当基于某一列的多个条件筛选记录时，可以使用“自定义自动筛选”功能。例如，为了筛选出工作表“1 月份出勤考核表”中迟到次数在 3～5 之间的人员名单，可以参照下述步骤进行：

① 对数据区域执行“自动筛选”命令。

② 单击“迟到次数”列的自动筛选箭头按钮，从下拉菜单中选择“数字筛选”→“介于”命令，打开“自定义自动筛选方式”对话框。

③ 在“大于或等于”右侧的下拉列表框中输入“3”，并选中“与”单选按钮，

笔 记

然后在"小于或等于"右侧的下拉列表框中输入"5",如图 2-123 所示。

④ 单击"确定"按钮,即可显示符合条件的记录,如图 2-124 所示。

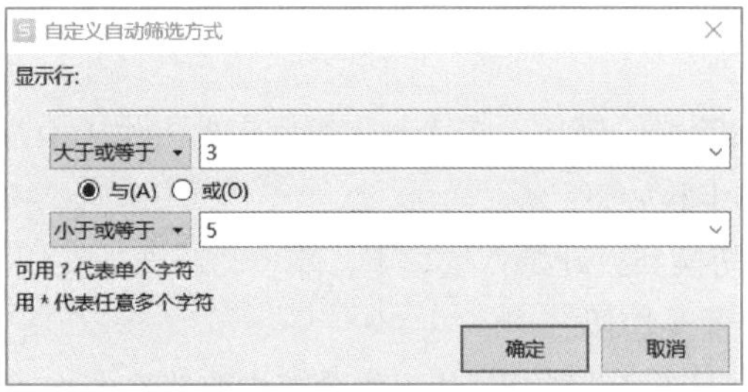

图 2-123
"自定义自动筛选方式"对话框

图 2-124
自定义筛选的结果

	A	B	C	D	E	F	G
1			企业员工月度出勤考核				
5	0003	2019年1月	杨林	财务部	4	3	0
7	0005	2019年1月	刘伟	销售部	4	1	0
11	0009	2019年1月	杨楠	企划部	3	0	2
15	0013	2019年1月	田格艳	企划部	5	3	4
24	0022	2019年1月	田东	企划部	3	0	0
25	0023	2019年1月	杜鹏	研发部	5	1	1
27	0025	2019年1月	孟永科	企划部	5	0	4
28	0026	2019年1月	巩月明	企划部	3	3	1

【课堂练习 2-3】 在"1 月份出勤考核表"中筛选出"研发部"或"企划部"员工的考勤信息。

(3) 高级筛选

自动筛选只能对某列数据进行两个条件的筛选,并且在不同列之间同时筛选时,只能是"与"关系。对于其他筛选条件,如在工作表"企业产品生产表"中筛选出生产量在 40 个以上的光纤放大器或光波导放大器的生产单,需要使用高级筛选功能,操作步骤如下:

① 复制数据的列标题,在工作表中建立条件区域,以指定筛选结果必须满足的条件,如图 2-125 所示。

图 2-125
指定高级筛选条件

	J	K	L	M	N	O	P	Q
1								
2	序号	产品名称	生产车间	产品型号	出产日期	生产成本	生产量	总成本
3		*放大器					>40	

② 单击数据区域中的任意单元格,然后切换到"开始"选项卡,单击"筛选"按钮下侧的箭头按钮,从下拉菜单中选择"高级筛选"命令,打开"高级筛选"对话框。

③ 在"方式"栏中选中"将筛选结果复制到其他位置"单选按钮(如选中"在原有区域显示筛选结果"单选按钮,则不用指定"复制到"区域)。

④ 在"列表区域"框中设定数据区域为 $A$2:$H$351。

⑤ 将光标移至"条件区域"框中,然后拖动鼠标指定包括列标题在内的条件区域 $J$2:$Q$3。

⑥ 将光标移至"复制到"框中,然后单击筛选结果复制到的起始单元格 $J$6。

⑦ 若要从结果中排除相同的行,选中该对话框中的"选择不重复的记录"复选框。

⑧ 单击"确定"按钮,高级筛选完成,结果如图 2-126 所示。

序号	产品名称	生产车间	产品型号	出产日期	生产成本	生产量	总成本
005	光波导放大器	2车间	sdli-83457	3/14	¥15,000	45	¥675,000
026	光纤放大器	2车间	sdifeih	3/17	¥15,000	45	¥675,000
038	光波导放大器	1车间	sdli-83457	3/14	¥15,000	45	¥675,000
103	光纤放大器	2车间	11-65s	3/15	¥15,000	45	¥675,000
158	光纤放大器	1车间	sdifeih	3/16	¥15,000	45	¥675,000
181	光波导放大器	3车间	4nic-xs	3/14	¥15,000	45	¥675,000
225	光波导放大器	3车间	4nic-dc	3/16	¥15,000	45	¥675,000
301	光纤放大器	2车间	sid-la	3/16	¥15,000	45	¥675,000

图 2-126
高级筛选的结果

4．分类汇总数据

微课：2-32
分类汇总数据

分类汇总是指根据指定的类别将数据以指定的方式进行统计，从而快速地将大型表格中的数据汇总与分析，获得所需的统计结果。

（1）创建分类汇总

在插入分类汇总之前需要将数据区域按关键字排序，从而使相同关键字的行排列在相邻行中。下面以统计工作表"1 月份出勤考核表"中各部门人员累计迟到、缺席和早退次数为例，介绍创建分类汇总的操作步骤。

① 单击数据区域中"所属部门"列的任意单元格，切换到"数据"选项卡，单击"排序"按钮下侧的箭头按钮，从下拉菜单中选择"升序"命令，对该字段进行排序。

② 选中数据区域 A2:G34，切换到"数据"选项卡，单击"分类汇总"按钮，打开"分类汇总"对话框。

③ 在"分类字段"下拉列表框中选择"所属部门"字段，在"汇总方式"下拉列表框中选择汇总计算方式"求和"，在"选定汇总项"列表框中选中"迟到次数""缺席天数"和"早退次数"复选框。

④ 单击"确定"按钮，即可得到分类汇总结果。

分类汇总后，在数据区域的行号左侧出现了一些层次按钮 ，这是分级显示按钮，在其上方还有一排数值按钮 1 2 3 ，用于对分类汇总的数据区域分级显示数据，以便用户看清其结构。

（2）嵌套分类汇总

当需要在一项指标汇总的基础上按另一项指标进行汇总时，使用分类汇总的嵌套功能。

① 对数据区域中要实施分类汇总的多个字段进行排序。

② 选中数据区域 A2:G34，切换到"数据"选项卡，然后使用上面介绍的方法，按第一关键字对数据区域进行分类汇总。

③ 选中数据区域 A2:G34，然后单击"分类汇总"按钮，再次打开"分类汇总"对话框，在"分类字段"下拉列表框中选择次要关键字，将"汇总方式"和"选中汇总项"保持与第一关键字相同的设置，并取消选中"替换当前分类汇总"复选框。

④ 单击"确定"按钮，完成操作。

（3）删除分类汇总

对于已经设置了分类汇总的数据区域，再次打开"分类汇总"对话框，单击"全部删除"按钮，即可删除当前的所有分类汇总。

（4）复制分类汇总的结果

在实际工作中，可能需要将分类汇总结果复制到其他表中另行处理。此时，不能使用一般的复制、粘贴操作，否则会将数据与分类汇总结果一起进行复制。仅复制分类汇总结果的操作步骤如下：

① 通过分级显示按钮仅显示需要复制的结果，按〈Alt+;〉组合键选取当前显示的内容，然后按〈Ctrl+C〉组合键将其复制到剪贴板中。

② 在目标单元格区域中按〈Ctrl+V〉组合键完成粘贴操作。

③ 如有需要，使用"分类汇总"对话框将目标位置的分类汇总全部删除。

笔记

微课：2-33
建立数据透视表

5. 建立数据透视表

数据透视表是一种对大量数据快速汇总和建立交叉表的交互式表格，用户可以转换行以查看数据源的不同汇总结果，并显示不同页面以筛选数据，以及根据需要显示区域中的明细数据。

（1）创建数据透视表

可以对已有的数据进行交叉制表和汇总，然后重新发布并立即计算出结果。下面以工作表"员工档案表"中的数据为基础，介绍使用数据透视表统计各部门中不同学历员工的平均工资的方法。

① 单击数据区域中的任意单元格，然后切换到"插入"选项卡，单击"数据透视表"按钮，打开"创建数据透视表"对话框。

② WPS 会自动选中"请选择单元格区域"按钮，并在文本框中自动填入数据区域。在"请选择放置数据透视表的位置"选项组中选中"新工作表"按钮，如图 2-127 所示。

③ 单击"确定"按钮，进入数据透视表设计环境。从"字段列表"列表框中将"部门"字段拖到"行"文本框中，将"学历"字段拖到"列"文本框中，将"工资"字段拖到"值"文本框中。

④ 在工作表中单击文本"求和项:工资"所在的单元格，切换到"分析"选项卡，单击"字段设置"按钮，打开"值字段设置"对话框。

⑤ 选中"值字段汇总方式"列表框中的"平均值"选项，然后单击"数字格式"按钮，打开"数字格式"对话框，在"分类"列表框中选择"数值"选项。接着单击"确定"按钮，返回"值字段设置"对话框，如图 2-128 所示。

笔 记

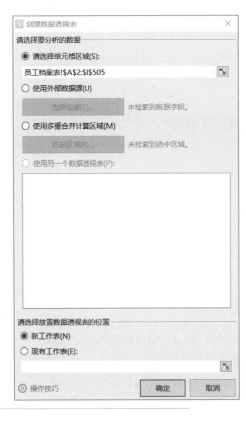

图 2-127
"创建数据透视表"对话框
图 2-128
"值字段设置"对话框

⑥ 单击"确定"按钮，数据透视表创建完毕。

可以在数据透视表中单击"行标签"右侧的箭头按钮，选择要查看的部门名称。

笔 记

（2）更新数据透视表数据

对于建立了数据透视表的数据区域，修改其数据并不影响数据透视表。因此，当数据源发生变化后，右击数据透视表的任意单元格，从弹出的快捷菜单中选择"刷新"命令，以便及时更新数据透视表中的数据。

（3）添加和删除数据透视表字段

数据透视表创建完成后，用户也许会发现其中的布局不符合要求，这时可以根据需要在数据透视表中添加或删除字段。

例如，要在上述数据透视表中统计出不同部门、不同学历的男、女员工的平均工资，可按照以下方法进行：单击数据透视表中的任意单元格，从"字段列表"列表框中将"性别"字段拖到"列"文本框中。

如果要删除某个数据透视表字段，在"数据透视表字段"任务窗格中取消选中"字段列表"列表框中相应的复选框。

（4）查看数据透视表中的明细数据

在 WPS 中，可以显示或隐藏数据透视表中字段的明细数据，操作步骤如下：

① 选中要查看明细的字段，切换到"分析"选项卡，单击"展开字段"按钮，打开"显示明细数据"对话框。

② 在列表框中选择要查看的字段名称，如"姓名"，如图 2-129 所示。

③ 单击"确定"按钮，明细数据显示在数据透视表中。单击行标签前面的⊞或⊟按钮，即可展开或折叠数据透视表中的数据，如图 2-130 所示。

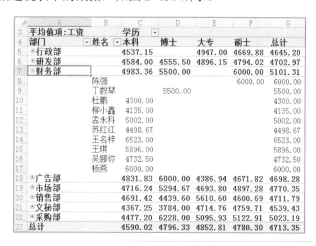

图 2-129
"显示明细数据"对话框
图 2-130
显示明细数据

（5）利用数据透视表创建数据透视图

数据透视图是以图形形式表示的数据透视表。与图表和数据区域之间的关系相同，各数据透视表之间的字段相互对应。下面以上述数据透视表为基础，介绍创建数据透视图的操作步骤。

① 单击数据透视表的任意单元格，然后切换到"分析"选项卡，单击"数据透视图"按钮，打开"插入图表"对话框，从左侧列表框中选择"柱形图"图表类型，从右侧列表框中选择"簇状柱形图"子类型。

② 单击"插入"按钮，即可在工作表中插入数据透视图，如图 2-131 所示。

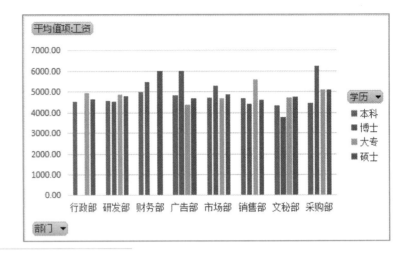

图 2-131
创建数据透视图

③ 如果不想显示行政部和文秘部人员的工资数据，在"数据透视图"任务窗格中取消选中"部门"下拉列表框的"行政部"和"文秘部"复选框即可，如图 2-132 所示。

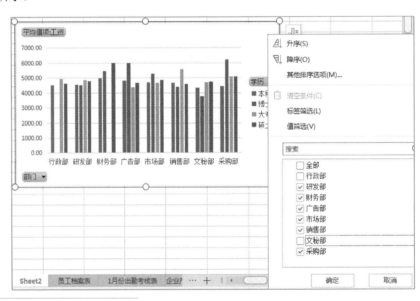

图 2-132
筛选数据透视图

④ 切换到"图表工具"选项卡，可以利用其中的相关命令，更改图表类型、图表布局和图表样式。

⑤ 在"分析"选项卡中，可以更改数据源、移动图表等操作。

⑥ 在"绘图工具"选项卡中，可以对数据透视图进行外观上的设计，设置内容与方法和普通图表类似。

课后练习

文本：课后练习答案

一、单选题

1. 单元格区域 B10:E16 中共有（　　　）个单元格。
   A. 24　　　　　　　B. 30　　　　　　　C. 28　　　　　　　D. 20

2. 在 WPS 2019 中，定义某单元格的格式为 0.00，在其中输入 "=0.667"，确定后单元格内显示（　　）。

  A. FALSE   B. 0.665   C. 0.66   D. 0.67

3. 在 WPS 2019 中，利用自动填充功能可以快速输入（　　）。

  A. 文本数据   B. 公式和函数

  C. 数字数据   D. 具有某种内在规律的数据

4. 在 WPS 2019 的工作表中，若单元格 A1=20、B1=32、A2=15、B2=7，当在单元格 C1 中输入公式 "=A1*B1" 时，将此公式复制到 C2 单元格的值是（　　）。

  A. 640   B. 105   C. 140   D. 224

5. 在 WPS 2019 的工作表中，单元格 D5 中有公式 "=$B$2+C4"，删除第 A 列后，单元格 C5 中的公式为（　　）。

  A. =$A$2+B4 B. =$B$2+B4 C. =$A$2+C4 D. =$B$2+C4

6. 下列不属于 WPS 2019 图表对象的是（　　）。

  A. 图表区   B. 分类轴   C. 公式   D. 标题

7. 在 WPS 2019 中，通过"页面设置"对话框的（　　）选项卡设置页眉与纸张边缘的距离。

  A. 页面   B. 页眉/页脚 C. 页边距 D. 工作表

8. WPS 中按列简单排序是指对选定的数据按照所选定数据的第（　　）列数据作为排序关键字进行排序的方法。

  A. 1   B. 2   C. 任意   D. 最后

9. 在 WPS 2019 中设置高级筛选区域时，将具有"或"关系的复合条件写在（　　）行中。

  A. 相同   B. 不同   C. 任意   D. 间隔

10. 在 WPS 2019 中执行降序排列，在序列中空白单元格被（　　）。

  A. 放置在排序数据的最后   B. 放置在排序数据的最前

  C. 不被排序   D. 保持原始次序

二、填空题

1. 在 WPS 2019 工作簿中，如果要一次选择多个不相邻的工作表，可以在按住＿＿＿＿＿＿键时分别单击各个工作表的标签。

2. 在 WPS 2019 中，函数 LEFT("奋斗是成功的基石",2) 的结果为＿＿＿＿＿＿＿＿。

3. 在 WPS 2019 中，单元格的引用有＿＿＿＿＿＿＿、＿＿＿＿＿＿＿＿和＿＿＿＿＿＿＿＿＿＿。

4. 如果只删除图表中的数据系列，可以在图表中选定要删除的数据系列后按＿＿＿＿＿＿键。

5. 在对数据分类汇总前，必须对数据区域进行＿＿＿＿＿＿＿＿＿＿操作。

三、制作题

1. 以任务 2.1 中制作题的数据为基础，完成以下要求，并设置有关单元格区域的格式，结果如图 2-133 所示。

  ① 在第 5 列和第 6 列之间插入"销售额""成本""税费""利润"和"利润率" 5 列。

  ② 销售额=单价*数量。

  ③ 进价=进货单价*数量，其中，水泥的进货单价为 260 元，黄沙为 108 元，

钢筋为 3 400 元。

④ 税费为销售额的 3%。

⑤ 利润=销售额–进价–税费。

⑥ 利润率=利润/销售额×100%。

	A	B	C	D	E	F	G	H	I	J	K
1						销售情况统计表					
2											
3	序号	销售日期	产品名称	单价（元）	数量（吨）	销售额	成本	税费	利润	利润率	业务员
4	1	5月1日	水泥	301.5	30	¥ 9,045.00	¥ 7,800.00	¥ 271.35	¥ 973.65	10.8%	赵刚
5	2	5月2日	水泥	310	53	¥16,430.00	¥13,780.00	¥ 492.90	¥ 2,157.10	13.1%	魏和平
6	3	5月2日	黄沙	162.5	80	¥13,000.00	¥ 8,640.00	¥ 390.00	¥ 3,970.00	30.5%	孙大志
7	4	5月3日	钢筋	4100	10	¥41,000.00	¥34,000.00	¥1,230.00	¥ 5,770.00	14.1%	魏和平
8	5	5月5日	钢筋	4200	5	¥21,000.00	¥17,000.00	¥ 630.00	¥ 3,370.00	16.0%	魏和平
9	6	5月7日	黄沙	165	60	¥ 9,900.00	¥ 6,480.00	¥ 297.00	¥ 3,123.00	31.5%	孙大志
10	7	5月9日	水泥	320	40	¥12,800.00	¥10,400.00	¥ 384.00	¥ 2,016.00	15.8%	孙大志
11	8	5月12日	水泥	325.5	12	¥ 3,906.00	¥ 3,120.00	¥ 117.18	¥ 668.82	17.1%	孙大志
12	9	5月18日	钢筋	4300	4	¥17,200.00	¥13,600.00	¥ 516.00	¥ 3,084.00	17.9%	魏和平
13	10	5月19日	钢筋	4300	6	¥25,800.00	¥20,400.00	¥ 774.00	¥ 4,626.00	17.9%	赵刚
14	11	5月22日	黄沙	468.5	50	¥23,425.00	¥ 5,400.00	¥ 702.75	¥17,322.25	73.9%	孙大志
15	12	5月23日	水泥	308.5	23	¥ 7,095.50	¥ 5,980.00	¥ 212.87	¥ 902.64	12.7%	赵刚
16	13	5月25日	钢筋	4200	12	¥50,400.00	¥40,800.00	¥1,512.00	¥ 8,088.00	16.0%	赵刚
17	14	5月25日	黄沙	170.5	65	¥11,082.50	¥ 7,020.00	¥ 332.48	¥ 3,730.03	33.7%	孙大志
18	15	5月28日	黄沙	168.5	38	¥ 6,403.00	¥ 4,104.00	¥ 192.09	¥ 2,106.91	32.9%	魏和平
19	16	5月31日	钢筋	4200	8	¥33,600.00	¥27,200.00	¥1,008.00	¥ 5,392.00	16.0%	赵刚

图 2-133
制作完成后的结果

2. 以任务 2.2 中完成的"学生平均成绩分段统计表"为基础，按下列要求制作三维饼图，结果如图 2-134 所示。

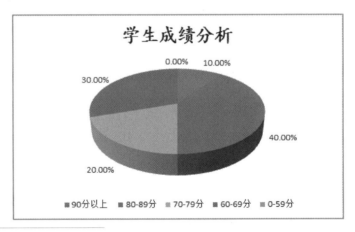

图 2-134
制作完成后的效果

① 图表中只体现"分段"和"占总人数比例"两列中的数据。

② 创建工作表图表，图例位于底部，图表中显示数据标签。

③ 图表标题为"学生成绩分析"，字体为"楷体"、字号为 20 磅，字形加粗。

信息技术基础

单元 3

WPS 演示文稿处理

▶ 单元导读

演示文稿制作是信息化办公的重要组成部分。使用 WPS 2019 可以快速制作出图文并茂、富有感染力的演示文稿。本单元通过典型任务，介绍 WPS 演示文稿制作、动画设计、母版制作和使用、演示文稿放映和导出等内容。

文本：单元设计

任务 制作产品介绍演示文稿

▶ 任务描述

　　淮新农业装备有限公司拟借助农机展销会展示和推介公司的最新产品。现要求市场部的小刘制作一份演示文稿，内容包括公司简介、经营理念、主要产品介绍等。小刘在参阅公司资料、准备好相关素材后，经过技术分析，结合 WPS 演示文稿制作幻灯片的方法与步骤，完成了该任务，效果如图 3-1 所示。

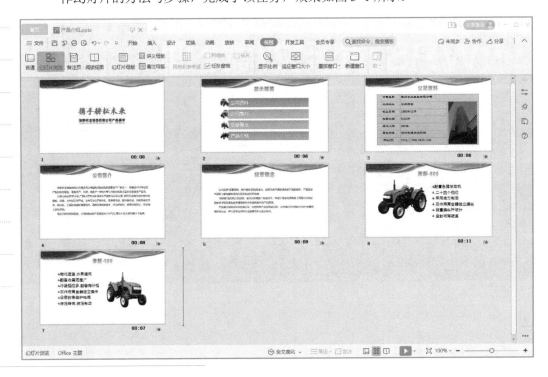

图 3-1
某企业产品介绍效果图

▶ 技术分析

　　通过"新建幻灯片"下拉菜单中的命令，可以添加多种版式的幻灯片。
　　通过使用含有内容占位符的幻灯片，或者借助于"插入"选项卡中的按钮，可以插入表格、图片、智能图形、音频或视频文件。
　　通过"视图"选项卡，可以在不同的视图模式中对幻灯片进行处理。
　　通过"设计"选项卡，可以对幻灯片的主题进行设置。
　　通过"动画"选项卡，可以为幻灯片中的对象设置动画效果。
　　通过"切换"选项卡，可以设置前、后幻灯片之间的切换方式。

微课：3-1
任务 制作产品介绍
演示文稿（1）

▶ 任务实现

1. 编制产品演示文稿

　　启动 WPS 2019 演示文稿处理软件后，系统会自动创建一个新的演示文稿，然后对幻灯片进行编辑处理并存盘。

（1）新建演示文稿

单击"开始"按钮，在"开始"菜单的程序项中选择"WPS Office"→"WPS Office"命令，启动 WPS 2019，单击左上角的"文件"按钮，在下拉菜单中选择"新建"→"新建"命令，切换到"P 演示"选项卡，单击"新建空白文档"选项，创建空白演示文稿，如图 3-2 所示。

图 3-2
新建空白演示文稿

（2）制作幻灯片首页

① 单击"空白演示"占位符，在光标处输入文字"携手耕耘未来"，然后按〈Ctrl+A〉组合键将文字选中，在"开始"选项卡的"字体"选项组中将"字体"设置为"楷体"。

② 保持标题文字处于选中状态，切换到"文本工具"选项卡，在"艺术字样式"选项组中单击"艺术字"列表框右侧"其他"按钮，在下拉列表中选择"填充-矢车菊蓝，着色 1，阴影"样式，再单击"文本填充"按钮，在下拉列表中选择"红色"选项，如图 3-3 所示。

③ 单击幻灯片中的"单击输入您的封面副标题"占位符，输入文字"淮新农业装备有限公司产品展示"，然后将文字选中，切换到"开始"选项卡，单击"字体"选项组中的"加粗"按钮，从"字体颜色"下拉列表框的"主题颜色"中选择"黑色，文本 1"选项。

④ 保持副标题文字的选中状态，切换到"文本工具"选项卡，单击"艺术字样式"选项组中的"文本效果"按钮，从下拉菜单中选择"倒影"→"半倒影，8 pt 偏移量"命令。

图 3-3
为标题文字应用
艺术字效果

至此，幻灯片首页制作完毕，结果如图 3-4 所示。

图 3-4
制作完成的幻灯片首页

（3）制作展示提纲幻灯片

① 切换到"开始"选项卡，单击"幻灯片"选项组中"新建幻灯片"按钮下侧的箭头按钮，从下拉列表中选择"新建"选项，找到整套推荐下的标题模块，单击"立即使用"按钮，出现一张含有内容占位符的幻灯片。

② 在新插入的幻灯片中，将文字"展示提要"输入到"单击此处添加标题"占位符中，并设置艺术字效果，"渐变填充-番茄红"。单击幻灯片空白处，切换到"插入"选项卡，单击"智能图形"按钮，从下拉列表中选择"智能图形"命令，打开"选择智能图形"对话框。

③ 在对话框左侧选择"列表"选项卡，然后在右侧的列表框中选择"垂直图片重点列表"选项，单击"插入"按钮，插入智能图形，如图 3-5 所示。适当调整智能图形在页面中的尺寸和位置。

④ 切换到"设计"选项卡，选中其中的一个项目，然后单击"添加项目"按钮使列表项新增为 4 项，然后在"[文本]"处依次输入"公司资料""公司简介""经营理念"和"产品介绍"。

⑤ 选中文字"公司资料"左侧的圆形，单击打开"插入图片"对话框，选择

插入在圆形中的图片文件,如图 3-6 所示。单击"打开"按钮,完成设置。

图 3-5
选择智能图形

图 3-6
选择插入到图形中的图片

⑥ 重复步骤⑤中的操作,在文字"公司简介""经营理念"和"产品介绍"前面的圆形中依次插入图片。

⑦ 在智能图形的边框处单击,切换到"设计"选项卡,单击选项组中的"更改颜色"按钮,在下拉列表的"彩色"栏中选择第 2 个选项,如图 3-7 所示。单击"更改颜色"按钮,从下拉列表框中选择第 5 个强烈效果选项。

至此,提纲幻灯片制作完毕,如图 3-8 所示。

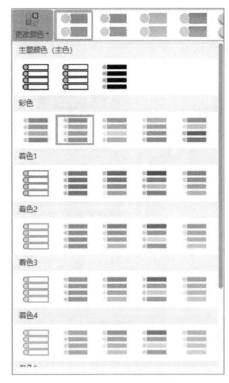

图 3-7
更改颜色
图 3-8
制作完成的提纲幻灯片

（4）制作公司资料幻灯片

① 在第 2 张幻灯片后插入一张含有"标题和内容"占位符的幻灯片，在"单击此处添加标题"占位符中输入文字"公司资料"，并设置艺术字效果。

② 单击"单击此处添加文本"占位符，切换到"插入"选项卡，单击"表格"按钮，在下拉列表中选择"插入表格"命令，在打开的对话框中将"行数"和"列数"微调框分别设置为"7"和"3"，然后单击"确定"按钮，如图 3-9 所示。

图 3-9
向幻灯片中插入表格

③ 切换到"表格样式"选项卡，取消选中最左侧选项组中的"首行填充"和"隔行填充"复选框，在"表格预设样式"选项组中选择"最佳匹配"列表框中的"主题样式 1-强调 3"样式。

④ 将鼠标移至表格下边缘的中部句柄处，当出现空心上下箭头形状时，拖动鼠标调整表格高度。接着，在表格前两列中输入公司的有关信息，然后切换到"开始"选项卡，设置字体和对齐方式。另外，适当调整第 1 列的宽度。

⑤ 将表格第 1 行中的第 2 列和第 3 列 2 列的单元格选中，然后在选中区右击，从弹出的快捷菜单中选择"合并单元格"命令。使用相同的方法，将其他行中第 3 列的其余单元格合并。

⑥ 单击幻灯片空白处，切换到"插入"选项卡，单击"图片"按钮，在打开的"插入图片"对话框中将公司办公楼图片插入幻灯片中，然后适当调整大小，并将其移动到空白单元格中，结果如图 3-10 所示。

图 3-10
制作完成的公司资料幻灯片

（5）制作公司简介和经营理念幻灯片

① 在公司资料幻灯片的后面插入一张仅含有"标题"占位符的幻灯片，在"单击此处添加标题"占位符中输入文字"公司简介"，并设置艺术字效果。

② 切换到"插入"选项卡，单击"文本"选项组中的"文本框"按钮，在幻灯片中拖动，绘制出一个自动换行的横排文本框，接着在其中输入公司简介文字，如图 3-11 所示。

图 3-11
输入公司简介内容

③ 单击文本框的虚线边框，将文本框选中，然后切换到"开始"选项卡，将其字号设置为 20 磅，再单击"段落"选项组的"对话框启动器"按钮，打开"段落"对话框。

④ 在"缩进"栏中，将"特殊格式"下拉列表框设置为"首行缩进"，保持"度

量值”微调框中的默认值；在“间距”栏中，将“行距”设置为“1.5 倍行距”，单击“确定”按钮，段落格式设置完毕，如图 3-12 所示。

段落
缩进和间距(I)
中文版式(H)
常规
对齐方式(G): 左对齐
缩进
文本之前(R): 0
厘米
特殊格式(S): 首行缩进
度量值(Y): 1.27
厘米
间距
段前(B): 0磅
段后(E): 0磅
行距(N) 1.5倍行距
设置值(A): 0.00
制表位(T)...
操作技巧
确定
取消

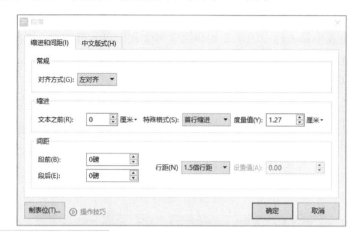

图 3-12
设置段落格式

笔 记

⑤ 切换到“视图”选项卡，单击“幻灯片浏览”按钮，显示幻灯片的缩略图。然后单击公司简介幻灯片，依次按〈Ctrl+C〉和〈Ctrl+V〉组合键，得到幻灯片的副本。

⑥ 在复制得到的幻灯片副本中，将标题修改为“经营理念”，接着将其中的内容换成公司的经营理念。然后单击内容文本框的边框，切换到“开始”选项卡，打开“段落”对话框，为其设置首行缩进和段落间距、行距，结果如图 3-13 所示。

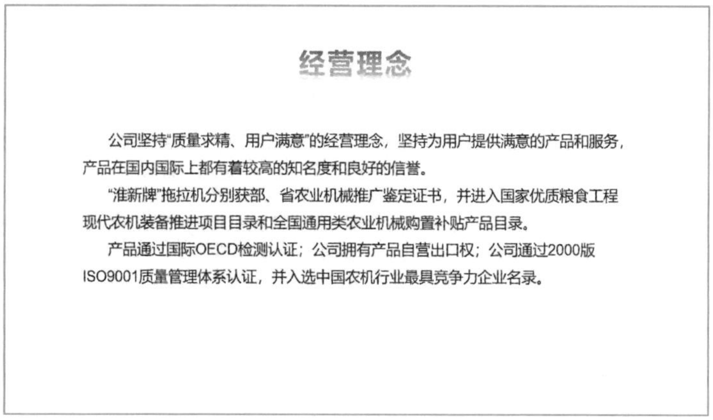
经营理念
公司坚持“质量求精、用户满意”的经营理念，坚持为用户提供满意的产品和服务，产品在国内国际上都有着较高的知名度和良好的信誉。
“淮新牌”拖拉机分别获部、省农业机械推广鉴定证书，并进入国家优质粮食工程现代农机装备推进项目目录和全国通用类农业机械购置补贴产品目录。
产品通过国际OECD检测认证；公司拥有产品自营出口权；公司通过2000版ISO9001质量管理体系认证，并入选中国农机行业最具竞争力企业名录。

图 3-13
经营理念幻灯片

（6）制作产品介绍幻灯片

① 插入一张“两栏内容”的幻灯片，在“单击此处添加标题”占位符中输入文字“淮新 600”，并设置艺术字效果。

② 在左侧含有“单击图标添加图片”的占位符中，单击其浮动工具栏中的“插入图片”按钮，打开“插入图片”对话框，选定相应的拖拉机图片，并单击“打开”按钮，将图片插入到指定位置。

③ 在右侧含有“单击此处添加文本”的占位符中，输入介绍“淮新-600”拖拉机特点的文字，对项目符号的图表进行设置，并适当调整占位符的位置，结果如图 3-14 所示。

④ 使用类似的方法，制作“淮新-500”幻灯片页。为了达到富于变化的效果，该幻灯片的布局与前者不同，如图 3-15 所示。

图 3-14
制作"淮新-600"
介绍幻灯片
图 3-15
制作"淮新-500"
介绍幻灯片

至此，演示文稿的内容制作、编辑完毕。下一步，将为幻灯片进行外观设计。

（7）保存演示文稿

单击快速访问工具栏中的"保存"按钮，打开"另存文件"对话框，以"产品介绍"为文件名，保存演示文稿。

2. 设计动感幻灯片

微课：3-2
任务　制作产品介绍
演示文稿（2）

（1）修改幻灯片母版

① 切换到"视图"选项卡，单击"幻灯片母版"按钮，进入幻灯片母版的编辑状态，如图 3-16 所示。

图 3-16
选定幻灯片母版

② 切换到"插入"选项卡，单击"图片"按钮，在打开的"插入图片"对话框中选择作为背景的图片。

③ 将插入的图片移动到幻灯片的顶部，在进行细微调整时，可以按〈Ctrl+方向键〉组合键进行操作。

④ 右击含有文字"单击此处编辑母版标题样式"占位符的边框，从弹出的快捷菜单中选择"置于顶层"→"置于顶层"命令，使其上移一层，结果如图 3-17 所示。

图 3-17
修改后的幻灯片母版

笔 记

⑤ 切换到"视图"选项卡，单击"普通"按钮，返回幻灯片的编辑界面，幻灯片母版修改完毕。

（2）设置幻灯片的动画与切换效果

① 在大纲窗格中单击第 1 张幻灯片，然后单击含有主标题的占位符，切换到"动画"选项卡，单击"动画"选项组"其他"按钮，在弹出的"动画样式"下拉列表框中选择"进入"系列中的"基本型-劈裂"选项，然后单击"动画"选项卡中的"自定义动画"按钮，在打开的"自定义动画"任务窗格中从"方向"下拉菜单中选择"中央向上下展开"命令，如图 3-18 所示。

② 单击第 1 张幻灯片中含有副标题的占位符，然后设置其动画样式为"轮子"样式。为了使公司名称的展示时间长一点，在"计时"选项组的"持续时间"微调框中稍微增加几秒。

③ 在"自定义动画"任务窗格中单击"播放"按钮，查看为第 1 张幻灯片添加的动画效果，如图 3-19 所示。

图 3-18
设置动画效果选项
图 3-19
在"自定义动画"对话框中
播放动画

④ 在大纲窗格中单击第 2 张幻灯片，然后选中智能图形，在"自定义动画"任务窗格中单击"添加效果"按钮，从下拉菜单中单击向下箭头，在展开的列表栏中选择"华丽型"栏中的"玩具风车"选项，如图 3-20 所示。

⑤ 选中第 3 张幻灯片，单击其中的表格，为其添加"动作路径"动画效果，为幻灯片中的图片添加"进入-基本型-随机线条"动画效果，并将其持续时间拉长。

⑥ 选中公司简介幻灯片，单击含有简介内容的占位符，为其添加"进入-华丽型-旋转"动画效果。

⑦ 选中经营理念幻灯片，拖动鼠标依次选中 3 段文字，为其添加不同的动画效果，如图 3-21 所示。

图 3-20
设置动画的进入效果
图 3-21
为同一占位符中的不同
段落设置动画

⑧ 在幻灯片"淮新-600"和"淮新-500"中，为拖拉机图片和特点列表依次添加动画效果。

⑨ 在大纲窗格中单击幻灯片的缩略图，切换到"切换"选项卡，单击"切换方案"列表框中的下拉按钮，从弹出的列表中选择"百叶窗"选项。

⑩ 使用上述方法，为后续的幻灯片设置切换效果，包括使用"效果选项"下拉菜单中的命令，对切换效果进行调整。

3. 对演示文稿进行排练预演

为了能够顺利地播放产品介绍简报，小刘使用"排练计时"功能进行预演，以便在展示会现场自动循环播放幻灯片。

① 切换到"放映"选项卡，单击"排练计时"按钮，WPS 演示随后进入演示状态并开始计时。小刘估算演示每一张幻灯片所需的时间，当觉得需要切换幻灯片时，单击幻灯片显示下一张。

② 在演示结束后，系统会弹出提示框询问是否保存排练时间，单击"是"按

微课：3-3
WPS 演示简介

钮，保存计时信息。

③ 在"放映"选项卡中，单击"放映设置"按钮下侧的箭头按钮，从下拉菜单中选择"放映设置"命令，打开"设置放映方式"对话框。

④ 在该对话框的"放映类型"栏中选中"展台自动循环放映（全屏幕）"单选按钮，保持选中"换片方式"栏中的"如果存在排练时间，则使用它"单选按钮，设置完毕后，单击"确定"按钮。

⑤ 单击左侧选项组中的"从头开始"按钮，即可进入简报的播放状态，并以全屏方式播放设计的演示文稿。

⑥ 经过一轮播放后，按〈Esc〉键返回设计状态，并按〈Ctrl+S〉组合键再次存盘。

至此，演示文稿的制作完成，可以将其发送给经理，以便他在展销会上使用了。

▶ **相关知识**

1. WPS 演示简介

启动 WPS 演示文稿处理软件及创建文档的方法与 WPS 文字相同。单击"开始"按钮，在"开始"菜单中依次选择"WPS Office"→"WPS Office"命令，打开软件。在首页单击"新建"按钮，在顶栏中切换到"P 演示"选项卡，单击下侧列表"推荐模板"中的"新建空白文档"选项，建立一个新的演示文稿，如图 3-22 所示。WPS Office 中的 P 演示文件被称为 WPS 演示。如果需要关闭演示或者退出 WPS 演示，可以使用与退出 WPS 文字同样的方法。

图 3-22
WPS 演示工作界面

从图 3-22 中可以看出，WPS 演示的工作界面与 WPS 文字、WPS 表格有类似之处，下面对其独有的部分进行介绍。

（1）工作界面中的窗格

① 幻灯片窗格。该窗格位于工作界面最中间，其主要任务是进行幻灯片的制作、编辑和添加各种效果，还可以查看每张幻灯片的整体效果。

② 大纲窗格。大纲窗格位于幻灯片窗格的左侧，主要用于显示幻灯片的文本并负责插入、复制、删除、移动整张幻灯片，可以很方便地对幻灯片的标题和段落文本进行编辑。

③ 备注窗格。备注窗格位于幻灯片窗格下方，主要用于给幻灯片添加备注，

为演讲者提供更多的信息。

（2）视图的切换

通过单击工作界面底部的"普通视图"按钮、"幻灯片浏览"按钮、"阅读视图"按钮和"放映"按钮，可以在不同的视图中预览演示文稿。

① 普通视图。创建演示文稿的默认视图，是大纲视图、幻灯片视图和备注页视图的综合视图模式。左侧显示了幻灯片的缩略图，右侧上面显示的是当前幻灯片，下面显示的是备注信息，用户可以根据需要调整窗口的大小比例。

② 幻灯片浏览视图。单击工作界面底部右侧的"幻灯片浏览"按钮（或切换到"视图"选项卡，单击"幻灯片浏览"按钮），可以切换到幻灯片浏览视图。在该视图中，幻灯片整齐排列，有利于用户从整体上浏览幻灯片，调整背景、主题，同时对多张幻灯片进行复制、移动、删除等操作。

③ 备注页视图。切换到"视图"选项卡，单击"备注页"按钮，即可切换到备注页视图中。在一个典型的备注页视图中会看到幻灯片图像的下方带有备注页方框。

④ 幻灯片放映视图。幻灯片放映视图显示的是演示文稿的放映效果，是制作演示文稿的最终目的。在这种全屏视图中，可以看到图像、影片、动画等对象的动画效果以及幻灯片的切换效果。

2．创建演示文稿

WPS 演示文稿由一系列幻灯片组成。幻灯片可以包含醒目的标题、合适的文字说明、生动的图片以及多媒体组件等元素。

（1）新建空白演示文稿

如果用户对所创建文件的结构和内容比较熟悉，可以从空白的演示文稿开始设计，操作步骤如下：

① 单击"文件"按钮，在下拉菜单中选择"新建"命令，切换到"P 演示"选项卡，如图 3-23 所示。

微课：3-4
创建演示文稿

图 3-23
新建空白文档

笔 记

② 单击"新建空白文档"选项，即可创建一个空白演示文稿。

③ 向幻灯片中输入文本，插入各种对象。

（2）根据模板新建演示文稿

借助于演示文稿的华丽性和专业性，观众才能被充分感染。用户可以用 WPS 演示模板来构建缤纷靓丽的具有专业水准的演示文稿，操作步骤如下：

① 单击"文件"按钮，在下拉菜单中选择"新建"命令，切换到"P 演示"选项卡，中间窗格列表中将显示"推荐模板"，其中有大量模板稻壳会员可免费使用。

② 单击要使用的模板，即可利用模板创建演示文稿，如图 3-24 所示。

图 3-24
利用模板创建演示文稿

③ 如果已安装的模板不能满足制作要求，可以在"直接搜你想要的"搜索框中输入要查找模板，然后在弹出的列表中所要使用的模板处单击"使用模板"按钮使用。

3. 处理幻灯片

一般来说，演示文稿中会包含多张幻灯片，用户需要对这些幻灯片进行相应的管理。

（1）选择幻灯片

在对幻灯片进行编辑之前，首先要将其选中。

在普通视图的"大纲"选项卡中，单击幻灯片标题前面的图标，即可选中该幻灯片。在选中连续的一组幻灯片时，先单击第 1 张幻灯片的图标，然后按住〈Shift〉键单击最后一张幻灯片的图标。

在幻灯片浏览视图中，单击幻灯片的缩略图可以将该幻灯片选中。单击第 1 张幻灯片的缩略图，然后按住〈Shift〉键，单击最后一张幻灯片的缩略图，即可选中一组连续的幻灯片。若要选中多张不连续的幻灯片，按住〈Ctrl〉键，然后分别单击

微课：3-5
选择和插入幻灯片

要选中的幻灯片缩略图，如图 3-25 所示。

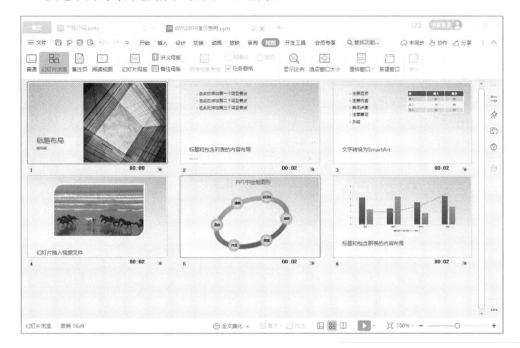

图 3-25
选定多张幻灯片

在普通视图和幻灯片浏览视图中，按〈Ctrl+A〉组合键可以选中所有幻灯片。

（2）插入幻灯片

如果要在幻灯片浏览视图中插入一张幻灯片，可以参照以下步骤进行操作：

① 切换到"视图"选项卡，单击"幻灯片浏览"按钮，切换到幻灯片浏览视图。

② 单击要插入新幻灯片的位置，切换到"开始"选项卡，单击"新建幻灯片"下侧的箭头按钮，从下拉菜单中选择一种版式，即可插入一张新幻灯片，如图 3-26 所示。

笔 记

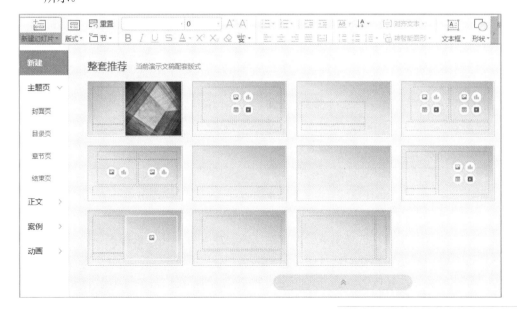

图 3-26
"新建幻灯片"下拉菜单

（3）复制幻灯片

在制作演示文稿的过程中，可能有几张幻灯片的版式和背景是相同的，只是其中的文本不同而已。如果要在演示文稿中复制幻灯片，可以参照以下步骤进行操作：

① 在幻灯片浏览视图中或者在普通视图的"大纲"选项卡中，选定要复制的幻灯片。

② 按住〈Ctrl〉键，然后按住鼠标左键拖动选定的幻灯片。在拖动过程中，会出现一个竖条表示选定幻灯片的新位置。

③ 释放鼠标按键，再松开〈Ctrl〉键，选定的幻灯片将被复制到目标位置。

（4）移动幻灯片

在视图窗格中选定要移动的幻灯片，然后按住鼠标左键并拖动，此时长条直线就是插入点，到达新的位置后松开鼠标按键即可。也可以利用"剪贴板"选项组中的"剪切"按钮和"粘贴"按钮或对应的快捷键来移动幻灯片。

（5）删除幻灯片

选中要删除的一张或多张幻灯片，然后使用下列方法进行处理：

① 按〈Delete〉键。

② 在普通视图的"幻灯片"选项卡中，右击选定幻灯片的缩略图，从弹出的快捷菜单中选择"删除幻灯片"命令，如图 3-27 所示。

幻灯片被删除后，后面的幻灯片会自动向前排列。

（6）更改幻灯片的版式

选定要设置的幻灯片，切换到"开始"选项卡，单击"版式"按钮，从下拉菜单中选择一种版式，即可快速更改当前幻灯片的版式，如图 3-28 所示。

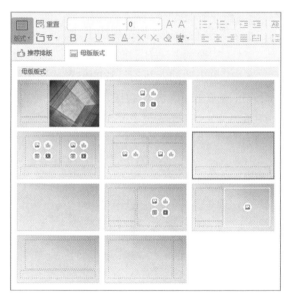

图 3-27
右击幻灯片缩略图弹出的
快捷菜单
图 3-28
"版式"下拉菜单

4．使用幻灯片对象

对象是幻灯片的基本成分，包括文本对象、可视化对象和多媒体对象三大类。在 WPS 演示中新建幻灯片时，只要选择含有内容的版式，就会在内容占位符上出现内容类型选择按钮。单击其中的某个按钮，即可在该占位符中添加相应的内容。

（1）使用表格

如果需要在演示文稿中添加排列整齐的数据，可以使用表格来完成。

① 向幻灯片中插入表格。单击"插入"选项卡中的"表格"按钮，从下拉菜单中选择"插入表格"命令，打开"插入表格"对话框，调整"行数"和"列数"

微调框中的数值，然后单击"确定"按钮，即可将表格插入到幻灯片中。

②　选定表格中的项目。在对表格进行操作之前，首先要选定表格中的项目。在选定一行时，单击该行中的任意单元格，切换到"表格工具"选项卡，单击"选择"按钮右侧的箭头按钮，从下拉菜单中选择"选择行"命令即可。

③　修改表格的结构。对于已经创建的表格，用户可以修改表格的行、列结构。如果要插入新行，将插入点置于表格中希望插入新行的位置，然后切换到"表格工具"选项卡，单击"在上方插入行"按钮或"在下方插入行"按钮。插入新列可以参照此方法进行操作。

④　设置表格格式。为了增强幻灯片的感染力，还需要对插入的表格进行格式化，从而给观众留下深刻的印象。选定要设置格式的表格，切换到"表格样式"选项卡，在选项组的"预设样式"列表框中选择一种样式，即可利用 WPS 演示提供的表格样式快速设置表格的格式。

（2）使用图表

用图表来表示数据，可以使数据更容易理解。默认情况下，在创建好图表后，需要在关联的 WPS 表格中输入图表所需的数据。也可以打开 WPS 表格工作簿并选择所需的数据区域，然后将其添加到 WPS 演示的图表中。

微课：3-9
使用图表

向幻灯片中插入图表的操作步骤如下：

①　单击内容占位符上的"插入图表"按钮，或者单击"插入"选项卡中的"图表"按钮下侧的箭头按钮，从下拉菜单中选择"图表"命令，打开"插入图表"对话框。

②　在对话框的左、右列表框中分别选择图表的类型、子类型，然后单击"确定"按钮，如图 3-29 所示。在图表右侧单击"图表筛选器"按钮，在下拉列表框中单击"选择数据"按钮，此时会自动启动 WPS 表格，让用户在工作表的单元格中直接编辑数据源，WPS 演示中的图表会自动更新，如图 3-30 所示。

笔 记

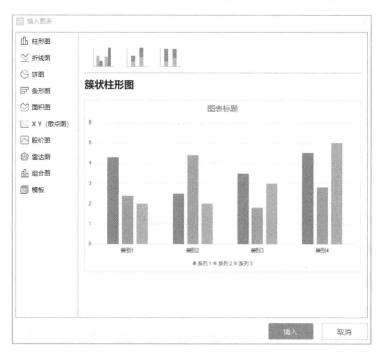

图 3-29
"插入图表"对话框

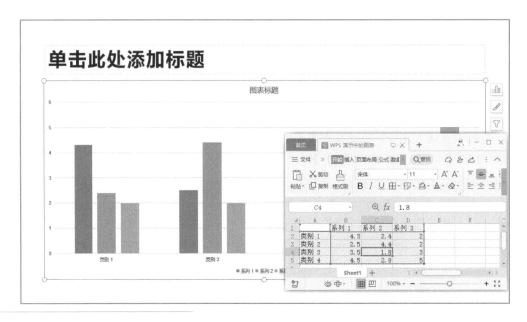

图 3-30
在 WPS 表格中输入数据
作为图表数据源

微课：3-10
插入图片

③ 数据输入结束后，单击 WPS 表格窗口的"关闭"按钮，并单击 WPS 演示窗口的"最大化"按钮。

接下来，可以利用"图表工具"选项卡中的"快速布局"和"图表样式"等工具快速设置图表的格式。

（3）插入图片

如果要向幻灯片中插入图片，可以参照以下步骤进行操作：

① 在普通视图中显示要插入图片的幻灯片，切换到"插入"选项卡，单击"图片"按钮，打开"插入图片"对话框。

② 选定含有图片文件的驱动器和文件夹，然后在文件名列表框中单击图片缩略图。

③ 单击"打开"按钮，将图片插入到幻灯片中。

在含有内容占位符的幻灯片中，单击内容占位符上的"插入图片"按钮，也可以在幻灯片中插入图片。对于插入的图片，可以利用"图片工具"选项卡中的工具进行适当的修饰，如裁剪、旋转、色彩、效果、图片拼接等。

（4）插入智能图形

在 WPS 演示文稿中，可以向幻灯片插入新的智能图形对象，包括列表、循环图、层次结构图、关系图等，操作步骤如下：

① 在普通视图中显示要插入智能图形的幻灯片，切换到"插入"选项卡，单击"智能图形"按钮，从下拉菜单中选择"智能图形"命令，打开"选择智能图形"对话框。

② 从左侧的列表框中选择一种类型，再从右侧的列表框中选择子类型，然后单击"插入"按钮，即可创建一个智能图形。

③ 输入图形中所需的文字，并利用"设计"选项卡设置图形的板式、颜色、样式等格式。

单击包含要转换的文本占位符，切换到"开始"选项卡，在"段落"选项组中单击"转智能图形"按钮，在弹出的下拉列表中选择所需的智能图形布局，即可将幻灯片文本转换为智能图形，结果如图 3-31 所示。

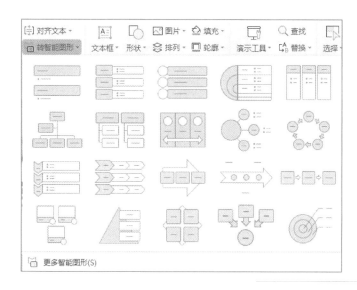

图 3-31
将文本转换为智能图形

（5）插入音频文件

在演示文稿中适当添加声音，能够吸引观众的注意力和新鲜感。WPS 演示支持 MP3 文件（MP3）、Windows 音频文件（WAV）、Windows Media Audio（WMA）以及其他类型的声音文件，添加音频文件可以参照以下步骤进行操作：

① 显示需要插入声音的幻灯片，切换到"插入"选项卡，在"媒体"选项组中单击"音频"按钮下方的箭头按钮，下拉列表中列出了插入音频的方式有"嵌入音频""链接到音频""嵌入背景音乐"和"链接背景音乐"4 种，从中选择一种插入音频的方式。同时，菜单项中会出现"音频工具"选项卡，在"播放"选项组中可以选择功能菜单方便地剪辑插入的音频，同时幻灯片中会出现声音图标和播放控制条，如图 3-32 所示。

微课：3-12
插入音频和视频文件

图 3-32
在幻灯片中插入音频文件

② 选中声音图标，切换到"音频工具"选项卡，在选项组中选择一种播放方式，如"当前页播放"或"循环播放，直至停止"等。

③ 在"音频工具"选项组中单击"音量"按钮，从下拉列表中选择一种音量。

（6）使用视频文件

视频是解说产品的最佳方式，可以为演示文稿增添活力。视频文件包括最常见的 Windows 视频文件（AVI）、影片文件（MPG 或 MPEG）、Windows Media Video 文件（WMV）以及其他类型的视频文件。

① 添加视频文件。首先显示需要插入视频的幻灯片，然后切换到"插入"选项卡，在"媒体"选项组中单击"视频"按钮下方的箭头按钮，下拉列表中列出了插入视频的方式有"嵌入本地视频""链接到本地视频""网络视频""Flash"和"开场动画视频"5 种。例如，选择"嵌入本地视频"命令，打开"插入视频"对话框，在其中定位到已经保存到计算机中的影片文件，如图 3-33 所示。单击"打开"按钮，幻灯片中会显示视频画面的第一帧。

笔记

图 3-33
"插入视频"对话框

② 调整视频文件画面效果。选中幻灯片中的视频文件，单击选项卡中的"对象属性"按钮，打开"对象属性"任务窗格。切换到"大小与属性"选项卡，在"大小"选项组中，选中"锁定纵横比"复选框和"相对于图片原始尺寸"复选框，然后在"高度"微调框中调整视频的大小，如图 3-34 所示。

笔 记

图 3-34
设置视频格式

③ 控制视频文件的播放。在 WPS 演示中有视频文件的剪辑功能，能够直接剪裁多余的部分并设置视频的起始点。方法为：选中视频文件，切换到"视频工具"选项卡，单击"裁剪视频"按钮，打开"裁剪视频"对话框，向右拖动左侧的绿色滑块，设置视频播放时从指定时间开始播放；向左拖动右侧的红色滑块，设置视频播放时再指定时间点结束播放，如图 3-35 所示。单击"确定"按钮，返回幻灯片中。

设置视频封面样式能够让视频与幻灯片切换更完美地结合。方法为：选中视频文件，切换到"视频工具"选项卡，单击"视频封面"可选择相应的封面样式，如图 3-36 所示。

笔 记

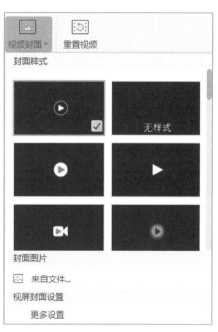

图 3-35
"裁剪视频"对话框
图 3-36
设置视频封面

（7）绘制图形

可以利用 WPS 演示自带的绘图工具绘制一些简单的平面图形，然后应用动画设计功能，使其变得栩栩如生。下面以绘制立体圆球图为例，操作步骤如下：

① 新建"仅标题"版式的幻灯片，切换到"插入"选项卡，单击"形状"按钮，从下拉列表中选择"同心圆"选项，然后按住鼠标左键拖曳，绘制一个合适的空心圆对象。

② 拖曳黄色句柄调整空心圆的厚度，拖曳回旋箭头句柄调整空心圆的角度，拖曳白色句柄调整空心圆的大小。

③ 右击空心圆，从弹出的快捷菜单中选择"设置对象格式"命令，打开"对象属性"任务窗格，在"形状选项"-"填充与线条"选项卡中设置一种渐变填充效果，结果如图 3-37 所示。

④ 切换到"插入"选项卡，在选项组中单击"形状"按钮，从下拉列表中选择"椭圆"，然后按住〈Shift〉键绘制正圆。

⑤ 右击正圆，从快捷菜单中选择"设置对象格式"命令，打开"对象属性"任务窗格，在"形状选项"-"填充与线条"选项卡中选中"渐变填充"单选按钮，然后在"渐变样式"选项中选择"射线渐变"，在下拉列表框中选择"中心辐射"。

微课：3-13
绘制图形

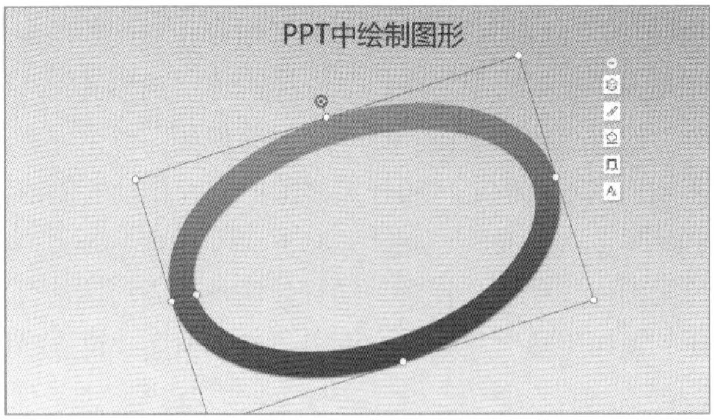

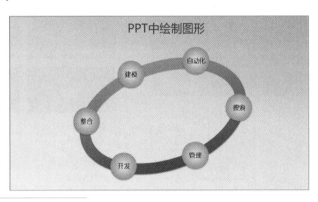

图 3-37
调整空心圆

⑥ 切换到"绘图工具"选项卡，单击"形状效果"按钮，从下拉列表中选择一种透视效果，然后关闭对话框。

⑦ 右击正圆，从弹出的快捷菜单中选择"编辑文字"命令，在其中输入文字"自动化"，并适当调整字体、字号与颜色。

⑧ 复制制作好的圆球，放在同心圆轨道上，设置不同的颜色、文字，结果如图 3-38 所示。

图 3-38
设置图形效果

5. 设计幻灯片外观

一个好的演示文稿，应该具有一致的外观风格。母版和主题的使用、幻灯片背景的设置以及模板的创建，可以使用户更容易控制演示文稿的外观。

（1）使用幻灯片母版

幻灯片母版就是一张特殊的幻灯片，可以将它看作是一个用于构建幻灯片的框架。在演示文稿中，所有幻灯片都基于该幻灯片母版创建。如果更改了幻灯片母版，则会影响所有基于母版创建的演示文稿幻灯片。

① 添加幻灯片母版和版式。在 WPS 演示中，每个幻灯片母版都包含一个或多个标准或自定义的版式集。当用户创建空白演示文稿时，将显示名为"空白演示"的默认版式，还有其他标准版式可以使用。

如果用户找不到合适的标准母版和版式，可以添加和自定义新的母版和版式。首先切换"视图"选项卡，单击"幻灯片母版"按钮，进入幻灯片母版视图，如果要添加母版，单击"插入母版"按钮，如图 3-39 所示。在包含幻灯片母版和版式的左侧窗格中，单击幻灯片母版下方要添加新版式的位置，然后切换到"幻灯片母版"选项卡，单击"插入版式"按钮即可。

WPS 演示的"母版版式"中默认提供了内容、标题、文本、日期等各种占位符，

微课: 3-14
使用幻灯片母版

如图 3-40 所示。在设计版面时，如果用户不能确定其内容，也可以插入通用的"内容"占位符，它可以容纳任意内容，以便版面具有更广泛的可用性。

图 3-39
插入母版
图 3-40
插入占位符

② 删除母版或版式。如果在演示文稿中创建数量过多的母版和版式，在选择幻灯片版式时会造成不必要的混乱。为此，要进入幻灯片母版视图，在左侧的母版和版式列表中右击要删除的母版或版式，从弹出的快捷菜单中选择"删除母版"或"删除版式"命令，将一些不用的母版和版式删除。

③ 设计母版内容。进入幻灯片母版视图，在标题区中单击"单击此处编辑母版标题样式"字样，激活标题区，选定其中的提示文字，并且改变其格式，可以一次性更改所有的标题格式。单击"幻灯片母版"选项卡上的"关闭"按钮，返回普通视图中，可见每张幻灯片的标题均发生了变化。

同理，对母版文字进行编辑，可以一次性更改幻灯片中同层的所有文字格式。另外，用户也可以在母版中加入任何对象，使每张幻灯片中都自动出现该对象。

（2）使用设计方案

设计方案包括一组主题颜色、一组主题字体和一组主题效果（包括线条和填充效果）。通过应用主题，可以快速而轻松地设置整个文档的格式，赋予它专业和时尚的外观。

① 智能美化。可以选择想要美化的页面，进行"全文换肤""整齐布局""智能配色"和"统一字体"设置，并预览效果，如图 3-41 所示。

② 应用默认的主题。在快速为幻灯片应用一种主题时，先打开要应用主题的演示文稿，然后切换到"设计"选项卡，在"设计方案"列表框中单击要应用的文档主题，或单击右侧的"更多设计"按钮，查看所有可用的设计方案，如图 3-42 所示。

微课：3-15
使用设计方案

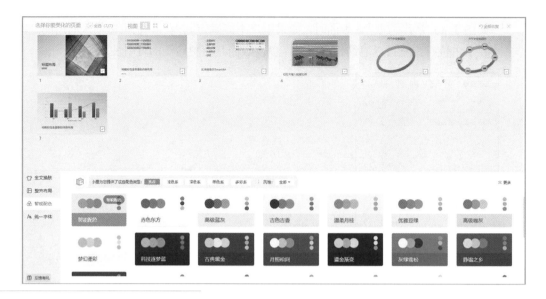

图 3-41
智能美化

✎ 笔 记

③ 修改设计方案。如果默认的设计方案不符合需求，用户还可以修改设计方案。

首先，切换到"设计"选项卡，单击"配色方案"按钮，弹出列表选项，然后在"预设颜色"中单击要更改的主题颜色元素对应的选项，如果仍不满足需求，还可以选择"更多颜色"命令打开"主题色"任务窗格，如图 3-43 所示。

图 3-42
应用设计方案
图 3-43
"主题色"任务窗格

在"演示工具"下拉列表中选择"替换字体"命令，打开"替换字体"对话框。在"替换"和"替换为"下拉列表框中选择所需的字体名称，单击"替换"按钮，如图 3-44 所示。

在"演示工具"下拉列表中选择"自定义母版字体"命令，打开"自定义母版字体"对话框。在图中对应文本框中设置文本格式，单击"应用"按钮，如图 3-45 所示。

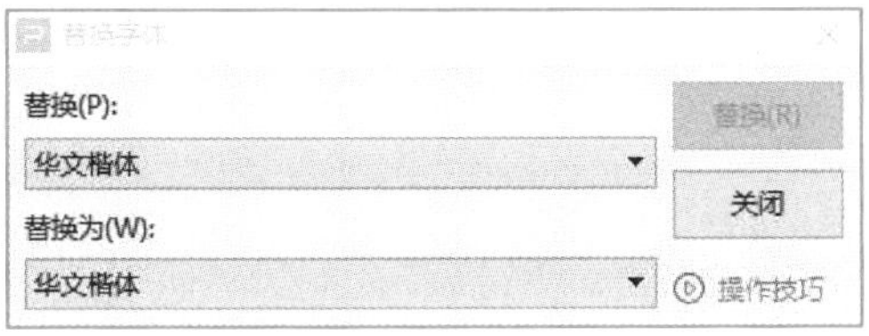

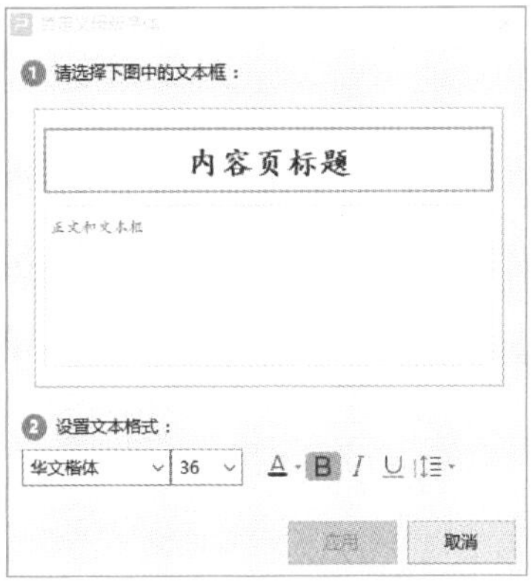

图 3-44
替换字体
图 3-45
自定义母版字体

（3）设置幻灯片背景

在 WPS 演示中，对幻灯片设置背景是添加一种背景样式。在更改文档主题后，背景样式会随之更新以反映新的主题颜色和背景。如果用户希望只更改演示文稿的背景，可以选择其他背景样式。

在向演示文稿中添加背景样式时，单击要添加背景样式的幻灯片，切换到“设计”选项卡，单击“背景”按钮下侧的箭头按钮，从下拉菜单中选择渐变填充预设颜色，如图 3-46 所示。

如果内置的背景样式不符合需求，用户可以进行自定义操作，方法为：单击要添加背景样式的幻灯片，切换到“设计”选项卡，单击“背景”下拉按钮，在下拉列表中选择“背景图片”或“背景”选项，在打开的“对象属性”任务窗格中进行相关的设置，如图 3-47 所示。

微课：3-16
设置幻灯片背景

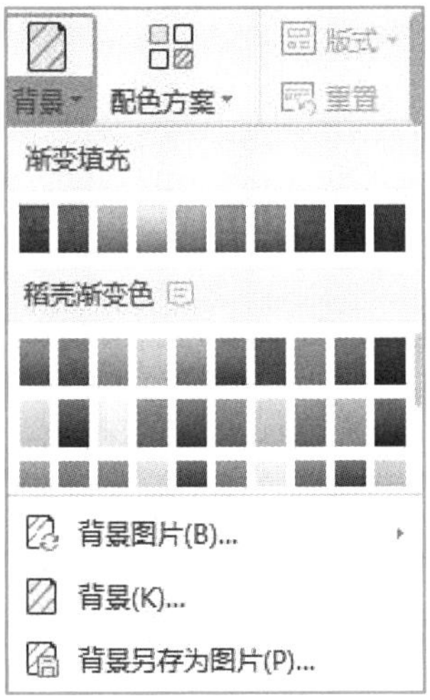

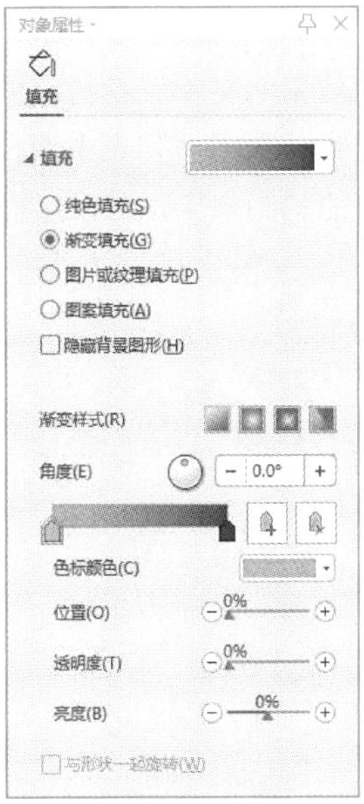

图 3-46
设置背景
图 3-47
“对象属性”任务窗格

如果要将幻灯片中背景清除，单击“对象属性”任务窗格中的“重置背景”按钮即可。

6. 设置动画效果与切换方式

对幻灯片设置动画，可以让原本静止的演示文稿更加生动。可以利用 WPS 2019 演示提供的动画方案、智能动画、自定义动画和幻灯片切换效果等功能，制作出形象的演示文稿。

（1）使用动画

① 创建基本动画。在普通视图中，单击要制作成动画的文本或对象，然后切换到"动画"选项卡，从"动画样式"列表框中选择所需的动画，即可快速创建基本的动画，如图 3-48 所示。在"自定义动画"任务窗格中可以从"方向"下拉列表框中选择动画的运动方向。

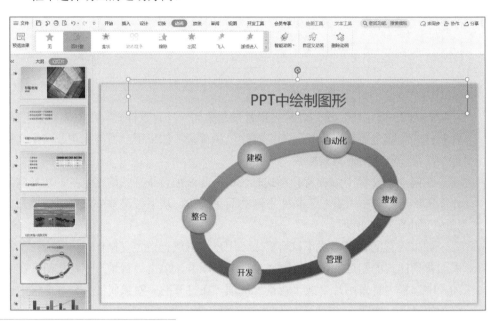

图 3-48
创建基本的动画

笔 记

② 使用智能动画。如果对标准动画不满意，可以在普通视图中显示包含要设置动画效果的文本或者对象的幻灯片，然后切换到"动画"选项卡，单击"智能动画"按钮，从下拉列表中选择所需的动画效果选项。例如，为了给幻灯片的标题设置进入的动画效果，可以选择推荐效果，如图 3-49 所示。

图 3-49
"智能动画"下拉列表

③ 删除动画效果。删除自定义动画效果的方法很简单，可以在选定要删除动画的对象后，切换到"动画"选项卡，通过下列两种方法来完成：

- 在"动画样式"列表框中选择"无"选项。
- 单击"自定义动画"按钮，打开"自定义动画"任务窗格，然后在列表区域中右击要删除的动画，从弹出的快捷菜单中选择"删除"命令，如图 3-50 所示。
- 单击"删除动画"按钮，提示"删除当前选中幻灯片中所有动画"，单击"是"按钮。

④ 设置动画选项。当在同一张幻灯片中添加了多个动画效果后，还可以重新排列动画效果的播放顺序。方法为：显示要调整播放顺序的幻灯片，切换到"动画"选项卡，单击"自定义动画"按钮，在"自定义动画"任务窗格中选定要调整顺序的动画，将其拖到列表框中的其他位置。单击列表框下方的 ⬆ ⬇ 按钮也能够改变动画序列。

可以在"动画"选项卡中单击"预览效果"按钮，预览当前幻灯片中设置动画的播放效果。如果对动画的播放速度不满意，在"自定义动画"任务窗格中选定要调整播放速度的动画效果，在"速度"选项的下拉框中选择播放速度，如图 3-51 所示。

图 3-50
删除动画效果
图 3-51
修改动画速度

也可以在"自定义动画"任务窗格中单击所需要设计播放时间的动画，在"自定义动画"任务窗格中单击要设置的动画右侧的箭头按钮，从下拉菜单中选择"效果选项"命令，在打开的对话框中切换到"计时"选项卡，如图 3-52 所示。然后在"延迟"微调框中输入该动画与上一动画之间的延迟时间；在"速度"下拉列表框中选择动画的速度；在"重复"下拉列表框中设置动画的重复次数。设置完毕后，单击"确定"按钮。

如果要将声音与动画联系起来，可以采取以下方法：在"自定义动画"任务窗格中选定要添加声音的动画，单击其右侧的箭头按钮，从下拉菜单中选择"效果选项"命令，打开"劈裂"对话框（对话框的名称与选择的动画名称对应）。然后切换到"效果"选项卡，在"声音"下拉列表框中选择要增强的声音，如图 3-53 所示。

图 3-52
动画计时设置
图 3-53
为动画添加声音

（2）设置幻灯片的切换效果

所谓幻灯片切换效果，就是指两张连续幻灯片之间的过渡效果。设置幻灯片切换效果的操作步骤如下：

① 在普通视图的"幻灯片"选项卡中单击某个幻灯片缩略图，然后切换到"切换"选项卡，在"切换方案"列表框中选择一种幻灯片切换效果，如图 3-54 所示。

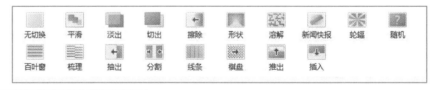

图 3-54
设置幻灯片的切换效果

② 如果要设置幻灯片切换效果的速度，在右侧选项组的"速度"微调框中输入幻灯片切换的速度值，如图 3-55 所示。

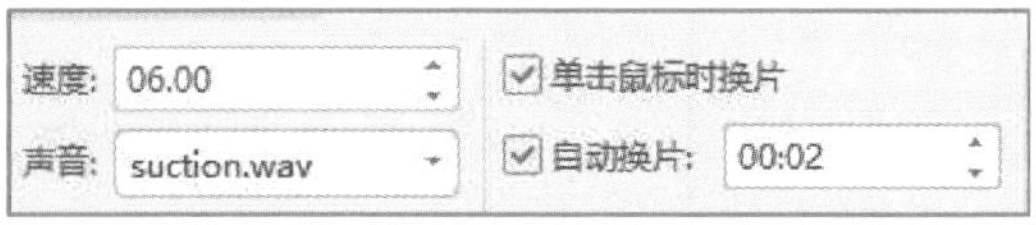

图 3-55
设置幻灯片的切换计时

速度:	06.00		☑单击鼠标时换片
声音:	suction.wav		☑自动换片: 00:02

③ 如有必要，在"声音"下拉列表框中选择幻灯片换页时的声音。
④ 单击"应用到全部"按钮，则会将切换效果应用于整个演示文稿。
（3）设置交互动作
通过使用绘图工具在幻灯片中绘制图形按钮，然后为其设置动作，能够在幻灯片中起到指示、引导或控制播放的作用。

① 在幻灯片中放置动作按钮。在普通视图中创建动作按钮时，先切换到"插入"选项卡，然后在"插图"选项组中单击"形状"按钮，从下拉列表中选择"动作按钮"组中的按钮选项。

如果要插入一个预定义好的动作按钮，选择预设置好的 ⊡ ⊡ ⊡ ⊡ 4 个动作按钮即可，如图 3-56 所示，分别可以设置动作按钮链接到前一项、下一项、开始和结束幻灯片。选择其中一个动作按钮后，将动作按钮放到幻灯片合适位置，自动打开"动作设置"对话框，可以设置播放声音等效果，如图 3-57 所示。

微课：3-19
设置交互动作

笔 记

图 3-56
插入预设动作按钮
图 3-57
动作按钮操作设置

如果要插入一个自定义的动作按钮，选择动作按钮组中最后一个空白按钮⊡，然后将动作按钮插入到幻灯片中后，会打开"动作设置"对话框，在"鼠标单击"选项卡中，"单击鼠标时的动作"栏中选中"超链接到"单选按钮，单击右侧下拉箭头，找到合适的选项，如图 3-58 所示。如果要随意切换到其他幻灯片，可以选择"幻灯片"选项，打开"超链接到幻灯片"对话框，左侧显示幻灯片主题，右侧是幻灯片预览效果，在其中选择该按钮将要执行的动作，然后单击"确定"按钮，如图 3-59 所示。

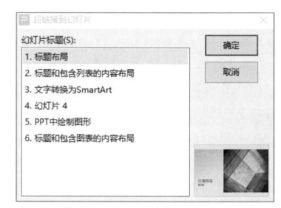

图 3-58
自定义动作按钮操作设置
图 3-59
超链接到幻灯片设置

笔 记

② 为空白动作按钮添加文本。插入到幻灯片的动作按钮中默认是没有文字的，右击插入到幻灯片中的空动作按钮，从弹出的快捷菜单中选择"编辑文字"命令，然后在插入点处输入文本，即可向空白动作按钮中添加文字。

③ 格式化动作按钮的形状。选定要格式化的动作按钮，切换到"绘图工具"选项卡，从"编辑形状"下拉列表中选择"更改形状"中的一种形状，即可对动作按钮的形状进行格式化。还可以进一步利用按钮图标右侧的"样式""填充"和"轮廓"按钮，对动作按钮进行美化。

【课堂练习 3-1】 在"公司简介"和"经营理念"幻灯片的适当位置各插入一个超链接到"展示提要"幻灯片的动作按钮。

（4）使用超链接

通过在幻灯片中插入超链接，可以直接跳转到其他幻灯片、文档或 Internet 的网页中。

① 创建超链接。在普通视图中选定幻灯片中的文本或图形对象，切换到"插入"选项卡，在"链接"选项组中单击"超链接"按钮，打开"插入超链接"对话框，在"链接到"列表框中选择超链接的类型。

● 选择"原有文件或网页"选项，在弹出的对话框中选择要链接到的文件或 Web 页面的地址，可以通过右侧文件列表中选择所需链接的文件名。

● 选择"本文档中的位置"选项，可以选择跳转到某张幻灯片上，如图 3-60 所示。

● 选择"电子邮件地址"选项，可以在右侧列表框中输入地址和主题。

单击"屏幕提示"按钮，打开"设置超链接屏幕提示"对话框，设置当鼠标位于超链接上时出现的提示内容，如图 3-61 所示。最后单击"确定"按钮，超链接创建完成。

在放映幻灯片时，将鼠标移到超链接上，鼠标指针将变成手形，单击即可跳转到相应的链接位置。

② 编辑超链接。在更改超链接目标时，先选定包含超链接的文本或图形，然后切换到"插入"选项卡，单击"超链接"按钮，在打开的"编辑超链接"对话框

微课：3-20
使用超链接

中输入新的目标地址或者重新指定跳转位置即可。

图 3-60
超链接到本文档中的位置
图 3-61
"设置超链接屏幕提示"
对话框

③ 删除超链接。如果仅删除超链接关系，右击要删除超链接的对象，从弹出的快捷菜单中选择"超链接"→"取消超链接"命令。若选定包含超链接的文本或图形，然后按〈Delete〉键，超链接以及代表该超链接的对象将全部被删除。

7. 放映幻灯片

制作幻灯片的最终目标是为观众进行放映。幻灯片的放映设置包括控制幻灯片的放映方式、设置放映时间等。

（1）幻灯片的放映控制

考虑到演示文稿中可能包含不适合播放的半成品幻灯片，但将其删除又会影响以后再次修订。此时，需要切换到普通视图，在幻灯片窗格中选择不进行演示的幻灯片，然后右击选中区，从弹出的快捷菜单中选择"隐藏幻灯片"命令，将它们进行隐藏，接下来就可以播放幻灯片了。

微课：3-21
幻灯片的放映控制

① 启动幻灯片。在 WPS 演示中，按〈F5〉键或者单击"放映"选项卡中的"从头开始"按钮，即可开始放映幻灯片。如果不是从头放映幻灯片，单击工作界面右下角的"放映"按钮，或者按〈Shift+F5〉组合键。

在幻灯片放映过程中，按〈Ctrl+H〉和〈Ctrl+A〉组合键能够分别实现隐藏、显示鼠标指针的操作。

② 控制幻灯片的放映。查看整个演示文稿最简单的方式是移动到下一张幻灯片，方法如下：

- 单击。
- 按〈Space〉键。
- 按〈Enter〉键。
- 按〈N〉键。
- 按〈Page Down〉键。
- 按〈↓〉键。
- 按〈→〉键。
- 右击，从弹出的快捷菜单中选择"下一页"命令。

笔记

笔记

● 将鼠标移到屏幕的左下角,单击➡按钮。

如果要回到上一张幻灯片,可以使用以下任意方法:

● 按〈BackSpace〉键。

● 按〈P〉键。

● 按〈Page Up〉键。

● 按〈↑〉键。

● 按〈←〉键。

● 右击,从弹出的快捷菜单中选择"上一张"命令。

在幻灯片放映时,如果要切换到指定的某一张幻灯片,首先右击,从弹出的快捷菜单中选择"定位"菜单项,然后在级联菜单中选择"按标题"选项,选择目标幻灯片的标题。另外,如果要快速回转到第一张幻灯片,按〈Home〉键。

③ 退出幻灯片放映。如果想退出幻灯片的放映,可以使用下列方法:

● 右击,从弹出的快捷菜单中选择"结束放映"命令。

● 按〈Esc〉键。

● 按〈-〉键。

(2)设置放映时间

利用幻灯片可以设置自动切换的特性,能够使幻灯片在无人操作的展台前,通过大型投影仪进行自动放映。可以通过以下两种方法设置幻灯片在屏幕上显示时间的长短:

① 人工设置放映时间。如果要人工设置幻灯片的放映时间(例如,每隔8秒自动切换到下一张幻灯片),可以参照以下方法进行操作:

首先,切换到幻灯片浏览视图中,选定要设置放映时间的幻灯片,单击"切换"选项卡,在选项组中选中"自动换片"复选框,然后在右侧的微调框中输入希望幻灯片在屏幕上显示的秒数。

单击"应用到全部"按钮,所有幻灯片的换片时间间隔将相同;否则,设置的是选定幻灯片切换到下一张幻灯片的时间。

接着,设置其他幻灯片的换片时间。此时,在幻灯片浏览视图中,会在幻灯片缩略图的左下角显示每张幻灯片的放映时间,如图3-62所示。

微课:3-22
设置放映时间

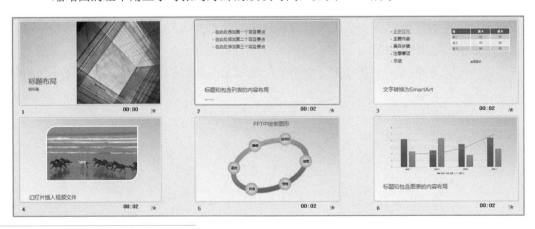

图 3-62
设置幻灯片的放映时间

② 使用排练计时。使用排练计时功能可以为每张幻灯片设置放映时间,使幻灯片能够按照设置的排练计时时间自动放映,操作步骤如下:

首先，切换到"放映"选项卡，单击"排练计时"按钮，系统将切换到幻灯片放映视图，如图 3-63 所示。

图 3-63
"排练计时"选项

在放映过程中，屏幕上会出现"预演"工具栏，如图 3-64 所示。单击该工具栏中的"下一项"按钮，即可播放下一张幻灯片，并在"幻灯片放映时间"文本框中开始记录新幻灯片的时间。

排练结束放映后，在出现的对话框中单击"是"按钮，即可接受排练的时间；如果要取消本次排练，单击"否"按钮即可。

（3）设置放映方式

默认情况下，演示者需要手动放映演示文稿；也可以创建自动播放演示文稿，在商贸展示或展台中播放。设置幻灯片放映方式的操作步骤如下：

① 切换到"放映"选项卡，单击"放映设置"按钮，打开"设置放映方式"对话框，如图 3-65 所示。

② 在"放映类型"栏中选择适当的放映类型。其中，"演讲者放映（全屏幕）"选项可以运行全屏显示的演示文稿；"展台自动循环放映（全屏幕）"选项可使演示文稿循环播放，并防止读者更改演示文稿。

③ 在"放映幻灯片"栏中可以设置要放映的幻灯片，在"放映选项"栏中可以根据需要进行设置，在"换片方式"栏中可以指定幻灯片的切换方式。

④ 设置完成后，单击"确定"按钮。

微课：3-23
设置放映方式

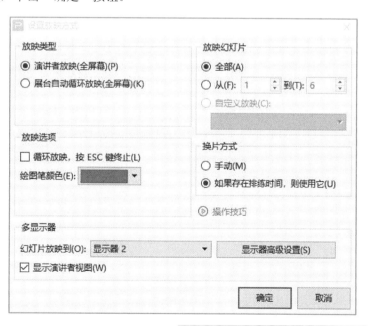

图 3-64
"录制"工具栏
图 3-65
"设置放映方式"对话框

8. 打包与打印演示文稿

（1）设置页眉和页脚

如果要将幻灯片编号、时间和日期、公司标志等信息添加到演示文稿的顶部或

笔 记

底部，可以使用设置页眉和页脚功能，操作步骤如下：

① 切换到"插入"选项卡，单击"页眉页脚"按钮，打开"页眉和页脚"对话框。

② 选中"幻灯片编号"复选框，可以为幻灯片添加编号。如果要为幻灯片添加一些辅助性的文字，可以选中"页脚"复选框，然后在下方的文本框中输入内容。

③ 要使页眉和页脚不显示在标题幻灯片上，选中"标题幻灯片不显示"复选框。

④ 单击"全部应用"按钮，可以将页眉和页脚的设置应用于所有幻灯片上。如果要将页眉和页脚的设置应用于当前幻灯片中，单击"应用"按钮即可。返回到编辑窗口后，可以看到在幻灯片中添加了设置的内容。

（2）页面设置

幻灯片的页面设置决定了幻灯片、备注页、讲义及大纲在屏幕和打印纸上的尺寸和放置方向，操作步骤如下：

① 切换到"设计"选项卡，在选项组中单击"幻灯片大小"按钮右侧的下拉箭头按钮。

② 在"幻灯片大小"下拉列表框中选择幻灯片的大小，有 3 种选项，分别是"标准（4:3）""宽屏（16:9）"和"自定义大小"，现在一般的计算机都选择宽屏。如果要建立自定义的尺寸，可选择"自定义大小"选项，打开"页面设置"对话框，可在"幻灯片大小"下的"宽度"和"高度"微调框中输入需要的数值，如图 3-66 所示。

③ 在"幻灯片编号起始值"微调框中输入幻灯片的起始号码。

④ 在"方向"栏中指明幻灯片、备注、讲义和大纲的打印方向。

⑤ 单击"确定"按钮，完成设置。

（3）打包演示文稿

当需要将制作好的演示文稿复制到 U 盘中，然后到他人的计算机中放映时，有时可能会发现其中遗漏了部分素材。为了避免出现这样的尴尬场面，可以使用打包演示文稿功能。所谓打包是指将与演示文稿有关的各种文件都整合到同一个文件夹中，只要将这个文件夹复制到其他计算机中，即可正常播放演示文稿。

如果要对演示文稿进行打包，可以参照下列步骤进行操作：

① 单击窗口左上角的"文件"按钮，在下拉菜单中选择"文件打包"→"将演示文档打包成文件夹"命令，打开"演示文件打包"对话框，如图 3-67 所示，在"文件夹名称"文本框中输入打包后演示文稿的名称。

微课：3-24
打包与打印演示文稿

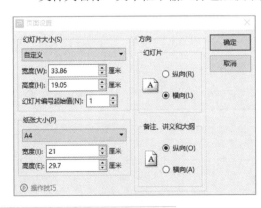

图 3-66
WPS 演示中的"页面设置"对话框
图 3-67
"演示文件打包"对话框

② 选中"同时打包成一个压缩文件"复选项，会在指定位置生成一个同名的压缩文件。

③ 单击"确定"按钮，完成打包操作。

④ 在"计算机"窗口中打开文件，可以看到打包的文件夹和文稿。

（4）打印演示文稿

同 WPS 文字和 WPS 表格一样，用户可以在打印之前预览 WPS 演示文稿，满意后再打印，操作步骤如下：

① 单击"文件"按钮，在弹出的下拉菜单中选择"打印"→"打印预览"命令，在打开的窗格中可以预览幻灯片打印的效果。如果要预览其他幻灯片，单击上方的"下一页"按钮。

② 在中间窗格的"份数"微调框中指定打印的份数。

③ 在"打印机"下拉列表框中选择所需的打印机。

④ 单击"更多设置"按钮打开"打印"对话框，在"打印范围"中指定演示文稿的打印范围。

⑤ 在"打印内容"下拉列表中确定打印的内容，如整张幻灯片、备注页、大纲等，如图 3-68 所示，讲义可以选择 1 张或多张幻灯片打印在一页上。

⑥ 单击"直接打印"按钮，即可开始打印演示文稿。

图 3-68
"打印内容"下拉列表

课后练习

一、单选题

1. WPS 演示文稿的默认扩展名是（　　）。

　　A. ppt　　　　　　B. xlsx　　　　　　C. dps　　　　　　D. docx

2. 如果要修改幻灯片中文本框内的内容，应该（　　）。

　　A. 首先删除文本框，然后重新插入一个文本框

　　B. 选择该文本框中所要修改的内容，然后重新输入文字

　　C. 重新选择带有文本框的版式，然后向文本框内输入文字

文本：课后练习答案

  D. 用新插入的文本框覆盖原文本框

3. 下列操作中，不能退出 WPS 演示的工作界面的是（ ）。

  A. 单击"文件"按钮，在下拉菜单中选择"退出"命令

  B. 单击窗口右上角的"关闭"按钮

  C. 按〈Alt+F4〉组合键

  D. 按〈Esc〉键

4. 在幻灯片的"动作设置"对话框中设置的超链接对象不允许是（ ）。

  A. 下一张幻灯片   B. 一个应用程序

  C. 其他演示文稿   D. "幻灯片"中的一个对象

5. 关于幻灯片动画效果，下列说法不正确的是（ ）。

  A. 可以为动画效果添加声音

  B. 可以进行动画效果预览

  C. 对于同一个对象不可以添加多个动画效果

  D. 可以调整动画效果顺序

二、填空题

1. 项目符号和编号一般用于_____，作用是突出这些层次小标题，使得幻灯片更加有条理性，易于阅读。

2. 在 WPS 演示的视图模式中，最常用的是_____和_____视图模式。

3. 在_____视图中浏览 WPS 演示文稿时，可以看到整个演示文稿的内容，各幻灯片将按次序排列。

4. WPS 演示的母版视图包括_____、_____和_____3 种。

5. 如果要从当前幻灯片"溶解"到下一张幻灯片，应先选中下一张幻灯片，然后切换到_____选项卡，在"切换到此幻灯片"选项组中进行。

三、制作题

收集有关资料，并结合自身感悟，制作"为中华之崛起而读书"主题的演示文稿。要求：图文并茂，适当运用动画和幻灯片切换效果。

单元 4

信息检索

　　信息检索是进行信息查询和获取的主要方式，是查找信息的方法和手段，也是信息化时代应当具备的基本信息素养之一。掌握网络信息的高效检索方法，是现代信息社会对高素质技术技能人才的基本要求。

文本：单元设计

任务 4.1　了解信息检索

▶ 任务描述

　　信息检索是指将信息按一定的方式组织起来，并根据用户的需求找出有关信息的过程和技术。本任务要求了解信息检索的定义、分类和技术。

▶ 任务实现

1. 信息检索的定义

　　信息检索（Information Retrieval）是用户进行信息查询和获取的主要方式，是查找信息的方法和手段。信息检索有广义和狭义之分。

　　广义的信息检索是信息按一定的方式进行加工、整理、组织并存储起来，再根据用户特定的需要将相关信息准确的查找出来的过程。因此，也称为信息的存储与检索。

　　狭义的信息检索仅指信息查询，即用户根据需要，采用某种方法或借助检索工具，从信息集合中找出所需要的信息。

PPT：4-1
信息检索的定义、
分类和技术

微课：4-1
信息检索的定义、
分类和技术

笔 记

2. 信息检索的分类

　　根据检索手段的不同，信息检索可分为手工检索和机械检索。手工检索即以手工翻检的方式，利用图书、期刊、目录卡片等工具来检索信息的一种手段，其优点是回溯性好，没有时间限制，不收费；缺点是费时，效率低。机械检索是利用计算机检索数据库的过程，其优点是速度快；缺点是回溯性不好，且有时间限制。在机械检索中，网络文献检索最为迅速，目前已成为信息检索的主流。

　　按检索对象的不同，信息检索又可分为文献检索、数据检索和事实检索。这 3 种检索的主要区别在于数据检索和事实检索是需要检索出包含在文献中的信息本身，而文献检索则检索出包含所需要信息的文献即可。

3. 常用信息检索技术

　　计算机信息检索的基本检索技术主要有如下几种。

　　（1）布尔逻辑检索

　　布尔逻辑检索是一种比较成熟、较为流行的检索技术，其基础是逻辑运算。常用的逻辑运算有逻辑与（AND）、逻辑或（OR）和逻辑非（NOT）3 种。

　　下面以"图书馆"和"文献检索"两个检索词来解释 3 种逻辑运算符的具体含义。

　　"图书馆"AND"文献检索"，表示同时含有这两个检索词的文献才被命中。

　　"图书馆"OR"文献检索"，表示含有一个检索词或同时含有这两个检索词的文献都将被命中。

　　"图书馆"NOT"文献检索"，表示只含有"图书馆"但不含有"文献检索"的文献才被命中。

　　（2）位置检索

　　文献记录中词语的相对次序或位置不同，所表达的意思可能不同。同样，一个检索表达式中词语的相对次序不同，其表达的检索意图也不一样。

位置检索有时也称为临近检索，是指用一些特定的位置算符来表达检索词与检索词之间的顺序和词间距的检索。位置算符主要有(W)算符、(nW)算符、(N)算符、(nN)算符、(F)算符以及(L)算符。

① (W)算符：此算符表示其两侧的检索词必须紧密相连，除空格和标点符号外，不得插入其他词或字母，两词的词序不可以颠倒。

② (nW)算符：此算符表示此算符两侧的检索词必须按此前后邻接的顺序排列，顺序不可颠倒，而且检索词之间最多有 n 个其他词。

③ (N)算符：此算符表示其两侧的检索词必须紧密相连，除空格和标点符号外，不得插入其他词或字母，两词的词序可以颠倒。

④ (nN)算符：此算符表示允许两词间插入最多 n 个其他词，包括实词和系统禁用词。

⑤ (F)算符：此算符表示其两侧的检索词必须在同一字段中出现，词序不限，中间可插入任意检索词项。

⑥ (S)算符：此算符表示在此运算符两侧的检索词只要出现在记录的同一个子字段内，此信息即被命中。要求被连接的检索词必须同时出现在记录的同一子字段中，不限制它们在此子字段中的相对次序，中间插入词的数量也不限。

（3）截词检索

截词检索是预防漏检、提高查全率的一种常用检索技术，其含义是用截断的词的一个局部进行检索，并认为凡是满足这个词局部中的所有字符的文献，都为命中的文献。

截词分为有限截词和无限截词。按截断的位置来分，截词可有后截断、前截断、中截断 3 种类型。不同的系统所用的截词符也不同，常用的有"?""$"和"*"等。在此将"？"表示截断一个字符，"*"表示截断多个字符。

前截断表示后方一致。例如，输入"*ware"，可以检索出 software、hardware 等所有以 ware 结尾的单词及其构成的短语。

后截词表示前方一致。例如，输入"recon*"，可以检索出 reconnoiter、reconvene 等所有以 recon 开头的单词及其构成的短语。

中截词表示词两边一致，截去中间部分。例如，输入"wom?n"，则可检索出 women 以及 woman 等词语。

（4）字段限制检索

字段限制检索是计算机检索时，将检索范围限定在数据库特定的字段中。常用的检索字段主要有标题、摘要、关键词、作者、作者单位以及参考文献等。

字段限定检索的操作形式有两种：一种是在字段下拉菜单中选择字段后输入检索词；另一种是直接输入字段名称和检索词。

任务 4.2　了解搜索引擎

▶ 任务描述

搜索引擎是伴随着互联网的发展而产生和发展的，随着目前互联网已成为人们不可缺少的使用平台，几乎所有人上网都会使用到搜索引擎。本任务要求了解搜索引擎的概念和分类，并掌握几种国内常用的搜索引擎。

▶ **任务实现**

1. 搜索引擎的概念

搜索引擎是指根据一定的策略，运用特定的计算机程序从互联网上搜集信息，在对信息进行组织和处理后，为用户提供检索服务，将用户检索相关的信息展示给用户的系统。它包括信息搜索、信息整理和用户查询 3 部分。

搜索引擎之所以能在短短几年时间内获得如此迅猛的发展，最重要的原因是搜索引擎为人们提供了一个前所未有的查找信息资料的便利方法。搜索引擎最重要也最基本的功能就是搜索信息的及时性、有效性和针对性。

2. 搜索引擎的分类

搜索引擎可以分成以下几类。

（1）全文搜索引擎

全文搜索引擎是目前应用最广泛的搜索引擎，典型代表有百度搜索、360 搜索等。它们从互联网提取各个网站的信息，建立起数据库，并能检索与用户查询条件相匹配的记录，按一定的排列顺序返回结果。

根据搜索结果来源的不同，全文搜索引擎可分为两类，一类拥有自己的检索程序，能自建网页数据库，搜索结果直接从自身的数据库中调用，百度就属于此类；另一类则是租用其他搜索引擎的数据库，并按自定的格式排列搜索结果。

（2）目录式搜索引擎

目录索引的典型代表主要有新浪分类目录搜索。它是以人工方式或半自动方式搜集信息，由搜索引擎的编辑员查看信息之后，依据一定的标准对网络资源进行选择、评价，人工形成信息摘要，并将信息置于事先确定的分类框架中而形成的主题目录。

目录索引虽然有搜索功能，但严格意义上不能称为真正的搜索引擎，而只是按目录分类的网站链接列表而已。用户完全可以按照分类目录找到所需要的信息，不依靠关键词进行查询。

（3）元搜索引擎

元搜索引擎接受用户查询请求后，通过一个统一的界面，同时在多个搜索引擎上搜索，并将结果返回给用户。著名的元搜索引擎有 InfoSpace、Dogpile 和 Vivisimo 等，中文元搜索引擎中具有代表性的是搜星搜索引擎。在搜索结果排列方面，有的直接按来源排列搜索结果，如 Dogpile；有的则按自定的规则将结果重新排列组合，如 Vivisimo。

3. 常用搜索引擎

（1）百度搜索引擎

百度搜索是全球最大的中文搜索引擎，2000 年 1 月由李彦宏、徐勇两人创立于北京中关村，致力于向用户提供"简单，可依赖"的信息获取方式，如图 4-1 所示。

"百度"二字源于中国宋朝词人辛弃疾的《青玉案》诗句"众里寻他千百度",象征着百度对中文信息检索技术的执著追求。

图 4-1
百度搜索引擎

（2）360 搜索引擎

360综合搜索属于元搜索引擎,通过一个统一的用户界面帮助用户在多个搜索引擎中选择和利用合适的搜索引擎来实现检索操作,是对分布于网络的多种检索工具的全局控制机制。而 360 搜索则属于全文搜索引擎,如图 4-2 所示。它是 360 公司开发的基于机器学习技术的第三代搜索引擎,具备"自学习、自进化"的能力以发现用户最需要的搜索结果。

笔 记

图 4-2
360 搜索引擎

（3）搜狗搜索引擎

搜狗搜索是搜狐公司于 2004 年 8 月 3 日推出的全球首个第三代互动式中文搜索引擎,如图 4-3 所示。它致力于中文互联网信息的深度挖掘,帮助中国网民加快信息获取速度,为用户创造价值。

搜狗的其他搜索产品各有特色。例如,音乐搜索小于 2%的死链率,图片搜索独特的组图浏览功能,新闻搜索及时反映互联网热点事件的看热闹首页,地图搜索的全国无缝漫游功能,这些特性使得搜狗的搜索产品线极大地满足了用户的日常需求,也体现了搜狗的研发能力。

图 4-3
搜狗搜索引擎

任务 4.3　检索数字信息资源

▶ **任务描述**

中国知网（简称"知网"）是指中国国家知识基础设施资源系统，其英文名为 China National Knowledge Infrastructure，简称 CNKI。它是《中国学术期刊》（光盘版）电子杂志社和清华同方知网技术有限公司共同创办的网络知识平台，内容包括学术期刊、学位论文、工具书、会议论文、报纸、标准和专利等。

▶ **任务实现**

PPT：4-3
中国知网实例操作

1. 进入知网

在浏览器地址栏中输入"http://www.cnki.net/"，可以打开中国知网首页，如图 4-4 所示。

图 4-4
中国知网首页

首页的下半部分主要是行业知识服务与知识管理平台、研究学习平台和专题知识库，用户可以根据需要点击相关栏目进行浏览。

2. 检索

分别单击首页上部的"文献检索""知识元检索"和"引文检索"选项卡，便可进行相关类别的检索。

（1）快速检索

单击搜索框中下拉列表，选取"主题""关键字""篇名""作者"等检索字段，并在输入框内输入对应的内容，便可开始进行简单搜索。另外，在搜索框内还可根据需要选择单个数据库搜索，或选择多个复选框跨数据库进行快速搜索，如图 4-5 所示。

图 4-5
快速检索

（2）高级检索

高级检索页面如图 4-6 所示。

图 4-6
高级检索

其检索条件包括内容检索条件和检索控制条件，其中检索控制条件主要是发表时间、文献来源和支持基金。另外，还可对匹配方式、检索词的中英文扩展进行限定。

笔 记

模糊匹配指检索结果包含检索词，精确匹配指检索结果完全等同或包含检索词。中英文扩展是指由所输入的中文检索词，自动扩展检索相应检索项内英文词语的一项检索控制功能。

（3）专业检索

专业检索需要用检索算符编制检索式，适合于查询、信息分析人员使用。专业检索页面如图 4-7 所示。

（4）作者发文检索

作者发文检索是指以作者姓名、单位作为检索点，检索作者发表的全部文献及被引用、下载的情况，特别是对于同一作者发表文献属于不同单位的情况，可以一次检索完成。通过这种检索方式，不仅能找到某作者发表的全部文献，还可以通过对结果的分组筛选全方位了解作者的研究领域、研究成果等情况。作者发文检索如图 4-8 所示。

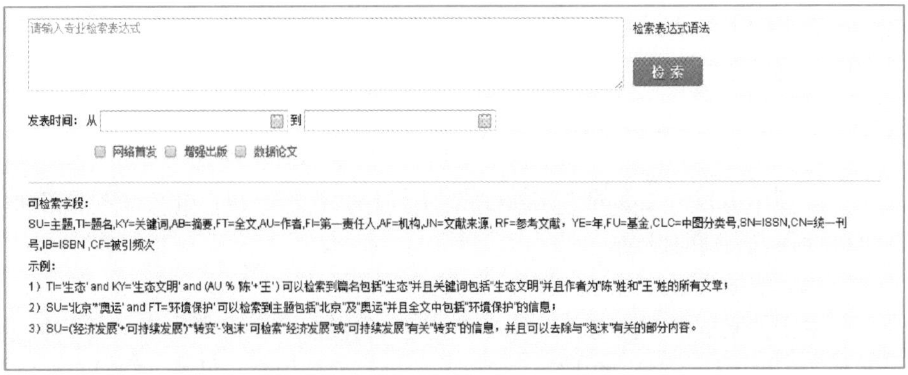

图 4-7
专业检索

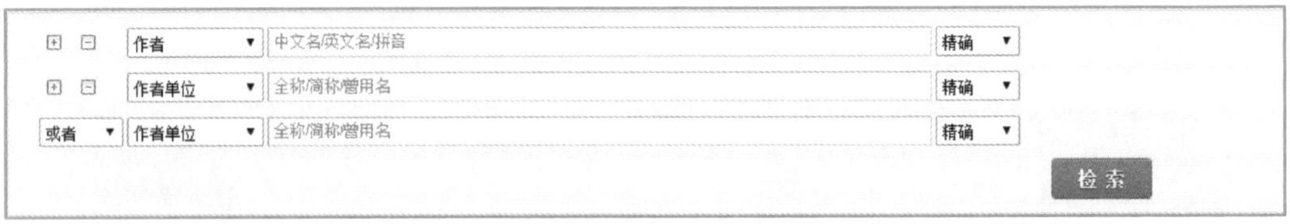

图 4-8
作者发文检索

无论使用哪种检索方式，如果得到的结果太多，都可增加条件，在检索结果中进一步检索。

笔 记

3. 处理检索结果

（1）显示处理结果

无论采用的是何种检索方式，实施检索后，系统将给出检索结果列表，如图 4-9 所示。

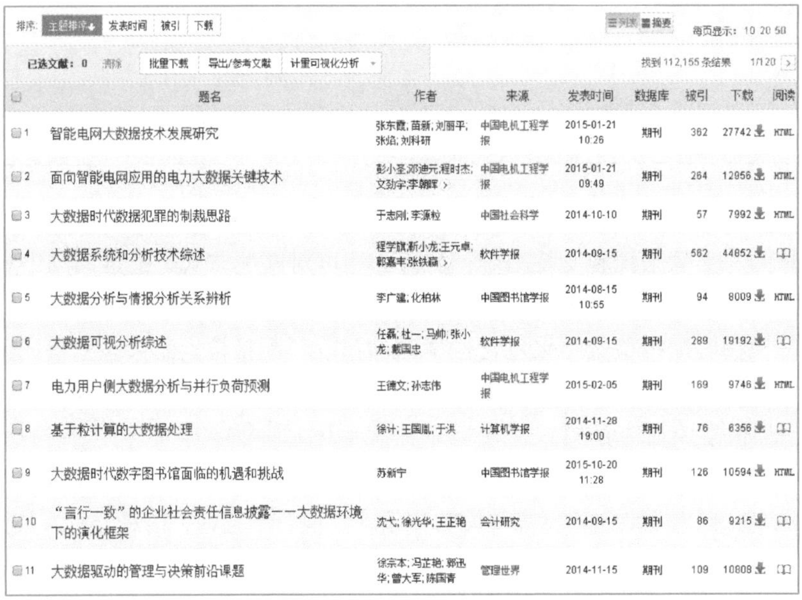

	题名	作者	来源	发表时间	数据库	被引	下载	阅读
1	智能电网大数据技术发展研究	张东霞; 苗新; 刘丽平; 张焰; 刘科研	中国电机工程学报	2015-01-21 10:26	期刊	362	27742	HTML
2	面向智能电网应用的电力大数据关键技术	彭小圣;邓迪元;程时杰; 文劲宇;李朝晖 >	中国电机工程学报	2015-01-21 09:49	期刊	264	12956	HTML
3	大数据时代数据犯罪的制裁思路	于志刚; 李源粒	中国社会科学	2014-10-10	期刊	57	7992	HTML
4	大数据系统和分析技术综述	程学旗;靳小龙;王元卓; 郭嘉丰;张铁赢 >	软件学报	2014-09-15	期刊	562	44852	
5	大数据分析与情报分析关系辨析	李广建; 化柏林	中国图书馆学报	2014-08-15 10:55	期刊	94	8009	HTML
6	大数据可视分析综述	任磊; 杜一; 马帅; 张小龙; 戴国忠	软件学报	2014-09-15	期刊	289	19192	
7	电力用户侧大数据分析与并行负荷预测	王德文; 孙志伟	中国电机工程学报	2015-02-05	期刊	169	9746	HTML
8	基于粒计算的大数据处理	徐计; 王国胤; 于洪	计算机学报	2014-11-28 19:00	期刊	76	6356	
9	大数据时代数字图书馆面临的机遇和挑战	苏新宁	中国图书馆学报	2015-10-20 11:28	期刊	126	10594	HTML
10	“言行一致”的企业社会责任信息披露——大数据环境下的演化框架	沈弋; 徐光华; 王正艳	会计研究	2014-09-15	期刊	86	9215	
11	大数据驱动的管理与决策前沿课题	徐宗本; 冯芷艳; 郭迅华; 曾大军; 陈国青	管理世界	2014-11-15	期刊	109	10808	

图 4-9
检索结果

（2）检索结果排序

检索出的结果可按照主题、发表时间、被引次数、下载次数进行排序。

（3）分组浏览

检索出的结果可按照学科、发表年度、基金、研究层次、作者、机构进行分组浏览。

（4）下载

CNKI 的注册用户可下载和浏览文献全文，系统提供了 CAJ 和 PDF 两种格式。例如，单击文献标题，进入文献介绍页面，如图 4-10 所示。

笔记

图 4-10
文献页面

可以单击"HTML 阅读"按钮进行在线阅读，也可以单击"CAJ 下载"或"PDF 下载"按钮进行下载并阅读。需要注意的是，在阅读全文前，必须确保已下载并安装相关阅读器。接下来以 CAJ 阅读器（CAJ Viewer）为例进行介绍。首先，下载阅读器并打开文献，如图 4-11 所示。

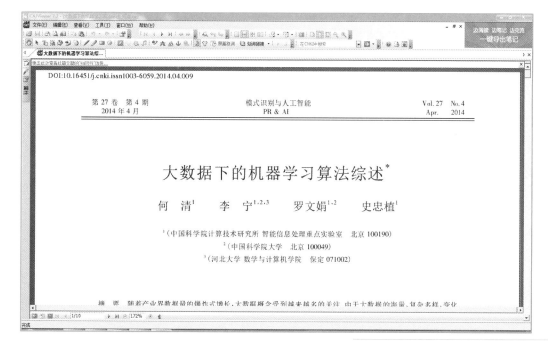

图 4-11
CAJViewer 界面

使用 CAJViewer 可以浏览全文，也可以利用工具栏的按钮进行翻页、跳转，若屏幕光标是手形时，还可以拖动页面。

单击工具栏中的"T"按钮，可以直接选择需要的文字进行复制。单击工具栏中的"文字识别"按钮，然后在所需文字上按住鼠标拖出一个实线框，如图 4-12

所示。此时，将跳出"文字识别结果"对话框，如图 4-13 所示。识别结果显示在对话框中，允许用户修改、复制和粘贴，还可发送到 Word 中。单击工具栏中的"选择图像"按钮，还可以完成图像的复制等操作。

摘　要　随着产业界数据量的爆炸式增长,大数据概念受到越来越多的关注.由于大数据的海量、复杂多样、变化快的特性,对于大数据环境下的应用问题,传统的在小数据上的机器学习算法很多已不再适用.因此,研究大数据环境下的机器学习算法成为学术界和产业界共同关注的话题.文中主要分析和总结当前用于处理大数据的机器学习算法的研究现状.此外,并行是处理大数据的主流方法,因此介绍一些并行算法,并引出大数据环境下机器学习研究所面临的问题.最后指出大数据机器学习的研究趋势.

关键词　大数据,机器学习,分类,聚类,并行算法
中图法分类号　TP 391

图 4-12
选择文字

另外，单击工具栏中的"注释工具"按钮，可以对一些重点内容进行标注，以便后期快速查看，如图 4-14 所示。

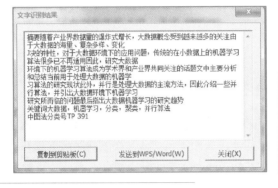

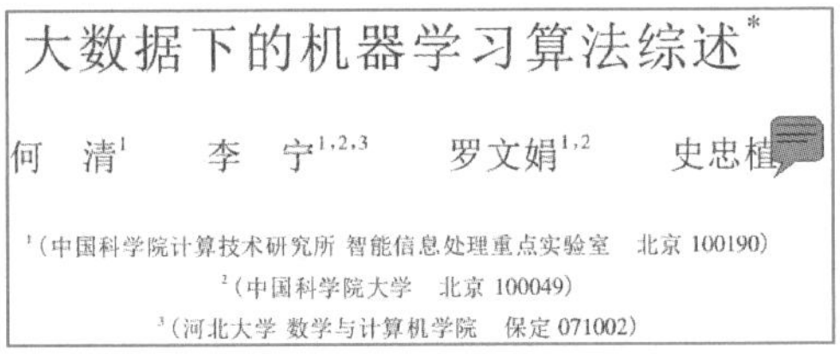

图 4-13
"文字识别结果"对话框
图 4-14
添加了注释的文献

课后练习

文本：课后练习答案

一、选择题

1. 使用"逻辑与"进行信息检索是为了（　　）。
   A. 提高查全率　　　　　　　　B. 提高查准率
   C. 减少漏检率　　　　　　　　D. 提高利用率

2. 使用"逻辑或"进行信息检索是为了（　　）。
   A. 提高查全率　　　　　　　　B. 提高查准率
   C. 减少漏检率　　　　　　　　D. 提高利用率

3. 广义的信息检索包含（　　）两个过程。
   A. 检索与利用　　　　　　　　B. 存储与检索
   C. 存储与利用　　　　　　　　D. 检索与报道

二、填空题

1. 搜索引擎可以分成全文搜索引擎、_____和元搜索引擎。

2. 计算机检索的基本检索技术主要有_____、位置检索、_____和字段限制检索。

三、操作题

试用中国知网查阅自己专业的相关文献。

单元 5

新一代信息技术概述

▶ 单元导读

　　信息技术已经渗透入人们生活的方方面面，信息资源的共享和应用为人们的工作、生活、学习带来了便利。处于信息社会和信息时代，了解和熟悉信息技术已成为高效工作和快乐生活的必备技能。新一代信息技术是以人工智能、量子信息、移动通信、物联网、区块链等为代表的新兴技术，它既是信息技术的纵向升级，也是信息技术之间及信息技术与相关产业的横向渗透整合。

文本：单元设计

任务 5.1　了解新一代信息技术

▶ **任务描述**

新一代信息技术正在全球引发新一轮的科技革命，并快速转化为现实生产力，引领科技、经济和社会的高速发展。本任务要求了解新一代信息技术及其主要代表技术（如人工智能、量子信息、移动通信、物联网、区块链等）的相关概念。

▶ **任务实现**

1. 理解信息技术的相关概念

PPT：5-1
新一代信息技术概述

微课：5-1
新一代信息技术概述

笔 记

（1）信息技术

在科学技术部 2006 年印发的《国家"十一五"基础研究发展规划》中提出，信息科学是研究信息的产生、获取、变换、传输、存储、处理、显示、识别和利用的科学，是一门结合了数学、物理、天文、生物和人文等基础学科的新兴与综合性学科。根据信息科学研究的基本内容，可以将信息科学的基本学科体系分为 3 个层次，分别是哲学层、基础理论层以及技术应用层。信息技术位于信息科学体系的技术应用层次，属于信息科学的范畴。

信息技术（Information Technology，IT）一般是指在信息科学的基本原理和方法的指导下扩展人类信息功能的技术。

人类的信息器官包括感觉器官、神经器官、思念器官、效应器官。随着时代的发展，人类的信息活动越来越复杂，人们需要不断提高自己的信息处理能力，扩展人类信息器官的功能，于是各种信息技术运用而生。例如，利用感觉器官获取信息，由于人眼观察的范围有限，不能看到很远的地方，则产生了信息感测技术，即可以利用雷达、卫星遥感等观测到远方的信息。

信息技术是以电子计算机和现代通信技术为主要手段，实现信息的获取、加工、传递和利用等功能的技术总和，包括信息传递过程中的各个方面，即信息的产生、收集、交换、存储、传输、显示、识别、提取、控制、加工和利用等相关技术。综上所述，信息技术包括了传感技术、通信技术和计算机技术等。

（2）数据、信息和消息

在现实生活中，人们常听到数据、信息、消息这些词，它们是很容易被混淆的概念。实际上，它们之间是有联系和区别的。

数据是信息的载体，是对客观事物的逻辑归纳，用来表示客观事物的未经加工的原始素材。数据直接来自于现实，可以是离散的数字、文字、符号等，也可以是连续的，如声音、图像等。数据仅代表数据本身，表示发生了什么事情。例如，经测量某人的身高为 180 厘米，单纯的 180 这个数据并没有意义，只是个数字而已。但当这个数据经过处理和加工，跟特定的对象即某人关联时，便赋予了其意义，这时便是信息。因此，信息是加工处理后的数据。经过分析、解释和运用后，信息会对人的行为产生影响。可以说，数据是原材料，信息是产品，信息是数据的含义，是人类可以直接理解的内容。

在日常生活中，人们也常常错误地把信息等同于消息，认为得到了消息，就是得到了信息，但两者其实并不是一回事。消息中包含信息，即信息是消息的阅读者提炼出来的。一则消息中可承载不同的信息，它可能包含非常丰富的信息，也可能只包含很少的信息。

笔 记

2. 了解新一代信息技术及其主要代表技术

（1）新一代信息技术

国务院于 2010 年发布的《国务院关于加快培育和发展战略性新兴产业的决定》中明确指出"新一代信息技术产业"是国家七大战略性新兴产业之一。信息技术正在向纵深发展并深刻改变着人类的生产和生活方式。

随着信息技术的高速发展，信息技术领域的各个分支如集成电路、计算机、通信等都在进行"代际变迁"。集成电路制造已经进入"后摩尔"时代；计算机系统进入了"云计算"时代；移动通信从 4G(4th Generation)迈入 5G(5th Generation)时代，进一步推动万物互联。

业内人士认为，新一代信息技术涵盖技术多、应用范围广，与传统行业结合的空间大，如百度百科中就提出"新一代信息技术主要包括 6 个方面，分别是下一代通信网络、物联网、三网融合、新型平板显示、高性能集成电路和以云计算为代表的高端软件。"而随着科技的进一步发展，大数据、人工智能、虚拟现实、区块链、量子信息等技术加速创新和应用步伐，在很多学科领域获得了广泛关注和应用。

（2）新一代信息技术的主要代表技术

本单元主要介绍新一代信息技术的主要代表技术，如人工智能、量子信息、移动通信、物联网、区块链等的相关概念。对人工智能、物联网、区块链等技术的更详细介绍，可参考拓展模块的相应单元。

① 人工智能（Artificial Intelligence，AI）是研究、开发用于模拟、延伸和扩展人的智能的理论、方法、技术及应用系统的一门新的技术科学,是计算机学科的一个重要分支。

人工智能主要研究使用计算机来模拟人的某些思维过程和智能行为（如学习、推理、思考、规划等），包括计算机实现智能的原理以及制造类似于人脑智能的计算机，从而使计算机能实现更高层次的应用。

② 量子信息（Quantum Information）是关于量子系统"状态"所带有的物理信息，通过量子系统的各种相干特性，如量子并行、量子纠缠和量子不可克隆等，进行计算、编码和信息传输的全新信息方式。量子信息最常见的单位为量子比特(qubit)。

③ 移动通信（Mobile Communications）是沟通移动用户与固定点用户之间或移动用户之间的通信方式。移动通信的双方有一方或两方处于运动中，包括陆、海、空。

移动通信系统由移动台、基台、移动交换局组成。若要同某移动台通信，移动交换局通过各基台向全网发出呼叫，被叫台收到后发出应答信号，移动交换局收到应答后分配一个信道给该移动台并从此话路信道中传送一信令使其振铃。

移动通信技术作为电子计算机与移动互联网发展的重要成果之一，目前已经迈入了 5G 时代。

④ 物联网（Internet of Things，IoT）即"万物相连的互联网"，通过部署具有一定感知、计算、执行和通信能力的各种设备获得物理世界的信息，并通过网络实现信息的传输、协同和处理，从而实现人与物、物与物之间信息交换的互联的网络。物联网是在互联网基础上延伸和扩展的网络，是将各种信息传感设备与网络结合起来而形成的一个巨大网络，实现在任何时间、任何地点的人、机、物的互联互通。

⑤ 区块链（Blockchain）是分布式数据存储、点对点传输、共识机制、加密算法等计算机技术的新型应用模式。从本质上讲，它是一个共享数据库，存储于其中的数据或信息具有不可伪造、全程留痕、可以追溯、公开透明、集体维护等特征。

任务 5.2　了解新一代信息技术及其主要代表技术的特点与典型应用

▶ 任务描述

新一代信息技术已成为近年来科技界和产业界的热门话题。云计算、大数据、人工智能、物联网、移动通信、区块链等各种技术得到飞速发展，给人们的工作、生活带来了巨大的影响。本任务要求了解新一代信息技术的技术特点和典型应用，主要了解人工智能、量子信息、移动通信、物联网、区块链等主要代表技术的技术特点和典型应用。

▶ 任务实现

1. 了解人工智能技术

从学科的角度来看，人工智能是一门极富挑战性的交叉学科，其基础理论涉及数学、计算机、控制学、神经学、自动化、哲学、经济学和语言学等众多学科。人工智能技术不仅知识量大，而且难度高。人工智能的研究领域主要包括计算机视觉、机器学习、自然语言处理、机器人技术、语音识别技术、专家系统等，其研究的一个主要目标是使机器能够胜任一些通常需要人类智能才能完成的复杂工作。

国务院于 2017 年发布的《新一代人工智能发展规划》中提出了面向 2030 年我国新一代人工智能发展的指导思想、战略目标、重点任务和保障措施。在规划中指出："经过 60 多年的演进，特别是在移动互联网、大数据、超级计算、传感网、脑科学等新理论与新技术以及经济社会发展强烈需求的共同驱动下，人工智能加速发展，呈现出深度学习、跨界融合、人机协同、群智开放、自主操控等新特征。大数据驱动知识学习、跨媒体协同处理、人机协同增强智能、群体集成智能、自主智能系统成为人工智能的发展重点，受脑科学研究成果启发的类脑智能蓄势待发，芯片化、硬件化、平台化趋势更加明显，人工智能发展进入新阶段。"

人工智能已经逐渐走进人们的生活，并应用于各个领域。它不仅给许多行业带来了巨大的经济效益，也为人们的生活带来了许多改变和便利。人工智能的主要应用场景有工业制造、社交生活、交通运输、智能家居等。下面介绍人工智能的一些典型应用。

（1）识别系统

识别系统包括人脸识别、声纹识别、指纹识别等生物特征识别。

人脸识别是基于人的脸部特征信息进行身份识别的一种生物识别技术，涉及的技术主要包括计算机视觉、图像处理等。

声纹识别包括说话人辨认和说话人确认。系统采集说话人的声纹信息并将其录入数据库，当说话人再次说话时，系统会采集这段声纹信息并自动与数据库中已有的声纹信息对比，从而识别出说话人的身份。声纹识别技术有声纹核身、声纹锁和黑名单声纹库等多项应用案例，可广泛应用于金融、安防、智能家居等领域。

（2）机器翻译

机器翻译是利用计算机将一种自然语言转换为另一种自然语言的过程。例如，人们在阅读英文文献时，可以方便地通过有道翻译等网站将英文转换为中文，免去了查字典的麻烦，提高学习和工作效率。随着经济全球化进程的加快及互联网的迅速发展，机器翻译技术在促进政治、经济、文化交流等方面的价值凸显，也给人们的生活带来了许多便利。

（3）智能家居

智能家居以家庭住宅为平台，基于物联网技术，由硬件设备（智能家电、智能硬件、安防控制设备、家具等）、软件系统、云计算平台构成的家居生态圈，实现人远程控制设备、设备间互联互通、设备自我学习等功能，并通过收集、分析用户行为数据为用户提供个性化生活服务，使家居生活更为安全、节能及便捷。

（4）智能客服

智能客服机器人是一种利用机器模拟人类行为的人工智能实体形态。它能够实现语音识别和自然语义理解，具有业务推理、话术应答等能力。智能客服机器人广泛应用于商业服务与营销场景，为客户解决问题或提供决策依据。例如，电商可以使用智能客服机器人针对客户的各类简单、重复性高的问题进行全天候的咨询、解答，从而大大降低企业的人工客服成本。

（5）智能停车场

智能停车场管理系统是现代化停车场车辆收费及设备自动化管理的统称，也是目前发展最为迅猛的智慧城市解决方案。智能车牌识别系统主要由摄像头、控制程序、嵌入式硬件和停车栏杆控制系统组成。例如，港珠澳大桥珠海口岸配套的停车场就采用了人工智能识别、导航寻车系统，整合了智能硬件、视频识别、车位引导、室内定位、云平台等技术，实现了便捷停车、线上缴费、车位引导、自助寻车、动态导航等功能。

2. 了解量子信息技术

近年来，量子信息已经成为全球科技领域关注的焦点之一。量子信息是量子物理与信息技术相结合发展起来的新学科，是对微观物理系统量子态进行人工调控，以全新的方式获取、传输和处理信息，主要包括量子计算、量子通信和量子测量 3个领域。

量子计算以量子比特为基本单元，利用量子叠加和干涉等原理实现并行计算，能在某些计算困难问题上提供指数级加速，具有传统计算无法比拟的巨大信息携带量和超强并行计算处理能力，是未来计算能力跨越式发展的重要方向。

笔记

量子通信是利用量子纠缠效应进行信息传递的一种新型的通信方式，主要研究量子密码、量子隐形传态、远距离量子通信等技术。与经典通信相比，量子通信安全性比较高，因为量子态在不被破坏的情况下，在传输信息的过程中是不会被窃听也不会被复制的。

量子测量是通过微观粒子系统调控和观测实现物理量测量，在精度、灵敏度和稳定性等方面相比于传统测量技术有数量级的提升，可用于包括时间基准、惯性测量、重力测量、磁场测量和目标识别等场景，在航空航天、防务装备、地质勘测、基础科研和生物医疗等领域应用前景广泛。

量子信息技术的研究与应用，会对传统信息技术体系产生冲击，甚至引发颠覆性技术创新，在未来国家科技竞争、产业创新升级、国防和经济建设等领域具有重要战略意义。

3. 了解移动通信技术

移动通信简单来说，就是移动中的信息交换，是进行无线通信的现代化技术。移动通信的特点主要有：

① 移动性。要保持物体在移动状态中的通信，包括无线通信或无线通信与有线通信的结合。

② 电波传播条件复杂。移动体可能在各种环境中运动，电磁波在传播时会产生反射、折射、绕射、多普勒效应等现象，产生多径干扰、信号传播延迟和展宽等效应。

③ 噪声和干扰严重。在城市环境中的汽车噪声、各种工业噪声，以及移动用户之间的互调干扰、邻道干扰、同频干扰等。

④ 系统和网络结构复杂。移动通信是一个多用户通信系统和网络，必须使用户之间互不干扰、能协调一致地工作，而且移动通信系统还与市话网、卫星通信网、数据网等互联，整个网络结构是非常复杂的。

⑤ 要求频带利用率高、设备性能好。

移动通信技术经历几代的发展，目前已经迈入了第五代技术时代（5G）。5G 的特点是广覆盖、大连接、低时延、高可靠。和 4G 相比，5G 峰值速率提高了 30 倍，用户体验速率提高了 10 倍，频谱效率提升了 3 倍，连接密度提高了 10 倍，能支持移动互联网和产业互联网的各方面应用。5G 技术目前主要有三大应用场景：

① 大流量移动宽带业务。扩容移动宽带，提供大带宽高速率的移动服务，面向 3D/超高清视频、AR/VR（增强现实/虚拟现实）、云服务等应用。

② 大规模物联网业务。海量机器类通信，主要面向大规模物联网业务，以及智能家居、智慧城市等应用。

③ 无人驾驶、工业自动化等业务。超高可靠与低延时通信将大大助力工业互联网、车联网中的新应用，应用于工业应用和控制、交通安全和控制、远程制造、远程培训、远程手术等。

5G 是里程碑，具有承前启后的作用，而要真正实现万物互联，实现天、地、人的网络全连接，实现全球无缝覆盖，必须再进行技术创新。在体验 5G 社会的同时，期待 6G 卫星网络通信时代的到来，充分体验智能社会的全新生活。

4. 了解物联网技术

可以将物联网理解为物物相连的互联网，其核心和基础是互联网，将用户端扩展到了任何物品与物品之间进行信息交换和通信。物联网通过智能感知、识别技术与普适计算等通信感知技术，广泛应用于网络的整合中。物联网是最贴近生产环境的技术，通过物理设备收集数据实现智能化识别、定位、跟踪、监控和管理。

物联网的基本特征可概括为全面感知、可靠传输和智能处理。物联网应用涉及国民经济和人们社会生活的方方面面，遍及智慧交通、环境保护、政府工作、公共安全、平安家居、智能消防、工业监测、环境监测、老人护理、个人健康、花卉栽培、水系监测、食品溯源、敌情侦查和情报搜集等众多领域。

万物互联成为全球网络未来发展趋势，物联网技术与应用空前活跃，应用场景不断丰富。未来，物联网将合规性更严格、防护措施更安全、智能消费设备更普及。

5. 了解区块链技术

区块链是起源于数字货币的一个重要概念，是一串使用密码学方法相关联产生的数据块，每一个数据块中包含的信息，用于验证其信息的有效性和生成下一个区块。区块链是一整套技术组合的代表，其基本的技术有区块链账本、共识机制、密码算法、脚本系统和网络路由。

区块链就像一台创造信任的机器或一个安全可信的保险箱，可以让互不信任的人在没有权威机构的统筹下，放心地进行信息互换与价值互换。在多方参与、对等合作的场景，通过区块链技术可以增强多方互信，提升业务运行效率并降低业务运营成本。随着技术的不断发展，区块链已从数字货币扩展到各行各业，包括政府、医疗、保险、股票、慈善、投票和身份识别等广泛的领域。

课后练习

一、选择题

1. 现在常常能听人家说到 IT 行业各种各样的消息，这里所提到的"IT"指的是（　　）。

    A. 信息　　　　　　　　B. 信息技术

    C. 通信技术　　　　　　D. 感测技术

2. 下列不属于信息的是（　　）。

    A. 报纸上登载的举办商品展销会的消息

    B. 电视机中的计算机产品广告

    C. 计算机

    D. 各班各科成绩

3. 下列不属于人工智能研究领域的是（　　）。

    A. 计算机视觉

    B. 编译原理

    C. 机器学习

笔 记

笔本：课后练习答案

    D. 自然语言处理

4. 物联网的全球发展趋势可能提前推动人类进入"智能时代"，也称为（   ）。

    A. 计算时代

    B. 信息时代

    C. 互联时代

    D. 物联时代

5. 以下不属于量子信息技术的是（   ）。

    A. 量子计算

    B. 量子通信

    C. 互联网技术

    D. 量子测量

二、简答题

1. 请说一说新一代信息技术主要包含哪些技术。

2. 5G 的主要应用场景有哪些？

3. 请说一说你生活中接触到的人工智能技术、物联网技术的应用。

单元 6

信息素养与社会责任

▶ 单元导读

信息素养与职业文化是指在信息技术领域，通过对行业内相关知识的了解，内化形成的素养和行业行为自律能力。信息素养与职业文化对个人在行业内的发展起重要作用。本单元包含信息素养、信息技术发展史、信息伦理与行业行为自律等内容。

文本：单元设计

任务 6.1　了解信息素养

▶ **任务描述**

　　面对网络和数字化社会，学生的学习方式与思维方式都发生了明显变化，不仅要学习知识，更要学会处理海量信息，充分利用各种媒体与技术工具解决学习与生活中的问题，甚至需要在已有信息基础上实现创新，从而应对复杂多变的环境，实现自我价值。本任务要求理解信息素养的概念，了解信息素养的内涵及特点。

▶ **任务实现**

1.　了解信息素养的概念

　　信息素养是一个发展的概念，原美国信息产业协会主席 Paul Zurkowski 于 1974 年首次提出信息素养这一概念，认为信息素养是人们利用大量的信息工具及主要信息资源使问题得到解决的技术和技能。澳大利亚学者 Bruce 提出信息素养包括信息技术理念、信息源理念、信息过程理念、信息控制理念、知识建构理念、知识延展理念和智慧的理念等。1998 年美国图书馆协会和美国教育传播与技术协会制定了信息素养人的九大标准：能够有效地和高效地获取信息；能够熟练、批判地评价信息；能够精确地、创造性地使用信息；能探求与个人兴趣有关的信息；能欣赏作品和其他对信息进行创造性表达的内容；能力争在信息查询和知识创新中做到最好；能认识信息对民主化社会的重要性；能履行与信息和信息技术相关的符合伦理道德的行为规范；能积极参与活动来探求和创建信息。可以看出，该标准大大地丰富了信息素养的内涵，它不但包含了信息意识层面和技术层面，也包括了信息的道德和社会责任层面。

2.　了解信息素养的内涵

　　为了促进教育信息化的建设和发展，要进行信息素养的培养与培训，在对所有学生进行信息意识与信息策略培养的基础上，着重培养计算机应用能力，使其掌握计算机应用的一般操作，要求学生掌握 Windows、Powerpoint、Internet、CSC 电子备课系统以及有关课程软件的性能与使用方法，进一步而言，要求学生掌握 Frontpage、Authorware、Photoshop、Premiere 等平台组合与页面制作软件，并能进行初步的教学软件加工；引导部分有学习需求的学生利用拓展模块掌握 C 语言、VB 语言、Java 语言、数据库、动画软件，能进行较高层次的软件开发。通过一系列举措，提高学生的信息意识和素养，具备较强的运用信息工具的能力、获取信息的能力、处理信息的能力、存储信息的能力、创造信息的能力、发挥信息作用的能力、信息协作的能力和信息免疫的能力等，具备信息安全意识，充分体现公民的责任担当。

3.　了解信息素养的特点

　　"信息素养"包括文化层面（知识方面）、信息意识（意识方面）和信息技能（技

术方面）3 个层面。有学者对信息素养作过较为详尽表述：一个有信息素养的人，包括基于计算机的和其他的信息源获取信息，评价信息、组织信息用于实际的应用。这就意味着，信息素养具有明显的工具性，大多数国家明确将它与实际问题和情境相结合，以实际问题为目标导向，要求学生能够有意识地收集、评价、管理和呈现信息，最终能够有效解决问题、增强交流、产生新的知识、实践终身学习等，强调了信息素养在实践中运用与创新的工具性导向，并在信息获取、使用与管理过程中应该始终坚持个人对信息的批判性、自主性与道德底线。

笔 记

任务 6.2　了解信息技术发展史

▶ 任务描述

信息作为一种社会资源，一直以来都在被人类所使用，只是使用的能力和程度高低不同。语言、文字、印刷术、烽火台、指南针等作为古代信息传播的手段，都曾发挥过重要的作用。本任务要求了解信息技术的发展变迁历程。

▶ 任务实现

信息技术的发展经历了一个漫长的时期，一般认为人类社会已经发生过 5 次信息技术革命：

第一次信息技术革命是语言的产生和使用，是从猿进化到人的重要标志，语言也成为人类进行思想交流和信息传播不可缺少的工具。

第二次信息技术革命是文字的出现与使用，使人类对信息的存储和传播超越了时间和地域的局限。

第三次信息技术革命是印刷术的发明和使用，使书籍、报刊成为重要的信息储存和传播的媒体，为知识的积累和传播提供了更为可靠的保证。

第四次信息技术革命是电话、电视、广播信息传递技术的发明，使人类进入利用电磁波传播信息的时代，进一步突破了时间与空间的限制。

第五次信息技术革命是计算机技术和现代通信技术的普及应用，将人类社会推进到了数字化的信息时代，信息的处理速度、传递速度得到惊人提升。

未来信息技术的发展趋势主要为多种技术的综合应用，其速度越来越快、容量越来越大，数字化程度也越来越高，产品越来越智能。

任务 6.3　了解社会责任

▶ 任务描述

本任务要求了解职业文化的概念以及信息伦理、信息安全与社会责任等相关内容。

▶ 任务实现

1. 了解职业文化的概念

　　所谓职业文化，是指"人们在职业活动中逐步形成的价值理念、行为规范、思维方式的总称，以及相应的礼仪、习惯、气质与风气，其核心内容是对职业有使命感，有职业荣誉感和良好的职业心理，遵循一定的职业规范以及对职业礼仪的认同和遵从。"高职院校的职业文化构建应当以社会主义精神文明为导向，以核心价值观为指导，以职业的参与者为主体，以社会职业道德为基本内涵，以追求职业主体正确的职业理念、职业态度、职业道德、职业责任、职业价值为出发点和落脚点而构建的文化体系。职业素养主要指职业人才从业须遵守的必要行为规范，旨在充分发挥劳动者的职业品质。职业素养即职场人技术与道德的总和，主要包括职业道德、职业技能、职业习惯与职业行为。好的职业素养能够指引职场人才成熟应对各项工作，指引劳动者创造更多的价值。高职院校作为培养高素质人才的基地，更应注重职业素养的培养。教育部在《关于全面提高高等职业教育教学质量的若干意见》中指出："要高度重视学生的职业道德教育和法制教育，重视培养学生的诚信品质、敬业精神和责任意识、遵纪守法意识，培养一批高素质的技能型人才。"其中，诚信品质、敬业精神和责任意识等都属于职业文化的范畴。

2. 了解信息伦理与行为规范

　　信息伦理学的形成是从对信息技术的社会影响研究开始的。信息伦理的兴起与发展植根于信息技术的广泛应用所引起的利益冲突和道德困境，以及建立信息社会新的道德秩序的需要。1986 年，美国管理信息科学专家 R·O·梅森提出信息时代有信息隐私权、信息准确性、信息产权及信息资源存取权 4 个主要的伦理议题。至此之后，信息伦理学的研究发生了深刻变化，它冲破了计算机伦理学的束缚，将研究的对象更加明确地确定为信息领域的伦理问题，在概念和名称的使用上也更为直白，直接使用了"信息伦理"这个术语。

　　信息伦理指向涉及信息开发、信息传播、信息的管理和利用等方面的伦理要求、伦理准则、伦理规约，以及在此基础上形成的新型的伦理关系。信息伦理又称信息道德，是调整人与人之间以及个人和社会之间信息关系的行为规范的总和。信息伦理包含 3 个层面的内容，即信息道德意识、信息道德关系和信息道德活动。

　　信息道德意识：信息伦理的第一个层次，包括与信息相关的道德观念、道德情感、道德意志、道德信念和道德理想等，是信息道德行为的深层心理动因。信息道德意识集中体现在信息道德原则、规范和范畴之中。

　　信息道德关系：信息伦理的第二层次，包括个人与个人的关系、个人与组织的关系、组织与组织的关系。这种关系是建立在一定的权力和义务的基础上，并以一定信息道德规范形式表现出来的，相互之间的关系是通过大家共同认同的信息道德规范和准则维系的。

　　信息道德活动：信息伦理的第三层次，包括信息道德行为、信息道德评价、信息道德教育和信息道德修养等。信息道德行为即人们在信息交流中所采取的有意识的、经过选择的行动；根据一定的信息道德规范对人们的信息行为进行善恶判断即为信息道德评价；按一定的信息道德理想对人的品质和性格进行陶冶就是信息道德教育；信息道德修养则是人们对自己的信息意识和信息行为的自我解剖、自我改造。与信息伦理关联的行为规范指向社会信息活动中人与人之间的关系以及反映这种关系的行为准则与规范，如扬善抑恶、权利义务、契约精神等。

3. 了解信息安全与社会责任

随着全球信息化过程的不断推进，越来越多的信息将依靠计算机来处理、存储和转发，信息资源的保护又成为一个新的问题。信息安全不仅涉及传输过程，还包括网上复杂的人群可能产生的各种信息安全问题。要实现信息安全，不是紧紧依靠某个技术就能够解决的，它实际上与个体的信息伦理与责任担当等品质紧密关联。在"互联网+"时代，职业岗位与信息技术的关联进一步增强，也更强调学生的信息素养培养，即在课程教学中有意识地培养学生的数字化思维与提炼信息的批判精神，使其具备信息安全意识并坚守使用信息的道德底线，铸成学生基于信息素养的职业素养，构建职业院校的职业文化。

（1）信息安全的需求

随着 Internet 在更大范围的普及，信息安全指向用于保护传输的信息和防御各种攻击的措施，具体需求如下。

保密性：系统中的信息只能由授权的用户访问。

完整性：系统中的资源只能由授权的用户进行修改，以确保信息资源没有被篡改。

可用性：系统中的资源对授权用户是有效可用的。

可控性：对系统中的信息传播及内容具有控制能力。

真实性：验证某个通信参与者的身份与其所申明的一致，确保该通信参与者不是冒名顶替。

不可否认性：防止通信参与者事后否认参与通信。

其中，保密性、完整性和可用性为信息安全的三大基本属性。

（2）信息安全威胁的手段

信息安全是一个不容忽视的国家安全战略，任何国家的政府、相关部门及各行各业都必须十分重视这一问题。各国的信息网络已经成为全球网络的一部分，任何一点上的信息安全事故都可能威胁到本国或他国的信息安全。威胁信息安全的因素是多种多样的，从现实来看，主要有以下几种情况。

被动攻击：通过偷听和监视来获得存储和传输的信息。

主动攻击：修改信息、创建假信息。

重现：捕获网上的一个数据单元，然后重新传输来产生一个非授权的效果。

修改：修改原有信息中的合法信息或延迟或重新排序产生一个非授权的效果。

破坏：利用网络漏洞破坏网络系统的正常工作和管理。

伪装：通过截取授权的信息伪装成已授权的用户进行攻击。

（3）信息安全威胁的案例

① 计算机病毒。2017 年 5 月 12 日，全球突发的比特币病毒疯狂袭击公共和商业系统，全球有 70 多个国家和地区受到严重攻击，国内的多个高校校内网、大型企

业内网等也纷纷中招。被勒索的用户要在 5 个小时内支付高额赎金（有的需要比特币）才能解密恢复文件。

②网络黑客。2015 年，一群黑客利用某著名社交网站中那些看似是照片的数据侵入了美国国防系统并攻陷了政府的多台计算机。这些黑客组织的技术极具创新性——使用计算机每天检测不同的社交账户，一旦账户被注册，入侵用户计算机的行为就会被激活。当用户发送信息，如网址、数字、信件等时，其计算机就会自动转到特定网址，用户信息也会随之被解码。

③网络犯罪。2015 年 5 月，360 公司联合北京市公安局推出了全国首个警民联动的网络诈骗信息举报平台——猎网平台，开创了警企协同打击网络犯罪的创新机制和模式。猎网平台大数据显示，网络诈骗实际上仍然以"忽悠"为主，如不法分子会将付款二维码贴在共享单车车身上，甚至替换掉车身原有二维码，很多初次使用共享单车的用户很容易误操作将费用转给对方。

④预置陷阱。预置陷阱是指在工控系统的软硬件中预置一些可以干扰和破坏系统运行的程序或者窃取系统信息的所谓"后门"。这些"后门"往往是软件公司的程序设计人员或硬件制造商为了方便操作而设置的，一般不为人所知。一旦需要，他们就能通过"后门"越过系统的安全检查，以非授权方式访问系统或者激活事先预置好的程序，以达到破坏系统运行的目的。近年来，有关软硬件"后门"带来的威胁和争议屡见报端。

⑤垃圾信息。垃圾邮件是垃圾信息的重要载体和表现形式之一。通过发送垃圾邮件进行阻塞式攻击，成为垃圾信息侵入的主要途径。其对信息安全的危害主要表现在：攻击者通过发送大量邮件污染信息社会，消耗受害者的宽带和存储器资源，使之难以接受正常的电子邮件，从而大大降低工作效率；或者某些垃圾邮件之中包含有病毒、恶意代码或某些自动安装的插件等，只要打开邮件，它们就会自动运行，从而破坏系统或文件。

⑥隐私泄露。近年来，各国数据隐私泄露事件不断发生，泄露的内容也五花八门，包括个人身份信息、位置信息、网络访问习惯、兴趣爱好等，令人触目惊心。2013 年爱德华·斯诺登的爆料，使得美国最高机密监听项目——"棱镜计划"公之于众，进而使人们对大规模元数据采集所涉及的个人隐私问题有了全新的认识与定位。此外，电信诈骗案件频发，不法分子利用各种手段获取公民个人信息，使部分民众上当受骗，蒙受经济损失。由此可以看出，大数据时代隐私遭遇严重威胁。

信息素养与社会责任是个人成功适应信息化社会和实现自我发展的关键成分，所以各国均将信息素养遴选为核心素养框架中的重要指标和关键成分。信息素养也是我国学生发展核心素养体系中的重要指标之一。通过系统梳理信息素养概念的历史演变和核心素养框架中信息素养的构成，可以归纳出信息素养的概念与内涵，并重点与信息素养培养关联的职业文化的信息安全等社会责任展开分析，强调信息素养的培养必须与真实情境相结合，以解决现实问题为目标来引导和激励学生信息素养与社会责任的形成。有意识地培养学生的数字化思维与提炼信息的批判精神，引导学生具备信息安全意识并坚守使用信息的道德底线，体现了信息素养育人目标体系的时代需求与发展趋势。

课后练习

文本：课后练习答案

一、填空题

1. "信息素养"包括_____、_____和_____3个层面。

2. _____的核心内容是对职业有使命感，有职业荣誉感以及良好的职业心理，遵循一定的职业规范以及对职业礼仪的认同和遵从。

3. ISO 7498-2 确定了五大类安全服务，即身份认证、访问控制、_____、_____和不可否认。

4. 信息安全的基本属性是_____、_____和_____。

5. _____是通过偷听和监视来获得存储和传输的信息。

二、简答题

信息安全有哪些常见的威胁？

拓 展 篇

单元 7

信息安全

▶ 单元导读

  人们在享受信息化带来便利的同时，也面临信息安全的诸多问题。网络信息安全已经成为全世界重点关注的问题。

  以下引用最高人民法院发布的电信网络诈骗犯罪典型案例，来看看其社会危害。

  案例：2015 年 11 月至 2016 年 8 月，被告人陈文辉、黄进春、陈宝生、郑金锋、熊超、郑贤聪、陈福地等人交叉结伙，通过网络购买学生信息和公民购房信息，分别在江西省九江市、新余市、广西壮族自治区钦州市、海南省海口市等地租赁房屋作为诈骗场所，分别冒充教育局、财政局、房产局的工作人员，以发放贫困学生助学金、购房补贴为名，将高考学生为主要诈骗对象，拨打诈骗电话 2.3 万余次，骗取他人钱款共计 56 万余元，并造成被害人徐玉玉死亡。

  本案由山东省临沂市中级人民法院一审，山东省高级人民法院二审。现已发生法律效力。

  法院认为，被告人陈文辉等人以非法占有为目的，结成电信诈骗犯罪团伙，冒

文本：单元设计

充国家机关工作人员，虚构事实，拨打电话骗取他人钱款，其行为均构成诈骗罪。陈文辉还以非法方法获取公民个人信息，其行为又构成侵犯公民个人信息罪。陈文辉在江西省九江市、新余市的诈骗犯罪中起组织、指挥作用，系主犯。陈文辉冒充国家机关工作人员，骗取在校学生钱款，并造成被害人徐玉玉死亡，酌情从重处罚。据此，以诈骗罪、侵犯公民个人信息罪判处被告人陈文辉无期徒刑，剥夺政治权利终身，并处没收个人全部财产；以诈骗罪判处被告人郑金锋、黄进春等人三年至十五年不等有期徒刑。

网络诈骗类案件严重侵害了人民群众的财产安全和合法权益，破坏了社会诚信，影响了社会的和谐稳定。

7.1 信息安全概述

信息安全一般是指信息产生、制作、传播、收集、处理直到选取等信息传播与使用全过程中的信息资源安全。本任务要求了解信息安全基本概念，包括信息安全的基本要素、网络安全等级保护内容等。

7.1.1 信息安全的基本概念

信息安全的基本内涵最早由信息技术安全评估标准（Information Technology Security Evaluation Criteria ，ITSEC，即业界通常指称的"橘皮书"）定义。ITSEC 阐述和强调了信息安全的 CIA 三元组目标，即保密性（Confidentiality）、完整性（Integrity）和可用性（Availability）。这一界定获得了业界的公认，成为现代意义上的信息安全的基本内涵，其具体涵义如图 7-1 所示。

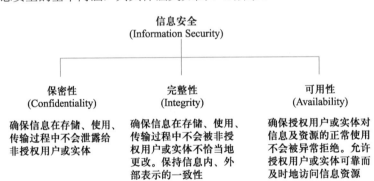

图 7-1
CIA 三元组

此外，国际标准化组织（ISO）也对信息安全进行了定义：为数据处理系统建立和采用的技术、管理上的安全保护，为的是保护计算机硬件、软件、数据不因偶然和恶意的原因而遭到破坏、更改和泄露。

7.1.2 信息安全要素

按照 ISO 7498-2 定义，在 OSI 参照模型框架内能选择提供的安全性服务有身份认证、访问控制、数据保密、数据完整以及不可否认共 5 个要素。

（1）身份认证
身份认证的服务方式有同层实体的身份认证、数据源身份认证和同层实体的相互身份认证 3 种。

同层实体的身份认证：目的是为了向同一层的实体证明高层所声明的那个实体确实是会话过程中所说的那个实体、它可以防止实体的假冒，一般用于会话建立阶段。

数据源身份认证：保证接收方所收到的消息确实来自于发送方的这个实体。

同层实体的相互身份认证：与同层实体的身份认证完全一样，只是这时的身份认证是双发相互确认，其攻击和防御的方法与同层实体的身份认证也是相同的。

（2）访问控制

访问控制的目的是为了限制访问主体对访问客体的访问权限。访问控制是对那些没有合法访问权限的用户访问了系统资源，或是合法用户不小心造成对系统资源的破坏行为加以控制。

（3）数据保密

数据保密的目的是为了确保信息在存储、传输以及使用过程中不被未授权的实体所访问，从而防止信息的泄露，即防止攻击者获取信息流中的控制信息。

（4）数据完整

数据完整的目的是为保证信息在存储、传输以及使用过程中不被未授权的实体所更改或损坏，不被合法实体进行不适当的更改，从而使信息保持内部、外部的一致性。

（5）不可否认

不可否认是用来防备对话的两个实体中任一实体否认自己曾经执行过的操作，不能对自己曾经接收或发送过任何信息进行抵赖。

综上所述，信息安全可以表示成一个五元组的函数，即 5 个属性组成的函数。如下所示：

$$S = f(A, I, C, V, R)$$

其中，S 代表信息安全，A 代表身份认证，I 代表数据完整，C 代表数据保密，V 代表访问控制，R 代表不可否认。每一个属性又可以表示成一个函数，如 $A=u(a)$，其中，a 代表各种与身份认证属性相关的各种实例，同样 I、C、V、R 也可以表示成这样的函数。A、I、C、V、R 这些函数的取值只有两种，分别为 0 和 1，0 代表违反了相应属性，1 代表遵守了相应属性。只有当 5 个属性值全为 1，S 的值才为 1，否则，该系统存在安全风险。当然，系统不可能达到 100%安全，所以 $S=1$ 是理想状态。

7.1.3　网络安全等级保护

2007 年，《信息安全等级保护管理办法》正式发布，标志着网络安全等级保护1.0 的正式启动。该管理办法规定了等级保护需要完成的"规定动作"，即定级备案、建设整改、等级测评和监督检查，成为指导用户完成等级保护的"规定动作"。

2017 年，《中华人民共和国网络安全法》（以下简称《网络安全法》）正式实施，标志着网络安全等级保护 2.0 的正式启动。《网络安全法》明确规定"国家实行网络安全等级保护制度。""国家对一旦遭到破坏、丧失功能或者数据泄露，可能严重危害国家安全、国计民生、公共利益的关键信息基础设施，在网络安全等级保护制度的基础上，实行重点保护。"

2019 年 5 月 10 日，网络安全等级保护制度 2.0 国家标准正式发布，标志着我国网络安全等级保护正式进入 2.0 时代，等级保护制度已被打造成新时期国家网络安全的基本国策和基本制度。应急处置、灾难恢复、通报预警、安全监测、综合考

笔 记

核等重点措施全部纳入等保制度并实施，对重要基础设施重要系统以及"云、物、移、大、工控"纳入等保监管，将互联网企业纳入等级保护管理。

7.2 信息安全技术

很多世界著名的商业网站都曾被黑客入侵，造成巨大的经济损失，甚至连专门从事网络安全的专业网站也受到过黑客的攻击。本任务要求了解信息安全相关技术，包括信息安全面临的常见威胁和常用防御技术，了解信息安全保障的基本思路。

7.2.1 信息安全威胁

当前，信息安全面临的威胁呈现多样性特征，一般常见的安全威胁有以下几种情况。

1. 计算机病毒

《中华人民共和国计算机信息系统安全保护条例》中明确定义计算机病毒，指"编制者在计算机程序中插入的破坏计算机功能或者破坏数据，影响计算机使用并且能够自我复制的一组计算机指令或者程序代码"。

计算机一旦被感染，病毒会进入计算机的存储系统，如内存，感染其中运行的程序，无论是大型机还是微型机，都难幸免。随着计算机网络的发展和普及，计算机病毒已经成为各国信息战的首选武器，给国家的信息安全造成了极大威胁。

计算机病毒具有潜伏性、传染性、突发性、隐蔽性、破坏性等特征。

2. 网络黑客

"网络黑客"是指专门利用计算机网络进行破坏或入侵他人计算机系统的人。"黑客"的动机很复杂，有的是为了获得心理上的满足，在黑客攻击中显示自己的能力；有的是为了追求一定的经济利益和政治利益；有的则是为恐怖主义势力服务甚至就是恐怖组织的成员。

3. 网络犯罪

网络犯罪多表现为诈取钱财和信息破坏，犯罪内容主要包括金融欺诈、网络赌博、网络贩黄、非法资本操作和电子商务领域的侵权欺诈等。随着信息化社会的发展，目前的网络犯罪主体更多地由松散的个人转化为信息化、网络化的高智商集团和组织，其跨国性也不断增强。日趋猖獗的网络犯罪已对国家的信息安全以及基于信息安全的经济安全、文化安全、政治安全等构成了严重威胁。

4. 预置陷阱

预置陷阱就是在信息系统中人为地预设一些"陷阱"，以干扰和破坏计算机系统的正常运行。在对信息安全的各种威胁中，预置陷阱是危害性最大，也是最难以防范的一种。

预置陷阱一般分为硬件陷阱和软件陷阱两种。硬件陷阱主要是指蓄意更改集成电路芯片的内部设计和使用规程，以达到破坏计算机系统的目的。软件陷阱则是指信息产品中被人为地预置嵌入式病毒，这给信息安全保密带来极大的威胁。

5. 垃圾信息

垃圾信息是指利用网络传播的违反国家法律及社会公德的信息，垃圾邮件则是

PPT：7-2
信息安全技术

微课：7-2
信息安全技术

笔记

垃圾信息的重要载体和表现形式之一。通过发送垃圾邮件进行阻塞式攻击，成为垃圾信息侵入的主要途径。其对信息安全的危害主要表现在，攻击者通过发送大量邮件污染信息社会，消耗受害者的宽带和存储器资源，使之难以接受正常的电子邮件，从而大大降低工作效率；或者某些垃圾邮件之中包含有病毒、恶意代码或某些自动安装的插件等，只要打开邮件，它们就会自动运行，破坏系统或文件。

6. 隐私泄露

在大数据时代，大量包含个人敏感信息的数据（隐私数据）存在于网络空间中，如电子病历涉及患者疾病等信息，支付宝记录着人们的消费情况，GPS 掌握着人们的行踪，微信中的朋友圈信息等。这些带有"个人特征"的信息碎片可以汇聚成细致全面的大数据信息集，一旦泄露则可能被不法分子利用，从而轻而易举地构建出网民的个体画像。

7.2.2 安全防御技术

安全防御技术主要用于防止系统漏洞、防止外部黑客入侵、防御病毒破坏和对可疑访问进行有效控制等，同时还应该包含数据灾难与数据恢复技术，即在计算机发生意外或灾难时，还可以使用备份还原及数据恢复技术将丢失的数据找回。典型的安全防御技术有以下几大类。

1. 加密技术

信息加密的目的是保护网内的数据、文件、口令和控制信息，保护网上传输的数据。加密技术主要分为数据传输加密和数据存储加密。

数据加密系统包括加密算法、明文、密文以及密钥。数据加密的算法有很多种，按照发展进程来分，经历了古典密码、对称密钥密码和公开密钥密码阶段，其中古典密码算法有替代加密、置换加密；对称加密算法包括 DES 和 AES；非对称加密算法包括 RSA 、背包密码、McEliece 密码、椭圆曲线等。目前在数据通信中使用最普遍的加密算法有 DES 算法、RSA 算法和 PGP 算法。

2. 防火墙

防火墙技术是指一个由软件和硬件设备组合而成，在内部网和外部网之间、专用网与公共网之间的一道防御系统的总称，是一种获取安全性方法的形象说法。

防火墙可以监控进出网络的通信量，仅让安全、核准的信息进入，同时又抵制对网络构成威胁的数据。防火墙主要有包过滤防火墙、代理防火墙和双穴主机防火墙 3 种类型。防火墙可以达到以下几个目的：一是可以限制他人进入内部网络，过滤掉不安全服务和非法用户；二是防止入侵者接近你的防御设施；三是限定用户访问特殊站点；四是为监视 Internet 安全提供方便。目前防火墙技术已经在计算机网络得到了广泛应用。

3. 入侵检测

入侵检测系统是一种对网络活动进行实时监测的专用系统。该系统处于防火墙之后，可以和防火墙及路由器配合工作，用来检查一个 LAN 网段上的所有通信，记录和禁止网络活动，并可以通过重新配置来禁止从防火墙外部进入的恶意流量。入侵检测系统能够对网络上的信息进行快速分析或在主机上对用户进行审计分析，通过集中控制台来管理、检测。

入侵检测系统能够帮助网络系统快速发现攻击的发生，它扩展了系统管理员的安全管理能力，提高了信息安全基础结构的完整性。

本质上，入侵检测系统是一种典型的"窥探设备"。它不跨接多个物理网段，无须转发任何流量，只需要在网络上被动地、无声息地收集它所关心的报文即可。

4. 系统容灾

系统容灾主要包括基于数据备份和基于系统容错的系统容灾技术。数据备份是数据保护的最后屏障，不允许有任何闪失，但离线介质不能保证安全。数据容灾通过 IP 容灾技术来保证数据的安全，它使用两个存储器，在两者之间建立复制关系，一个放在本地，另一个放在异地，本地存储器供本地备份系统使用，异地容灾备份存储器实时复制本地备份存储器的关键数据。

存储、备份和容灾技术的充分结合，构成了一体化的数据容灾备份存储系统。随着存储网络化时代的发展，传统的功能单一的存储器将越来越让位于一体化的多功能网络存储器。

为了保证信息系统的安全性，除了运用安全防御的技术手段，还需必要的管理手段和政策法规支持。管理手段是指确定安全管理等级和安全管理范围，制定网络系统的维护制度和应急措施等进行有效管理。政策法规支持是指借助法律手段强化保护信息系统安全，防范计算机犯罪，维护合法用户的安全，有效打击和惩罚违法行为。

7.3　配置防火墙及病毒防护

通过系统安全中心可以配置防火墙及病毒防护，来较好地实现对计算机系统的信息安全防护。通过本节的学习，要求掌握配置防火墙的方法、掌握配置病毒防护的方法，以及第三方安全工具的使用方法。

7.3.1　配置防火墙

第 1 步，进入计算机系统的"控制面板"，找到"Windows Defender 防火墙"，如图 7-2 所示。

图 7-2
控制面板

第 2 步，进入"Windows Defender 防火墙"，选中"启用 Windows Defender 防火墙"单选按钮，系统默认防火墙为开启状态，根据需求进行相应设置，如图 7-3 所示。

图 7-3
启用 Windows Defender
防火墙

第 3 步，若要恢复系统默认防火墙设置，可以单击"还原默认值"按钮，如图 7-4 所示。

图 7-4
还原默认值

第 4 步，通过选择"高级安全 Windows Defender 防火墙选项"，可以设置系统的入站及出站规则、连接安全规则以及监视，如图 7-5 所示。

图 7-5
高级安全 Windows Defender
防火墙

7.3.2　配置杀毒软件

第 1 步，单击"开始"按钮，在"开始"菜单中选择"设置"命令，进入设置界面，选择"Windows 安全中心"，查看和管理设备安全性和运行状况，如图 7-6 所示。

图 7-6
Windows 安全中心

第 2 步，打开"病毒和威胁防护"窗口单击"快速扫描"按钮，对系统进行病毒威胁扫描，如图 7-7 所示。

图 7-7
当前威胁扫描

第 3 步，单击"病毒和威胁防护"管理设置。若未安装第三方保护软件，系统默认打开"实时保护"；若已采用第三方保护软件进行实时保护，则系统设置为关闭，如图 7-8 所示。

第 4 步，单击"检查更新"按钮，对病毒和威胁防护进行更新，以保障获取最新的安全情报，如图 7-9 所示。

图 7-8
病毒和威胁防护管理

图 7-9
检查更新

课后练习

一、选择题

1. 信息安全的 CIA 三元组目标，即（　　　）、完整性和可用性。

    A. 流通性　　　B. 准确性　　　C. 保密性　　　　D. 一致性

2. 信息安全是为保护计算机硬件、软件和（　　　）不因偶然和恶意的原因而遭到破坏、更改和泄露。

文本：课后练习答案

  A. 系统   B. 数据   C. 外设   D. 文档

  3. 身份认证的服务方式有同层实体的（ ）认证、数据源身份认证以及同层实体的相互身份认证。

  A. 系统   B. 身份   C. 文件   D. 设备

  4. 访问控制的目的是为了（ ）访问主体对访问客体的访问权限。

  A. 开放   B. 限制   C. 允许   D. 运行

  5. 计算机病毒具有潜伏性、传染性、突发性、隐蔽性、（ ）性等特征。

  A. 流行   B. 开放   C. 破坏   D. 销毁

  6. 预置陷阱一般分为硬件陷阱和（ ）陷阱两种。

  A. 系统   B. 软件   C. 设备   D. 文档

  7. 入侵检测系统是一种对网络活动进行（ ）监测的专用系统。

  A. 实时   B. 临时   C. 离线   D. 在线

  8. 系统容灾主要包括基于（ ）备份和基于系统容错的系统容灾技术。

  A. 系统   B. 软件   C. 设备   D. 数据

  9. 除了运用安全防御的技术手段，还需必要的管理手段和（ ）支持。

  A. 科技监管 B. 应用方式 C. 宣传引导 D. 政策法规

二、填空题

  1. 信息安全一般是指信息产生、制作、传播、收集、处理直到选取等信息传播与使用_____中的信息资源安全。

  2. 2017 年，_____的正式实施，标志着网络安全等级保护 2.0 的正式启动。

  3. 当前，信息安全面临的威胁呈现_____特征。

  4. 计算机病毒具有_____等特征。

  5. 借助_____手段强化保护信息系统安全，防范计算机犯罪，维护合法用户的安全，有效地打击和惩罚违法行为。

信息技术基础

单元 8

项目管理

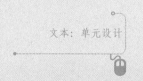

▶ 单元导读

　　某公司是一家专注于企业信息化的公司，在早期进军电子政务行业时，接触到的第一个软件项目是开发一套工商审批系统。该系统属于电子政务，保密性要求高，涉及政务内网和政务外网两个互不连通的子网。在政务内网中存储着系统的全部信息，包括部分机密信息；而政务外网只要通过授权后，就可以将需要发布的信息对外开放。客户提出的系统要求是，在这两个子网中的合法用户都可以访问到被授权的信息，而且要求访问的信息必须是一致、可靠的，同时政务内网的信息可以发布到政务外网上，而政务外网的信息必须经过审批后可以进入政务内网系统。

　　项目经理张工获悉该需求后，认为电子政务的建设与企业信息化不同，不能按照企业信息化的经验和方案进行开发。因此，他带领开发团队采用了严格的瀑布模型，并专门招聘了对网络互通互联熟悉的技术人员设计了解决方案，经过严格评审后进行了实施。当项目交付时，系统虽然完全满足了保密性要求，但用户对系统的界面设计不认可，认为所交付的软件产品不符合政务信息系统的风格，操作不够便捷流畅，要求彻底更换界面设计。由于最初设计的缺陷，系统表现层和逻辑层耦合度过高，导致需要重写 70% 的代码，但用户对修改之后的用户界面仍不满意，最终又花了很多人力、时间重写了部分代码才通过验收。最终，由于系统的反复变更，项目组开发人员产生了强烈的挫折感，且项目的工期大大超出原计划。

该项目的失败源于软件项目管理的缺失，而软件开发的成败和质量好坏与软件项目管理是否到位有着直接的关系。

8.1　项目管理概述

PPT：8-1
项目管理概述

微课：8-1
项目管理概述

项目是为了提供一个独特的产品或服务而暂时承担的任务。项目的特征是临时性和唯一性，其中的临时性是指项目有明确的起点和终点。当项目不能达到目标而终止时，或当项目需求不复存在时，项目就结束了。项目目标简单地说，就是实施项目所要达到的期望结果，即项目所能交付的成果或服务。每个项目都会创造独特的产品、服务或成果。项目的产出可能是有形的，如开发一个软件产品是一个项目，建造一座桥梁是一个项目，设计一个控制机械手的程序也是一个项目；项目的产出也可能是无形的，如完成一项产品服务是一个项目，改进现有的业务流程是一个项目，完成一次航天器对接也是一个项目，如图 8-1～图 8-3 所示。

图 8-1
航天工程项目
图 8-2
智能制造项目
图 8-3
桥梁建设项目

成功的项目有 3 个要素：项目按时完成、项目质量符合预期要求以及项目成本控制在范围内。这 3 个要素彼此之间是鱼与熊掌的关系，很难做到完美兼顾。项目开始时，成本、质量和时间三要素维持的是一个等边三角形，如图 8-4 所示，而随着项目的推进，每一个要素的变化都会影响其他两个要素，导致三角形夹角的变化。项目经理的职责就是掌控这个三角形维持着一个合理的角度。在一个项目中，客户往往关心的是质量，企业管理层掌控资源并控制成本，只有时间才是项目经理唯一可以完全掌控的要素。项目的结果能使企业的收入增加、支出减少、服务加强，就是好项目。

项目管理就是将知识、技能、工具与技术应用于项目活动，以满足项目的要求，即通过运用一定的知识、技能、工具和技术等，使具体项目能够在计划时间内按照实际需求高质量、高效率地完成。项目管理是集成的努力和活动，如果某一部分的活动失败，通常会影响其他部分的活动。活动交互的作用常常在项目目标之间取得平衡，一部分绩效的提高可能需要以牺牲另一部分绩效为代价。成功的项目管理需要主动地管理这些交互活动，以提高整个项目的绩效。

图 8-4　项目管理三要素

项目管理主要有范围管理、时间管理、成本管理、质量管理、资源管理、沟通管理、风险管理、采购管理和集成管理 9 个方面的内容。实际项目管理中面临多方面的挑战，如企业管理层对项目的重视程度；项目团队的组织结构是否合理；项目管理者是否取得人力、金钱等资源的授权；项目团队成员的责、权、利的平衡等。

8.2 项目管理过程

PPT: 8-2
项目管理基本流程（1）

项目管理可以分为识别需求、提出解决方案、执行项目和结束项目 4 个阶段。这 4 个阶段是项目在管理过程中的进度，有很强的时间概念。所有的项目都包括这 4 个阶段，但不同项目的每个阶段时间长短可能不一样。项目管理过程可以整合为启动、计划、执行、监控、收尾 5 个过程，如图 8-5 所示。启动过程中需要明确人员和组织结构，阐述需求，制定项目章程并初步确定项目范围；计划过程中需要进行成本预算、人力资源估算，并制订采购计划、风险计划等项目管理计划；执行过程中需要指导和管理项目的实施；监控过程中需要监控项目执行，实施整体变更控制；收尾过程中需要进行项目总结、文档归类等工作。项目管理的 5 个过程是项目管理的工具方法，每个项目阶段都可以有这 5 个过程，也可以仅选取某一个过程或某几个过程。例如识别需求阶段，可以选择识别需求的启动、识别需求的计划、识别需求的执行、识别需求的监控和识别需求收尾。

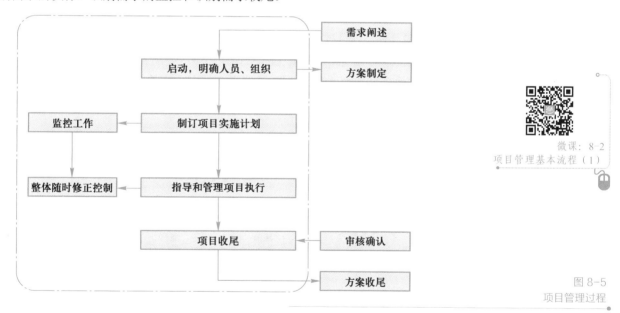

微课: 8-2
项目管理基本流程（1）

图 8-5
项目管理过程

8.2.1 项目启动

项目启动过程的主要任务有明确项目需求、确定项目目标、定义项目干系人的期望值、描述项目范围、选择项目组成员、明确项目经理以及确认需要交付的文档。项目启动过程中需要成立项目组，聘任项目经理。项目经理是负责实现项目目标的个人。公司建立以项目经理责任制为核心，实行质量、成本、时间、范围等项目管理的责任保证体系。

（1）项目经理的职责

① 与企业管理层沟通协商，明确项目需求和所需资源等。

② 挑选项目组成员，并得到项目组的支持。

③ 在项目实施过程中不断修正项目计划。

④ 在项目计划过程中领导和指导项目组成员。

⑤ 保证与项目相关人的沟通并汇报项目进程。

⑥ 监控项目的进程，保证项目按时间计划执行。

项目经理制定阶段性目标和总体项目计划，在项目管理中及时做出决策，如实向上级反映情况，监督项目执行并确保项目目标实现。项目经理组织召开项目启动会议，明确项目开发内容，确认项目团队和资源。启动会议结束后，项目经理负责编写启动会议纪要。

项目经理根据项目特点提出项目团队成员组成要求，并组建项目团队。项目核心成员对项目经理负责，保证项目的完成。

（2）项目团队成员的职责

① 参与项目计划的制订。

② 服从项目经理的管理，执行分配的任务。

③ 配合其他小组成员的工作。

④ 保持与项目经理的沟通。

8.2.2 项目计划

项目管理计划是说明项目将如何执行、监督和控制的一份文件。项目管理计划包括项目组织、成本预算、人力资源估算、设备资源计划、沟通计划、采购计划、风险计划、项目过程定义及项目的进度安排和里程碑、质量计划、数据管理计划、度量和分析计划、监控计划和培训计划等，如图 8-6 所示。制订项目管理计划是定义、准备和协调所有子计划，并将这些子计划整合为一份综合项目管理计划的过程。

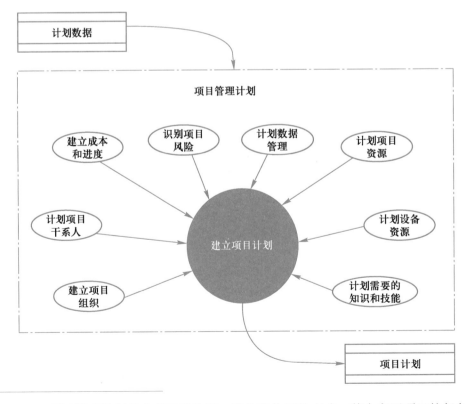

图 8-6
项目管理计划

项目管理计划确定项目的执行、监控和收尾的方式，其内容因项目的复杂程度和所在应用领域而异。编制项目管理计划，需要整合一系列项目管理相关过程，而且要持续到项目收尾。项目管理计划需要通过不断更新来渐进明细，而这些更新又需要由实施整体变更控制过程进行控制和批准。

笔 记

项目管理计划需要说明项目目标与范围。项目管理范围确保项目做且只做所需的全部工作，以成功完成项目的各个过程。管理项目范围主要在于定义和控制哪些工作应该包括在项目内，哪些不应该包括在项目内。对项目范围内的工作要进行认真的分析，确定活动并进行排序，确定关键路径，估算和分配活动资源，最后形成详细的工作分解结构（Work Breakdown Structure，WBS）。WBS 定义了项目的总范围，代表当前项目范围说明书中所规定的工作。WBS 是对项目团队为实现项目目标、创建可交互成果而需要实施的全部工作范围的层级分解。创建 WBS 是将项目可交互成果和项目工作分解成较小的、更易于管理的组件的过程。WBS 最底层的组件称为工作包，其中包括计划的工作。注意这里的"工作"是指作为活动结果的工作产品或可交付成果，而不是活动本身。在 WBS 确定后，确定项目时间进度表。

项目里程碑是指项目全过程中的重要时间点，如阶段交叉点、重要成果完成的时间。里程碑并不是具体的"活动"，而是"虚活动"。通过建立里程碑和检验各个里程碑的到达情况，来控制项目工作的进展和保证实现总目标。

项目管理子计划中的风险管理计划是必要的。在项目规划中，至少要将排名前十的风险记录在案。风险是指在某一特定环境下、某一特定时间段内，某种损失发生的可能性。风险是由风险因素、风险事故和风险损失等要素组成的。在实际评估中，项目风险通常分为低风险、中等风险和高风险 3 个级别。低风险指可以辨识并对项目目标影响较小的风险；中等风险指可以被辨识的，对项目目标产生较大影响的风险；高风险指发生的可能性很高，其后果将对项目目标产生极大影响的风险。对不同级别的风险应采取不同的应对措施。

风险管理分为风险识别、风险评估、风险规划和风险控制 4 个过程，如图 8-7所示。风险识别是指风险管理人员在收集资料和调查研究的基础上，运用各种方法对尚未发生的潜在风险以及客观存在的各种风险进行系统归类和识别。风险评估是指确定风险发生的概率和项目风险后果的严重程度，对项目风险影响范围的分析和评价，以及对于项目风险发生时间的估计和评价。风险规划是指针对风险分析的结果，制定风险应对策略和应对措施。风险控制是指对风险进行监控，在特定风险发生时采取应对反应，以降低风险的负面影响。

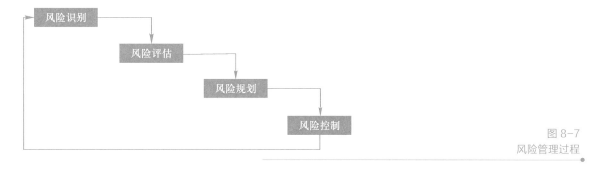

图 8-7
风险管理过程

8.2.3 项目执行

项目执行过程包含完成项目管理计划中确定的工作，按照项目管理计划协调人员和资源，管理干系人期望，以及整合并实施项目活动。

项目执行阶段的主要任务包含如下几个方面：

① 识别计划的偏离。

② 采取矫正措施以使实际进展与计划保持一致。

③ 接受和评估来自项目干系人的项目变更请求。

④ 必要时重新调整项目活动和资源水平。

⑤ 得到授权者批准后，变更项目范围、调整项目目标并监控项目进展，把控项目实施进程。

项目执行阶段需要项目组内成员之间保持沟通，对目标达成共识。项目主管与企业管理层之间保持沟通，取得管理层的支持是项目成功执行的关键要素之一。项目能够顺利执行需要其他相关部门的配合，项目组应与其他相关部门之间保持沟通，如图 8-8 所示。

PPT：8-3
项目管理基本流程（2）

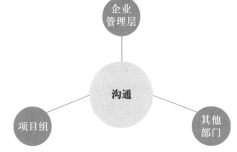

图 8-8
项目沟通方

项目执行的结果可能引发计划更新和基准重建，包括变更预期的活动持续时间、变更资源生产率与可用性。如果项目执行结果引发计划更新，则需要重新考虑未曾预料到的风险。项目执行中的偏差可能影响项目管理计划，需要加以仔细分析，并制定适当的项目管理应对措施。分析的结果可能引发变更请求。变更请求一旦得到批准，就可能需要对项目管理计划进行修改，甚至还要建立新的基准。项目的大部分预算将花费在执行过程中。

8.2.4 项目监控

项目计划完成并得到审批以后，项目组在按计划实施的同时，对项目计划的监控也同步进行。项目监控是跟踪、审查和报告项目进展，以实现项目管理计划中确定的绩效目标的过程。项目监控让项目干系人了解项目的当前状态、项目预算、项目进度和项目范围。项目监控的目的是通过周期性跟踪项目计划的各种参数，如任务进度、工作成果、工作量、费用、资源、风险及人员业绩等，不断了解项目的进展情况。当项目的实际进展情况与其计划严重偏离时，采取适当的纠正措施。

监控过程涉及如下几个方面：

① 控制变更，推荐纠正措施，或对可能出现的问题推荐预防措施。

② 对照项目管理计划和项目绩效测量基准，监督正在进行中的项目活动。

③ 对导致规避整体变更控制或配置管理的因素施加影响，确保只有经批准的变更才能付诸执行。

持续的监控使得项目团队能够及时掌控项目进展状况，并识别项目风险。项目监控不仅监控某个项目过程内正在进行的工作，而且监控整个项目工作。在多阶段的项目中，要对各阶段进行协调，以便采取纠正和预防措施，使得项目实施符合项目管理计划。

微课：8-3
项目管理基本流程（2）

8.2.5 项目收尾

项目收尾即结束项目管理过程的所有活动。收尾过程主要是总结经验教训、正式结束项目工作，为开展新工作释放组织资源。在结束项目时，项目经理需要审查以前各阶段的收尾信息，确保所有项目工作都已经完成并且项目目标已经实现。

项目收尾过程需要进行项目结项和文档归档。项目工作结束后，对项目的有形资产和无形资产进行清算，对项目进行综合评价，总结经验教训。项目结项过程主要包括结项准备和结项评审两个阶段。项目经理整理项目文档及成果，准备结项评审材料。项目评审小组负责对项目进行综合评估，评估的主要内容如下：

① 项目计划、进度评估。

② 项目质量目标评估。

③ 成本管理、效益评估。

④ 项目文档评估。

⑤ 项目对公司或部门的贡献评估。

⑥ 团队建设评估。

项目评审结束，所有项目文档归档，作为历史数据使用。项目收尾过程结束标志着项目的所有管理过程已经完成。

笔 记

8.3 项目管理工具应用

使用项目管理工具管理项目，有助于简化项目管理过程。常用的项目管理工具有 Microsoft Project、Tower、Worktile 和 Teambition 等。本书中使用微软公司的项目管理软件 Microsoft Project 2019 实现项目管理过程中的项目计划编制、资源配置及成本控制。

PPT：8-4
项目管理工具应用

使用 Microsoft Project 不仅可以快速、准确地创建项目计划，而且可以帮助项目经理实现项目进度和成本的控制，使项目工期大大缩短，资源得到有效利用，从而提高经济效益。

下面以"工商审批系统"开发为例介绍 Microsoft Project 2019 在项目管理过程中的主要应用。

8.3.1 进度计划编制

"工商审批系统"项目开发过程由需要分析、项目设计、编码、测试、项目收尾 5 个主要部分组成。根据软件项目开发流程，每个部分又细分为若干子任务。

① 需求分析：需求计划编制，需求调研与分析，需求报告编写，需求评审。

② 项目设计：概要设计、软件架构设计、权限模块设计、内网系统模块设计、外网系统模块设计、设计报告编写、项目设计评审。

③ 编码：系统架构编码、权限模块编码、内网系统模块编码、外网系统模块编码、系统集成、编码评审。

④ 测试：权限模块测试、内网系统模块测试、外网系统模块、系统集成测试、测试报告编写、测试评审。

⑤ 项目收尾：用户手册编写、客户培训、项目验收。

"工商审批系统"项目工作分解结构（WBS）图可以用图 8-9 描述。

根据项目工期需求，"工商审批系统"项目工期限定为 2021 年 3 月 1 日—4 月 30 日。为使项目在规定工期内完成，需要重新定义本项目的任务日历。规定每周日

微课：8-4
项目管理工具应用

为休息日，工作日为周一——周六，每天工作 8 小时，工作时间为上午 8:00—12:00、下午 13:00—17:00，每周工作 8 小时×6=48 小时。项目工期共 53 个工作日，其中需求分析任务占 8 个工作日，项目设计任务占 12 个工作日，程序编码任务占 20 个工作日，系统测试任务占 9 个工作日，项目收尾任务占 4 个工作日。

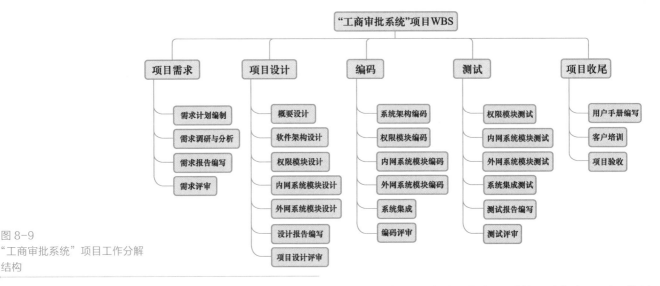

图 8-9
"工商审批系统"项目工作分解结构

规定需求分析任务、项目设计任务、程序编码任务、系统测试任务、项目收尾任务必须按顺序进行。上述每个任务结束阶段均需要安排一次项目评审，以检查该阶段的任务是否按计划要求完成。每次评审定义为里程碑，评审时间不超过半天，工期近似为零。

"工商审批系统"项目进度计划编制可以用如图 8-10 所示的甘特（Gantt）图描述。

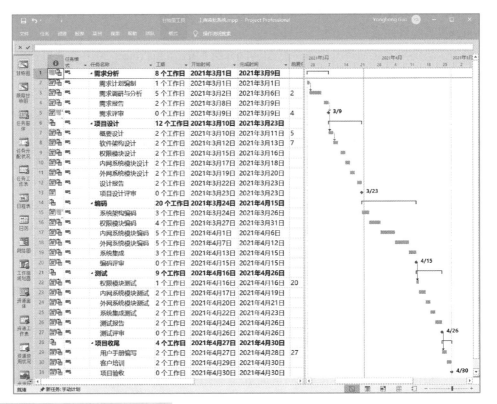

图 8-10
"工商审批系统"项目计划甘特图

8.3.2　资源配置

项目的资源包括执行项目的人、项目中的设备和耗材等。本项目为软件开发项目，主要资源为执行项目的人。资源类型包括工时资源、材料资源和成本资源：工时资源指按照工时执行任务的人员和设备资源，即按时间来付费的资源；材料资源指用于完成项目任务的消耗性产品，即耗材；成本资源指项目的财务债务，包括差旅费、资产成本或其他固定任务成本等。本项目中仅考虑人力所消耗的工时资源。根据编制的项目计划，本项目中每天工时为 8 小时，每月工作日为 26 天，月工时为 8 小时×26=208 小时。

本项目中，需要项目经理、需求分析师、软件设计师、项目实施工程师 4 个角色的岗位各 1 个，后台开发工程师岗位 3 个，前端开发工程师和软件测试工程师岗位各 2 个。"工商审批系统"资源工作表如图 8-11 所示。后台开发工程师最大单位 300%（3 小时×100%），即需要 3 位开发工程师。前端开发工程师和软件测试工程师的最大单位含义类似。

图 8-11
"工商审批系统"项目资源
工作表

根据项目计划表中每项任务所需要的资源情况，将人力资源配置到项目计划表的每项任务中。项目计划任务人力资源配置结果参考图 8-12。图 8-13 所示为资源使用状况表。

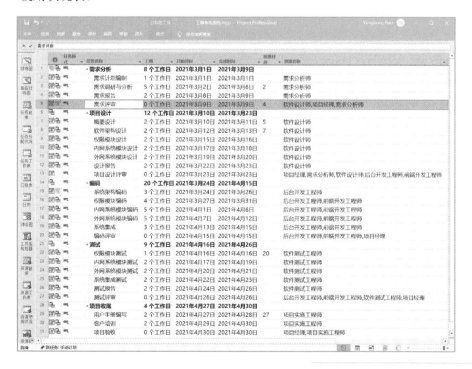

图 8-12
"工商审批系统"项目任务
人力资源配置

笔 记

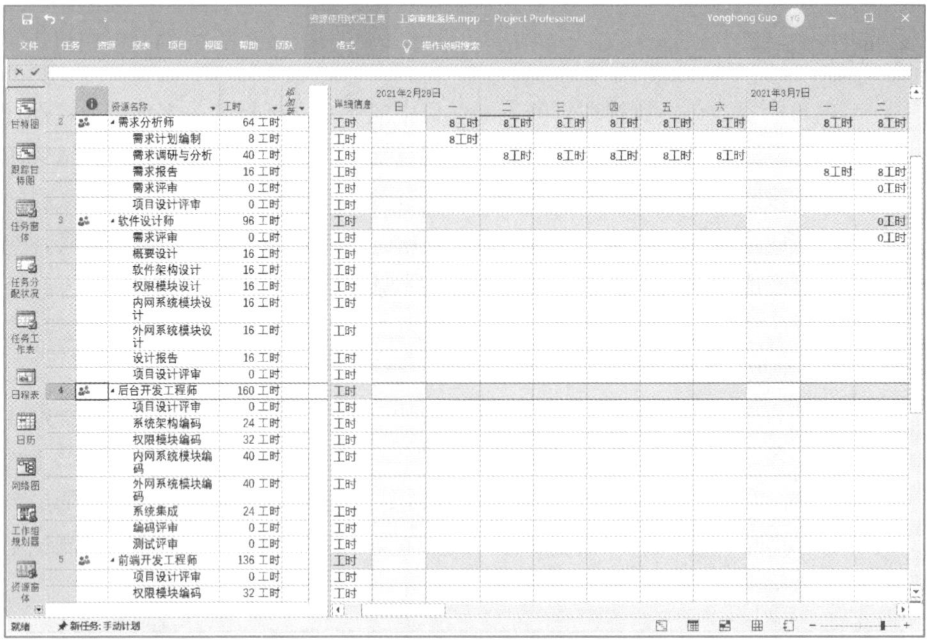

图 8-13
"工商审批系统"资源使用
状况表

8.3.3　成本控制

笔 记

项目的成本包括人员的薪资成本、材料成本及差旅成本等。本项目以薪资成本为例，介绍成本的计算方法。根据资源配置表，本项目中每天工时为 8 小时，每月工作日为 26 天，月工时为 8 小时×26=208 小时。本项目中的薪资资源采用 2021 年 3 月某招聘网站北京、上海、广州、南京和杭州这 5 个城市的平均薪资数据。以项目经理薪资计算为例，项目经理每个工时大约 100 元，每天的薪资为 800 元左右，平均每月工作 26 天，月薪资大约 800 元×26=20800 元。本项目中各项目干系人的薪资估算参考表 8-1。

表 8-1　"工商审批系统"项目干系人薪资估算

（单位：元）

序　号	工　作　岗　位	平均工时薪资	平均月薪
1	项目经理	100	20800
2	需求分析师	80	16640
3	软件设计师	80	16640
4	后台开发工程师	70	14560
5	前端开发工程师	70	14560
6	软件测试工程师	60	12480
7	项目实施工程师	50	10400

标准费率为一个工时的费率，加班付双倍工资。"工商审批系统"项目工时标准费率及加班费率参考资源工作表（图 8-11），项目人力成本估算如图 8-14 所示。

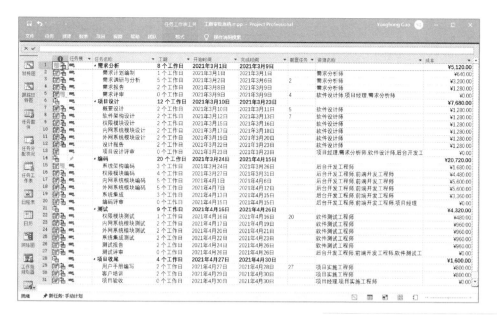

图 8-14
"工商审批系统"项目人力成本

课后练习

文本：课后练习答案

一、选择题

1. 项目的"一次性"含义是指（　　　）。

    A. 项目持续的时间很短

    B. 项目有确定的开始和结束时间

    C. 项目将在未来一个不确定的时间结束

    D. 项目可以在任何时间取消

2. 项目目标是（　　　）。

    A. 项目的最终结果

    B. 关于项目及其完成时间的描述

    C. 关于项目的结果及其完成时间的描述

    D. 任务描述

3. 项目管理的核心任务是（　　　）。

    A. 环境管理　　　　　　　B. 信息管理

    C. 目标管理　　　　　　　D. 组织协调

4. 计划要做的工作是 WBS 最底层的组成部分，称为（　　　）。

    A. 任务　　B. 活动　　C. 工作包　　D. 交互成果

5. 项目的三重约束不包括（　　　）。

    A. 计划　　B. 质量　　C. 时间　　D. 费用

二、填空题

1. 项目管理过程可以整合为_____、_____、_____、_____、_____5 个过程。

2. _____是指项目全过程中重要时间点，如阶段交叉点、重要成果完成的时间点。

3. 风险管理分为_____、_____、_____和_____4 个过程。

三、简答题

1. 什么是项目？项目的主要特征有哪些？

2. 如何判断一个项目是成功的项目？客户、企业管理层和项目经理分别掌握哪些项目要素？

3. 项目启动阶段，项目经理的职责是什么？

4. 项目执行阶段的主要任务有哪些？

单元 **9**

机器人流程自动化

▶ 单元导读

　　小王在一家保险公司工作，每天需要处理大量烦琐的办公室事务，如承保处理、索赔处理、客户运营、监管报送、财务税务等，这些工作单调乏味，而且不能出错。每天上班以后打开计算机，他就开始不停地忙碌，收集整理信息、抽取信息、读取数据、审核内容、操作软件应用系统等，每时每刻都必须高度紧张，如图 9-1 所示。

　　有一天，公司主管告诉他一个好消息：公司将部署机器人流程自动化系统，他每天承担的大量单调而重复的工作将交给软件机器人处理。公司实施流程自动化以后，员工再也不用那么紧张忙碌了。

　　机器人流程自动化（Robotic Process Automation，RPA）是以软件机器人和人工智能为基础的业务过程自动化技术，软件机器人通过模仿用户手动操作的过程，自动执行大量重复的、基于规则的任务。

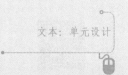

文本：单元设计

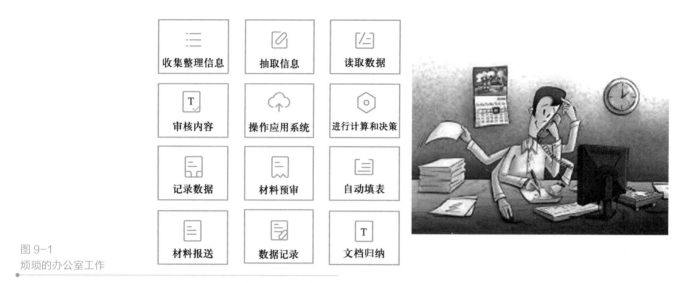

图 9-1
烦琐的办公室工作

通过 RPA 可以把耗时的、烦琐的任务分配给软件机器人，这些机器人可以比人类更快、更准确并且自动地执行这些任务。同时，这种简化运营的策略还提供了额外的好处，即可以节省员工的时间来处理具有更高价值的工作，这对于进行数字化转型的公司和组织来说是一个重要的优势。

9.1 RPA 的优势

PPT：9-1
RPA 概述

RPA 能够使企业减少人员成本和人为错误。例如，德勤公司实施 RPA 以后，重新设计并部署了 85 个机器人运行 13 个业务流程，每年能够自动处理 150 万个请求，这相当于 200 多名全职员工的工作量。

机器人通常成本低廉且易于实施，不需要自定义软件或深度系统集成。当企业追求增长而又不希望招募更多员工时，就可以通过 RPA 把低价值的任务交给机器人处理，从而更好地服务于它们的主营核心业务。

企业还可以通过向 RPA 注入人工智能模块，如人脸检测、语音识别和自然语言处理等认知技术来增强其自动化工作，把需要人类感知和判断能力的高级任务一并交给机器人处理。

9.2 RPA 部署失败的原因

微课：9-1
RPA 概述

各行各业的公司部署 RPA 以后带来了积极的成果，也看到了 RPA 对公司发展的显著优势，但是 RPA 的实施具有挑战性，无法保证一定成功。如果做得不好，转向 RPA 也可能会带来更多的问题。实施 RPA 需要重组公司各部门的人员、设备和资源，改造原先的办事流程，也有许多 RPA 试点项目以失败而告终。

首先，管理层犹豫不决会引起 RPA 部署的失败。企业管理者需要面对的难题是，任何取代人工的技术都将引发争议和矛盾，如引起一些员工下岗失业、必须学习新知识等，从而质疑该技术将如何工作以及如何与员工互动。所以 RPA 失败最常见的原因之一其实与技术无关，而与人员有关。有时候，RPA 可行性验证阶段还没有结束就停下来了，就是因为管理层还没有为变化做好准备。

笔 记

其次，员工缺乏训练也会引起 RPA 部署的失败。实施 RPA 要求员工学习掌握新技术和新的软件工具。如果公司没有花足够的时间让员工接受 RPA 工具的培训或教育，并且没有足够的资源完成所有工作，则 RPA 项目有可能失败。所有主要的 RPA 提供商都在通过技术和非技术方面的高质量培训来创建自己的培训机构或提供在线学习资源，但是公司在实施 RPA 时在很大程度上并没有充分利用这些资源。

最后，错误的流程也会导致 RPA 部署失败。有些企业的业务流程适合软件机器人处理，而有些流程则不适合，必须有人工干预才能顺利完成。在最初的 RPA 试点中，如果选择的流程过于复杂，则会导致项目进度缓慢。如果再造的流程不能创造出足够的惊喜，它就不会得到企业管理者为扩大生产提供的支持。

9.3 RPA 的功能

RPA 通过软件机器人自动执行一系列流程。机器人能够模仿许多人类用户的行为，例如，它们能够登录到应用程序、移动文件和文件夹、复制和粘贴文件或数据、填写表格、从文档中提取结构化和半结构化数据、打开浏览器从中抓取数据等。RPA 能够按照设定好的顺序执行这些行为。图 9-2 所示是一个可以由软件机器人执行的 RPA 流程，从打开浏览器到把爬取的数据保存到 Excel 表格，这一连串的行为都能够自动执行。

打开
浏览器
访问
搜索引擎
输入
关键字
执行检索
从检索结果
中提取数据
把数据保存
到Excel表格

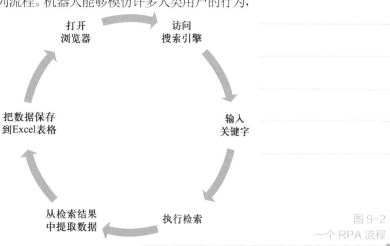

图 9-2
一个 RPA 流程

每个公司都有大量基于规则的重复性工作，如收集和输入数据、处理交易、核对记录等。由人工执行这些单调重复的工作枯燥且乏味，而机器人可以快速、准确和连续地执行这些操作。一家正规企业经过 RPA 改造可成为全自动企业，由机器人而不是人员来执行这些过程。图 9-3 所示是常规企业经过实施 RPA 转变为全自动企业前后的对比。

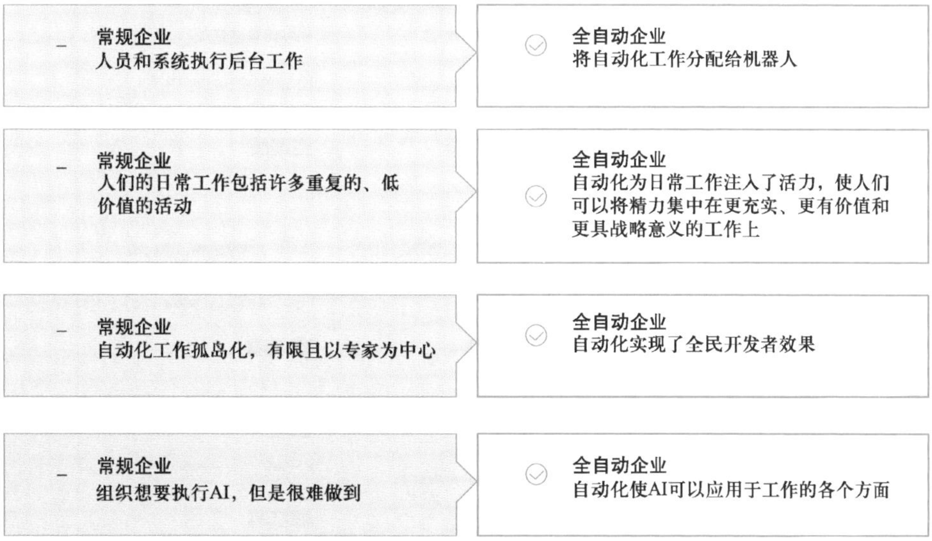

常规企业
人员和系统执行后台工作
全自动企业
将自动化工作分配给机器人
常规企业
人们的日常工作包括许多重复的、低价值的活动
全自动企业
自动化为日常工作注入了活力，使人们可以将精力集中在更充实、更有价值和更具战略意义的工作上
常规企业
自动化工作孤岛化，有限且以专家为中心
全自动企业
自动化实现了全民开发者效果
常规企业
组织想要执行AI，但是很难做到
全自动企业
自动化使AI可以应用于工作的各个方面

图 9-3
RPA 使常规企业转变为全自动企业

9.4　RPA 工具

PPT：9-2
RPA 工具

国际领先的 RPA 厂商有 UiPath、Blueprism、Automation Anywhere 和 WorkFusion 等。其中，UiPath 公司成立于 2005 年，是一家发展迅速的软件公司，其 RPA 业务涵盖全球，在每次 Gartner 魔力象限 （Gartner Magic Quadrant）、Forrester Wave 以及 Everset Peak Matrix 报告中均被评为 PRA 领域的领先者，也是当前市场上最受欢迎的 RPA 自动化工具之一。图 9-4 所示是该公司推出的 3 个试用版下载页面。除了试用版软件，该公司还推出了在线的 UiPath 学院，为学员提供了丰富的在线学习资源，参见图 9-5。

微课：9-2
RPA 工具

图 9-4
UiPath 试用版的下载页面

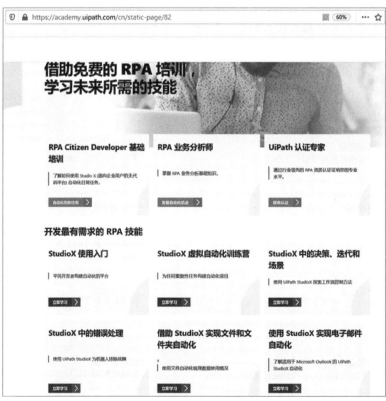

图 9-5
UiPath 学院的在线课程

国内领先的 RPA 企业有艺赛旗、弘玑、达观数据和云扩科技等。其中，云扩科技提供了完整的 RPA 产品线以及丰富的生态社区支持，包含云扩智能 RPA 平台（本地版+SaaS 版）、机器人认知服务平台、流程挖掘套件、云扩市场和云扩学院。机器人认知服务平台让机器人具备文档理解、图像识别、信息抽取等 AI 能力；流程挖掘套件帮助业务人员快速地梳理适合机器人执行的业务流程；云扩市场让开发者与企业客户可以灵活地定制与扩展云扩 RPA 的能力；云扩学院则为 RPA 开发者提供了丰富的交互式学习体验。图 9-6 所示是云扩 RPA 社区版的下载页面；图 9-7 所示是云扩学院的在线课程页面，提供了从初级到高级的在线课程。

笔 记

图 9-6
云扩 RPA 社区版的下载页面

图 9-7
云扩学院的在线课程页面

9.5 RPA 平台

RPA 厂商都提供实施 RPA 全流程的软件工具，形成平台级 RPA 产品。RPA 平台基于先进的软件自动化技术，提供完善的 RPA 产品矩阵，从每个微观业务流的智能自动化到构建完整的智能生产力平台，打造易用、稳定、安全、开放、智能的端到端企业级流程自动化框架，推进大规模人机协作。图 9-8 所示是云扩科技的企业级智能流程自动化平台。

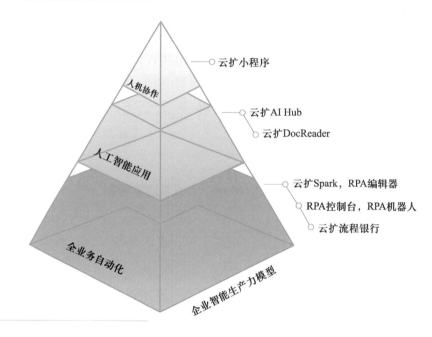

图 9-8
企业级智能流程自动化平台

笔 记

云扩科技的企业级智能流程自动化平台包括云扩 Spark、RPA 编辑器、云扩市场、RPA 控制台、RPA 机器人、云扩小程序、云扩 AI Hub 和云扩 DocReader 等。

9.5.1 云扩 Spark

云扩 Spark 通过在线工具箱可以轻松发现和梳理适合被自动化的工作任务，掌握自动化的主动权。

需要说明的是，云扩 Spark 只是为查找 RPA 流程提供了工具，而在企业内部发现哪些任务适合被自动化并不是一件轻松的事。实践证明，下列 4 点有助于查找 RPA 流程：

① 鼓励不同部门的业务人员提交多个自动化流程。

② 管理者与流程专家对每个流程进行评估并排序。

③ 针对高优先级的流程在 Spark 中补充更多细节。

④ 将可视化的流程需求分享给实施人员进行开发。

此外，还可以组织会议，邀请 RPA 公司的专业导师参加指导，帮助业务团队挖掘更多流程。

9.5.2 RPA 编辑器

RPA 编辑器用于设计自动化流程。它提供了图形化界面，通过简单拖曳连线，就可以搭建复杂流程，为开发者提供了低代码且高效的开发自动化流程界面，如图 9-9 所示。

RPA 编辑器内置了强大的 AI 能力和计算机视觉 OCR 技术，能精准识别各种软件界面。通过拖曳这些内置的 AI 组件,即可轻松地把智能识别功能嵌入自动化流程。

图 9-9
RPA 编辑器

9.5.3 RPA 控制台

RPA 控制台是企业级 RPA 的中央控制中心,也是全局智能的 RPA 管理平台,提供高效管理企业流程自动化任务的界面,如图 9-10 所示。RPA 控制台高效连接并管理编辑器、机器人、AI 服务、数据中心等各业务模块,实现各模块的统一管理和协作。控制台有严格完善的权限系统和角色系统,保证企业数据安全,人员权限可控。

笔 记

图 9-10
RPA 控制台

9.5.4 RPA 机器人

RPA 机器人是自动化流程的执行者,随时随地提供自动化流程服务,如图 9-11 所示。作 RPA 的执行代理,RPA 机器人能够自动执行在 RPA 编辑器内所预先设计好的工作流程。

RPA 机器人可以替代烦琐的人工执行过程,处理各种复杂任务,使企业员工的工作更高效,轻松满足企业多样化的办公需求。通过 RPA 控制台,对这些机器人的统一调度可以一键管理,轻松简易。

图 9-11
RPA 机器人

课后练习

文本：课后练习答案

一、选择题

1. RPA 的英文全称是（　　）。

    A. Rational Process Automation   B. Robotic Process Automation

    C. Robotic Performing Automation   D. Rational Performing Automation

2. 以下流程适合由软件机器人执行的是（　　）。

    A. 从业务系统中抓待发运的货物清单—填写发货单—发送订单至物流供应商系统

    B. 打印机通电—安装打印纸—发送文档到打印机—获取打印文档

    C. 从购物网站获取快递号—去快递柜收取快递—打开快递包裹

    D. 统计加班人数—业务系统订购快餐—分发快餐

3. 下列（　　）是国际知名的 RPA 厂商。

    A. 微软   B. IBM   C. Oracle   D. UiPath

4. 下列（　　）是国内知名的 RPA 厂商。

    A. 华为   B. 腾讯   C. 云扩科技   D. 科大讯飞

二、填空题

1. 软件机器人通过模仿用户手动操作的过程，自动执行大量＿＿＿＿＿＿＿、＿＿＿＿＿＿＿的任务。

2. 企业还可以通过向 RPA 注入人工智能模块，如＿＿＿＿＿＿＿、＿＿＿＿＿＿＿和＿＿＿＿＿＿＿等认知技术来增强其自动化工作，把需要人类感知和判断能力的高级任务一并交给机器人处理。

3. 云扩科技的企业级智能流程自动化平台包括＿＿＿＿＿＿＿、＿＿＿＿＿＿＿、＿＿＿＿＿＿＿和＿＿＿＿＿＿＿。

三、简答题

1. RPA 有哪些优势？

2. 哪些原因会导致 RPA 部署失败？

3. RPA 能实现哪些功能？

单元 10

程序设计基础

▶ 单元导读

　　程序设计是设计和构建可执行的程序以完成特定计算结果的过程，是软件构造活动中的重要组成部分，一般包含分析、设计、编码、调试和测试等不同阶段。熟悉和掌握程序设计的基础知识，是在现代信息社会中生存和发展的基本技能之一。

文本：单元设计

10.1 程序设计基础知识

10.1.1 语言分类

自 1946 年第一台通用电子计算机 ENIAC 问世到现在，程序设计语言经历了从机器语言、汇编语言到高级语言的历程。

1. 机器语言

机器语言程序由计算机能够识别的二进制代码指令构成，不同的 CPU 具有不同的指令系统，CPU 的电子器件能够直接识别并执行这些指令。程序设计人员使用机器语言编写程序不仅要非常熟悉硬件的组成及其指令系统，还必须熟记计算机的指令代码。

用机器语言编写的程序难以阅读和理解，二进制指令代码难记忆，这极大地限制了程序的质量和应用范围，而且每个机器语言程序只能在特定类型的计算机上运行，要想在其他计算机上运行，必须重新编写，造成了大量重复工作。因此，机器语言有着很大的局限性。

2. 汇编语言

为了克服机器语言的局限性，人们引入一种替代方法，即用助记符来代替操作码，用符号代替操作数的地址。助记符是英文字符的缩写，与操作码的功能相对应；表示地址的符号即符号地址，由用户根据需要来定。这种由助记符和符号组成的指令集合称为汇编语言。

汇编语言程序不能被计算机直接识别，必须经过翻译转换为机器语言程序，才能被计算机执行。人们把完成这一翻译任务的程序称为汇编程序，它是系统软件，一般是和计算机设备一起配置的。利用汇编程序将汇编语言程序翻译为机器语言程序的过程称为汇编，汇编语言程序称源代码，翻译后的机器语言程序称为目标代码。

汇编语言是面向机器的低级程序设计语言，它离不开具体计算机的指令系统。因此，对于不同型号的计算机，有着不同结构的汇编语言，而且对于同一问题所编制的汇编语言程序，在不同种类的计算机间是互不相通的。

3. 高级语言

由于汇编语言同样依赖于计算机硬件系统，且助记符量大难记，于是人们又发明了更加易用的、不依赖于计算机硬件系统的高级语言。

高级语言与计算机的硬件结构及指令系统无关，可移植性好，具有更强的表达能力，可方便地表示数据的运算和程序的控制结构，能更好地描述各种算法，而且容易学习和掌握。

10.1.2 执行方式

计算机在执行用高级语言编写的程序时，主要有两种处理方式，分别是编译和解释。

1. 编译方式

编译方式需要有一个担任翻译工作的程序，称为编译程序。所谓编译，就是把用高级语言编写的源程序翻译成与之等价的计算机能够直接执行的目标代码。编译过程包括词法分析、语法分析、语义分析、中间代码生成、代码优化和目标代码生成等阶段。

在编译方式下，计算机执行的是与源代码等价的目标程序，源程序和编译程序都不再参与目标程序的执行过程。

笔 记

2. 解释方式

解释方式需要有一种语言处理程序，称为解释程序。解释过程在词法、语法和语义分析上与编译程序的工作原理基本相同。

在解释方式下，解释程序和源程序都要参与到程序的执行过程中，程序执行的控制权在解释程序，解释一句执行一句，解释程序在翻译源程序的执行过程中不产生独立的目标代码。

3. 程序的 IPO 结构

不论是用哪种语言编写的源程序，基本都是由输入（Input）、处理（Process）和输出（Output）这三部分构成，简称 IPO。

① 一个用来解决实际问题的程序，希望它不是只能解决一个特定问题，而是能够解决一类性质相同的问题，这就需要能够从外界获得必要的信息，而这些信息往往是通过输入获得的。所以，一个程序应该有输入，即一个有输入的程序才具有通用性。

② 在程序中，需要对从外界获得的信息进行加工处理，从而得到预期的结果。所以，一个程序要有处理能力。

③ 程序执行完，希望能看到程序执行的结果，这就需要有输出。如果程序执行完毕，没有任何信息展现在人们面前，这样的程序就没有任何意义。所以，一个程序一定要有输出。

因此，输入、处理和输出是程序的基本结构。

【例 10-1】 求一元二次方程实数根问题。

假设所编写的求一元二次方程 $ax^2+bx+c=0$（$a \neq 0$）实数根的程序如下：

1   输入系数 a,b,c
2   如果 $b^2-4ac \geqslant 0$
3      $x_1 = \dfrac{-b+\sqrt{b^2-4ac}}{2a}$ ， $x_2 = \dfrac{-b-\sqrt{b^2-4ac}}{2a}$
4   输出 x_1， x_2
5   否则
6   输出"方程没有实数根"

程序的第 1 行是输入，第 4 行和第 6 行是输出，其他行是处理。如果没有第 1 行的输入，就只能求一个特定方程的根，程序不具有通用性；如果有第 1 行的输入，可通过用户输入的不同系数来求不同方程的根，程序就具有通用性；如果没有第 4 行和第 6 行的输出，该程序就没有意义了。

10.2 程序设计语言和工具

10.2.1 C 语言

C 语言是一种面向过程的、抽象化的通用程序设计语言，广泛应用于底层开发。

C 语言能以简易的方式编译、处理低级存储器，是仅产生少量的机器语言以及不需要任何运行环境支持便能运行的高效率程序设计语言。尽管 C 语言提供了许多低级处理的功能，但仍然保持着跨平台的特性，即以一个标准规格写出的 C 语言程序可在包括类似嵌入式处理器以及超级计算机等作业平台的许多计算机平台上进行编译。

10.2.2 C++

C++是 C 语言的继承。它既可以进行 C 语言的过程化程序设计，又可以进行以抽象数据类型为特点的基于对象的程序设计，还可以进行以继承和多态为特点的面向对象的程序设计，以及进行基于过程的程序设计。

10.2.3 Java

Java 是一种面向对象的程序设计语言，不仅吸收了 C++的各种优点，还摒弃了 C++里难以理解的多继承、指针等概念，因此 Java 具有功能强大和简单易用两个特征。Java 作为静态面向对象编程语言的代表，极好地实现了面向对象理论，允许程序员以优雅的思维方式进行复杂的编程。

Java 具有简单性、面向对象、分布式、健壮性、安全性、平台独立与可移植性、多线程、动态性等特点，可以用于编写桌面应用程序、Web 应用程序、分布式系统和嵌入式系统应用程序等。

10.2.4 C#

C#是微软公司发布的一种由 C 和 C++衍生出来的面向对象的、运行于.NET Framework 和.NET Core 之上的高级程序设计语言。C#看起来与 Java 有着很多相似之处，它包括了诸如单一继承、接口、与 Java 几乎同样的语法和编译成中间代码再运行的过程。但是 C#与 Java 也有着明显的不同，它借鉴了 Delphi 的一个特点，与 COM 是直接集成的，而且它是微软公司.NET Windows 网络框架的主角。

10.2.5 Python

Python 由荷兰数学和计算机科学研究学会的 Guido van Rossum 于 20 世纪 90 年代初设计，作为一门叫作 ABC 语言的替代品。Python 提供了高效的高级数据结构，还能简单有效地面向对象编程。Python 因其语法和动态类型特点，以及解释型语言的本质，成为多数平台上编写脚本和快速开发应用的编程语言，并随着版本的不断更新和语言新功能的添加，逐渐被用于独立的、大型项目的开发。

本书以 Python 为例进行程序设计和实践。

10.3 程序设计方法和实践

Python 是一种面向对象的开源的解释型计算机编程语言，具有通用性、高效性、跨平台移植性和安全性等特点。Python 诞生于 1991 年，在其发展过程中经历了 2.x 和 3.x 两个不同版本，且两个版本不兼容。2016 年开始，所有 Python 重要的标准库和第三方库已经在 Python 3.x 下进行使用，标志着 Python 版本升级过程结束。

10.3.1 Python 的安装与配置

PPT：10-2
Python 的 安装、运 行 与
编写规范

学习 Python 首先需要安装并配置相应的程序开发环境，可以在 Python 的官方网站https://www.python.org/downloads/下载对应操作系统的 Python 安装包。在 Window 操作系统中下载完成后，双击安装包文件即可开始安装。选择安装方式时，在 Python 安装界面选中最下面的"Add Python 3.9 to PATH"复选框，即可自动完成环境变量配置，如图 10-1 所示。

微课：10-2
Python 的 安装、运 行 与
编写规范

图 10-1
Python 安装界面

10.3.2 Python 程序运行方式

Python 程序有交互式和文件式两种运行方式。

1. 交互式

交互式是利用 Python 内置的集成开发环境 IDLE 来运行程序，适合于 Python 入门、编写功能简单程序的初学者使用。单击"开始"按钮，选择"Python"→"IDLE"菜单项，进入 Python 内置集成开发环境 IDLE 窗口，如图 10-2 所示。

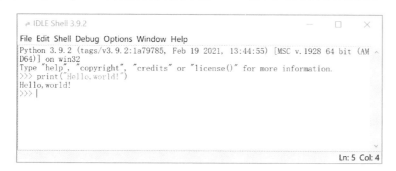

图 10-2
Python IDLE 交互式

交互式一般用于调试少量代码，在提示符 ">>>" 后面输入 Python 语句，按〈Enter〉键即可运行，没有提示符 ">>>" 的行表示运行结果。输入 "exit()" 或 "quit()" 可以退出 IDLE 窗口。

2. 文件式

文件式是 Python 中最常见的编程方式，文件式程序可以在 IDLE 窗口中编写和执行。打开 IDLE 窗口，选择"File"→"New File"命令，打开 Python 源代码编辑器输入程序源代码，再选择"File"→"Save"命令保存文件。在 Python 源代码编辑器中选择"Run"→"Run Module"命令，在 IDLE Shell 窗口输出程序，运行结果如图 10-3 所示。

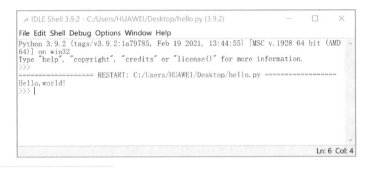

图 10-3
Python IDLE 文件式

还可以通过 Windows 的记事本编写程序（注意将文件扩展名修改为 py），再使用 Windows 的命令行（cmd.exe）运行程序。操作步骤如下：

① 按〈Win+R〉组合键，在"运行"对话框中输入"cmd"命令，打开 Windows 命令行。

② 切换到 Python 程序文件所在的目录。

③ 输入"python 文件名.py"，执行程序。

例如，执行 hello.py 文件，操作及结果如图 10-4 所示。

图 10-4
Windows 命令行运行程序

10.3.3 Python 编写规范

笔记

为了提高代码的可读性和维护性，编写 Python 源程序时需要遵循一定的规范。

1. 标识符命名规则

① 文件名、变量名、函数名、类名、模块名等标识符由字母、数字和下画线组成，第 1 个字符必须是字母或者下画线。

② 标识符区分大小写字母。

③ 不能使用关键字。

2. 代码缩进

Python 使用代码块的缩进来体现代码之间的逻辑关系，通常以 4 个空格为基本缩进单位。同一个语句块或者程序段缩进量相同。

3. 注释

注释是程序中的说明性文字，不会被计算机执行，一般用于程序员对代码的说明。一个良好的程序需要有一定量的注释来增加程序的可读性。Python 语言使用两种方式对程序进行注释。

① 单行注释。使用"#"号表示一行注释的开始。例如：

```
# 第一个单行注释
print("Hello,world!")  # 第二个单行注释
```

② 多行注释。Python 使用文档字符串进行多行注释，即使用 3 个双引号（"""）或者 3 个单引号（'''）将内容括起来，文档字符串里面的内容可以保留其原有样式。例如：

```
'''
这是多行注释，使用 3 个单引号
这是多行注释，使用 3 个单引号
这是多行注释，使用 3 个单引号
'''
```

4. 代码折行处理

Python 中代码是逐行编写的，不限制每行代码的长度，但过长代码不利于阅读，可以使用反斜杠（\）符号将单行代码分割成多行表达。例如：

```
# 代码折行处理
print('这行字符太长了，写不下，可以使用折行处理。\
这行字符太长了，写不下，可以使用折行处理。')
```

运行结果如下：

> 这行字符太长了，写不下，可以使用折行处理。这行字符太长了，写不下，可以使用折行处理。

10.3.4 Python 语法

程序语言的目的是让人能与计算机进行交流。学习 Python 语言就是用 Python 编写程序告诉计算机，让计算机帮助人完成任务。Python 既然是语言，就有其规定的语法规则。

PPT: 10.3
Python 语法

1. 数据类型

Python 定义了 6 组标准数据类型，包括 2 种基本数据类型（数值类型和字符串类型）和 4 种组合数据类型（列表、元组、字典和集合）。

（1）数值类型

数值类型包括整数（int）、浮点数（float）、复数（complex）和布尔值（bool）共 4 种类型。其中，整数类型有 4 种进制表示，分别是十进制、二进制、八进制和十六进制；浮点数类型与数学中的实数概念一致，表示带有小数的数值；复数类型与数学中的复数概念一致；布尔值类型是一种特殊的数据类型，表示真（True）和假（False），分别映射到整数 1 和 0。

微课: 10.3
Python 语法

Python 的数值类型在使用时，不需要先声明，可以直接使用。例如：

```
x = 5   # x 为整数类型
y = 2.3  # y 为浮点数类型
z = 2+3j  # z 为复数类型
t = False  # t 为布尔值类型
```

Python 提供了 7 个基本的数值运算操作符，见表 10-1。

表 10-1 数值运算操作符

操作符及运算	名称	描 述	实 例
+	加	表示两个对象相加	20+10 结果为 30
-	减	得到负数或者两个数之差	20-10 结果为 10
*	乘	两个数相乘	20*10 结果为 200
/	除	两个数的商，结果是浮点数	4/2 结果为 2.0
%	取模	两个数的余数	5%3 结果为 2
**	幂	幂运算，例如 x**y 表示 x 的 y 次幂	2**3 结果为 8
//	整除	返回商的整数部分（向下取整）	9//2 结果为 4，-9//2 结果为-5

（2）字符串

Python 中的字符串是用单引号、双引号、3 个单引号或者 3 个双引号括起来的字符序列，属于不可变序列。3 个单引号或 3 个双引号括起来的字符串通常用在多行字符串中。

如果要在字符串中包含控制字符和特殊含义的字符，就需要使用转义字符。常用的转义字符见表 10-2。

表 10-2 转 义 字 符

转义字符	含 义	转义字符	含 义
\n	换行	\\	字符串中的 "\" 本身
\t	制表符（Tab）	\"	字符串中的双引号本身
\r	回车	\ddd	3 位八进制数对应的 ASCII 码字符
\'	字符串中的单引号本身	\xhh	2 位十六进制数对应的 ASCII 码字符

转义字符的操作实例如下：

```
# 转义字符操作
print('I\'m a student!')  # \'是转义字符
```

运行结果如下：

```
I'm a student!
```

在 Python 中，字符串可使用 "*" "+" 运算符进行运算，"+" 就是连接，"*" 就是将字符串重复 n 次。还可以使用 in 或者 not in 来判断一个字符串是否是另外一个字符串的子串。字符串的操作实例如下：

```
# 字符串运算操作
print( 'Python'*3)
print( 'I love '+'python!')
print('python' in 'I love python!')
print( 'python' not in 'I love python!')
```

运行结果如下：

```
PythonPythonPython
I love python!
True
False
```

Python 中可以对字符串进行索引和切片。索引是指对字符串中单个字符的检索。字符串包括正向递增序号和反向递减序号两种序号体系，如图 10-5 所示。这两种索引字符的方法可以同时使用。

图 10-5
字符串两种序号体系

切片是指对字符串截取其中一部分的操作。切片的语法格式为：

[起始：结束：步长]

索引和切片的实例如下：

```
# 字符串索引和切片
s = 'I love python!'
print(s[5])
print(s[-9])
print(s[7:13])   # 从 7 开始到 13 结束，不包括 13
print(s[7:13:2])  # 步长为 2
```

运算结果如下：

```
e
e
python
pto
```

在 Python 中定义了很多处理字符串的内置函数和方法，函数是直接调用的，方法需要通过对象用 "." 运算符调用。str( ) 函数、find( ) 方法、upper( ) 方法、split( ) 方法和 strip( ) 方法是几个常用的字符串函数和方法。操作实例如下：

```
# 字符串内置函数和方法
print(str(1+2))   # 将 1 和 2 求和然后转换为字符串
s = 'I love python!'
print(s.find('love'))   # 查找'love'在原字符串中首次出现的位置
print(s.upper())  # 将字符串中所有小写字母转换成大写字母
print(s.split(' '))  # 将字符串按照指定的分隔符拆分成多个字符子串
print( '***LOVE***'.strip('*'))  # 删除字符串头尾指定的字符
```

运行结果如下：

```
3
2
```

```
I LOVE PYTHON!
['I', 'love', 'python!']
LOVE
```

（3）列表

列表是一种可变的元素序列，是 Python 中使用最频繁的数据类型，系统自动为其分配连续的内存空间。列表中的元素类型可以不同，可以是数字、字符串或列表（列表嵌套）等。列表定义的一般形式为：

列表名=[元素 0，元素 1，…，元素 n]

列表支持索引和切片操作，规则和字符串相同。序列可以进行添加、删除、排序等操作，内存空间自动扩展和收缩。列表的操作实例如下：

```
# 列表的操作
ls = [1,5,4,'r','b']  # 定义一个列表
print(ls[2])  # 列表索引
print(ls[2:4])  # 列表切片
print(len(ls))  # 列表的元素的个数（长度）
ls.append(9)  # 在列表最后增加一个元素
print(ls)
ls.insert(1,'a')  # 在 1 号位置插入元素
print(ls)
ls[1] = 8  # 修改 1 号位置元素的值为 8
print(ls)
print(ls.pop(4))  # 将 4 号位置元素取出并从列表中删除，返回结果为取出的'r'
print(ls)
ls.remove('b')  # 将出现的第一个'b'删除
print(ls)
del ls[4]  # 删除列表 4 号位置的元素
print(ls)
ls.reverse()  # 将列表 ls 中的元素反转
print(ls)
print(1 in ls)  # 判断一个元素是否在列表中，结果为 True
print(min(ls))  # 获取列表中最小的元素
ls.sort()  # 对列表进行排序，默认为升序
print(ls)
ls.clear()  # 删除 ls 中所有的元素
print(ls)
del ls  # 删除列表
```

运行结果如下：

```
4
[4, 'r']
5
[1, 5, 4, 'r', 'b', 9]
[1, 'a', 5, 4, 'r', 'b', 9]
[1, 8, 5, 4, 'r', 'b', 9]
r
[1, 8, 5, 4, 'b', 9]
```

```
[1, 8, 5, 4, 9]
[1, 8, 5, 4]
[4, 5, 8, 1]
True
1
[1, 4, 5, 8]
[]
```

（4）元组

元组和列表一样，也是一种元素序列。元组定义的一般形式为：

元组名=(元素 0，元素 1，…，元素 *n*)

元组支持索引和切片操作，规则和字符串、列表相同。元组是不可变的，一旦创建，就不能添加、删除和修改。元组的操作实例如下：

```
# 元组的操作
tuple_one = (2,4,'blue','red')   # 创建第一个元组
print(len(tuple_one))   # 获取元组元素的个数
print(tuple_one[1:3])   # 元组切片
tuple_two = (94,50)   # 创建第二个元组
print(94 in tuple_two)   # 判断一个元素是否在元组中
tuple_three = tuple_one+tuple_two   # 将 2 个元组合并生成新的第三个元组
print(tuple_three)
del tuple_two   # 删除第二个元组。元组内容不可变，但可以删除整个元组
```

运行结果如下：

```
4
(4, 'blue')
True
(2, 4, 'blue', 'red', 94, 50)
```

（5）字典

字典是包含多个元素的一种可变数据类型，其元素由"键:值"对组成，即每个元素包含"键"和"值"两部分，"键"是唯一的，"值"可以是任意类型。字典定义的一般形式为：

字典名={键 0:值 0,键 1:值 1,…,键 *n*:值 *n*}

字典的元素之间没有顺序之分。在字典中通过"键"访问"值"。字典是可变的，可以进行添加、删除、修改等操作。字典的操作实例如下：

```
# 字典的操作
dic = {'姓名':'jack','年龄':24,'职务':'教师'}   # 定义一个字典
dic['职务']   # 根据键访问值,结果为教师
dic['职务'] = '医生'   # 修改对应键的值
print(dic)
dic['性别'] = '女'   # 直接增加新的键值对
print(dic)
del dic['性别']   # 删除一个键值对
print(dic)
```

```
print(len(dic))  # 获取字典的元素个数
print(dic.keys())  # 获取字典的所有键信息
print(dic.values())  # 获取字典的所有值信息
print(dic.items())  # 获取字典的所有键值对信息
dic.clear()  # 清空字典
print(dic)
del dic  # 删除字典
```

运行结果如下：

```
{'姓名': 'jack', '年龄': 24, '职务': '医生'}
{'姓名': 'jack', '年龄': 24, '职务': '医生', '性别': '女'}
{'姓名': 'jack', '年龄': 24, '职务': '医生'}
3
dict_keys(['姓名', '年龄', '职务'])
dict_values(['jack', 24, '医生'])
dict_items([('姓名', 'jack'), ('年龄', 24), ('职务', '医生')])
```

（6）集合

集合是一个无序不可重复的序列。集合分为可变集合（set）和不可变集合（frozenset）两种类型。集合定义的一般形式为：

集合名={元素 0,元素 1,…,元素 n}

可变集合的元素是可以添加、删除的，而不可变集合的元素不可添加和删除。集合的操作实例如下：

```
# 集合的操作
s1 = {1,2,'a','b'}  # 定义一个可变集合
s2 = set('book')  # 创建一个可变集合,结果为{'o', 'k', 'b'}
print(s1&s2)  # 获得两个集合的交集
print(s1|s2)  # 获得两个集合的并集
print(s1-s2)  # 获得两个集合差集
print(s1^s2)  # 获得两个集合的对称差分集，即非共同元素
s1.add('python')  # 将'python'作为一个整体添加到 s1 中
print(s1)
s1.update('jack')  # 将'jack'进行拆分，作为个体添加到 s1 中
print(s1)
s1.remove('python')  # 删除集合中的元素
print(s1)
print('a' in s1)  # 判断一个元素是否在集合中
s1.clear()  # 清空集合
print(s1)
set()
del s1  # 删除集合
```

运算结果如下：

```
{'b'}
{'a', 1, 2, 'b', 'k', 'o'}
{'a', 1, 2}
{1, 2, 'k', 'a', 'o'}
```

```
{1, 2, 'a', 'b', 'python'}
{1, 2, 'j', 'k', 'a', 'b', 'python', 'c'}
{1, 2, 'j', 'k', 'a', 'b', 'c'}
True
set()
```

2. 程序控制结构

Python 程序都是由 3 种基本结构组成的，分别是顺序结构、分支结构和循环结构。

（1）顺序结构

顺序结构是程序按照线性顺序依次执行的一种运行方式。

（2）分支结构

分支结构是程序根据条件判断结果而选择不同路径向前执行的一种运行方式，包含单分支、双分支和多分支。

分支结构中的判断条件可以使用任何能够产生 True 或 False 的表达式，最常见的方式是采用关系操作符和逻辑运算符。Python 中关系操作符见表 10-3。

表 10-3 关系操作符

操作符	名称	描述	实例
<	小于	x<y：返回 x 是否小于 y	7<3 结果为 False
<=	小于或等于	x<=y：返回 x 是否小于或等于 y	7<=3 结果为 False
>	大于	x>y：返回 x 是否大于 y	7>3 结果为 True
>=	大于或等于	x>=y：返回 x 是否大于或等于 y	7>=3 结果为 True
==	等于	x==y：比较 x 与 y 是否相等	7==3 结果为 False
!=	不等于	x!=y：比较 x 与 y 是否不相等	7!=3 结果为 True

Python 语言使用逻辑运算符 not、and 和 or 对条件进行逻辑运算和组合，见表 10-4。

表 10-4 逻辑运算符

运算符	名称	描述	实例
not	布尔"非"	not x：若 x 为 True，返回 False；若 x 为 False，返回 True	not 4<9 结果为 False
or	布尔"或"	x or y：若 x 为非 0，返回 True，否则返回 y 的希尔值	4>3 or 4<9 结果为 True
and	布尔"与"	x and y：若 x 为 False，返回 False，否则返回 y 的希尔值	4>3 and 4<9 结果为 True

Python 的单分支结构使用 if 关键字对条件进行判断，语法格式如下：

```
if <条件>:
    <语句块>
```

操作实例如下：

```
# 判断用户输入数字是否为偶数
num = eval(input("请输入一个整数："))  # 输入一个数并转换成整数
if num % 2 == 0:
```

```
        print("这是个偶数")
```

双分支结构使用 if…else 关键字对条件进行判断。语法格式如下:

```
if <条件>:
    <语句块 1>
else:
    <语句块 2>
```

操作实例如下:

```
# 判断用户输入数字的奇偶性
num = eval(input("请输入一个整数:"))
if num % 2 == 0:
    print("这是个偶数")
else:
    print("这是个奇数")
```

多分支结构使用 if…elif…else 结构对多个相关条件进行判断,并根据不同条件的结果按照顺序选择执行路径。语法格式如下:

```
if <条件 1>:
    <语句块 1>
elif <条件 2>:
    <语句块 2>
…
else:
    <语句块 N>
```

操作实例如下:

```
# 将百分制成绩转换为等级制成绩
score = eval(input("请输入一个百分制成绩: "))
if score >= 90.0:
    print("优秀")
elif score >= 80.0:
    print("良好")
elif score >= 70.0:
    print("中等")
elif score >= 60.0:
    print("及格")
else:
    print("不及格")
```

（3）循环结构

循环结构是指在程序中需要反复执行某个功能而设置的一种程序结构,由循环体中的条件判断继续执行某个功能还是退出循环。Python 的循环结构包括 for 语句和 while 语句。for 语句的使用方式如下:

```
for <循环变量> in <遍历结构>:
    <循环体语句块>
```

可以将 for 语句理解为从遍历结构中逐一提取元素,放在循环变量中,对每个所提取的元素执行一次循环体语句块。循环执行的次数是根据遍历结构中的元素个数决定的。操作实例如下：

```python
# for 语句实现循环
for c in "Python":
    print(c)
```

运行结果如下：

```
P
y
t
h
o
n
```

while 语句的使用方式如下：

```python
while <循环条件>:
    <循环体语句块>
```

其中循环条件与 if 语句中的判断条件一样，结果为 True 或 False。若判断条件为 True，执行循环体，执行结束后返回再次判断循环条件，一直到判断条件为 False 时循环终止。操作实例如下：

```python
# while 语句实现循环
n = 0
while n<10:
    print(n,end=' ')    # 每输出一个 n 然后输出一个空格，不再换行
    n = n+3
```

运行结果如下：

```
0  3  6  9
```

Python 中为 for 语句和 while 语句两种循环提供了一种扩展模式，就是在这两种循环体后面添加如下内容：

```python
else:
    <语句块>
```

当循环体正常执行之后，程序会继续执行 else 语句中的内容。else 语句只在循环正常执行之后才执行，可以放置评价循环执行情况的语句。操作实例如下：

```python
# 循环拓展模式
n = 0
while n<10:
    print(n,end='  ')
    n = n+3
else:
    print("\n 循环正常结束")
```

运行结果如下：

```
0 3 6 9
循环正常结束
```

Python 还为循环结构提供了 break 和 continue 两个辅助循环控制的关键字。break 用来跳出所在层的 for 或 while 循环，脱离该循环后程序继续执行后续代码；continue 用来结束当前当次循环，即跳出循环体中当次循环的下面尚未执行的语句，但不跳出当前循环。两者的区别是：continue 语句只结束本次循环，不终止整个循环的执行，而 break 是结束整个当前循环。

break 操作实例如下：

```python
# break 是立刻跳出循环，执行当前循环外下面的语句(终止当前循环)
for i in range(10):  # range(10)表示开始 0，结束 10(不含)，步长 1
    if i > 4:
        break    # i>4 时结束循环
    print(i,end=' ')
print('\n 打印结束')
```

运行结果如下：

```
0  1  2  3  4
打印结束
```

continue 操作实例如下：

```python
# continue 表示循环体中该关键字以下的代码不执行，直接执行下一次循环
for i in range(10):  # range(10)表示开始 0，结束 10(不含)，步长 1
    if i % 2 == 0:
        continue   # i 是偶数时结束本次循环，继续下次循环
    print(i,end=' ')
print('\n 打印结束')
```

运行结果如下：

```
0  3  5  7  9
打印结束
```

（4）异常处理

在 Python 中，程序在执行过程中产生的错误称为异常，如列表索引越界、打开不存在的文件、语法错误等。如果在程序中遇到异常没有进行任何处理，程序就会用回溯（Traceback）终止执行并返回错误信息，包括错误的名称、原因和错误发生的行号。例如当除数为 0 时，引发 ZeroDivisionError 异常：

```
>>> 5/0
Traceback (most recent call last):
  File "<pyshell#1>", line 1, in <module>
    5/0
ZeroDivisionError: division by zero
```

除了 ZeroDivisionError 异常，Python 中还有语法错误 SyntaxError、类型错误 TypeError、访问未申明变量 NameError、访问未知对象属性 AttributeError 等异常。在 Python 中可以使用 try…except…else…finally 语句捕获和处理异常，基本语法格式如下：

```
try:
    <语句块>
except <异常 1>:
    <异常处理代码>
except <异常 2,异常 3,…,异常 n>:
    <异常处理代码>
except:
    <捕获其余异常的处理代码>
else:
    <无异常时执行的代码>
finally:
    <不管是否有异常都要执行的代码>
```

语句块是执行程序的内容，当执行这个语句块发生异常时，程序就不再执行 try 中剩下的语句，而是根据捕获的异常类型选择相应的 except 执行里面处理异常的语句。如果没有发现异常，则执行 else 后面的语句。finally 后面的语句是不管是否有异常都要执行的语句。在实际使用过程中，except、else 和 finally 可以省略（else 出现时，except 必须出现）。操作实例如下：

```
# 异常处理
try:
    for i in range(5):
        print(10/i)
except ZeroDivisionError:
    print('除数为 0，产生了除零错误！')
except:
    print('发生了除零之外的错误！')
finally:
    print('程序执行完成！')
```

运行结果如下：

```
除数为 0，产生了除零错误！
程序执行完成！
```

3. 函数

函数是组织好的、可重复使用的、用来实现单一或相关联功能的代码块。函数能提高应用的模块性和代码的重复利用率。

（1）函数的定义与调用

Python 中函数由 def 来定义，语法形式如下：

```
def  <函数名>（<参数列表>）:
    <函数体>
    return <返回值列表>
```

其中，参数可以为空，当有多个参数时，参数之间用 "," 分割。当函数无返回值时，可以省略 return 语句。操作实例如下：

```
# 创建 sum 函数，功能为计算 n 以内整数之后（包括 n）
def sum(n):  # 参数列表中参数是形式参数，简称为 "形参"
    s=0;
    for i in range(1,n+1):
```

```
        s = s+i
    return s
```

在调用函数时，直接使用函数名调用。如果定义的函数包含参数，则调用函数时也必须使用参数。操作实例如下：

```
# 调用 sum 函数，求 100 以内整数的和
print('100 以内整数的和为: ')
print(sum(100))  # 调用 sum 函数，传递的参数 100 为实际参数，简称为"实参"
```

运行结果如下：

```
100 以内整数的和为:
5050
```

（2）常用内置函数

Python 系统内部创建了一些内置函数，在执行程序时，可以随时调用这些函数，不需要另外定义。例如：

● print()函数是最常见的，功能是输出运算结果。

● input()函数是从控制台获得用户的一行输入，无论用户输入什么内容，input()函数的返回结果都是字符串。

● eval()函数的功能是去掉字符串最外侧的引号，并按照 Python 语句方式执行去掉引号后的字符内容。

（3）匿名函数 lambda

为了减少代码的冗余，Python 提供了匿名函数，可以不用命名一个函数的名字即可快速地实现某项功能。通常使用 lambda 声明匿名函数，其语法形式如下：

```
lambda <参数 1,参数 2,…>:<语句表达式>
```

操作实例如下：

```
# 用 lambda 声明匿名函数，功能是求三个整数的和
sum = lambda x,y,z:x+y+z
print('三个整数的和:',sum(2,5,7))
```

运行结果如下：

```
三个整数的和: 14
```

4. 模块

模块是把复用的函数或类单独组织起来的 Python 程序。通过导入模块，可以使用该模块中定义的函数和类，从而重用其功能。Python 中包含数量众多的模块，可以实现不同的功能和应用。在安装 Python 时会默认安装一些内置模块，称之为标准库或内置库，如 math 模块、random 模块、os 模块和 sys 模块等。

要在 Python 中使用内置模块，首先需要使用 import 关键字导入模块。Python 提供了以下 3 种导入模块的方式：

① import 模块名

② import 模块名 as 模块别名

③ from 模块名 import 函数名

操作实例如下：

```python
# 导入模块
import math  # 导入数学模块
print(math.pi)  # 打印 π 的值
import os,sys  # 同时导入 os 和 sys 模块
print(os.name)  # 打印当前操作系统
print(sys.getdefaultencoding())  # 打印系统当前编码
import math as shuxue  # 为 math 模块重新命名为 shuxue
print(shuxue.pi)  # 打印 π 的值
from math import pi,pow  # 只导入 math 中的 pi 和 pow
print(pi)  # 打印 π 的值
print(pow(2,3))  # 打印 2 的 3 次方
from math import *  # 导入 math 中所有的内容
print(sqrt(4))  # 打印 4 的平方根
```

运行结果如下：

```
3.141592653589793
nt
utf-8
3.141592653589793
3.141592653589793
8.0
2.0
```

笔 记

Python 拥有大量功能强大的第三方的模块，最常用的安装方式是采用 pip 工具安装。pip 是 Python 包管理工具，该工具提供了对 Python 模块的查找、下载、安装及卸载功能。Python 3.4+ 以上版本都自带 pip 工具。在 Windows 的 cmd 命令行下运行"pip3 --help"命令（pip3 对应的是 Python 3.x）可以获取 pip 常用的子命令和常规选项，如图 10-6 所示。

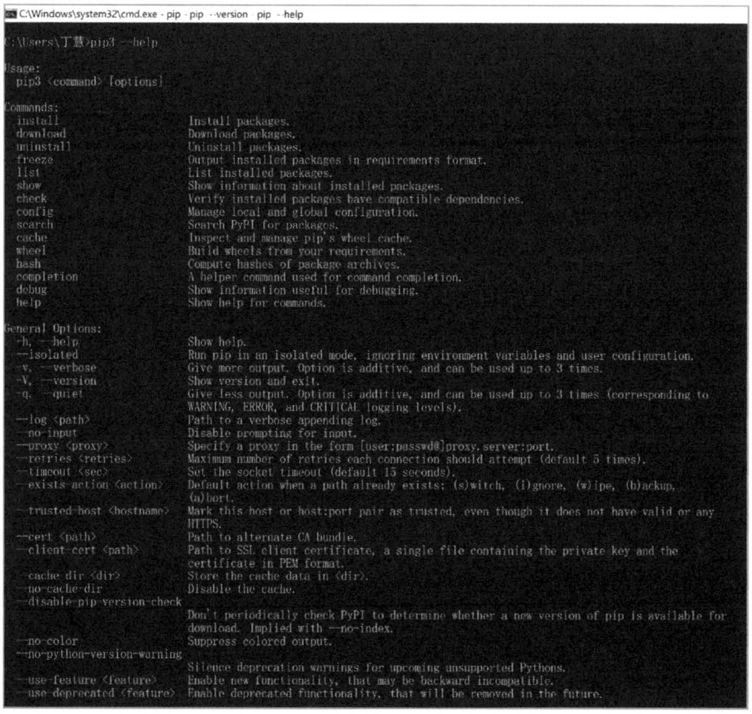

图 10-6
pip 常用子命令和选项

例如，使用 pip3 install pygame 命令安装 pygame 第三方模块，如图 10-7 所示。

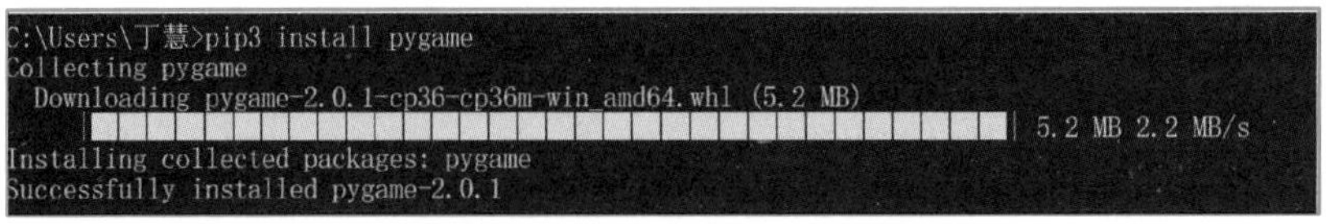

图 10-7
pip 安装 pygame

笔 记

5. 文件

（1）文件目录

文件目录的操作一般有创建目录、删除目录和获取目录等。Python 中对文件和目录的操作需要使用到 os 模块和 shutil 模块。常用的目录操作函数见表 10-5。

表 10-5 常用的目录操作函数

操 作 函 数	描 述
os.mkdir(path)	创建目录
os.makedirs(path)	创建多层目录
os.remove(path)	删除指定路径文件
os.rmdir(path)	只能删除空目录
shutil.rmtree(path)	空目录、有内容的目录都可以删
os.rename(oldname,newname)	重命名目录
os.path.exists(path)	判断目录是否存在
os.path.isdir(path)	判断目标是否是目录
shutil.copytree(olddir,newdir)	复制目录
shutil.move(olddir,newdir)	移动目录

操作实例如下：

```
# 文件目录操作
import os,shutil
os.mkdir('D:/pycode')  # 在 D 盘根目录下新建 pycode 目录
os.rename('D:/pycode','D:/javacode')  # 重命名目录
os.makedirs('D:/dh/code1')  # 在 D 盘根目录下新建一个前面不存在的多层目录
os.path.exists('D:/dh/code1')  # 判断目录是否存在
shutil.copytree('D:/dh/code1','D:/dh2')  # 复制文件
shutil.rmtree('D:/dh/code1')  # 删除目录 code1
```

（2）文件读写

按文件中数据的存储形式可以把文件分为文本文件和二进制文件两种类型。文本文件中存储的是每个字符的编码，任何字处理软件都可以直接打开文本文件，如一个 txt 格式的文本文件。二进制文件没有统一的字符编码，直接由 0 和 1 组成，需要相应的文件打开工具打开。常见的二进制文件包括图形图像文件、音频文件、视频文件和可执行文件等。

Python 对文件采用统一的操作步骤：打开—操作—关闭。打开文件通过 open() 函数实现，并返回一个操作这个文件的变量，语法形式如下：

```
<变量名> = open(<文件路径及文件名>,<打开模式>)
```

其中，文件名可以是文件的实际名字（如果文件与 Python 程序在同一个目录中），也可以是包含完整路径的名字。打开模式用于控制使用何种方式打开文件，open()函数提供了 7 种基本的打开模式，见表 10-6。

 笔 记

表 10-6　文件的打开模式

打开模式	描　述
r	以只读方式打开。文件的指针将会放在文件的开头，这是默认模式
w	覆盖写模式。如果该文件已存在，则打开文件，并从开头开始编辑，即原有内容会被删除；如果该文件不存在，创建新文件
x	创建写模式。新建一个文件，如果该文件已存在，则会报错
a	追加写模式。如果该文件已存在，新的内容将会被写入到已有内容之后；如果该文件不存在，创建新文件进行写入
b	二进制文件模式
t	文本文件模式（默认值）
+	与 r/w/x/a 一起使用，在原功能基础上增加同时读写功能

在使用时，打开模式使用字符串方式表示，'r''w''x''a'可以和'b''t''+'组合使用。

打开文件后可以对文件进行读写操作，Python 中常用的文件读写方法见表 10-7。

表 10-7　文件的读写方法

方　法	描　述
read(size)	从文件中读取 size 个字符，当 size 省略默认读取全部字符
readline()	从文本文件中读取一行内容，以\n 作为结束标志
readlines()	把文本文件中的每行文本作为一个字符串存入列表中，返回该列表
write(s)	把字符串 s 写入文件
writelines(s)	把字符串列表 s 写入文件，不添加换行符
seek(offset)	改变当前文件操作指针的位置。offset 值为 0 表示文件开头（默认），为 2 表示文件结尾

文件操作完成后，需要将文件对象进行关闭，语法形式如下：

<变量名>.close()

对文件的操作实例如下：

```
# 文件读写操作
f = open('d:/test.txt','w+')  # 新建或者重写文本文件，并且是读写方式
f.write('I love Python!')  # 写入一行文本
f.seek(0)  # 移动文件指针到开头
print(f.readline())  # 读取一行字符串
f.close()  # 关闭文件
```

运行结果如下：

```
I love Python!
```

课后练习

文本：课后练习答案

一、选择题

1. 用（　　）语言编写的程序能够直接被计算机识别。

    A. 机器语言　　　　　　　　　B. 汇编语言

    C. 低级语言　　　　　　　　　D. 高级语言

2. 计算机在执行用高级语言编写的程序时，主要有两种处理方式，分别是（　　）。

    A. 汇编和编译　　　　　　　　B. 汇编和解释

    C. 编译和解释　　　　　　　　D. 汇编和解释、编译混合

3. 程序的 IPO 结构包括输入、处理和输出 3 部分，下列说法中错误的是（　　）。

    A. 一个程序可以没有输入　　　B. 一个程序可以没有处理

    C. 一个程序可以没有输出　　　D. 一个程序必须没有输出

4. Python 脚本文件的扩展名是（　　）。

    A. python　　　　　　　　　　B. py

    C. pt　　　　　　　　　　　　D. pg

5. 下面不是有效变量名的是（　　）。

    A. _demo　　　　　　　　　　B. banana

    C. Number　　　　　　　　　　D. my-score

6. 使用（　　）关键字来创建 Python 自定义函数。

    A. function　　　　　　　　　B. func

    C. procedure　　　　　　　　　D. def

二、填空题

1. 机器语言和汇编语言都依赖于计算机硬件系统，_____与计算机的硬件结构及指令系统无关。

2. 汇编语言程序必须经过翻译才能被计算机识别，人们把完成这一翻译任务的程序称为_____程序。

3. 高级语言程序必须经过翻译才能被计算机识别，人们把完成这一翻译任务的程序称为_____程序或_____程序。

4. 列表、元组、字符串是 Python 的_____（填"有序"或"无序"）序列。

5. Python 语句"list(range(1,10,3))"的执行结果为_____。

单元 **11**

大数据

文本：单元设计

▶ 单元导读

　　大数据已经成为当今社会的一个热门话题，特别是在工业界和学术界，早已成为争相讨论的热点。作为继云计算、物联网之后的又一 IT 行业颠覆性技术，不论是在专业领域内，还是在现实生活中，随处可见大数据的影子，并被频繁地应用于电子商务、金融、教育、医疗、能源、交通等领域。那么，到底什么是大数据呢？

11.1 大数据概述

维克托·迈尔·舍恩伯格与肯尼斯·库克耶在他们编写的《大数据时代：生活、工作与思维的大变革》一书中指出，大数据带来的信息风暴正在变革人们的生活、工作和思维，大数据开启了一次重大的时代转型，这颠覆了千百年来人类的思维惯例，对人类的认知和与世界交流的方式提出了全新的挑战。他们认为，大数据将为人类的生活创造前所未有的可量化的维度。大数据已经成为新发明和新服务的源泉，而更多的改变正蓄势待发。

11.1.1 大数据的定义

关于大数据的定义，不同的机构会给出不同的描述，以下是几个主流机构对大数据的定义。

百度百科对大数据的定义：大数据（Big Data）指无法在可承受的时间范围内用常规软件工具进行捕捉、管理和处理的数据集合，是需要新处理模式才能具有更强的决策力、洞察发现力和流程优化能力的海量、高增长率和多样化的信息资产。

维基百科对大数据的定义：又称为巨量资料，指的是传统数据处理应用软件不足以处理的大或复杂的数据集。

麦肯锡全球研究所对大数据的定义：一种规模大到在获取、存储、管理、分析方面大大超出了传统数据库软件工具能力范围的数据集合，具有海量的数据规模、快速的数据流转、多样的数据类型和价值密度低四大特征。

研究机构 Gartner 对大数据的定义：大数据是需要新处理模式才能具有更强的决策力、洞察发现力和流程优化能力来适应海量、高增长率和多样化的信息资产。

11.1.2 大数据的特征

关于大数据的特征，有几种不同观点。有一种观点是，大数据具有"4V"特征，即大数据的 4 个特征的英文单词首字母都是大写的"V"：Volume（大体量）、Variety（多种类）、Velocity（高速度）、Value（低价值密度）。

而 IBM 提出，大数据具有"5V"特征，比"4V"多了一个 Veracity（准确性）特征，对大数据的特征描述更加准确：Volume（大体量）、Variety（多种类）、Velocity（高速度）、Value（低价值密度）、Veracity（准确性）。

5V 中的每一项都代表着大数据与传统数据之间的区别：

1. 大体量（Volume）

数据量大，包括采集、存储和计算的量都非常大。大数据的起始计量单位至少是 PB（1000 个 TB）、EB（100 万个 TB）或 ZB（10 亿个 TB）。

2. 多种类（Variety）

大数据的类型可以包括网络日志、音频、视频、图片、地理位置信息等。其中，10%为结构化数据，通常存储在数据库中；90%为半结构化、非结构化数据，格式多种多样。它们具有异构性和多样性的特点，没有明显的模式，也没有连贯的语法和句义，而多种类型的数据对数据的处理能力提出了更高的要求。

3. 高速度（Velocity）

处理速度快，时效性要求高，需要实时分析，数据的输入、处理和分析要连贯性地处理，这是大数据区分于传统数据挖掘的最显著特征。

4. 低价值密度（Value）

大数据价值密度相对较低。例如，随着物联网的广泛应用，信息感知无处不在，产生了海量信息，但存在大量不相关信息。

5. 准确性（Veracity）

也可以称之为真实性，即大数据来自现实生活，因此能够保证一定的真实准确性。相对来说，大数据信息含量高、噪声含量低，即信噪比较高。

11.2　大数据相关技术

大数据开发的过程大致分为大数据采集、大数据预处理、大数据存储与管理、大数据分析与挖掘、大数据可视化共 5 个阶段，如图 11-1 所示。

图 11-1
大数据开发的 5 个阶段

11.2.1　大数据采集

大数据采集是指从各种不同的数据源中获取数据并进行数据存储与管理，为后面的数据分析与建模做准备。数据的来源可以来自于以下几个方面：

① Web 端，包括基于浏览器的网络爬虫，或者 API。

② APP 端，包括无线客户端采集 SDK，或者埋点。

③ 传感器，如物联网测量值转化成数字信号。

④ 数据库，涉及源业务系统和数据同步，包括结构化数据与非结构化数据。

⑤ 第三方数据，一般是由合作方提供的，如政府公布的数据。

大数据采集通常使用 ETL（Extract Transform Load）技术，用来描述将数据从来源端经过抽取（Extract）、转换（Transform）、加载（Load）至目的端的过程。ETL 较常用在数据仓库中，但其对象并不限于数据仓库。

抽取：从各种数据源获取数据。

转换：按需求格式将源数据转换为目标数据。

加载：把目标数据加载到数据仓库中。

ETL 的过程如图 11-2 所示。

目前市场上主流的 ETL 工具有开源 Kettle、IBM DataStage 和阿里云 DataX 等。

笔 记

PPT：11-2
大数据相关技术

微课：11-2
大数据相关技术

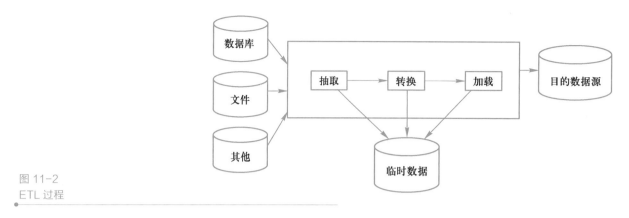

图 11-2
ETL 过程

11.2.2 大数据预处理

大数据预处理主要分为 4 个步骤：数据清洗、数据集成、数据规约和数据变换，如图 11-3 所示。它们需要分别完成自己的工作。

图 11-3
大数据预处理

笔记

1. 数据清洗

数据清洗是一项复杂且烦琐的工作，同时也是整个数据分析过程中最为重要的环节。数据清洗的目的在于提高数据质量，将脏数据清洗干净，使原数据具有完整性、唯一性、权威性、合法性、一致性等特点。

脏数据是由于重复录入、并发处理等不规范的操作，导致产生的不完整、不准确、无效的数据。越早处理脏数据，数据清理操作越简单。

数据清洗主要包括缺失值处理和噪声处理。

① 缺失值是指现有数据集中某个或某些属性的值是不完整的。

② 噪声是指被测量的变量的随机误差或偏差。

2. 数据集成

数据集成是将互相关联的分布式异构数据源集成到一起，使用户能够以透明的方式访问这些数据源。

数据集成的方法有联邦数据库、中间件集成和数据复制。

① 联邦数据库：将各数据源的数据视图集成为全局模式。

② 中间件集成：通过统一的全局数据模型来访问异构的数据源。

③ 数据复制：将各个数据源的数据复制到同一处，即数据仓库。

3. 数据规约

在现实场景中，数据集是很庞大的，数据是海量的，在整个数据集上进行复杂的数据分析和挖掘需要花费很长的时间。

数据规约的目的就是从原有庞大数据集中获得一个精简的数据集合，并使这一精简数据集保持原有数据集的完整性，这样在精简数据集上进行数据挖掘显然效率更高，并且挖掘出来的结果与使用原有数据集所获得结果是基本相同。

数据规约包括维归约、数量归约和数据压缩。

4. 数据变换

数据变换是指对数据进行变换处理，使数据更适合当前任务或者算法的需求，其主要目的是将数据转换或统一成易于进行数据挖掘的数据存储形式，使得挖掘过程可能更有效。

常用的数据变换方式有数据规范化、连续值离散化、对数据进行汇总与聚集等。

11.2.3　大数据存储与管理

在大数据时代，数据库并发负载非常高，往往要达到每秒上万次读写请求。关系数据库应付上万次 SQL 查询还勉强顶得住，但是应付上万次 SQL 写数据请求，硬盘 I/O 就已经无法承受了。对于大型的 SNS 网站，每天用户产生海量的用户动态，对于关系数据库来说，在庞大的表里面进行 SQL 查询，效率是极其低下乃至不可忍受的。以上提到的这些问题和挑战都在催生一种新型数据库技术的诞生，这就是 NoSQL。

NoSQL 数据库抛弃了关系模型并能够在集群中运行，不用事先修改结构定义也可以自由添加字段，这些特征决定了 NoSQL 非常适用于大数据环境，从而得到了迅猛的发展和推进。

对于 NoSQL，当前比较流行的解释是 Not Only SQL。它所采用的数据模型并非传统关系数据库的关系模型，而是类似键值、列族、文档等非关系模型。因此与传统关系数据库相比，NoSQL 具有易扩展性、高性能、高可用、灵活的数据模型等特点。

① 易扩展性：NoSQL 数据库种类繁多，但有一个共同的特点，即都是去掉关系数据库的关系型特性。数据之间无关系，这样就非常容易扩展，无形之间，也在架构的层面上带来了可扩展的能力。

② 高性能：NoSQL 数据库具有非常高的读写性能，尤其在大数据量下同样表现优秀，而这得益于它的无关系性和简单的结构。一般 MySQL 使用 Query Cache，每次表的更新就会导致 Cache 失效，因此针对 Web 2.0 的交互频繁的应用，Cache 性能不高。而 NoSQL 的 Cache 是记录级的，是一种细粒度的 Cache，所以 NoSQL 在这个层面上来说就要性能高很多了。

③ 高可用：NoSQL 在不太影响性能的情况下，就可以方便地实现高可用的架构，如 Cassandra、HBase 模型，通过复制模型也能实现高可用。

④ 灵活的数据模型：NoSQL 无须事先为要存储的数据建立字段，可以随时存储自定义的数据格式。而在关系数据库里，增删字段是一件非常麻烦的事情。如果是非常大数据量的表，增加字段简直就是一个噩梦，这点在大数据量的 Web 2.0 时代尤其明显。

但 NoSQL 数据库也存在很难实现数据的完整性、应用还不是很广泛、成熟度不高、风险较大、缺乏难以体现业务的实际情况、增加了对于数据库设计与维护的难度等问题。

11.2.4　大数据分析与挖掘

数据分析是指用适当的统计、分析方法对收集来的大量数据进行分析，将它们加以汇总和理解并消化，以求最大化地开发数据的功能，发挥数据的作用。

常用的分析方法包括以下几类：

① 描述型分析，它能够告诉人们发生了什么？

② 诊断型分析，人们通过它能够了解为什么会发生？

③ 预测型分析，通过它，人们能够预测可能发生什么？

④ 指令型分析，它可以让人们知道下步怎么做？

数据挖掘是指提取隐含在数据中的、人们事先不知道的但又是潜在有用的信息和知识。数据挖掘的常用算法包括分类、聚类和关联规则。

1. 分类

分类，是一种重要的数据分析形式，即根据重要数据类的特征向量值及其他约束条件，建立分类函数或分类模型。常见的分类过程如下：

从训练数据中确定函数模型 $y=f(x_1,x_2,\cdots,x_d)$，其中 $x_i(i=1,\cdots,d)$ 为特征变量，y 为分类变量。当 y 为离散变量时，即 $\mathrm{dom}(y)=\{y_1,y_2,\cdots,y_m\}$，就被称为分类。

分类的任务就是得到一个目标函数 f，把每个属性集 x 映射到一个预先定义的类标号 y 中。

2. 聚类

将物理或抽象对象的集合分成由类似的对象组成的多个类的过程称为聚类。由聚类所生成的簇是一组数据对象的集合，这些对象与同一个簇中的对象彼此相似，与其他簇中的对象彼此相异。

这里，对象的共同特征构成特征性描述，不同类对象之间的区别则构成区别性描述。特征性描述和区别性描述就构成了对对象的概念描述。概念描述就是对某类对象的内涵进行描述。

在聚类过程中，由于事先并不能确定所有数据可以归并成多少类，所以聚类过程是个无监督学习的过程，这也是聚类与分类最大的区别。

3. 关联规则

在营销领域一直流传着一个经典案例，那就是"啤酒与尿布"。这个故事产生于 20 世纪 90 年代美国的一家超市中，超市管理人员在分析销售数据时发现了一个令人难以理解的现象：在某些特定的情况下，啤酒与尿布两件看上去毫无关系的商品会经常出现在同一个购物篮中。这种独特的销售现象引起了管理人员的注意。他们经过后续调查发现，这种现象出现在年轻的父亲身上。于是，他们将啤酒与尿布摆在一起销售，两种商品的销量双双增加了。这就是关联规则算法可以解决的问题。

关联规则是形如 $X{\to}Y$ 的蕴含式，其中，X 和 Y 分别称为关联规则的先导和后继。关联规则最初就是针对购物篮的，商家最为关心的就是客户的习惯，想了解哪些商品顾客可能会同时购买，也就是找到蕴含式中的 X 和 Y。

11.2.5　大数据可视化

大数据可视化技术是指运用计算机图形学和图像处理技术，将数据转换为可以在屏幕上显示出来进行交互处理的方法和技术。其本质是借助于图形化手段，清晰有效地传达与沟通信息。大数据可视化最常用的表现形式是统计图表，常用的统计图表包括折线图、柱状图、饼图、散点图、雷达图以及仪表图等。

数据可视化随着平台的拓展、应用领域的增加，表现形式不断变化，从原始的统计图表到不断增加的诸如实时动态效果、地理信息、用户交互等。数据可视化的应用范围也在不断扩大。

常用的大数据可视化工具有以下几种。

1. Excel

作为一个入门级的工具，Excel 适合简单的统计需求，其内置的数据分析工具箱不仅方便好用,功能也基本齐全,自带的数据分析功能也可以完成专业数据分析工作。它含有强大的函数库,能够创建多种统计图表。但是,它创建的统计图表的颜色、线条和样式可选择范围比较有限。使用 Excel 生成的柱状图如图 11-4 所示。

2. ECharts

ECharts 是一个开源的数据可视化工具。它使用 JavaScript 实现开源的可视化库,可以流畅地运行在计算机和移动设备上,并能够兼容当前绝大部分浏览器。它可以提供直观的、可交互的、个性化的统计图表,包括常用的折线图、柱状图、饼图、散点图等。使用 ECharts 生成的柱状图如图 11-5 所示。

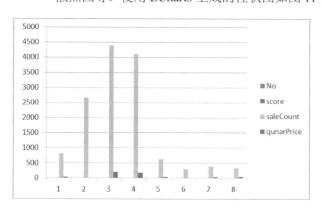

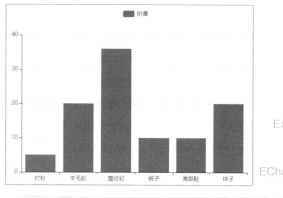

图 11-4
Excel 生成的柱状图

图 11-5
ECharts 生成的柱状图

3. Tableau

Tableau 是一款当前比较流行的商业智能工具。其操作十分简单,使用者不需要精通编程语言,只需要把数据拖放到工作簿中,通过一些简单的设置就可以得到自己想要的数据可视化图表。使用 Tableau 生成的柱状图如图 11-6 所示。

笔记

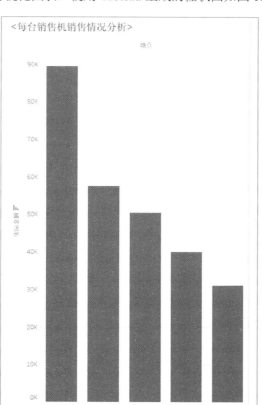

图 11-6
Tableau 生成的柱状图

4. Matplotlib

Python 语言的第三方库 Matplotlib 是一个可视化程序库。它有一个叫作 pyplot 的模块，是一个命令型函数集合，可以让用户像使用 MATLAB 一样使用 Matplotlib，其函数可以创建画布，并且能在画布中绘制图表。使用 Matplotlib 生成的折线图和饼图如图 11-7 所示。

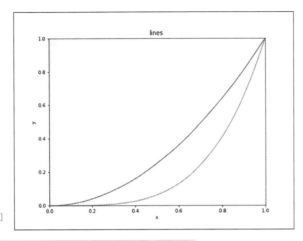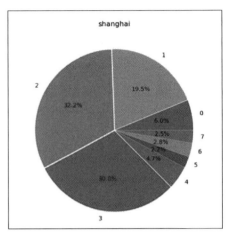

图 11-7
Matplotlib 生成的折线图和
饼图

5. Seaborn

Seaborn 是 Python 中的可视化库。它建立在 Matplotlib 之上，基于 Matplotlib 核心库进行了更高级的 API 封装，可以轻松地画出更漂亮的图形，而 Seaborn 的漂亮主要体现在配色更加舒服，以及图形元素的样式更加细腻。使用 Seaborn 生成的图表如图 11-8 所示。

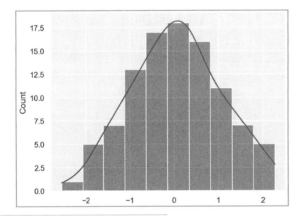

图 11-8
Seaborn 生成的图表

6. pyecharts

pyecharts 是一个用于生产 ECharts 图表的类库，是一款将 Python 与 ECharts 相结合的强大的数据可视化工具，可以让开发者轻松实现大数据的可视化。使用 pyecharts 生成的玫瑰饼图如图 11-9 所示。

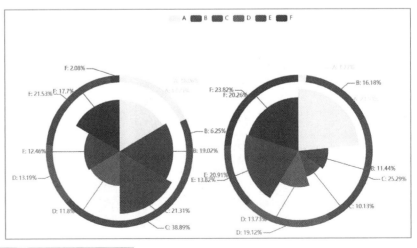

图 11-9
pyecharts 生成的玫瑰饼图

11.3　大数据分析处理平台

随着互联网的快速发展，数据的存量和增量快速增加，数据的存储和分析都变得越来越困难，存储容量、读写速度、计算效率等无法满足用户需求，为了解决这些问题，提出了以下 3 种处理方案。

① MapReduce：开源分布式计算框架。

② BigTable：大型的分布式数据库。

③ GFS：分布式文件系统。

基于上述 3 种方案 Apache 软件基金会使用 Java 语言开发了 Hadoop。

PPT：11-3
大数据分析处理平台

11.3.1　Hadoop

Hadoop 是一个对大量数据进行分布式处理的软件架构，可以将海量数据分布式地存储在集群中，并使用分布式并行程序来处理这些数据。它被设计成从单一的服务器扩展到成千上万台计算机，每台计算机上部署集群并提供本地计算和存储。Hadoop 生态系统目前已成为处理海量数据的首选框架。

Hadoop 框架包含用于解决大数据存储的分布式文件系统 HDFS、用于解决分布式计算的分布式计算框架 MapReduce 和分布式资源管理系统 YARN 3 个部分。

HDFS 的设计思想是将数据文件以指定的大小切成数据块，将数据块以多副本的方式存储在多个节点上，这样的设计使 HDFS 可以更方便地做数据负载均衡以及容错，而且这些功能对用户都是透明的。用户在使用时，可以把 HDFS 当作普通的本地文件系统使用。

微课：11-3
大数据分析处理平台

🖋 笔　记

MapReduce 是 Hadoop 的核心计算框架，是用于大规模数据集并行计算的编程模型。MapReduce 主要包括了映射（Map）和规约（Reduce）两项核心操作。当启动一个 MapReduce 任务时，Map 端会读取 HDFS 上的数据，将数据映射成所需要的键值对类型并传到 Reduce 端。Reduce 端接受 Map 端传来的键值对类型的数据，根据不同键进行分组，对每一组键相同的数据进行处理，得到新的键值对并输出到 HDFS，这就是 MapReduce 的核心思想。

YARN 是一种 Hadoop 资源管理器。随着 Hadoop 的不断发展，在 Hadoop 2 的版本中引入了 YARN。YARN 允许运行不同类型的作业，如 MapReduce、Spark 等，同时可以为上层应用提供统一的资源管理和调度。YARN 的使用为 Hadoop 集群在利用率、资源统一管理和数据共享方面带来了极大的提升。

随着 Hadoop 的快速发展，很多组件也被相继开发出来。这些组件各有特点，共同服务于 Hadoop 工程，并且与 Hadoop 一起构成了 Hadoop 生态系统，如图 11-10 所示。

① HBase（Hadoop Database）是一个高可靠性、高性能、面向列、可伸缩的分布式存储系统，可以对大规模数据进行随机、实时读写访问，弥补了 HDFS 虽然擅长大数据存储但不适合小条目存取的不足。HBase 中保存的数据可以使用 MapReduce 来处理，将数据存储和并行计算完美地结合在一起。

② Hive 是基于 Hadoop 的一个分布式数据仓库工具，其设计目的是使 Hadoop 上的数据操作与传统的 SQL 思想结合，让熟悉 SQL 编程的开发人员能够轻松地对

Hadoop 平台上的数据进行查询、汇总和数据分析。它可以将结构化的数据文件映射成一张数据表，将 SQL 语句转换为 MapReduce 任务运行。其优点是操作简单，降低了学习成本，可以通过类 SQL 语句快速实现简单的 MapReduce 统计，常见的业务不必要开发专门的 MapReduce 应用，十分适合数据仓库的统计分析。

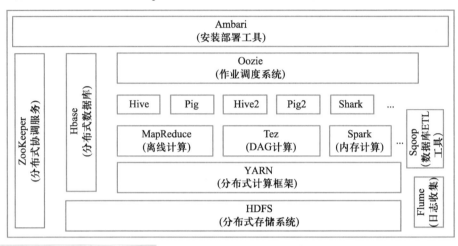

图 11-10
Hadoop 生态系统

笔 记

③ Pig 是一个基于 Hadoop 的大规模数据分析平台，它提供的 SQL-LIKE 语言叫作 Pig Latin。该语言的编译器会把类 SQL 的数据分析请求转换为一系列经过优化处理的 MapReduce 运算。

④ Sqoop 是一款开源的工具，主要用于传递 Hadoop（Hive）与传统的数据库（MySQL、post-gresql 等）间的数据，可以把数据从一个关系型数据库中导入 Hadoop 的 HDFS 中，反之也可以将 HDFS 的数据导入关系型数据库中。

⑤ Flume 是 Cloudera 提供的一个高可用、高可靠、分布式的海量日志采集、聚合和传输的系统，支持在日志系统中定制各类数据发送方，用于收集数据。同时，Flume 提供对数据进行简单处理并写到各种数据接受方（可定制）的能力。

⑥ Oozie 是基于 Hadoop 的调度器，以 XML 的形式写调度流程，可以调度 MapReduce、Pig、Hive、jar、Shell 任务等。

⑦ ZooKeeper 是一个开放源码的分布式应用程序协调服务，是 Chubby 的一个开源的实现，也是 Hadoop 和 Hbase 的重要组件。它是一个为分布式应用提供一致性服务的软件，提供的功能包括配置维护、域名服务、分布式同步、组服务等。

11.3.2　Spark

当前大数据技术蓬勃发展，基于开源技术的 Hadoop 在行业中应用广泛，但 Hadoop 本身还存在一些缺陷，最主要的缺陷是 MapReduce 计算模型延迟过高，无法胜任实时、快速的计算需求。Spark 既继承了 MapReduce 分布式计算的优点，同时弥补了 MapReduce 的缺陷。

目前，Spark 生态系统已经发展成为一个可应用于大规模数据处理的统一分析引擎，它是基于内存计算的大数据并行计算框架，适用于各种各样的分布式平台系统。Spark 的生态系统如图 11-11 所示。

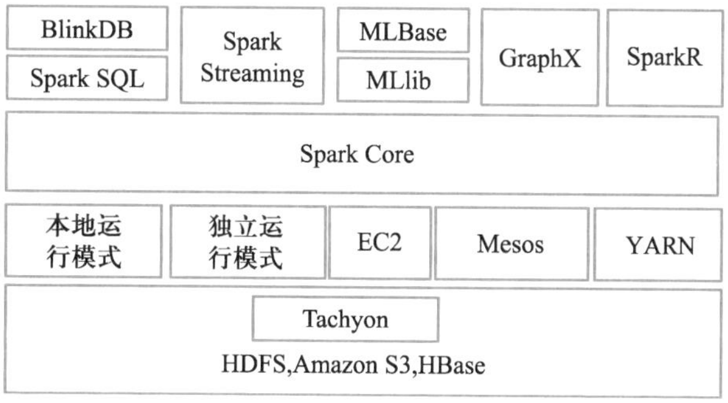

图 11-11
Spark 生态系统

① Spark Core（Spark 核心）提供底层框架及核心支持。它包含 Spark 的基本功能，包括任务调度、内存管理、容错机制等。Spark Core 内部定义了 RDDS，并提供了很多 API 来创建和操作 RDD。

② BlinkDB 是用于在海量数据上运行交互式 SQL 查询的大规模并行查询引擎。它允许用户通过权衡数据精度来提升查询响应时间，其数据的精度被控制在允许的误差范围内。

③ Spark SQL 是操作结构化数据的核心组件，通过它可以直接查询 Hive、HBase 等多种外部数据源中的数据。

④ Spark Streaming 是流式计算框架，支持高吞吐量、可容错处理的实时流式数据处理。

⑤ MLBase 专注于机器学习，让机器学习的门槛更低，让一些可能并不了解机器学习的用户也能方便地使用 MLBase。MLBase 分为 MLlib、MLI、ML Optimizer 和 MLRuntime 4 部分。

⑥ MLlib 是 MLBase 的一部分，也是 Spark 的数据挖掘算法库，实现了一些常见的机器学习算法和实用程序，包括分类、回归、聚类、协同过滤、降维以及底层优化。

⑦ GraphX 是分布式图处理框架，拥有图计算和图挖掘算法的 API 接口以及丰富的功能和运算符，方便了用户对分布式图的处理需求，能在海量数据上运行复杂的图算法。

⑧ SparkR：SparkR 是 AMPLab 发布的一个基于 R 语言开发包，使得 R 摆脱单机运行的命运，可以作为 Spark 的 Job 运行在集群上，极大地扩展了 R 的数据处理能力。

与 MapReduce 相比，Spark 可以通过基于内存的运算来高效处理数据流，其运算要快 100 倍以上，而基于磁盘的运算也要快 10 倍以上。Spark 编程支持 Java、Python、Scala 及 R 语言，使得用户可以快速构建不同的应用。Spark 可以用于批处理、交互式查询（Spark SQL）、实时流处理（Spark Streaming）、机器学习（Spark MLlib）和图处理（Spark GraphX），可以在同一个应用程序中无缝地结合使用，减少开发和维护成本。

11.4　大数据的应用

大数据技术在政府机关、电子商务、金融、医疗、能源、制造以及教育等领域都有广泛应用。具体来说，关联分析、趋势预测和决策支持是使用比较多的应用场景。

11.4.1　政务大数据

许多国家的政府和国际组织都认识到了大数据的重要作用，纷纷将开发利用大数据作为夺取新一轮竞争制高点的重要抓手。例如，美国政府于 2012 年 3 月 29 日发布《大数据研究与发展倡议》，同时组建了"大数据高级指导小组"。中国也已将大数据视为国家战略，并且在实施上已经进入到企业战略层面，这种认识已经远远超出当年的信息化战略。

其他很多国家的政府部门也已经开始推广大数据应用，如新加坡、日本和澳大利亚均在大数据时代做出了自己相应的响应和行动。

政务和互联网大数据加速融合，互联网网民行为数据、交易数据、日志数据、意愿数据等海量数据，蕴藏着无限的可挖掘的价值。在"互联网+"时代，互联网、移动互联网已经成为民众获取信息的最主要渠道，也成为政府采集民众意愿、需求等数据的有效来源。因此，政务数据与互联网数据之间的融合应用，是深化政务大数据应用的必然趋势。

微课：11-4
大数据的应用与未来

笔　记

11.4.2　行业大数据

在电子商务、金融、医疗、能源、交通、制造业甚至跨行业领域，大数据的应用无处不在，目前应用最为广泛的是以下几个方面。

1. 电子商务

目前，电子商务已经超过了传统的零售模式，成为大众最主流的消费方式之一。爆炸性增长的数据已经成为电子商务非常具有优势和商业价值的资源，电子商务平台掌握了非常全面的客户信息、商品信息，以及客户与商品之间的联系信息，包括用户注册信息、浏览信息、消费记录、送货地址、用户对商品的评价、商品信息、商品交易信息、库存量以及商家的信用信息等。可以说，大数据已被应用到整个电子商务的业务流程当中。电子商务能够有现在的发展，能够在消费模式中牢牢占据主流位置，大数据技术功不可没。

2. 金融

金融机构的作用就是解决资金融通双方信息不对称问题。大数据技术中的对信息进行挖掘分析的功能，在金融领域当中能够有效促进行业的健康发展，增加市场份额，提升客户忠诚度，提升整体收入，降低金融风险。目前大数据在金融领域主要应用于风险评估和市场预测等。

3. 医疗

随着医疗卫生信息化建设进程的不断加快，医疗数据的类型和规模也在以前所未有的速度迅猛增长。如此特殊、复杂的庞大医疗数据，如果仅靠个人或者个别机构，基本是不可能完成的任务。那么，这些数据到底是怎么产生的，又都来自于哪里呢？

从挂号开始，医院便将个人姓名、年龄、住址、电话等信息输入数据库；面诊过程中病患的身体状况、医疗影像等信息也会被录入数据库；看病结束以后，费用信息、报销信息、医保使用情况等信息也被添加到数据库里面。这就是医疗大数据最基础、最庞大的原始资源。这些数据可以用于临床决策支持，如用药分析、药品不良反应、疾病并发症、治疗效果相关性分析，或者用于疾病诊断与预测，或者制定个性化治疗方案。对医疗数据进行管理、整合、分析、预测，能够帮助医院进行更有效的决策。

11.4.3 教育大数据

在教育界，特别是在学校教育中，数据成为教学改进最为显著的指标。通常，这些数据不仅包括教师学生的个人信息、考试成绩，同时也包括入学率、出勤率、辍学率、升学率等。对于具体的课堂教学来说，数据应该是能说明教学效果的，如学生识字的准确率、作业的正确率、积极参与课堂提问的举手次数、回答问题的次数、时长与正确率、师生互动的频率与时长。进一步具体来说，例如每个学生回答一个问题所用的时间是多长，不同学生在同一问题上所用时长的区别有多大，整体回答的正确率是多少，这些具体的数据经过专门的收集、分类、整理、统计、分析就成为大数据。

近年来，随着大数据成为互联网信息技术行业的流行词汇，教育逐渐被认为是大数据可以大有作为的一个重要应用领域，大数据也将给教育领域带来革命性的变化。

11.5　大数据的未来

在如今的信息化社会，唯一不变的就是变化。每个人都至少有一部手机，办公桌上不再是纸质文件，而是被计算机所代替。每个行业，每天都要产生大量的数据。随着数据的不断增加，其已成为了一种商业资本，一项重要投入。在很多行业里，每天产生的数据都具备大数据的特征，需要用大数据的处理方式来处理。如果没有大数据的处理技术，很多行业都不会发展到今天这样的高度。因此，可以说大数据技术未来的发展将会影响到很多行业的发展。

11.5.1 大数据发展趋势

根据 Wikibon 研究数据，全球大数据市场规模将从 2018 年的 420 亿美元增长至 2024 年的 840 亿美元，如图 11-12 所示。从细分市场来看，大数据软件市场份额占比将呈逐渐上升趋势，2018 年，大数据软件市场份额占比为 33.3%，到 2024 年，大数据软件市场份额占比将上升至 41.0%；大数据硬件市场比重则呈下降趋势，2018 年大数据硬件市场规模约为 120 亿美元，占比为 28.6%，到 2024 年硬件所占比重预计将下降至 24.1%，如图 11-13 所示。

图 11-12
2012—2024 年全球大数据市场规模
（单位：十亿美元）

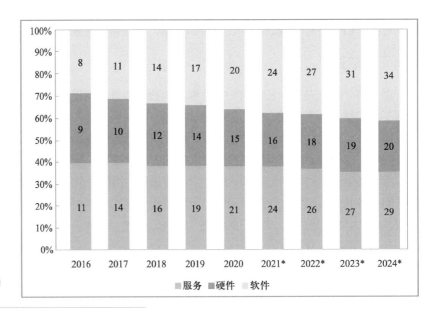

图 11-13
2016—2024 年全球大数据细分市场
规模（单位：十亿美元）

笔 记

同时，政策热度也持续攀升。近年来，各部门相继出台了一系列政策，对我国大数据产业的发展起到了推动作用。未来，推动大数据技术产业创新发展，构建以数据为关键要素的数字经济，运用大数据提升国家治理现代化水平，运用大数据促进保障和改善民生，切实保障国家数据安全将成为重要议题。

11.5.2 工业大数据的发展

工业大数据是指在工业领域，主要通过传感器等物联网技术进行数据采集、传输得来的数据。由于数据量巨大，传统的信息技术已无法对相应的数据进行处理、分析和展示，因而在传统工业信息化技术的基础上借鉴了互联网大数据的技术，提出新型的基于数据驱动的工业信息化技术及其应用。

近几十年里，技术开发面临的最大挑战是产品乃至系统无限增加的复杂性。与此同时，也导致开发和制造的工业过程的复杂性也倾向于无限增加。而工业企业欲在未来长期保持竞争优势，又必须提高生产灵活性，因为只有这样，才能降低成本，缩短产品上市时间，并通过提高产品的种类满足个性化的生产需求。

单靠人脑进行管理，是无法对如此复杂的流程和庞大的数据进行匹配的。通过工业大数据的引入，可以将客户的需求直接反映到生产系统中，并且由系统智能化排程，安排组织生产，使得企业定制化生产成为现实。

课后练习

文本：课后练习答案

一、选择题

1. 大数据具有"5V"特征包括大体量、多种类、高速度、低价值密度以及（   ）。

   A. 可用性

   B. 准确性

   C. 高可用

   D. 易维护

2. ETL 是 3 个字母的缩写，分别代表（　　）。

    A. 抽取、分析、存储

    B. 清洗、转换、分析

    C. 抽取、转换、加载

    D. 分析、展示、加载

3. 提取隐含在数据中的、人们事先不知道的但又是潜在有用的信息和知识，这是在描述（　　）技术。

    A. 数据清洗

    B. 数据收集

    C. 数据展示

    D. 数据挖掘

4. （　　）是一个高可靠性、高性能、面向列、可伸缩的分布式存储系统。

    A. HBase

    B. Hive

    C. HDFS

    D. YARN

5. （　　）是一个用于生产 ECharts 图表的类库，是一款将 Python 与 ECharts 相结合的强大的数据可视化工具。

    A. Matplotlib

    B. Tableau

    C. pyecharts

    D. ECharts

二、填空题

1. ＿＿＿＿＿＿＿是有目的地进行收集、整理、加工和分析数据，提炼有价值信息的过程。

2. ＿＿＿＿＿＿＿的目的在于提高数据质量，将脏数据清洗干净，使原数据具有完整性、唯一性、权威性、合法性、一致性等特点。

3. Spark 继承了＿＿＿＿＿＿＿分布式计算的优点，同时也弥补它的缺陷。

4. 数据清洗主要包括＿＿＿＿＿＿＿处理和噪声处理。

5. ＿＿＿＿＿＿＿的设计思想是将数据文件以指定的大小切分成数据块，将数据块以多副本的方式存储在多个节点上，这样的设计使它可以更方便地做数据负载均衡以及容错，而且这些功能对用户都是透明的。

三、简答题

1. 大数据分析方法有哪些类型？

2. 什么是数据可视化？

3. 维克托·迈尔·舍恩伯格及肯尼斯·库克耶在他们编写的《大数据时代：生活、工作与思维的大变革》一书中是如何描述大数据的？

人工智能

文本：单元设计

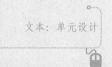

▶ 单元导读

　　2016 年 3 月，人工智能程序"阿尔法围棋"（AlphaGo）横空出世，对战围棋世界冠军、职业九段棋手李世石，以 4 比 1 的总比分获胜，此番人机大战让人工智能站在了计算机技术的风口。2017 年 5 月 23～27 日，在中国乌镇围棋峰会上，AlphaGo 升级版又以 3：0 的总比分战胜当时排名世界第一的围棋冠军柯洁，再度让人工智能领域成为公众视线的焦点。

　　人工智能（Artificial Intelligence，AI）是一个模拟人类能力和智慧行为的跨领域学科，是计算机学科的一个重要分支。

12.1　人工智能概述

12.1.1　人工智能的定义

"人工智能"一词最早出现在 1956 年的达特茅斯会议上，科学家运用数理逻辑和计算机的成果，提供关于形式化计算和处理的理论，模拟人类某些智能行为的基本方法和技术，构造具有一定智能的人工系统，让计算机去完成需要人的智力才能胜任的工作。同时，图灵奖获得者麦卡锡（J.McCarthy）提议用"人工智能"作为学科的名称，定义为制造智能机器的科学与工程，从而标志着人工智能学科的诞生。

1. 人工智能的基本概念

对于人工智能这一概念，不同领域的研究者从不同的角度给出了各自不同的定义。

1971 年，麦卡锡教授最早将人工智能定义为"使一部机器的反应方式就像是一个人在行动时所依据的智能"。

人工智能逻辑学派的奠基人、美国斯坦福大学人工智能研究中心的尼尔森（J.Nilsson）教授认为"人工智能是关于知识的科学，即怎样表示知识、获取知识和使用知识的科学"。

人工智能之父、首位图灵奖获得者明斯基（M.Minsky）把人工智能定义为"让机器做本需要人的智能才能够做到的事情的一门科学"。

中国《人工智能标准化白皮书（2018 版）》认为：人工智能是利用数字计算机或者数字计算机控制的机器模拟、延伸和扩展人的智能，感知环境、获取知识并使用知识获得最佳结果的理论、方法、技术及应用系统。

2. 图灵测试

英国著名数学家和逻辑学家、计算机和人工智能之父阿兰·图灵（Alan Turing）在 1950 年 10 月发表了一篇划时代的论文《计算机与智能》，提出了"机器能思考吗"这个问题。文中第一次提出"机器思维"的概念，预言了创造出具有真正智能的机器的可能性，还对智能问题从行为主义的角度给出了定义，由此提出了一个假想：如果一台机器能够与人类展开对话（通过电传设备）而不能被辨别出其机器身份，那么称这台机器具有智能。这就是著名的"图灵测试"。

计算机要想通过图灵测试，除了要很好地模拟人类的优点，还要模拟人类的不足，即在测试中，计算机既不能表现得比人类愚蠢，也不能表现得比人类聪明。这对计算机来说，其实并不公平。图灵自己也认为制造一台能通过图灵测试的计算机并不是一件容易的事。

12.1.2　人工智能发展简史

1. 萌芽期（1956 年以前）

早在 20 世纪 40 年代，数学家和计算机工程师已经开始探讨用机器模拟智能的可能。

1950 年，阿兰·图灵提出的"图灵测试"对人工智能的发展产生了极为深远的影响。

1951 年，普林斯顿大学数学系的马文·明斯基与他的同学邓恩·埃德蒙一起，建造了世界上第一台神经网络计算机 SNARC（Stochastic Neural Analog Reinforcement Calculator），在只有 40 个神经元的小网络里，第一次模拟了神经信号的传递。这也被看作是人工智能的一个起点。

2．黄金期（1956—1974 年）

1956 年达特茅斯会议之后，人工智能迎来了它的第一次浪潮。对许多人而言，这一阶段开发出的程序堪称神奇：计算机可以解决代数应用题，证明几何定理，学习和使用英语。当时大多数人几乎无法相信机器能够如此"智能"。这让很多研究学者看到了机器向人工智能发展的信心。

在巨大的热情和投资驱动下，一系列成果在这个时期诞生。

1966 年，麻省理工学院（MIT）的维森鲍姆发布了世界上第一个聊天机器人 ELIZA。

1966—1972 年期间，斯坦福国际研究所研制出机器人 Shakey，这是首台采用人工智能的移动机器人。

3．瓶颈期（1974—1980 年）

由于先驱科学家们的乐观估计一直无法实现，到了 20 世纪 70 年代，对人工智能的批评越来越多，人工智能遇到了很多当时难以解决的问题。一方面，计算机有限的内存和处理速度不足以解决任何实际的人工智能问题；另一方面，视觉和自然语言理解中巨大的可变性与模糊性等问题在当时的条件下构成了难以逾越的障碍。人工智能的发展陷入困境。

由于技术瓶颈导致项目缺乏进展，对 AI 提供资助的机构逐渐停止了资助。由此，人工智能遭遇了长达 6 年的科研深渊。

4．繁荣期（1980—1987 年）

进入 20 世纪 80 年代，由于专家系统和人工神经网络等技术的新进展，人工智能的浪潮再度兴起。

1980 年，卡耐基梅隆大学为迪吉多公司（DEC，Digital Equipment Corporation，数字设备公司）设计了一套名为 XCON 的"专家系统"。XCON 是一套具有完整专业知识和经验的计算机智能系统，可以简单理解为"知识库+推理机"的组合。这套系统在 1986 年之前能为公司每年节省超过 4000 万美元经费。

在专家系统长足发展的同时，一直处于低谷的人工神经网络也逐渐复苏。1982 年，霍普菲尔德（J.Hopfield）提出了一种全互联型人工神经网络，成功解决了 NP 完全的旅行商问题。1986 年，大卫·鲁梅尔哈特（D.Rumelhart）等研制出具有误差反向传播功能的多层前馈网络，即 BP（Back-Propagation）网络，成为后来应用最广泛的人工神经网络之一。

到了 20 世纪 80 年代后期，产业界对专家系统的巨大投入和过高期望开始显现出负面效果。人们发现这类系统开发与维护的成本高昂，而商业价值有限。在失望情绪的影响下，对人工智能的投入被大幅度削减，人工智能的发展再度步入深渊。

5．崛起的今天（1993 年至今）

20 世纪 90 年代后，研究人工智能的学者开始引入不同学科的数学工具，如高等代数、概率统计与优化理论，为人工智能打造了更坚实的数学基础。由此，统计

PPT：12-2
人工智能发展简史

微课：12-2
人工智能发展简史

笔记

笔 记

学习理论（Statistical Learning Theory）、支持向量机（Support Vector Machine）、概率图模型（Probabilistic Graphical Model）等一大批新的数学模型和算法被发展起来。

这一时期，随着计算机硬件水平的提升，大数据分析技术的发展，机器采集、存储、处理数据的水平有了大幅提高。

1997 年 5 月 11 日，深蓝（Deep Blue）成为战胜国际象棋世界冠军卡斯帕罗夫的第一个计算机系统。

2005 年，斯坦福大学开发的一台机器人在一条沙漠小径上成功地自动行驶了131 英里（约 210 千米），赢得了 DARPA 挑战大赛头奖。

2009 年，蓝脑计划（Blue Brain Project）声称已经成功地模拟了部分鼠脑。

2012 年一次全球范围的图像识别算法竞赛 ILSVRC（Image Net 挑战赛）中，多伦多大学开发的一个多层神经网络 Alex Net 取得了冠军，并大幅度超越了使用传统机器学习算法的第二名。

以上成果让人工智能再一次被世界瞩目。尤其是近 10 年，随着移动互联网和物联网的发展，电子商务平台、社交媒体、智能设备源源不断地产生海量数据，为机器学习提供了沃土，再加上计算机的计算能力呈指数增长，为人工智能的发展插上了腾飞的翅膀。

12.1.3 人工智能应用领域

PPT：12-3
人工智能应用领域及
产业发展趋势

近年来，人工智能技术已经被广泛应用于各行各业，并为它们的发展升级注入了新的动力。未来人工智能相关技术的发展，不仅将带动大数据、云服务、物联网等产业的升级，还将全面渗透金融、医疗、安防、零售、制造业等传统产业，应用前景广阔。

1. 人机对话

学术界和工业界越来越重视人机对话，在任务比较明确的应用领域，人机对话已取得很明显的成效。每年的"双十一购物节"，后台公司要承担 500 万次以上的客服服务，如果完全采用人工客服，需要 3 万多服务人员才能应对。现在，90%以上的询问已由计算机智能客服解决，只有不到 10%的询问由人工客服完成。

除此之外，人们耳熟能详的基于人机对话技术的产品有苹果公司的 Siri、亚马逊的 Echo 音箱、微软的 Cortana 以及百度的小度等。

人机对话系统经历了语音助手、聊天机器人和面向场景的任务执行 3 个阶段。目前，人机对话已经在多个行业领域得到应用，除了电子商务外，还包括金融、通信、物流和旅游等。

2. 智能金融

人工智能技术在金融业中可以用于服务客户，支持授信、各类金融交易和金融分析中的决策，并用于风险防控和监督，将大幅改变金融现有格局，金融服务将会更加个性化与智能化。

百度、阿里巴巴和腾讯 3 家互联网企业都是智能金融应用起步较早、技术较为成熟的代表。它们不仅开展人工智能技术的基础性研究工作，而且本身具备强大的智能金融应用场景，因此处于人工智能金融生态服务的顶端。

阿里巴巴已将人工智能运用于互联网小贷、保险、征信、智能投顾、客户服务等多个领域。根据其公布的数据，网商银行在"花呗"与"微贷"业务上，使用机

微课：12-3
人工智能应用领域及产业
发展趋势

器学习把虚假交易率降低了近 10 倍；基于深度学习的 OCR（Optical Character Recognition，光学字符识别）系统使支付宝证件校核时间从 1 天缩短到 1 秒，并且提升了 30%的通过率。

3. 智能医疗

随着人工智能、大数据、物联网的快速发展，智能医疗在辅助诊疗、疾病预测、医疗影像辅助诊断、药物开发、精神健康、可穿戴设备等方面发挥了重要作用，同时，让更多人共享有限的医疗资源，为解决"看病难"的问题提供了新的思路。

目前，世界各国的诸多科技企业都投入大量资源建立人工智能团队，从而进入智能医疗健康领域。

IBM 公司是最早将人工智能技术应用于医疗健康领域的科技公司之一。IBM 收购了一些医疗健康大数据提供商和分析商，选择肿瘤精准治疗作为主攻领域，利用人工智能系统沃森（Watson）快速分析各种数据，协助医生诊断肿瘤，并根据患者的肿瘤基因提供适当的个性化治疗方案。2016 年，凭借 Watson 系统，IBM 宣布向认知商业进行战略转型，成为认知解决方案和云平台公司。

4. 智能安防

随着智慧城市建设的推进，安防行业正进入一个全新的加速发展的时期。从平安城市建设到居民社区守护，从公共场所的监控到个人电子设备的保护，智能安防技术已得到深入广泛应用。利用人工智能对视频、图像进行存储和分析，进而从中识别安全隐患并对其进行处理是智能安防与传统安防的最大区别。

从 2015 年开始，全国多个城市都在加速推进平安城市的建设，积极部署公共安全视频监控体系。无论是在生活、工作、购物还是休闲中，都能看到安防系统，它就像无声的"保镖"守护着人们人身和财物的安全，公安部门也可以借助安防监控系统破获各类案件。现在很多城市中的新旧住宅小区也都安装了智能安防系统。

5. 自动驾驶

随着科技的不断发展和进步，一批互联网高科技企业，如百度等都以人工智能的视角切入到自动驾驶领域。例如，依托人工智能技术，由国防科技大学自主研制的红旗 HQ3 无人驾驶汽车于 2011 年 7 月 14 日首次完成了从长沙到武汉全程 286 公里的高速全程无人驾驶实验，标志着中国无人车在环境识别、智能行为决策和控制等方面实现了新的技术突破。

虽然现在人工智能技术在自动驾驶领域得到了大量的应用，但目前还不很成熟，无人驾驶功能还没能完全实现，现在只能称之为自动辅助驾驶。

12.1.4 人工智能产业发展趋势

从人工智能产业进程来看，推动产业升级必须要依赖技术突破。人工智能产业正处于从感知智能向认知智能的进阶阶段。

（1）智能服务呈现线下和线上的无缝结合

分布式计算平台的广泛部署和应用，增大了线上服务的应用范围。同时，人工智能技术的发展和产品不断涌现，如智能家居、智能机器人、自动驾驶汽车等，为智能服务带来新的渠道或新的传播模式，使得线上服务与线下服务的融合进程加快，促进多产业升级。

（2）智能化应用场景从单一向多元发展

目前人工智能的应用领域还多处于专用阶段，如人脸识别、视频监控、语音识别等都主要用于完成具体任务，覆盖范围有限，产业化程度有待提高。随着智能家居、智慧物流等产品的推出，人工智能的应用终将进入面向复杂场景并处理复杂问题、提高社会生产效率和生活质量的新阶段。

（3）人工智能和实体经济深度融合进程将进一步加快

党的十九大报告提出"推动互联网、大数据、人工智能和实体经济深度融合"。一方面，随着制造强国建设的加快，将促进人工智能等新一代信息技术产品发展和应用，助推传统产业转型升级，推动战略性新兴产业实现整体性突破。另一方面，随着人工智能底层技术的开源化，传统行业将有望加快掌握人工智能基础技术并依托其积累的行业数据资源实现人工智能与实体经济的深度融合创新。

12.2　人工智能核心技术

12.2.1　机器学习

PPT：12-4
机器学习的概念及发展简史

微课：12-4
机器学习的概念及发展简史

PPT：12-5
机器学习常见算法

机器学习（Machine Learning）是一门多领域交叉学科，涉及概率论、统计学、逼近论、算法复杂度理论等多门学科。它是一门研究机器如何模拟人类学习活动、自动获取知识和技能以改善系统性能的一门学科，是人工智能的核心，是使机器具有智能的根本途径。

机器学习正是前面介绍的 AlphaGo 在人机围棋大战中取胜的关键。AlphaGo 结合了监督学习和强化学习的优势，通过训练形成一个策略网络，技术团队从在线围棋对战平台 KGS 上获取了 16 万局人类棋手的对弈棋谱，并从中采样了 3000 万个样本作为训练样本，将棋盘上的局势作为输入信息，并对所有可行的落子位置生成一个概率分布。然后，训练出一个价值网络对自我对弈进行预测，预测所有可行落子位置的结果。

根据训练方法不同，机器学习的算法可以分为监督式学习、无监督式学习、半监督式学习和强化学习四大类。

1. 监督式学习

在监督式学习下，输入数据被称为"训练数据"，每组训练数据有一个明确的标识或结果，如防垃圾邮件系统中的"垃圾邮件"及"非垃圾邮件"，手写数字识别中的"1""2""3"和"4"等。在建立预测模型的时候，监督式学习建立一个学习过程，将预测结果与"训练数据"的实际结果进行比较，不断地调整预测模型，直到模型的预测结果达到一个预期的准确率。监督式学习常用于分类问题和回归问题。常见算法有逻辑回归（Logistic Regression）、反向传递神经网络（Back Propagation Neural Network）、决策树（Decision Trees）、朴素贝叶斯分类(Naive Bayesian classification)等。

【示例 12-1】 设计一个系统：从相册中找出你的照片。基本步骤如下：

（1）数据的生成和分类

首先，需要将相册中所有的照片看一遍，记录下来哪些照片上有你，然后把照片分为两组：第一组叫作训练集，用来训练神经网络；第二组叫作验证集，用来检验训练好的神经网络能否认出你，正确率有多少。

之后，这些数据会作为神经网络的输入，得到一些输出。当照片上有你的时候，输出为 1；没有的时候，输出为 0。这种问题通常叫作分类。

当然，监督学习的输出也可以是任意值，而不仅仅是 0 或者 1。例如，预测一个人还信用卡的概率，这个概率可以是 0～100 的任意一个数字，这种问题通常叫作回归。

微课：12-5
机器学习常见算法

笔记

（2）训练

此时，每一幅图像都会作为输入数据，根据一定的规则，得到 0 或 1 的输出。

根据之前做过的标记，可以判断模型所预测的结果是否正确，并把这一信息反馈给它。模型利用这一反馈结果来调整神经元的权重和偏差，这就是 BP 算法，即反向传播算法。

（3）验证

至此，第一组中的数据已经全部用完。接下来使用第二组数据验证训练得到的模型的准确率。

（4）应用

完成以上 3 步，模型就训练好了。接下来，就可以把模型融合到不同的应用程序中了。例如，在手机上制作一个 App，用来识别名片。

2. 无监督式学习

在无监督式学习中，使用的数据是没有标记过的，即不知道输入数据对应的输出结果是什么。无监督学习只能默默地读取数据并寻找数据的模型和规律，如聚类（把相似数据归为一组）和异常检测（寻找异常）。学习模型是为了推断出数据的一些内在结构，常用于关联规则的学习以及聚类等。常见算法有图论推理算法（Graph Inference）、拉普拉斯支持向量机（Laplacian SVM.）等。

【示例 12-2】 假设要生产 T 恤，却不知道 XS、S、M、L 和 XL 的尺寸到底应该设计多大。可以根据人们的体测数据，用聚类算法把人们分到不同的组，从而决定尺码的大小。

3. 半监督式学习

在半监督式学习下，只有一小部分输入数据是标记过的，而大部分是没有标记的。因此和监督学习相比，半监督学习的成本较低，但是又能达到较高的准确度。这种学习模型可以用来进行预测，但是模型首先需要学习数据的内在结构以便合理地组织数据来进行预测。半监督式学习的应用场景包括分类和回归。

有人做过实验：用半监督学习方法对每类只标记 30 个数据，和用监督学习对每类标记 1360 个数据，取得了一样的效果，并且这使得他们的客户可以标记更多的类，从 20 个类迅速扩展到了 110 个类。

4. 强化学习

在强化学习下，输入数据直接反馈到模型，模型必须对此立刻做出调整。强化学习使用未标记的数据，但是可以通过某种方法知道离正确答案越来越近还是越来越远（即奖惩函数）。强化学习常见的应用场景包括动态系统以及机器人控制等，常见算法包括 Q-Learning 以及时间差学习（Temporal difference learning）等。

【示例 12-3】 AlphaGo Zero（阿尔法元）是强化学习算法的应用典范。AlphaGo

Zero 在训练的开始就没有任何除规则以外的监督信号，并且只以棋盘当前局面作为网络输入，而不像 AlphaGo 一样还使用其他的人工特征（如气、目、空等）。此外，AlphaGo Zero 使用了策略迭代的强化学习算法去更新神经网络的参数。简单来讲，就是通过不断地交替进行策略评估和策略改进来完成强化学习。

在企业数据应用的场景下，人们最常用的可能就是监督式学习和无监督式学习的模型。在图像识别等领域，由于存在大量的非标识数据和少量的可标识数据，半监督式学习被广泛应用；而强化学习则更多地应用在机器人控制及其他需要进行系统控制的领域。

12.2.2　人工神经网络

PPT：12-6
人工神经网络

微课：12-6
人工神经网络

人工神经网络（Artificial Neural Networks，ANN）是由大量处理单元经广泛互连而组成的人工网络，用来模拟人脑神经系统的结构和功能。一般把这些处理单元称为人工神经元。

经过对生物神经元的长期广泛研究，1943 年，心理学家麦卡洛克（W.McCulloch）和数学家皮茨（W.Pitts）根据生物神经元生物电和生物化学的运行机理提出二值神经元的数学模型，即著名的 MP 模型。

一个典型的人工神经元 MP 模型如图 12-1 所示。

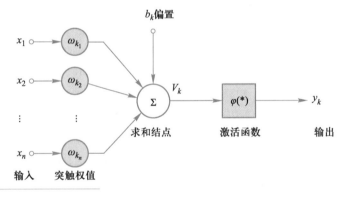

图 12-1
人工神经元 MP 模型

笔 记

人工神经网络的主要特征如下：
- 能较好地模拟人的形象思维。
- 具有大规模并行协同处理能力。
- 具有较强的学习能力。
- 具有较强的容错能力和联想能力。
- 是一个大规模自组织、自适应的非线性动态系统。

12.3　常用人工智能开发框架和平台

12.3.1　常用开发框架和 AI 库

1. TensorFlow

TensorFlow 是人工智能领域最常用的框架，是一个使用数据流图进行数值计算的开源软件，该框架允许在任何 CPU 或 GPU 上进行计算。TensorFlow 拥有包括

TensorFlow Hub、TensorFlow Lite、TensorFlow Research Cloud 在内的多个项目以及各类应用程序接口，被广泛应用于各类机器学习算法的编程实现。

该框架使用 C++和 Python 作为编程语言，简单易学。

2．Caffe

Caffe 是一个强大的深度学习框架，主要采用 C++作为编程语言，深度学习速度非常快。借助 Caffe，可以非常轻松地构建用于图像分类的卷积神经网络。

PPT：12-7
人工智能常用开发
框架和平台

3．Accord.NET

Accord.NET 框架是一个.NET 机器学习框架，主要使用 C#作为编程语言。该框架可以有效地处理数值优化、人工神经网络甚至是可视化，除此之外，它有强大的计算机视觉和信号处理功能。

4．微软 CNTK

CNTK（Cognitive Toolkit）是一款开源深度学习工具包，是一个提高模块化和维护分离计算网络，提供学习算法和模型描述的库，可以同时利用多台服务器，速度比 TensorFlow 快，主要使用 C++作为编程语言。

微课：12-7
人工智能常用开发
框架和平台

5．Theano

Theano 是一个强大的 Python 库。该库使用 GPU 来执行数据密集型计算，操作效率很高，常被用于为大规模的计算密集型操作提供动力。

6．Keras

Keras 是一个用 Python 编写的开源神经网络库。与 TensorFlow、CNTK 和 Theano 不同，Keras 作为一个接口提供高层次的抽象，让神经网络的配置变得简单。

笔 记

7．Torch

Torch 是一个用于科学和数值计算的开源机器学习库，主要采用 C 语言作为编程语言。它是基于 Lua 的库，通过提供大量的算法，更易于深入学习研究，提高了效率和速度。它有一个强大的 N 维数组，有助于切片和索引之类的操作。除此之外，Torch 还提供了线性代数程序和神经网络模型。

8．Spark MLlib

Apache Spark MLlib 是一个可扩展的机器学习库，可采用 Java、Scala、Python、R 作为编程语言，可以轻松地插入到 Hadoop 工作流程中。它提供了机器学习算法，如分类、回归、聚类等，处理大型数据时非常快速。

12.3.2 百度 AI 开放平台

目前，国内比较知名的 AI 开放平台有百度 AI 开放平台、腾讯 AI 开放平台和阿里 AI 开放平台。利用 AI 开放平台，初学者就能轻松地使用搭建好的基础架构资源，通过调用其相关 API（Application Programming Interface，应用程序接口），使用自己的应用程序获得 AI 功能。

百度 AI 开放平台的网址为https://ai.baidu.com，在使用平台功能之前，需要事先完成一些准备工作，并学会查看相关帮助文档。

1．注册与认证

① 单击百度 AI 开放平台导航栏右侧的"控制台"超链接，如图 12-2 所示，进行登录或注册服务。

图 12-2
百度 AI 开放平台首页

笔 记

② 首次使用时，登录后将会进入开发者欢迎页面，需要填写相关信息完成开发者认证。

③ 进入具体 AI 服务项的控制面板，进行相关业务操作。

2. 创建应用

登录后，需要创建应用才可正式调用 AI 服务。应用是调用 API 服务的基本操作单元，可以基于应用创建成功后获取的 API Key 及 Secret Key，进行接口调用操作。

以图像审核为例，在百度智能云管理中心左侧导航栏中，选择"内容审核"，单击"创建应用"按钮（如图 12-3 所示），即可进入"创建新应用"界面（如图 12-4 所示）。填写完"应用名称""接口选择""应用描述"等项目后，单击"立即创建"按钮，完成应用的创建。应用创建完毕后，可以单击左侧导航栏中的"应用列表"选项查看应用，如图 12-5 所示。单击应用名称进入应用详情，再单击"编辑"按钮，即可修改应用信息。

图 12-3
百度智能云管理中心

3. 获取密钥

在应用创建完毕后，平台将会为其分配相关凭证，主要有 AppID、API Key 和 Secret Key。这些是应用实际开发的主要凭证，每个应用均不相同，须妥善保管，如图 12-6 所示。

图 12-4
创建新应用
图 12-5
查看应用

图 12-6
获取密钥

4. SDK 下载及安装

单击图 12-5 左侧导航栏中的 SDK 下载，选择提供的 Java SDK、Python SDK 或 C++ SDK 等中的一个，下载并完成安装，才能通过相应的编程语言采用 SDK 方法使用百度 AI 提供的产品服务。

12.4 人工智能应用案例——智能家居

1. 基本概念

智能家居的概念起源很早，但一直未有具体的建筑案例出现。直到 1984 年，美国的联合科技公司（United Technologies Building System）将建筑设备信息化、整合化概念应用于康涅狄格州哈特佛市的 City Place Building 时，才出现了首栋的"智能型建筑"，从此掀起了业内对智能家居的追逐热潮。

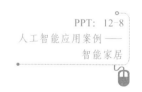

PPT：12-8
人工智能应用案例——
智能家居

智能家居是以住宅为平台，基于物联网技术，由硬件（智能家电、智能硬件、安防控制设备、家具等）、软件系统、云计算平台构成的家居生态圈，实现人远程控制设备、设备间互联互通、设备自我学习等功能，并通过收集、分析用户行为数据为用户提供个性化生活服务，使家居生活安全、节能、便捷等，如图 12-7 所示。

2. 主要功能

智能家居不仅能够使各种设备互相连接、互相配合、协调工作，形成一个有机的整体，而且可通过网关与住宅小区的局域网和外部的互联网连接，并通过网络提供各种服务，实现各种控制功能，如图 12-8 所示。

微课：12-8
人工智能应用案例——
智能家居

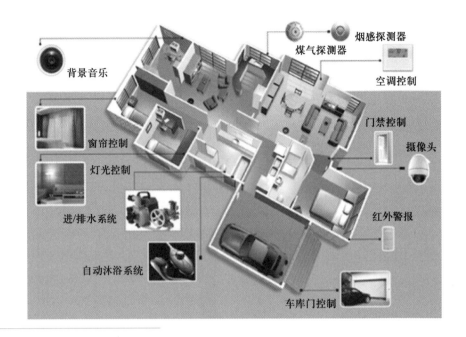

图 12-7
智能家居

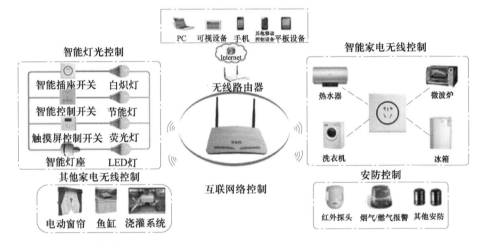

图 12-8
智能家居的主要功能

笔 记

（1）智能灯光控制

可以用遥控等多种智能控制方式实现对全宅灯光的遥控开关、调光、全开全关及"会客""影院"等多种一键式灯光场景效果管理的实现，可根据光线强度自动调节灯光亮度，并在有人时自动开灯，无人时自动关灯；可用定时控制、电话远程控制、本地计算机及远程互联网控制等多种控制方式实现功能，从而达到智能照明的节能、环保、舒适、方便的功能。

（2）智能电器控制

根据住户要求对家电和家用电器设施灵活、方便地进行智能控制，更大程度上把住户从家务劳动中解放出来。家电设施自动化主要包括两个方面，即各种家电设施本身的自动化，以及各种设备进行相互协调、协同工作的自动化。

例如，全自动智能洗衣机可以辨别洗衣量、衣服的质地及脏的程度，并根据这些信息自动确定洗衣液的用量、水位高低、水的温度、洗涤时间和洗涤强度。另外，它还能自动进行故障诊断，发现问题并给出处理建议，这样洗衣服和洗衣机的保养问题都无须用户操心。

（3）安防监控

随着居住环境的升级，人们越来越重视自己的个人安全和财产安全，对人、家庭以及住宅小区的安全方面提出了更高的要求。通过摄像头、红外探测、开关门磁性探测、玻璃破碎探测、煤气探测、火警探测等各种探测装置的信息采集，可以全天 24 小时自动监控是否有陌生人入侵、是否有煤气泄漏、是否有火灾发生等；一旦发生紧急情况，就立即进行自动处置和自动报警。

（4）信息服务自动化

智能家居的通信和信息处理方式更加灵活及智能化，其服务内容也将更加广泛。通过将住户的个人计算机和其他家电设施连入局域网或 Internet，充分利用网络资源，可以实现从社区信息服务、物业管理服务、小区住户信息交流等局域网功能到访问 Internet、接收证券行情、旅行订票服务、网上资料查询、网上银行服务、电子商务等各种公共网络服务。在条件具备的情况下，还可以实现远程医疗、远程看护、远程教学等功能。

3. 未来的智能家居

未来的智能家居是什么样子？

从你睡醒睁开眼的那一刻，你已经生活在一个到处都是智能机器人提供服务的环境中：电子时钟会用一首轻快动听的乐曲唤醒你，自动窗帘缓缓拉开，智能卫浴会为你自动调整洗浴水温，智能厨房会为你自动烹饪早餐；等你出门上班时，交通工具会是一个无人驾驶的机器人汽车；当你走进办公室，你的智能桌子会立刻感应到，为你打开邮箱和一天的工作日程表……

未来的智能家居会更加智能化、更具人性化，给人们带来更多的方便和舒适。人们可以只用一个遥控器，通过无线技术，完成对所有家电、窗帘、浴室设施、报警监视器、照明系统等的控制。中央处理器可以通过计算机视觉、语音识别、模式识别等技术，配合人的身体姿态、手势、语音及上下文等信息，判断出人的意图并做出合适的反应或动作，真正实现主动、高效的服务。

课后练习

一、选择题

1. AI 的全称是（　　　）。

    A. Automatic Intelligence　　　　B. Artifical Intelligence

    C. Automatice Information　　　　D. Artifical Information

2. 2016 年 3 月，著名的"人机大战"中，计算机最终以 4∶1 的总比分击败围棋世界冠军、职业九段棋手李世石，这台计算机被称为（　　　）。

    A. 深蓝　　　　　　　　　　　　B. AlphaGo Zero

    C. AlphaGo　　　　　　　　　　D. AlphaZero

3. 人工智能的含义最早由一位科学家于 1950 年提出，并且同时提出一个机器智能的测试模型，这位科学家是（　　　）。

    A. 明斯基　　　　　　　　　　　B. 扎德

    C. 冯·诺依曼　　　　　　　　　D. 图灵

笔 记

文本：课后练习答案

4. 要想让机器具有智能，必须让机器具有知识。因此，在人工智能中有一个研究领域，主要研究计算机如何自动获取知识和技能，从而实现自我完善。这门研究分支学科叫作（　　）。

  A. 专家系统   B. 机器学习

  C. 神经网络   D. 模式识别

5. 在（　　）下，输入数据被称为"训练数据"，每组训练数据有一个明确的标识或结果。

  A. 监督式学习   B. 无监督式学习

  C. 强化学习   D. 半监督式学习

二、填空题

1. 1943 年美国心理学家麦卡洛克（W.McCulloch）和数学家皮茨（W.Pitts）根据生物神经元生物电和生物化学的运行机理提出二值神经元的数学模型，即著名的_____。

2. 如果一台机器能够与人类展开对话（通过电传设备）而不能被辨别出其机器身份，那么称这台机器具有智能。这就是著名的_____。

3. 根据训练方法不同，机器学习的算法可以分为_____、_____、_____和_____四大类。

三、简答题

1. 列举人工智能的 5 个应用领域。

2. 简述人工神经网络的主要特征。

3. 试对各种不同的机器学习算法进行比较，并分析它们各自的适用场合。

单元 13

云计算

文本：单元设计

▶ 单元导读

　　信息技术的发展，使人们对数据的存储、运算、便捷操作等方面的要求越来越高。在这种情况下，新的计算模式进入了人们的学习、生活和工作，它就是被誉为第三次信息技术革命的"云计算"。云计算（Cloud Computing）技术影响着整个信息技术产业，成为新的信息技术的代名词。在不断的发展过程中，云计算技术在社会各领域中的推广效率极高，能够辅助诸多领域完成数据处理等工作。

13.1　了解云计算

云计算是近年来 IT 行业最热门的技术之一，它的出现得到了快速的推动和大规模的普及，给人们的生产和生活带了巨大影响。本节主要介绍云计算的基本概念，云计算产生的背景、发展历程及特点，以及云计算的主要应用行业和应用场景。

1．理解什么是云计算

云计算的概念自提出之日起就一直处于不断的发展变化中，目前对云计算的定义有多种说法，比较典型的是美国国家标准与技术研究院（NIST）的定义：云计算是一种按使用量付费的模式，这种模式提供可用的、便捷的、按需的网络访问，进入可配置的计算资源共享池（资源包括网络、服务、存储、应用软件、服务），这些资源能够被快速提供，只需要投入很少的管理工作，或与服务供应商进行很少的交互。

根据定义，可以这样通俗地理解：云计算的"云"是一种比喻的说法，其实就是指互联网上的服务器集群上的资源，它包括硬件资源（如存储器、CPU、网络等）和软件资源（如应用软件、集成开发环境等），用户只需要通过网络发送一个需求信息，远端就会有成千上万的计算机为用户提供需要的资源，并将结果返回给本地设备。这样，本地客户端需要的存储和运算极少，所有的处理都由云计算服务来完成。简单地说，云计算是一种商业计算模式，它将任务分布在大量计算机构成的资源池上，用户可以按需获取存储空间、计算能力和信息等服务。

2．了解云计算的产生背景及发展历程

云计算是生产需求推动的结果，是多种传统计算机和网络技术发展融合的产物。早在二十世纪五六十年代就提出了相关概念，七十年代出现雏形。经过几十年的理论完善和发展准备，2006 年 3 月，亚马逊（Amazon）公司推出弹性计算云（Elastic Compute Cloud；EC2）服务，这是现在公认的最早的云计算产品。2006 年 8 月 9 日，Google 首席执行官埃里克·施密特（Eric Schmidt）在搜索引擎大会（SES San Jose 2006）首次提出云计算的概念。随后，云计算进入稳步成长阶段，2010 年后经过深度竞争，逐渐形成主流平台产品和标准，云计算正式进入高速发展阶段。2012 年，随着腾讯、淘宝、360 等开放平台的兴起和阿里云、百度云、新浪云等公共云平台的迅速发展，国内云计算真正进入到实践阶段，因此称 2012 年为"中国云计算实践元年"。

3．认识云计算的特点

云计算具有以下特点：

（1）规模非常庞大

"云"具有超大的规模，各大云服务商的"云"均拥有几十万甚至上百万台服务器，企业私有云一般也拥有数百上千台服务器。"云"能赋予用户前所未有的存储与运算能力。

（2）虚拟化

云计算支持用户随时、随地利用各种终端获取应用服务，所请求的资源都来自"云"，而不是传统的固定有形的实体。这些资源有可能是某个机房硬件设备的一小部分，也有可能是来自不同地区多个硬件设备的资源整合。

（3）可扩展性高

云计算具有高扩展性，其规模可以根据其应用的需要进行调整和动态伸缩，可以满足用户和应用大规模增长的需要。

（4）通用性好

云计算不针对特定的服务和应用，在"云"技术的支撑下可以同时支撑不同的服务和应用运行。

（5）可靠性高

云计算对于可靠性要求很高，在软硬件层面采用了数据多副本容错、计算节点同构可互换等措施来保障服务的高可靠性，在设施层面采用了冗余设计来进一步确保服务的可靠性。

（6）按需服务

云计算采用按需服务模式，像自来水、电、煤气那样计费，用户可以根据需求自行购买，降低了用户投入费用，并获得更好的服务支持。

（7）节约成本

云计算的自动化集中式管理使大量企业不需要负担高昂的数据中心管理成本，就可以享受超额的云计算资源与服务，通常只要少量人员花费几天时间就能完成以前需要高额资金、数月时间才能完成的任务。

（8）具有潜在的危险性

云计算服务目前主要垄断在私人机构（企业）手中，而他们仅仅能够提供商业信用。云计算中的用户私人数据虽然对于用户本人或授权用户以外的其他用户是不可见的，但是对于提供云计算的服务商则毫无秘密可言。这些潜在的危险，是用户选择云计算服务特别是国外机构提供的云计算服务时不得不考虑的一个重要的因素。

4．了解云计算的典型应用

随着云计算技术的发展，云计算的应用领域也在不断扩大，"云"应用已遍及政务、金融、交通、教育、医疗等各个领域。以下是云计算的 4 个比较典型的应用。

（1）云存储

云存储是以数据存储和管理为核心的云计算系统。云存储通过集群应用、分布式文件系统等功能，将网络中数量庞大且种类繁多的存储设备通过应用软件集合起来协同工作，共同对外提供数据存储和业务访问的功能，保证数据的安全性并节约存储空间。目前国内外发展比较成熟的云存储有很多。例如，百度网盘是百度推出的一项云存储服务，首次注册即有机会获得 2 TB 的存储空间，已覆盖主流 PC 和手机操作系统，包含 Web 版、Windows 版、Mac 版、Android 版、iPhone 版和 Windows Phone 版。

（2）云物联

云物联是基于云计算技术的物物相连。云物联可以将传统物品通过传感设备感知的信息和接受的指令连入互联网中，并通过云计算技术实现数据存储和运算，从而建立起物联网。例如"米家系列智能开关"就是云物联产品，实现了基本的人与物交互，可以应用于家庭、办公、医院和酒店等场合，无论用户身处世界的哪个角落，都可以使用手机、平板电脑等实现场景远程控制，随时随地掌控家居照明。

笔 记

（3）云安全

"云安全"（Cloud Security）计划是云计算技术发展过程中信息安全的最新体现，它是云计算技术的重要应用。云安全融合了并行处理和未知病毒行为判断等新兴技术，通过网状的大量客户端对互联网中软件的异常行为进行监测，获取互联网中木马、恶意程序的最新信息，并传送到服务器端进行自动分析和处理，再把病毒和木马的解决方案分发到每一个客户端。将整个互联网，变成一个超级大的杀毒软件，这就是云安全计划的宏伟目标。金山、360、瑞星等公司都拥有相关的技术和服务。

（4）云办公

云办公作为 IT 业界的发展方向，正在逐渐形成其独特的产业链。别于传统办公软件市场，通过云办公更有利于企事业单位降低办公成本和提高办公效率。目前，基于云计算的在线办公软件 Web Office 已经进入了人们的生活。例如，金山办公旗下的 WPS Office 是国内比较有代表性的云办公产品之一，用户进入 WPS 官方网站，注册账号即可体验云上 Office 办公。

13.2　云计算的服务交付模式

PPT: 13-2
云计算的服务交付模式

云计算是一种新的计算，也是一种新的服务模式，为各个领域提供着技术支持和个性化服务。本节主要介绍云计算的服务交付模式。

云计算服务提供方式包含基础设施即服务（Infrastructure as a Service，IaaS）、平台即服务（Platform as a Service，PaaS）和软件即服务（Software as a Service，SaaS）3 种类型。IaaS 提供的是用户直接使用计算资源、存储资源和网络资源的能力，PaaS 提供的是用户开发、测试和运行软件的能力，SaaS 则是将软件以服务的形式通过网络提供给用户。

这 3 类云计算服务中，IaaS 处于整个架构的底层；PaaS 处于中间层，可以利用 IaaS 层提供的各类计算资源、存储资源和网络资源来建立平台，为用户提供开发、测试和运行环境；SaaS 处于最上层，既可以利用 PaaS 层提供的平台进行开发，也可以直接利用 IaaS 层提供的各种资源进行开发。

1. 基础设施即服务（IaaS）

基础设施即服务是指用户通过 Internet 可以获得 IT 基础设施硬件资源，并可以根据用户资源使用量和使用时间进行计费的一种能力和服务。提供给消费者的服务是对所有计算基础设施的利用，包括 CPU、内存、存储、网络等计算资源，用户能够部署和运行任意软件，包括操作系统和应用程序。为了优化资源硬件的分配问题，IaaS 层广泛采用了虚拟化技术，代表产品有 OpenStack、IBM Blue Cloud、Amazon EC2 等。

2. 平台即服务（PaaS）

平台即服务是通过服务器平台把开发、测试、运行环境提供给客户的一种云计算服务，它是介于 IaaS 和 SaaS 之间的一种服务模式。在该服务模式中，用户购买的是计算能力、存储、数据库和消息传送等，底层环境大部分 PaaS 平台已经搭建完毕，用户可以直接创建、测试和部署应用及服务，并通过该平台传递给其他用户使

微课: 13-2
云计算的服务交付模式

用。PaaS 的主要用户是开发人员，与传统的基于企业数据中心平台的软件开发相比，用户可以大大减少开发成本。比较知名的 PaaS 平台有阿里云开发平台、华为 DevCloud 等。

3．软件即服务（SaaS）

软件即服务是一种通过互联网向用户提供软件的服务模式。在这种模式下，用户不需要购买软件，而是通过互联网向特定的供应商租用自己所需求的相关软件服务功能。相对于普通用户来说，软件即服务可以让应用程序访问泛化，把桌面应用程序转移到网络上去，随时随地使用软件。生活中，几乎人们每一天都在接触 SaaS 云服务，如平常使用的微信小程序、新浪微博以及在线视频服务等。

13.3　云计算的部署模式

不同的用户在使用云服务时，需求也各不相同。有的人可能只需要一台服务器，而有的企业涉及数据安全，则对于隐私保密比较看重，因此面对不同的场景，云计算服务需要提供不同的部署模式。本节将介绍云计算的部署模式。

云计算服务的部署模式有公有云、私有云和混合云三大类。

1．公有云

公有云是第三方提供商为用户提供的能够使用的云，其核心属性是共享资源服务。在此种模式下，应用程序、资源、存储和其他服务都由云服务供应商提供给用户，这些服务有的是免费的，有的是按需求和使用量来付费，这种模式只能通过互联网来访问和使用。用户使用 IT 资源的时候，感觉资源是其独享的，并不知道还有哪些用户在共享该资源。云服务提供商负责所提供资源的安全性、可靠性和私密性。

对用户而言，公有云的最大优点是其所应用的程序、服务及相关数据都由公有云服务商提供，用户无须对硬件设施和软件开发做相应的投资和建设，使用时仅需购买相应服务即可。但是由于数据存储在公共服务器上且具有共享性，其安全性存在一定的风险。同时，公有云的可用性依赖于服务商，不受用户控制，这方面也存在一定的不确定性。

公有云的主要构建方式包括独立构建、联合构建、购买商业解决方案和使用开源软件等。

2．私有云

私有云是指为特定的组织机构建设的单独使用的云，它所有的服务只提供给特定的对象或组织机构使用，因而可对数据存储、计算资源和服务质量进行有效控制，其核心属性是专有资源服务。私有云的部署比较适合于有众多分支机构的大型企业或政府部门。

相对于公有云，私有云部署在企业内部网络，其数据安全性、系统可用性都可以由自己控制，但企业需要有大量的前期投资。私有云的规模相对于公有云来说一般要小得多，无法充分发挥规模效应。

创建私有云的方式主要有两种：一种是使用 OpenStack 等开源软件将现有的硬件整合成一个云，适合于预算少或者希望提高现有硬件利用率的企业和机构；另一种是购买商业解决方案，适用于预算充裕的企业和机构。

PPT：13-3
云计算的部署模式

微课：13-3
云计算的部署模式

笔记

3. 混合云

混合云是指供自己和客户共同使用的云，它所提供的服务既可以供别人使用，也可以供自己使用。相比较而言，混合云的部署方式对提供者的要求比较高。在使用混合云的情况下，用户需要解决不同云平台之间的集成问题。混合云的结构如图 13-1 所示。

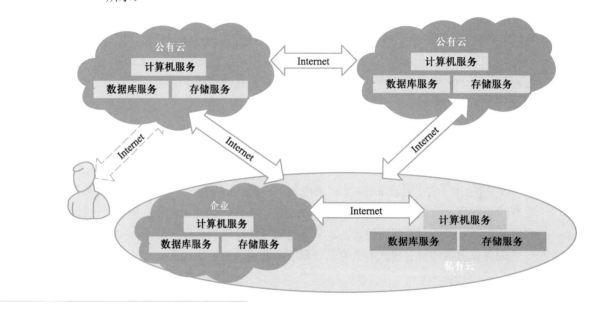

图 13-1
混合云的结构

在混合云部署模式下，公有云和私有云相互独立，但在云的内部又相互结合，可以发挥出公有云和私有云各自的优势。混合云可以使用户既享有私有云的私密性又能有效利用公有云的廉价计算资源，从而获得最佳匹配效果，达到既省钱又安全的目的。

混合云的构建方式有两种：一种是外包企业的数据中心，即企业搭建一个数据中心，但具体维护和管理工作都外包给专业的云服务提供商，或者邀请专业的云服务提供商直接在企业内部搭建专供本企业使用的云计算机中心，并在建成后负责以后的维护工作；另一种是购买私有云服务，即通过购买云供应商的私有云服务，将公有云纳入企业的防火墙内，并且在这些计算资源和其他公有云资源之间进行隔离。

13.4 云计算技术架构及关键技术

PPT: 13-4
云计算技术架构及关键技术

云计算初期是简单的分布式计算，现阶段的云计算是由分布式计算、效用计算、负载均衡、并行计算、网络存储、热备份冗杂和虚拟化等计算机技术发展和混合演变而来，可以更有效利用计算资源，提高计算效率。本节将介绍分布式计算，以及云计算的技术架构和其关键技术。

1. 分布式计算

分布式计算就是把一个需要大量计算才能解决的复杂问题分解成许多小的任务，然后把这些小任务分配给网络上多个闲置的计算机分别进行处理，最后把这些计算结果综合起来得到最终的计算结果。这种计算模式可以在多台计算机上共享稀有资源和平衡负载，缩短整体计算时间，大大提高计算效率。

2. 云计算的技术架构

目前被广泛引用的云计算技术架构分为云服务和云管理两大部分,如图 13-2 所示。

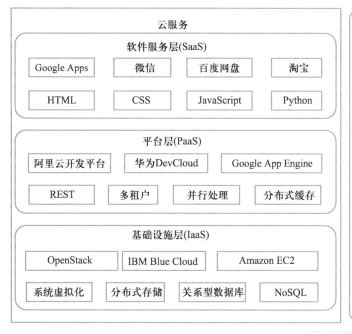

图 13-2
云计算技术架构

云服务部分又划分为 3 个层次,即软件服务层、平台层和基础设施层,分别对应 SaaS、PaaS、IaaS 这 3 种交付模式。这 3 个层次提供的服务对于用户而言是完全不同的,但使用的技术并不是完全独立的,有一定的依赖关系。软件服务层位于最上层,其产品和服务一般是用于显示用户所需的内容和服务体验,主要用到 HTML、CSS 和 JavaScript 等 Web 技术,并会利用到平台层提供的多种服务。平台层位于中间,承上启下,在基础设施层提供资源的基础上,使用 REST、多租户、并行处理、分布式缓存等技术提供多种服务。基础设施层位于最底层,通过虚拟化、分布式存储等技术,将互联网上的服务器、存储设备、网络设备等资源提供给中间层或是用户。

云管理部分是纵向的,为横向的 3 层服务提供管理和维护方面的技术,保证整个云计算中心能被有效管理并且安全、稳定运行,如故障的迁移、运维错误的监控和上报、网络攻击的防御等。

3. 云计算的关键技术

云计算作为支持网络访问的服务,首先少不了网络技术的支持,如 Internet 接入和网络架构等。云计算需要实现以低成本的方式提供高可靠、高可用、规模可伸缩的个性化服务,因此还需要分布式数据存储技术、虚拟化技术、数据管理技术以及安全技术等若干关键技术支持。

(1) 分布式数据存储技术

分布式数据存储就是将数据分散存储到多个数据存储服务器上。云计算系统由大量服务器组成,可同时为大量用户服务,因此云计算系统主要采用分布式存储的方式进行数据存储。同时,为确保数据的可靠性,存储模式通常采用冗余存储的方式。目前,云计算系统中广泛使用的数据存储系统是 GFS 和 Hadoop 团队开发的 GFS

微课:13-4
云计算技术架构及关键技术

的开源实现 HDFS。

（2）虚拟化技术

虚拟化技术是云计算的最核心技术之一，它是将各种计算及存储资源充分整合、高效利用的关键技术。虚拟化是一个广义术语，计算机科学中的虚拟化包括设备虚拟化、平台虚拟化、软件程序虚拟化、存储虚拟化以及网络虚拟化等。虚拟化技术可以扩大硬件的容量，减少软件虚拟机相关开销，简化软件的重新配置过程，支持更广泛的操作系统。云计算的虚拟化技术不同于传统的单一虚拟化，它是包含资源、网络、应用和桌面在内的全系统虚拟化。通过虚拟化技术可以实现将所有硬件设备、软件应用和数据隔离开，打破硬件配置、软件部署和数据分布的界限，实现 IT 架构的动态化，实现资源的统一管理和调度，使应用能够动态地使用虚拟资源和物理资源，提高资源的利用率和灵活性。

（3）数据管理技术

云计算需要对分布在不同服务器上的海量的数据进行分析和处理，因此，数据管理技术必须能够高效稳定地管理大量的数据。目前应用于云计算的数据管理技术最常见的是 Google 的 BigTable 数据管理技术和 Hadoop 团队开发的开源数据管理模块 HBase。

BigTable（简称 BT）是非关系的数据库，是一个分布式的、持久化存储的多维度排序 Map。它把所有数据都作为对象来处理，形成一个巨大的表格，用来分布存储大规模结构化数据。这种特殊的结构设计，使得 BigTable 能够可靠地处理 PB 级别的数据，并且能够部署到上千台机器上。

HBase 是 Apache 的 Hadoop 项目的子项目。它是基于列而不是基于行的模式，而且是一个适合于非结构化数据存储的数据库。作为高可靠性分布式存储系统，HBase 的性能和可伸缩方面都有着非常好的表现，利用 HBase 技术可在廉价服务器上搭建起大规模结构化存储集群。

13.5 主流云服务商及其产品

市场上的云计算产品、服务类型多种多样，在选择时不仅要看产品类型是否符合自身需求，还要看云产品服务商的品牌声誉、技术实力以及政府的监管力度。本节介绍目前国内外主流云服务商及其产品，如何合理选择云服务，以及典型云服务器的配置、操作和运维。

目前国内外云服务商非常多，早期云服务市场主要被美国垄断，如亚马逊 AWS、微软 Azure 等，近年来国内云服务商发展迅速，已经占据国内外较大市场份额，知名的云服务商有阿里云、腾讯云、华为云、百度云等。

1. 国外主流云服务商及其产品

亚马逊公司是做电商起步的，刚开始因为业务需要购买了许多服务器等硬件资源用于搭建电商平台，后来由于平台的计算资源出现富余，于是开始对外出租这些资源，并逐渐成为世界上最大的云计算服务公司之一。目前，亚马逊旗下的 AWS（Amazon Web Services）已在全球 20 多个地理区域内运营着 80 多个可用区，为数百万客户提供 200 多项云服务业务。其主要产品包括亚马逊弹性计算云、简单储存服务、简单数据库等，产品覆盖了 IaaS、PaaS 和 SaaS。

2.　国内主要云服务商及其产品

（1）阿里云

阿里云是阿里巴巴集团旗下云计算品牌，创立于 2009 年，在杭州、北京、美国硅谷等地设有研发中心和运营机构。其主要产品包括弹性计算、数据库、存储、网络、大数据、人工智能等。

（2）华为云

华为云隶属于华为公司，创立于 2005 年，在北京、深圳、南京等多地及海外设立有研发和运营机构。其主要产品包括弹性计算云、对象存储服务、桌面云等。

（3）腾讯云

腾讯云是腾讯公司旗下产品，经过孵化期后，于 2010 年开放平台并接入首批应用，腾讯云正式对外提供云服务。其主要产品包括计算与网络、存储、数据库、安全、大数据、人工智能等。

3.　典型云服务器的配置、操作和运维

租赁一台云服务器，需要配置的主要参数包括 CPU、硬盘、内存、线路、带宽以及服务器所在地域等。云服务器的配置关系到服务器的性能，同时与租赁价格直接挂钩。因此，在选择配置云服务器的时候要结合性能、工作负载和价格等因素，做出稳定性与性价比最优的决策。

用户从服务商租赁云服务器后，需要进行一些基本操作，才能让服务器正常运行，发挥其功能。云服务器的基本操作包括创建、配置、连接、传输、环境搭设等内容。下面以在阿里云创建和配置一个用于 Web 网站发布的云服务器为例进行操作，具体步骤如下：

① 首先通过 https://www.aliyun.com 进入阿里云官网，使用用户名和密码完成用户登录，新用户需要先注册阿里云账号，如果是支付宝、淘宝用户可直接扫码授权登录。

② 登录后在主页右上角单击"控制台"，进入阿里云控制台首页。通过左侧控制台菜单或快捷访问"云服务器 ECS"，进入云服务器管理控制台概览页（如图 13-3 所示），这里可以创建新的实例，查看并对已创建实例进行启动、重启、停止等操作。

微课：13-5
主流云服务商及其产品

笔记

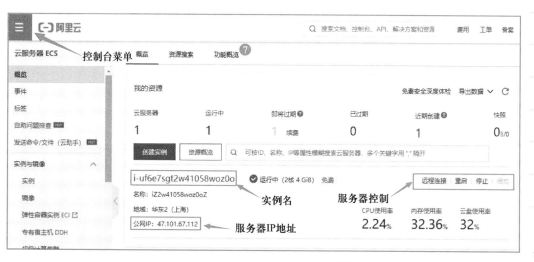

图 13-3
云服务器 ECS 管理控制台

新用户可按提示付费创建实例或申请创建免费试用 7 天的实例。创建实例时根据需要选择基础配置（如 CPU、内存等）、操作系统、网络安全配置等，设置登录凭证（即连接 ECS 实例时需要输入的用户名和密码）。

③ 如果创建 ECS 实例时，没有在默认安全组中选中添加安全组规则，则需要首先添加。单击实例名进入实例详情页，单击"安全组"标签实例名后面的"配置规则"按钮，选择"入方向"标签，单击"快速添加"按钮，授权策略允许开放端口 SSH 22、RDP 3389、HTTP 80 和 HTTPS 443，如图 13-4 所示。

图 13-4
服务器端口授权策略

④ 通过控制台菜单返回云服务器 ECS 概览页，单击"远程链接"按钮，选择"Workbench 远程连接"方式连接云服务器，如图 13-5 所示。选择通过公网访问，按提示输入用户名和密码，再单击"确定"按钮。

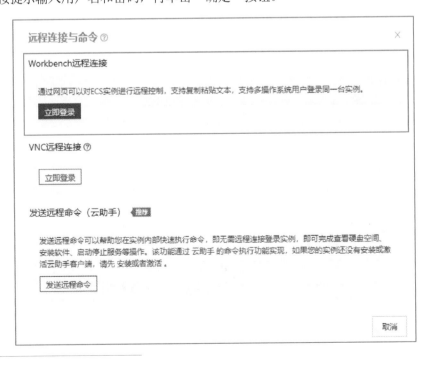

图 13-5
Workbench 远程连接方式

⑤ 连接进入服务器后，单击"开始"按钮，在 Windows 开始屏幕选择"Windows PowerShell"，或使用 CMD 命令提示符输入 "powershell"，切换至 PowerShell 模块。使用快捷命令 "Install-WindowsFeature -name Web-Server -IncludeAllSubFeature -Include-ManagementTools" 安装 IIS 服务及相关管理工具，如图 13-6 所示。

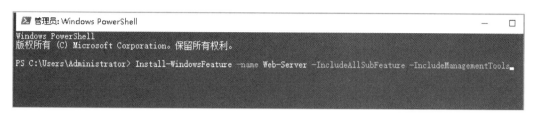

图 13-6
安装 IIS 服务及相关
管理工具

⑥ IIS 安装结束后，打开新的浏览器页面，输入云服务器分配的公网 IP 地址即可浏览刚刚架设的云服务器网站默认首页。

此外，通过阿里云自带的云助手还可以批量执行 Bat、PowerShell 或者 Shell 命令，完成运行自动化运维脚本、轮询进程、安装或者卸载软件、更新应用以及安装补丁等任务。

要想保证服务器长期稳定运行，除了依靠云服务商的技术支持外，日常运行维护程序也必不可少。必须定期检查内存和硬盘使用情况、查看日志等，及时发现和解决软、硬件出现的故障以及做好数据备份等工作。如果服务器因为访问量大而导致 CPU 占用过高或其他配件性能不足时，则需考虑提升主机的配置。另外，服务器租赁到期前应及时办理续费手续。

课后练习

一、选择题

1. "中国云计算实践元年"为（　　）年。
   A. 2010　　　　　　　　B. 2011
   C. 2012　　　　　　　　D. 2013

2. SaaS 是（　　）的简称。
   A. 软件即服务　　　　　B. 平台即服务
   C. 基础设施即服务　　　D. 硬件即服务

3. 下列（　　）特性不是虚拟化的主要特征。
   A. 高扩展性　　　　　　B. 高可用性
   C. 高安全性　　　　　　D. 实现技术简单

4. 云计算技术的研究重点是（　　）。
   A. 服务器制造　　　　　B. 资源整合
   C. 网络设备制造　　　　D. 数据中心制造

5. 通过平台为客户提供服务的云计算服务类型是（　　）。
   A. IaaS　　　　　　　　B. PaaS
   C. SaaS　　　　　　　　D. 3 个都不正确

文本：课后练习答案

6. 云计算是对（　　）技术的发展与应用。

    A. 并行计算   B. 负载均衡

    C. 分布式计算   D. 以上都是

7. 下列（　　）不属于云计算的特点。

    A. 超大规模   B. 虚拟化

    C. 无风险   D. 高可靠性

二、填空题

1. 云计算是一种_____的模式，它将任务分布在大量计算机构成的_____上，使用户按需获取计算能力、存储空间和信息服务。

2. 对提供者而言，云计算可以有 3 种部署模式，即_____、_____和_____。

3. 当前云提供者可以分为三大类，即 SaaS 提供商、_____和_____提供商。

4. _____技术是云计算系统的核心组成部分之一，是将各种计算及存储资源充分整合和高效利用的关键技术。

5. _____是一种把需要进行大量计算的工程数据分解成许多小块，分配给多台计算机分别计算，在上传运算结果后，将结果综合起来得到数据结论的一门计算机科学。

三、简答题

1. 美国国家标准与技术研究院（NIST）是如何定义云计算的？

2. 云计算机的特点有哪些，至少列举 5 点。

3. 列举 3 个云计算的典型应用。

单元 14

现代通信技术

▶ 单元导读

　　信息技术、通信技术的飞速发展正在改变人们工作、生活的方方面面。曾经，我们为拥有第一部手机开心不已，为能在春节群发短信而欢欣雀跃；曾经，我们为拥有一个 QQ 号可以与朋友天南海北聊天、没事发个表情而激动万分。今天，抱着手机刷抖音，聊微信，看微博、朋友圈，上美团、饿了么订餐，在京东、天猫下单购物，出门用滴滴打车，睡觉前听一听喜马拉雅……这些事情都已经变得再稀松平常不过。

文本：单元设计

14.1　现代通信技术概述

14.1.1　什么是通信

通信，是指人与人或人与自然之间通过某种行为或媒介进行的信息交流与传递。从广义上讲，通信就是需要信息的双方或多方在不违背各自意愿的情况下，采用任意方法、任意媒质，将信息从某方准确安全地传送到另一方。最简单也是最基本的理解，就是人与人沟通的方法。

电话、QQ、微信、微博等都是人们耳熟能详的沟通方式，但无论是电话还是网络，解决的最基本问题实际上还是人与人的沟通。因此，首先回到"沟通"的源头开始梳理人类这一最原始的诉求。

生活中，经常会看到两个人，你一言、我一语，相谈甚欢，这个看似平淡无奇的场景，其实蕴含着通信的诸多要素，如图 14-1 所示。首先，交谈至少需要甲乙双方（一个人的自言自语不能归入"通信"的范畴）。甲和乙说："很高兴认识你！"甲就是信息的发出者，称为"信源"；乙听到了很高兴，乙就是信息的接收者，称为"信宿"；声音在空气中传播，空气就是"信道"，所处环境中的干扰称为"噪声"。"信源""信宿""信道"和"噪声"就是一个完整的通信系统包含的最基本要素，如图 14-2 所示。因此，可以说最简单、最常用的通信表现形式就是两个人的交谈。

图 14-1
交谈沟通
图 14-2
通信基本要素

通信技术研究的就是从信息的源头到信息的目的地的整个过程的技术问题，其中信息的源头和目的地可以是人也可以是物，即实现人与人之间、人与物之间、物与物之间信息传递的一门技术。

14.1.2　现代通信技术简介

在电产生之前，人们采用如烽火、旗语、击鼓等方式来进行通信；在电产生后，人们采用电报、传真、电话、手机、计算机网络等方式来进行通信。随着科技的不断发展，人们对信息的需求日益丰富与多样化，现代通信的发展为此提供了条件，因此，现代通信所指的信息已不再局限于电话、电报等单一媒体信息，而是将声音、文字、图像、数据等合为一体的多媒体信息，即通过人的各种感官，或通过传感器等仪器、仪表对现实世界的感知，形成多媒体或新媒体（人的五官之外）信息，再将这些信息通过通信手段进行传递。因此，现代通信技术就是如何采用最新的技术来不断优化通信的各种方式，让人与人的沟通变得更为便捷、有效。

现代通信所涉及的技术主要有数字通信技术、信息传输技术、宽带 IP 技术、接入网技术等。数字通信即传输数字信号的通信技术，是将信源发出的模拟信号经过数字化处理，变成适合于信道传输的数字信号，再传输到对端，经过相反的变换最终传送到信宿。数字通信抗干扰能力强，便于存储、处理和交换，已经成为现代通信网中最主要的通信技术，广泛应用于各种通信系统中。信息传输技术主要包括光纤通信、卫星通信、移动通信等，其发展具有数字化、综合化、宽带化、智能化和泛在化的特点。

14.1.3　通信技术发展历程

1. 古代通信

烽火传讯、信鸽传书、击鼓传声、天灯、旗语和信件等都是广为人知的古代通信方式。综观这些方式不难发现，它们都是利用自然界的基本规律和人的基础感官（视觉、听觉等）可达性而建立的通信系统，是人类基于需求的最原始的通信方式。这些通信方式，或是广播式的，或是点对点式的，或是可视化的，或是无连接的，但都满足信息传递的要求。

2. 近现代通信

近现代通信与古代通信的分割点就是电磁技术的引入，而电磁技术的最早应用就是电报。1832 年，美国画家莫尔斯在旅欧学习途中，开始了这项新技术的研究，而如何把电报和人类的语言连接起来，是摆在莫尔斯面前的一大难题。"电流是神速的，如果它能够不停顿地走 16 km，我就让它走遍全世界。电流只要停止片刻，就会出现火花，火花是一种符号，没有火花是另一种符号，没有火花的时间长又是一种符号。这里有 3 种符号可组合起来代表数字和字母。它们可以构成字母，文字就可以通过导线传送了。这样，能够把消息传到远处的崭新工具就可以实现了！"在灵感来临的瞬间，他在笔记本上记下这样一段话。3 年后，莫尔斯发明了以自己的名字命名的莫尔斯电码——利用电流的"通""断"和"长断"来传送文字。1835 年，第一台电报机问世，如图 14-3 所示。

如果说电报的发明是人类文明史上的一个重要起点，那么电话的发明则是人类通信史上的一个重要里程碑。1796 年，休斯提出了用话筒接力传送语音信息的办法，他给这种通信方式起名为 Telephone（电话），虽然这种方法不太切合实际，但这个名字一直保留到现在。1876 年，亚历山大·贝尔发明了世界上第一台电话机，如图 14-4 所示，并在 1878 年的长途电话实验中获得成功，后来成立了著名的贝尔电话公司。20 世纪 60 年代出现了按键式电话机，并一直沿用至今。

电报和电话的发明给人类的通信带来了前所未有的变化，然而这种交流仅是在两个人或者少数群体之间进行。随着现代社会中人们需要分享的信息需求越来越多、要求越来越及时，无线通信及计算机通信应运而生。20 世纪 50 年代以后，元器件制造、光纤技术、收音机、电视机、计算机、广播电视、数字通信业相继开始大发展。

3. 当代通信

移动通信和互联网带着人们踏入了当代通信的大门，语音业务不再是人们的主要诉求，取而代之的是全新的数据业务，如超高清视频（4K）、虚拟现实、智慧家庭、云计算、物联网、大数据等。技术的迭代更替让人目不暇接，当代通信已经进入了一个全新的"全连接时代"。以下是这个时代移动通信的标志性大事件。

图 14-3
第一台电报机
图 14-4
贝尔展示第一台电话机

笔 记

1982 年第二代（蜂窝）移动通信系统（简称 2G）被提出，分别是欧洲标准的 GSM、美国标准的 D-AMPS 和日本标准的 D-NTT。

2000 年，提出第三代（蜂窝）移动通信系统（简称 3G）标准，包括欧洲的 WCDMA、美国的 CDMA 2000 和中国的 TD-SCDMA。

2007 年，ITU 将 WiMAX 补选为第三代移动通信标准。

2012 年，ITU 将 LTE-Advanced 和 Wire lessMAN-Advanced（80.16m）技术规范确立为第四代移动通信技术（简称 4G）国际标准（中国主导制定的 TD-LTE-Advanced 和 FDD-LTE-Advance 同时并列成为 4G 国际标准）。

2018 年，第五代移动通信技术（简称 5G）独立组网标准正式确立。

同样，互联网的发展也是呈指数级的，标志里程碑如下：

1969 年，ARPANet 问世。

1979 年，局域网诞生。

1983 年，TCP/IP 成为 ARPANet 的唯一正式协议，伯克利大学提出内含 TCP/IP 的 UNIX 软件协议。

1989 年，欧洲核子研究组织（CERN）发明万维网（WWW）。

2005 年，信息社会峰会在突尼斯举行，国际电信联盟（ITU）发布了《ITU 互联网报告 2005：物联网》，正式提出了物联网的概念。同一年，亚马逊公司发布 Amazon Web Server（AWS）云计算平台，云计算的序幕正式拉开。

2008 年，苹果公司发布了新一代智能手机 iPhone 3G，从此开启了移动互联网蓬勃发展的新时代。同年，《自然》杂志专刊提出 BigData 的概念，大数据进入大众视野。

14.1.4　现代通信发展趋势

从 20 世纪末开始，多媒体的广泛推广、互联网的应用以及移动通信的蓬勃发展，极大地推动了通信业的发展，再加上以大数据、云计算、物联网、人工智能和融合通信的发展，极大地刺激了通信业新一轮的技术演变和产业升级。可以预见，未来的通信行业，将向着速度更快、损耗更低、移动性更强、连接性更快捷、融合性更彻底的方向发展。目前，通信技术的发展趋势可概括为"五化"，即综合化、融合化、智能化、宽带化和泛在化。

1．通信业务综合化

随着社会的发展，人们对通信业务种类的需求不断增加，早期的电报、电话业务已远远不能满足人们的需求。就目前而言，电子邮件、交互式可视图文以及数据通信的其他各种增值业务等都在迅速发展。如果把各种通信业务以数字方式统一并综合到一个网络中进行传输、交换和处理，就可以达到一网多用的目的。现代通信的一个显著特点就是通信业务的综合化。

2. 网络互通融合化

以电话网络为代表的电信网络和以 Internet 为代表的数据网络以及广播电视网络的互通与融合进程将加快步伐。IP 数据网与光纤网络的融合、移动通信与光纤通信的融合、无线通信与互联网的融合等也是未来通信技术的发展趋势和方向。

3. 通信传送宽带化

近年来，几乎网络的所有层面（如接入层、边缘层、核心交换层）都在开发高速技术，高速光传输、宽带接入技术都取得了重大进展。超高速路由交换、高速互连网关、超高速光传输、高速无线数据通信等新技术已成为新一代信息网络的关键技术。通信网络的宽带化是电信网络发展的基本特征、现实要求和必然趋势。

4. 承载网络智能化

在通信承载网络中，采用开放式结构和标准接口结构的灵活性、智能的分布性、对象的个体性、人口的综合性和网络资源利用的有效性等手段，可以解决信息网络在业务承载、性能保障、安全可靠、可管理性、可扩展性等方面面临的诸多问题，尤其是人工智能、机器学习等先进技术在通信网络中得以应用，对通信网络的发展具有重要影响。

5. 通信网络泛在化

泛在网是指无处不在的网络，可以实现任何人或物体在任何地点、任何时间与任何其他地点的任何人或物体进行任何业务方式的通信。其服务对象不仅包括人和人之间，还包括物与物之间、人与物之间。尤其是随着 5G 网络的应用，各种新业务不断出现，并改变着社会的多种形态，如物联网、车联网、工业互联网等。

14.2 移动通信技术

14.2.1 什么是移动通信

移动通信是指通信的一方或双方处于运动中的通信，是移动体之间或移动体与固定体之间的通信。

早在 20 世纪 40 年代，贝尔实验室就造出了第一部所谓的移动通信电话，但是由于体积太大，又对其未来商业市场缺乏足够的信心，只能将其放在实验室的架子上，慢慢就被人们淡忘了。

1973 年 4 月的一天，一名男子站在纽约街头，掏出一个约有两块砖头大小的黑物体，并对着它"喂喂"了几句，引得路人纷纷驻足侧目。这个人就是手机的发明者，摩托罗拉公司的工程技术人员马丁·库帕，而他手中拿的就是世界上有记载的第一部移动电话。马丁打电话的对象，就是在贝尔实验室工作的技术人员，他们也正在研制移动电话，但尚未成功。马丁后来回忆说："我听到听筒那头的'咬牙切齿'，虽然对方已经保持了相当的礼貌。"双方在移动通信研究方面的竞争激烈程度可想而知，但也正是有了这样的较量才得以推动技术日新月异的发展。

进入 21 世纪以后，手机除了重量和体积越来越小之外，在通信技术方面也越

PPT：14-2
移动通信技术

微课：14-2
移动通信技术

来越成熟，越来越多的人开始享受移动通信技术带来的便利。

14.2.2　移动通信技术的发展

移动通信技术的发展到现在共经历了从 1G（generation）到 5G 等多个阶段，如图 14-5 所示。

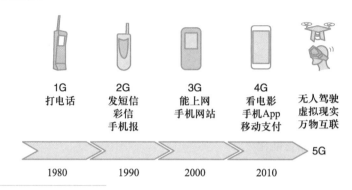

图 14-5
移动通信技术发展历程

1. 第一代移动通信系统（1G）

1G 诞生于 20 世纪 80 年代，使用模拟调制和频分多址技术，采用了多重蜂窝基站，如图 14-6 所示。由于当时各国的通信标准不统一，还未能实现"全球漫游"，只能实现语音信号的传输，也不能上网，但用户在通话期间可以自由移动并能在相邻基站之间无缝切换通话。摩托罗拉移动电话是 1G 时代的杰出代表。

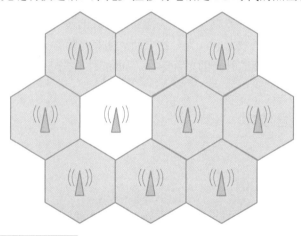

图 14-6
多重蜂窝基站

2. 第二代移动通信系统（2G）

2G 诞生于 20 世纪 90 年代初期，实现了从模拟制式到数字制式的跨越，也标志着人类开始进入语音通信数字化时代。它将语音信息转换成数字编码进行传输，接收端通过解码还原出语音信息，从而实现语音通话。2G 时代的主要移动通信系统是 GSM（全球移动通信系统），另外还有 CDMA、TDMA 等，主要采用窄带码分多址和时分多址技术。手机短信、彩铃是 2G 最典型的通信业务。

3. 第三代移动通信系统（3G）

3G 诞生于 21 世纪初，采用基于扩频通信的码分多址技术（CDMA），使数据传输速率大幅提升，实现了通话和移动互联网的接入，从此手机可以通过移动信号访问互联网。3G 通信系统三大标准为 CDMA 2000、WCDMA 和 TD-SCDMA。

4. 第四代移动通信系统（4G）

4G 技术的出现使移动通信带宽和能力有了一个质的飞跃。其与 3G 最大的区别就是信息传输速度有了非常大的提升，用户可以流畅地观看高清电影，足不出户即可借助各种 App 实现衣、食、住、行全覆盖。

4G 时代的主要系统是 LTE，包括 TD-LTE 和 FDD-LTE 两种制式。LTE 系统引入正交频分复用技术（Orthogonal Frenquency Division Multiplexing，OFDM）和多输入输出（Multiple-Input Multiple-Output，MIMO）等关键技术，采用全 IP 的核心网，使数据传输速率、频谱利用率和网络容量得到提升，具备更高的安全性、智能性和灵活性，并且时延得到降低。LTE 系统网络架构则更加扁平化、简单化，减少了网络节点，降低了系统复杂度，从而降低了系统时延以及网络部署和维护成本，如图 14-7 所示。

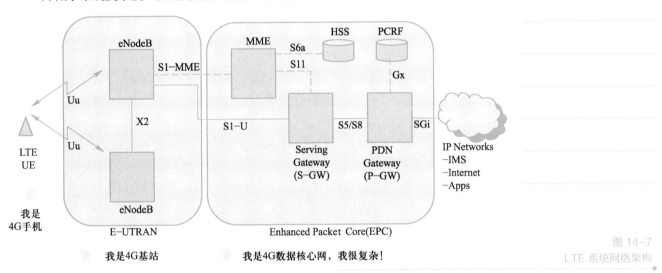

图 14-7
LTE 系统网络架构

从 1G 到 4G 的发展脉络可见，移动通信的每一次更新换代都是为了解决当时人们最主要的需求，可以从中看到以下 3 个方面的变化。

① 技术的变化：从模拟到数字，从语音到数据，从窄带到宽带，到超宽带。

② 人们手机的变化：从移动电话（大哥大）到 2G 手机，再到智能手机。

③ 生活方式的变化：从打电话到发短信，再到上网看新闻、聊天，到看视频，到无时无刻伴随人们身边。

14.3 5G 技术

14.3.1 5G 的基本概念及特点

5G 即第五代移动通信系统。2019 年，在世界移动通信大会上，全球各大科技企业纷纷展示自己的顶尖科技和产品，而 5G 更是以其特有的魅力成为这次大会上的焦点，多款 5G 产品粉墨登场。5G 产品已经进入大众视野，但很多人对 5G 还不甚了解。

5G，简言之，就是"万物互联、万物智联"。如今，人们对移动网络的新需求不断增加，越来越多的新服务也不断涌现，如无人驾驶、虚拟现实、云桌面以及在

PPT：14-3
5G 技术（1）

笔 记

线游戏等；另一方面，车联网、智能家居、智能电网、智能农业、智能抄表、视频监控和移动医疗等推动移动物联网应用爆发式增长，数以千亿的设备将接入网络，实现真正的"万物互联"；同时，移动互联网和物联网将相互交叉形成新型"跨界业务"，带来海量的设备连接和多样化的业务和应用，除了以人为中心的通信以外，以机器为中心的通信也将成为未来无线通信的一个重要部分。因此，5G 不仅是下一代移动通信技术，也将是一种全新的网络科技。它的出现将会把人们从移动互联网时代带入智能互联网时代。

5G 技术具有以下几个特点：

（1）高速率

5G 的数据传输速率远远高于以前的蜂窝网络，最高可达 10 Gbit/s，比当前的有线互联网更快，比先前的4G LTE蜂窝网络快 100 倍，因此能满足高清视频、虚拟现实等大数据量传输。

（2）低时延

5G 具有较低的网络时延（低于 1 ms），即更快的响应时间，而 4G 的时延通常为 30~70 ms，因此 5G 能满足自动驾驶、远程医疗、工业自动化等实时应用。

（3）低功耗

5G 网络中有 eMTC 和 NB-IoT 两种重要技术，这两种技术都能很好地降低功耗。

（4）高可靠性

5G 采取了混合自动重传请求的机制（HARQ）来确保系统的高可靠性。HARQ 的思路是，一旦发现错误的数据包，系统不扔掉，而是等着与下一次接收的数据包对比，就像组合一块块拼图一样，多个错误的数据包也可以组合形成正确的信息。这样一方面降低了等待完美无缺的数据包造成的时延，另一方面这种相互弥补的方式还提升了传输的可靠性。

14.3.2　5G 网络架构

5G 的网络架构主要包括 5G 接入网和 5G 核心网，如图 14-8 所示，其中 NG-RAN 代表 5G 接入网，5GC 代表 5G 核心网。

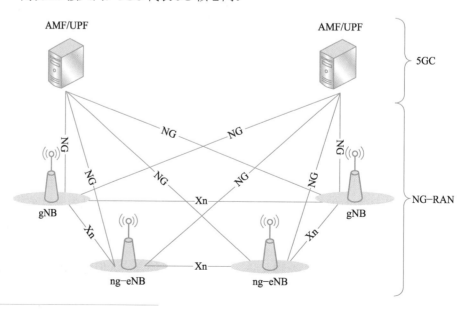

图 14-8
5G 无线网络整体架构

5G 接入网包含两种接入节点：gNB，提供 5G 控制面和用户面服务的 5G 基站；ng-eNB，为用户提供 LTE/E-UTRAN（4G 网络）服务的基站。gNB 和 ng-eNB 之间通过 Xn 接口进行连接，另外 gNB 和 ng-eNB 通过 NG 接口与核心网（5GC）连接。

5G 核心网主要包含：AMF，负责访问和移动管理功能；UPF，用于支持用户平面功能；SMF，用于负责会话管理功能。

14.3.3　5G 关键技术

5G 主要关键技术如图 14-9 所示。

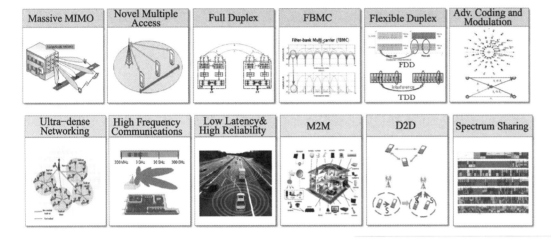

图 14-9
5G 关键技术

1. 高频段传输

从 1G 到 5G，系统传输使用的频率越来越高，这是因为其速率是和频率高低成正比的，也就是说频率越高，可供使用的频率资源就越丰富；频率资源越丰富，能够实现的传输速率就越高。5G 网络的高速传播就是通过极高频段传输实现的。全球主要国家 5G 频率规划情况见表 14-1。

笔 记

表 14-1　全球主要国家 5G 频率规划情况

国　　　家	频　　　段
美国	24 GHz、28 GHz
韩国	3.5 GHz、28 GHz
日本	3.7 GHz、4.5 GHz、28 GHz
中国	3.5 GHz、2.6 GHz、4.9 GHz
英国	3.4 GHz
西班牙	3.6～3.8 GHz
澳大利亚	3.6 GHz
德国	2 GHz、3.6 GHz
芬兰	3.4～3.8 GHz
爱尔兰	3.6 GHz

2. Massive MIMO 天线技术

MIMO（Multiple Input Multiple Output，多进多出）就是多根天线发送、多根天

线接收。Massive MIMO 指的就是大规模天线阵列，即在手机端和基站端通过大幅增加收发端的天线数，来增加系统内可利用的自由度，从而形成高的速率和增益，提升用户接入数，如图 14-10 所示。

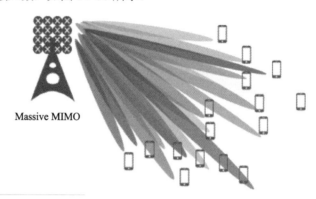

图 14-10
Massive MIMO 技术

笔 记

3. D2D 技术

移动通信系统中的信号都是通过基站进行转发的。5G 时代，信息数据的传输将不再需要通过基站进行转发，设备与设备之间就能直接实现。简单来说，就是同一个基站下的两个用户相互通信，他们的信息数据不再需要通过基站中转，而是直接以手机到手机的方式进行传输，如图 14-11 所示。

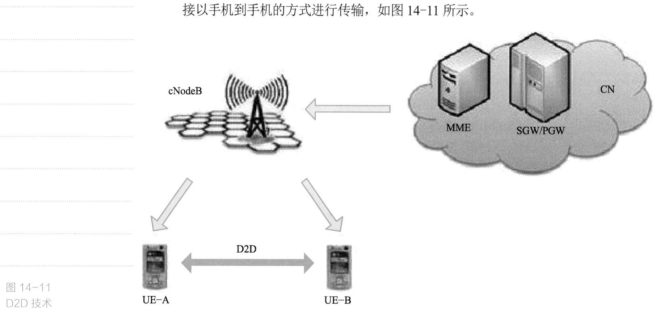

图 14-11
D2D 技术

D2D 技术可以实现短距离直接通信，数据传输速率高、时延低、功耗较小；终端无须占用太多基站频谱资源，实现频谱的高效利用，同时也极大地减轻基站传输压力。

4. 双连接技术

从全球范围来看，各国的 5G 频段主要有两类：一类是毫米波频段，如美国的 28 GHz、39 GHz 等；另一类是 3.4 GHz～3.8 GHz 高频频段，如我国的 5G 频段为 3.5 GHz。相比于过去的移动通信系统，5G 工作在较高的频段上，因此 5G 单小区的覆盖能力较差。即使可以借助 Massive MIMO 等技术增强覆盖，也无法使 5G 单小区的覆盖能力达到 LTE 的同等水平。因此，3GPP 扩展了 LTE 双连接技术，提出了 LTE-NR 双连接，使 5G 网络在部署时可以借助现有的 4G LTE 覆盖。简单来说，就是手机能同时使用 4G 和 5G 进行通信，能同时下载数据。

3GPP Release-14 针对同构网络和异构网络，制定了两种典型的 LTE 和 5G NR 部署场景。

图 14-12 所示是同构网络部署场景，LTE 和 5G NR 基站共址并提供相同的重叠覆盖，LTE 和 5G NR 全部是宏站或者全部是小站。

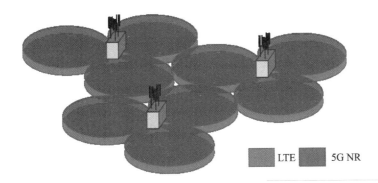

图 14-12
LTE 和 5G NR 同构部署

图 14-13 所示是异构网络部署场景。这种场景下，宏站和小站混合部署，LTE 提供宏覆盖，5G NR 作为小站进行覆盖和热点容量增强。

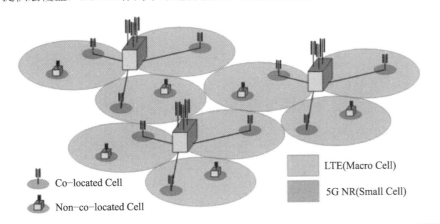

图 14-13
LTE 和 5G NR 异构部署

5．MEC 技术

5G 商用后，网络速率的提升将进一步刺激视频流量增长。5G 网络除了满足人与人之间的通信需求外，还要满足人与物、物与物之间的连接需要。4G 网络近 100 ms 的时延已经无法满足车联网、工业控制、AR/VR 等业务场景需求，5G 需要更低的处理时延和更高的处理能力。

多接入边缘计算（Mobil/Multi-Access Edge Computing，MEC）技术主要是指通过在无线接入侧部署通用服务器，从而为无线接入网提供 IT 和云计算的能力。MEC 使运营商和第三方业务可以部署在靠近用户接入点的位置，通过降低时延和负载来实现高效的业务分发。也就是说，MEC 技术使传统无线接入网具备了业务本地化、近距离部署的条件，从而降低时延、提高带宽，以满足新业务对网络高带宽、低时延的性能要求。

6．UDN 技术

随着全球移动数据流的不断增长，网络密集度不断增加。2G 时代，全球基站数量只有几万个；到了 3G 时代，全球基站数量达到几十万个；4G 时代，我国的基站数量已位居全球首位。为了实现 5G 网络的高流量密度、高峰值速率性能，基站间距将进一步缩小，各种频段资源的应用、多样化的无线接入方式以及各种类型的基站将组成宏微异构的超密集组网架构，也就是超密集组网（Ultra-Dense Networks，

笔记

UDN）技术，如图 14-14 所示。UDN 可以在一定程度上提高系统的频谱效率，并通过快速资源调度实现无线资源调配，提高系统无线资源利用率和频谱效率。5G 的超密集组网可以划分为宏基站+微基站、微基站+微基站两种模式，两种模式通过不同的方式实现干扰与资源的调度。

图 14-14
UDN 技术

7. 网络切片技术

网络切片技术是将 5G 网络切成多个虚拟网络，每个虚拟网络间都是逻辑独立、相互隔离的，任何一个虚拟网络发生故障都不会影响到其他虚拟网络。每个网络都可以获得逻辑独立的网络资源，这些独立的网络资源还可以具备各自的特性，如低时延、高吞吐量、高连接密度、高频谱效率、高网络效率等。网络运营商可以根据不同需求选择所需要的特性，为特定的业务场景提供相应的网络服务，既节省成本，又提升了用户体验感。

14.3.4　5G 网络部署

PPT：14-4
5G 技术（2）

5G 组网模式分为 NSA 和 SA 两种。NSA（Non-Standalone，非独立组网）模式通过整合 5G 基站和 4G 基站的方式组网，是目前绝大多数国家主流商用的组网模式。SA（Standalone，独立组网）模式通过建设独立的 5G 基站实现组网，成本造价、覆盖进度相比 NSA 更高、更慢。

1. NSA

NSA 的基站连接的核心网是 4G 核心网，采用双连接方式进行，可以实现无缝切换，切换过程中不会造成业务中断，从而能够保证业务连接性。这种方式适用于 5G 部署的最初阶段，覆盖不连续，也没太多的业务阶段。该组网方式投入小、部署快，能够快速推进 5G 网络覆盖范围，所以也是目前绝大多数国家的主流商用 5G 的先行组网模式。

2. SA

微课：14-4
5G 技术（2）

SA 需要新建完整的 5G 核心网才能投入使用。该模式中 4G 和 5G 是两张独立的网络，网络间需通过重选和切换等方式进行互操作。SA 是 5G 的目标部署架构，适用于 5G 部署全生命周期，NR 连续覆盖。该组网方式投入更大，实现基本覆盖需要更长的时间，所以会在 NSA 5G 普及过程中逐步推进。

目前国内运营商已经启动 NSA 模式的 5G 服务，按照 5G 发展趋势，目前部署 5G 的国家几乎都是 NSA 先行，在此基础上逐步过渡到双模组网，最终实现 SA。对于消费者来说，目前市场上的单模或双模 5G 终端都能实现 5G 联网，因此也不存在"NSA 是假 5G"的说法。

14.3.5　5G 网络建设流程

5G 无线网络规划应遵循一定的原则和策略，根据网络建设的整体要求和限制条件，确定无线网络建设目标，从而确定实现该目标所需基站规模、建设的位置及基站配置等内容。

5G 网络与 4G 类似，其网络建设过程和 4G 网络在流程上也是相似的，都包括规划选点、站点获取、初步勘察、系统设计、工程安装和测试优化等步骤。但是 5G 系统是基于 Massive MIMO、毫米波等新技术的无线通信系统，在网络规划上必须考虑其系统特性，发挥新技术的优势，规避其劣势。同时，在进行 5G 网络规划时，还需要考虑现有移动网实际部署的情况，因地制宜。

5G 网络规划设计流程如图 14-15 所示。

图 14-15
5G 网络规划设计流程

1. 网络需求分析

本阶段的主要任务是明确 5G 网络的建设目标，可以从所建网络所处行政区划分、人口经济状况、网络覆盖目标、容量目标、质量目标等几个方面入手。另外，还需要收集现网 4G 站点、数据业务流量分布（MR 数据）及地理信息数据，这些数据都是 5G 网络规划的重要输入信息。

2. 网络规模估算

本阶段通过覆盖和容量估算来确定网络建设的基本规模，通过了解当地的传播模型，进行链路预算从而确定不同区域的小区覆盖半径，最终估算满足基本覆盖需求的基站数量。再根据城镇建筑和人口分布，估算额外需要满足深度覆盖基站数量。

3. 站址规划

受限于各种实际环境因素，通过网络规模估算后得出的基站数及其位置并不一定符合实际情况，还需要对备选站点进行实地勘察，并根据所得数据调整基站规划参数。其内容包括基站选址、基站勘察以及基站规划参数设置等。

4. 无线网络仿真

无线网络规划仿真是对覆盖规划和容量规划进行模拟，判断规划是否达到预期目标。可通过规划仿真优化覆盖和容量规划，以达到更优效果。

5. 无线参数规划

在利用规划软件进行详细规划评估和优化之后，就可以输出详细的无线参数，主要包括天线高度、方向角、下倾角等小区基本参数，邻区规划参数，频率规划参数，以及 PCI 参数等，同时根据具体情况进行 TA 规划。这些参数最终将作为规划方案输出参数提交给后续的工程设计及优化使用。

14.3.6　5G 的三大应用场景

当前，5G 主要有增强型移动带宽、海量机器类通信以及低时延高可靠通信三

笔记

大应用场景。

1. 增强型移动宽带（eMBB）

增强型移动宽带是指在现有移动宽带业务场景的基础上，对用户体验进行进一步的提升，让目前受流量限制的体验在 5G 时代全面上线，如 AR 增强现实、VR 虚拟现实，还有 4K、8K 超高清的视频，如图 14-16 所示。

超高清视频　　　　　　　　高清视频会议

VR　　　　　　　　高清在线游戏

图 14-16
增强型移动宽带（eMBB）应用场景

2. 海量机器类通信（mMTC）

物联网应用是 5G 技术所瞄准的发展主轴之一，而网络等待时间的性能表现将成为 5G 技术能否在物联网应用市场上攻城略地的重要衡量指针。智能水表、电表的数据传输量小，对网络等待时间的要求也不高，使用 NB-IoT 相当合适；但对于某些关乎人身安全的物联网应用，如与医院联机的穿戴式血压计，则网络等待时间就显得非常重要，此时采用海量机器类通信会是比较理想的选择。

3. 低时延高可靠通信（uRLLC）

低时延高可靠通信主要满足人—物连接需求，对时延要求低至 1 ms，可靠性高至 99.999%，主要应用包括车联网的自动驾驶、工业自动化、移动医疗等，如图 14-17 所示。

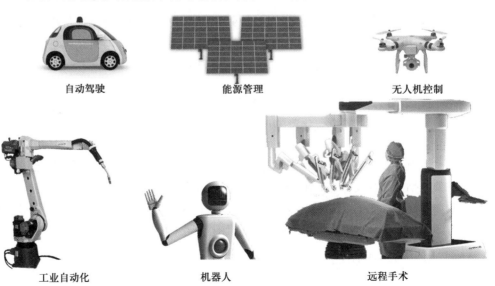

自动驾驶　　　　　　能源管理　　　　　　无人机控制

图 14-17
低时延高可靠通信（uRLLC）
应用场景

工业自动化　　　　　机器人　　　　　远程手术

14.4 其他通信技术

14.4.1 蓝牙

蓝牙（Bluetooth）是一种支持设备近距离通信的无线电技术，能在移动电话、PDA、无线耳机、车载音响、便携式计算机、相关外设等众多设备之间进行无线信息交换，从而有效简化移动通信终端设备之间的通信，也能简化设备与 Internet 之间的通信，使得数据传输变得更加迅速高效。

蓝牙技术已经渗透到社会生活的各个领域，包括智能门锁、智能手环、车辆胎压、工业自动化控制等。

PPT：14-5
其他通信技术

14.4.2 Wi-Fi

Wi-Fi 也是一种近距离无线通信技术，能够在百米范围内支持设备互连接入，其技术标准为 IEEE 802.11。Wi-Fi 是一种帮助用户访问电子邮件、Web 和流式媒体的互联网技术，为用户提供了一种无线的宽带互联网访问方式，能够访问 Wi-Fi 网络的地方又称为"热点"。

微课：14-5
其他通信技术

Wi-Fi 的工作频段分为 2.4 GHz 和 5 GHz。当下几乎所有智能手机、平板电脑和便携式计算机等智能终端都支持 Wi-Fi 上网。它可以很好地应用在无功耗约束的场景中，如家庭、校园、会议室、超市、展览厅、咖啡厅、图书馆、医院等人员流动频繁但又有数据访问需求的场景。

笔记

14.4.3 ZigBee

ZigBee（紫蜂）是一种新兴的短距离、低速率、低功耗无线通信技术，其标准协议底层采用 IEEE 802.15.4 标准规范的媒体访问层与物理层。ZigBee 的主要特点有低速、低耗电、低成本、支持大量网络节点、支持多种网络拓扑等，在网络部署方面复杂度低、快速、可靠、安全。

ZigBee 通信技术可支持数千个微型传感器之间相互协调实现通信。它以接力方式通过无线电波将数据从一个传感器传到另一个传感器，其通信效率非常高。因此，ZigBee 技术在物联网行业中逐渐成长为一个主流技术，并在工业、农业、智能家居等领域得到大规模的应用。

智能家居 ZigBee 组网如图 14-18 所示。

14.4.4 RFID

RFID（射频识别）技术是一种利用射频信号通过空间耦合，通过无接触信息传递达到识别和定位目的的技术，其工作原理如图 14-19 所示。类似于人们常见的条码扫描，它使用专用的 RFID 读写器及专门的可附着于目标物的 RFID 标签，通过频率信号读写将信息由 RFID 标签传送至 RFID 读写器，无须物理接触即可完成识别。

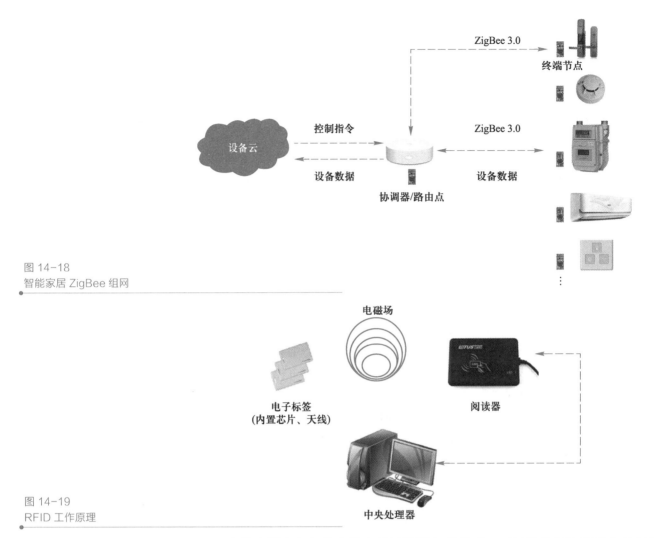

图 14-18
智能家居 ZigBee 组网

图 14-19
RFID 工作原理

当带有设备产品信息的电子标签进入磁场后，可以接收阅读器发出的射频信号，通过感应电流获得能量，从而发送出存储在标签芯片中的设备产品信息。阅读器读取信息并解码后，再送至中央信息系统进行相关数据处理。

RFID 技术的主要特点体现在快速扫描、小型化、多样化、抗污染和耐用、可重复使用、穿透和无屏障阅读、数据容量大以及安全性高等方面。RFID 技术已经在物流管理、生产线工位识别、绿色畜牧业养殖、个体记录跟踪、汽车安全控制、身份证识别以及公交刷卡支付等领域大量成功应用。

14.4.5　NFC

图 14-20
NFC 手机支付

NFC 又称为近场通信，是一种近距离高频无线通信技术。NFC 的工作频率为 13.56 MHz，由 13.56 MHz 的 RFID 技术发展而来。其数据传输速率一般为 106 kbit/s、212 kbit/s、424 kbit/s 这 3 种。NFC 的主要优势是近距离、高带宽、低能耗，并且因为与非接触智能卡技术相兼容，在门禁管理、公交无卡支付、手机支付等领域有着广阔的应用价值。NFC 手机支付如图 14-20 所示。

14.4.6 卫星通信技术

卫星通信，简单地说就是利用人造地球卫星作为中继站转发无线电信号，在两个或多个地面站之间进行的通信。卫星通信系统由卫星和地球站两部分组成，如图 14-21 所示。卫星在空中起中继站的作用，把地球站发上来的电磁波放大后再反送回另一地球站，从而实现远距离信息传输。

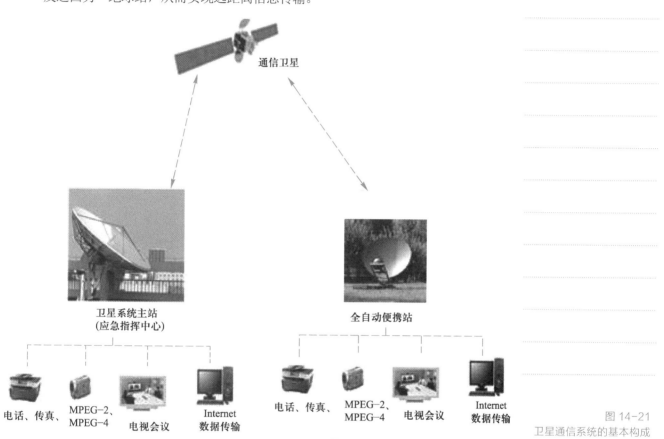

図 14-21
卫星通信系统的基本构成

卫星通信的特点是通信范围大，只要在卫星发射的电波所覆盖的范围内，任何两点之间都可进行通信；可靠性高，不易受陆地灾害的影响；开通电路便捷，只要设置地球站电路即可开通；同时可在多处接收，能经济地实现广播、多址通信。

卫星移动通信凭借其覆盖范围广、不受地理条件影响等优势，与地面通信系统形成互补，广泛应用于地面通信系统不易覆盖或建设成本过高的领域，如渔政、水利防汛、救灾、勘探科考等领域。

14.4.7 光纤通信技术

光纤通信是以光波为载体、光导纤维为传输介质的通信方式，由光源、光发送机、光纤以及光接收机等几部分组成。光纤通信系统的基本组成如图 14-22 所示，包括了电发送、电接收、光源、光检测器、光纤光缆线路几部分。光源是光波产生的根源，光纤是传输光波的导体。光源负责产生光束，将电信号转换成光信号，再把光信号导入光纤。光检测器负责接收从光纤上传输过来的光信号，并将它转换成电信号，经解码后再做相应处理。

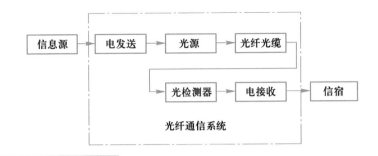

图 14-22
光纤通信系统的基本构成

光纤通信的主要特点是频带宽、损耗低、中继距离长；抗电磁干扰能力强；重量轻、耐腐蚀等。

光纤通信广泛应用于公用通信，有线电视图像传输，计算机通信，航天及船舰内的通信控制，电力及铁道通信交通控制信号，以及核电站、油田、炼油厂、矿井等区域内的通信。

课后练习

文本：课后练习答案

一、选择题

1. 话筒在通信系统中称为（　　　）。

　　A. 信宿　　　　B. 发送设备　　　C. 接收设备　　　D. 信源

2. 现代通信所指的信息已不再局限于电话、电报等单一媒体信息，而是将声音、文字、图像、数据等合为一体的（　　　）。

　　A. 数据　　　　B. 信号　　　　C. 多媒体信息　　　D. 图像

3. 近现代通信与古代通信的分割点就是电磁技术的引入，电磁技术最早的应用就是（　　　）。

　　A. 电视　　　　B. 电话　　　　C. 电报　　　　D. 广播

4. 4G 时代的主要系统是（　　　）。

　　A. CDMA 2000　　　　　　　B. LTE

　　C. WCDMA　　　　　　　　D. TD-SCDMA

5. 5G 技术中，用于提升接入用户数的技术是（　　　）。

　　A. Massive MIMO　　　　　B. D2D

　　C. MEC　　　　　　　　　D. UDN

6. 5G 的网络架构主要包括 5G 接入网和 5G 核心网，其中 NG-RAN 代表 5 G（　　　）。

　　A. 核心网　　　B. 接入网　　　C. 空口　　　　D. 基站

7. ZigBee 是一种低功耗的无线网络技术，主要用于（　　　）无线连接。

　　A. 近距离　　　B. 远距离　　　C. 移动　　　　D. 高速率

8. Wi-Fi 是一种近距离无线通信技术，能够在百米范围内支持设备互联接入，其技术标准为（　　　）。

　　A. IEEE 802.11　　　　　　B. IEEE 802.20

　　C. IEEE 802.16　　　　　　D. IEEE 802.5

9. 卫星通信，简单地说就是利用（　　　）作为中继站转发无线电信号，在两个或多个地面站之间进行的通信。

    A. 地球站   B. 人造地球卫星

    C. 空间站   D. 卫星系统主站

10. 多接入边缘技术（Mobil/Multi-Access Edge Computing，MEC）主要是指通过在（　　　）部署通用服务器，从而为无线接入网提供 IT 和云计算的能力。

    A. 无线接入侧   B. 核心侧

    C. 用户侧   D. 网络侧

二、填空题

1. 5G 主要有增强型移动带宽、_____ 及 _____ 三大应用场景。

2. 移动通信是指通信的一方或双方处于 _____ 通信，是移动体之间或移动体与固定体之间的通信。

3. 5G 网络中有两种重要技术，即 _____ 和 _____，这两种技术都能很好地降低功耗。

4. 光纤通信是以 _____ 为载体、以 _____ 为传输介质的通信方式。

5. _____ 负责接收从光纤上传输过来的光信号，并将它转换成电信号，经解码后再做相应处理。

三、简答题

1. 简述 5G 网络的建设流程。

2. 简述 5G 的组网模式。

物联网

▶ 单元导读

　　1995 年，比尔·盖茨在《未来之路》一书中就曾提到了"物联网"的设想，指出"互联网仅仅实现了计算机的联网，而没有实现万事万物的互联"，不过受限于当时无线网络、硬件及传感设备的发展，并没有受到大众的关注。

　　随着社会的发展，科技的进步，当下万物互联已经成为公认的发展大趋势。

文本：单元设计

15.1　物联网的概念

　　物联网（Internet of Things，IoT），即"万物相连的互联网"，是在互联网基础上的延伸和扩展的网络，通过将各种信息传感设备与网络结合起来而形成的一个巨大网络，实现在任何时间、任何地点，人、机、物的互联互通。本节将介绍物联网的概念、应用领域和发展趋势等。

　　1999 年，麻省理工学院（MIT）建立了"自动识别中心"（Auto-ID），提出"万物皆可通过网络互联"，阐明了物联网的基本含义。

　　2005 年 11 月 17 日，在突尼斯举行的信息社会世界峰会（WSIS）上，国际电信联盟（ITU）发布了《ITU 互联网报告 2005：物联网》，正式提出了"物联网"的概念。报告指出，无所不在的"物联网"通信时代即将来临，世界上所有的物体从轮胎到牙刷、从房屋到纸巾都可以通过互联网主动进行交换信息。

　　目前较为公认的物联网的定义是：通过射频识别、红外感应器、全球定位系统、激光扫描器等信息传感设备，按约定的协议，把任何物品与互联网连接起来，进行信息交换和通信，以实现智能化识别、定位、跟踪、监控和管理的一种网络。

　　物联网具有全面感知、可靠传输和智能处理 3 个主要特征。

　　（1）全面感知

　　全面感知是指利用无线射频识别（RFID）、传感器、定位器和二维码等手段，随时随地对物体进行信息采集和获取。全面感知解决的是人和物理世界的数据获取问题，这一特征相当于人的五官和皮肤，其主要功能是识别物体、采集信息，其技术手段是利用条码、射频识别、传感器、摄像头等各种感知设备对物品的信息进行采集获取。

　　（2）可靠传输

　　可靠传输是指通过各种电信网络和因特网融合，对接收到的感知信息进行实时远程传送，实现信息的交互和共享，并进行各种有效的处理。通常需要用到现有的电信运行网络，包括无线网络和有线网络。由于传感器网络是一个局部的无线网，因而 3G、4G 和 5G 移动通信网络也是作为承载物联网的一个有力的支撑载体。

　　（3）智能处理

　　智能处理是指利用模糊识别、云计算等各种智能计算技术，对随时接收到的跨行业、跨地域、跨部门的海量信息和数据进行分析处理，提升对经济社会各种活动、物理世界和变化的洞察力，实现智能化的决策和控制。

15.2　物联网的体系结构

　　物联网的系统结构复杂，不同的物联网应用系统，其功能、规模存在差异，借鉴成熟的计算机网络体系结构，能发现它们存在着很多内在的共性特征。本节主要了解物联网的体系结构，以及支撑各层次发挥作用的关键技术。

1. 三层体系结构

物联网的体系结构主要由感知层（感知执行层）、网络层和应用层 3 个层次组成，体现了物联网的 3 个基本特征，即全面感知、可靠传输和智能处理。其中，感知层主要完成信息的采集、转换和收集；网络层主要完成信息的传递和处理；应用层主要完成数据管理和数据的处理，并将这些数据与行业相结合。物联网 3 层体系结构如图 15-1 所示。

微课：15.2
物联网的体系结构

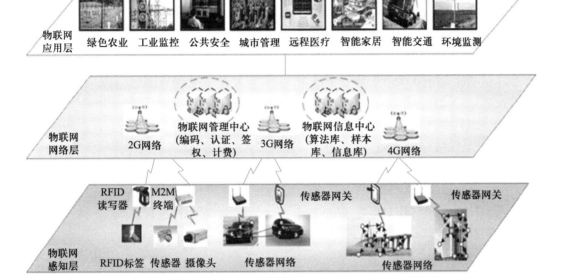

图 15-1
物联网 3 层体系结构

2. 感知层技术

感知层，是物联网的基础，是让物品"说话"的先决条件，是联系物理世界与虚拟信息世界的纽带。该层主要用于采集物理世界中发生的物理事件和数据，包括各类物理量、身份标识、位置信息、音频、视频数据等。

感知层的关键技术，包括传感器技术、RFID 技术、物联网网关等。

（1）传感器技术

传感器技术在物联网中，主要负责接收对象的"语言"内容。它可以感知周围环境或者特殊物质，如气体感知、光线感知、温湿度感知、人体感知等，把模拟信号转化成数字信号。

（2）RFID 技术

RFID 技术是物联网能识别对象的一种技术。它通过无线射频方式进行非接触双向数据通信，利用无线射频方式对记录媒体（电子标签或射频卡）进行读写，从而达到识别目标和数据交换的目的。

（3）物联网网关

物联网网关是连接感知网络与传统通信网络的纽带。作为网关设备，它可以实现感知网络与通信网络以及不同类型感知网络之间的协议转换，既可以实现广域互联，也可以实现局域互联。此外，物联网网关还具备设备管理功能，即可以通过物联网网关设备管理底层的各感知节点，进而了解各节点的相关信息并实现远程控制。

笔记

3. 网络层技术

网络层是物联网实现数据传输的桥梁，主要承担着数据传输的功能。网络层由互联网、私有网络、无线和有线通信网、网络管理系统和云计算平台等组成，就相当于人的大脑和神经中枢，主要负责传递和处理感知层获取的信息。

在物联网中，要求网络层能够把感知层感知到的数据无障碍、高安全性、高可靠性地进行传送。它解决的问题是感知层获得的数据在一定范围内，尤其是远距离地传输。

网络层的关键技术包括 Internet、移动通信网、无线传感器网络等。

（1）Internet

Internet 又称为因特网。互联网是指将计算机网络互相连接在一起，可称作"网络互连"。在此基础上发展出的覆盖全世界的全球性互联网络就是 Internet，它可以为物联网对象提供基于 IP 化的泛在连接和管理。

（2）移动通信网

移动通信网是指在移动用户和移动用户之间或移动用户与固定用户之间的"无线电通信网"，它可以为物联网对象提供移动性的通信服务。

（3）无线传感器网络

无线传感器网络是由大量静止或移动的传感器，以自组织和多跳的方式构成的无线网络。它采用协作方式感知、采集、处理和传输，网络覆盖地理区域内被感知对象的信息，并最终把这些信息发送给网络的所有者。

4. 应用层技术

应用层是物联网和用户（包括个人、组织或者其他系统）的接口，其主要任务是，对感知和传输来的信息进行分析和处理，做出正确的控制和决策，从而实现智能化的管理、应用和服务。应用层必须与行业发展应用需求相结合，该层主要解决的是信息处理和人机界面的问题。

应用层的关键技术包括云计算、数据挖掘、人工智能等。

（1）云计算

云计算是分布式计算的一种，是指通过网络"云"将巨大的数据计算处理程序分解成无数个小程序，然后通过多部服务器组成的系统处理和分析这些小程序，得到结果并返回给用户。

云计算为物联网提供了一种海量数据处理的方式，它可以为物联网提供后端处理能力与应用平台，并为物联网发展带来一种新型计算和服务模式。

（2）数据挖掘

数据挖掘是指从大量的数据中通过算法搜索隐藏于其中信息的过程。海量连接的物联网终端时刻产生着海量的物联网数据，人们迫切希望能对海量数据进行深入分析，发现并提取隐藏在其中的信息，以更好地利用这些数据。

（3）人工智能

人工智能也称为机器智能，是指在类似人类智能的机器中模拟智能的过程，从而使得机器能够像人类一样思考和行动。

人工智能作为物联网的"大脑"，可以为设备提供收集数据的能力，然后通过分析数据来做出类似人类的决策，从而有助于使物联网的智能化应用。

15.3　物联网的应用领域

人们已经习惯了互联网时代的生活，如通过互联网浏览新闻、结交朋友、提高工作效率等。那么物联网时代又会是什么样子呢？

当你离开家后，智能物联网管家会自动切断家用电器，如电视、空调、洗衣机、冰箱、微波炉、电磁炉等的电源，帮助人们节能减排，预防用电过载事故；此外，智能物联网管家还会及时开启安防监控系统，时刻监视住宅安全，保护个人财产和家里老人、小孩的安全。

PPT：15-3
物联网的应用领域

当你来到单位后，单位的物联网系统会自动识别你的身份，给你自动打开办公室门，启动办公计算机，推送一天的工作安排及行程；需要召集会议时，会定时开启会议室投影机、照明灯具、会议音响等，帮助你提供办公效率。

当你回到家后，智能物联网管家已经提前为你开启照明系统，打开供暖设备，播放你最喜欢的音乐，甚至为你准备好适度的洗澡水，让你在温暖舒适的家中享受智能物联生活带来的惬意。

本节主要介绍物联网的应用场景和应用领域。

1. 在生活领域的应用

（1）列车车厢的管理

通过在每一节车厢都安装一个 RFID 芯片，同时在铁路两侧相互间隔一段距离放置一个读写器，这样就能随时掌握列车在铁路线路上的位置，便于列车的调度、跟踪和安全控制。

微课：15-3
物联网的应用领域

（2）第二代身份证

第一代身份证采用聚酯膜塑封，后期使用激光图案防伪。第二代身份证是非接触式 IC 芯片卡，有防伪膜、定向光变色"长城"图案、缩微字符串"JMSFZ"（居民身份证的汉语拼音首字母）、光变光存储"中国 CHINA"字样、紫外灯光显现的荧光印刷"长城"图案等防伪技术。

笔 记

第二代身份证内藏的非接触式 IC 芯片也是更具有科技含量的 RFID 芯片。芯片可以存储个人的基本信息，可近距离读取内里资料，需要时在读写器上一扫，即可显示出身份证所有人的基本信息。另外，芯片的信息编写格式内容等只有特定厂家提供，因此防伪效果显著，不易被伪造。

（3）高校学生卡

学生卡是伴随很多人走过令人难忘的象牙塔时光的必不可少的证件，寒暑假使用学生卡购买火车票更是可以享受半价优惠。为此，相关部门统一采用了可读写的 RFID 芯片，里面存储了该用户购票优惠使用次数信息，每使用一次就减少一次，且不易伪造、便于管理。

（4）一卡通

很多一卡通也运用了物联网技术，如市政一卡通、校园一卡通都可以归为较为简单的物联网应用。

（5）ETC 收费系统

现在很多高速公路收费站都有不停车收费通道（ETC），车辆只要减速行驶，不用停车，就可以完成车辆信息认证和计费，从而减少人工成本。

2. 在其他领域的应用

除了和人们生活息息相关的领域，物联网技术还应用在其他各个不同的工业生产环节。

（1）设备监控

很多时候无法人工完成像监控或者调节建筑物恒温器这样的事情，这时候应用物联网技术就可以实现远程操作，甚至可以做到节约能源和简化设施维修程序。这种物联网应用的优点在于实施性强、性能基准容易梳理，且改进及时。

（2）机器和基础设施维护

传感器可以放置在设备和基础设施材料（如铁路轨道）上，来监控这些部件的状况，并且在部件出现问题的时候发出警报。一些城市交通管理部门已经采用了这种物联网技术，能够在故障发生之前进行主动维护。

图 15-2
物流查询和追踪

笔 记

（3）物流查询和追踪

物流查询和追踪技术同样应用到运输业，将传感器安装在移动的卡车和正在运输的各个独立部件上。这样中央系统可以更好地全程追踪这些运输车辆，掌握物流行程，利于实时更新物流信息，还可防止货物被盗，如图 15-2 所示。

（4）集装箱环境

同样是在物流和运输行业，因为集装箱在运送装载易腐货物的时候对周围环境要求较高，所以需要控制温度或者湿度在一定的范围之内。那么如何更好地监测集装箱环境就显得尤为重要。可以在集装箱中安装传感器，如果超出或低于正常温度，传感器会发出警报。另外，当集装箱被弄乱或者密封被破坏的时候，传感器也会发出警报。这个信息是实时通过中央系统直接发送给决策者的，如果发生上述情况，即使这些货物是在全球各地的运输途中，也可以实时地采取应对方案。

（5）机器管理库存

大厦楼下、地铁站内的自动售卖机，以及路边常见的便携式商店中，当某一种商品被售空时，商家是如何进行补货的呢？首先，可以判断出商家绝不可能一家一家巡视售卖机，这样浪费时间不说，还不能做到及时补给、服务大众。运用物联网技术可以在特定商品低于再订购水平的时候发送自动补充库存警报，这种做法可以为零售商节约成本。当收到机器提示时，商家派遣工作人员进行补货即可。

（6）网络数据用于营销

企业用户可以通过自主数据分析，或者外包给相关公司，追踪客户在网络中的行为，从而统计出系统的数据，用以详细地分析该客户的需求，从而更全面地了解客户，并针对该客户制定相对应的营销方案。交易数据和物联网数据的结合，能丰富用户的营销分析及预测，快速实施精准的营销方案。

（7）识别危险网站

商业公司提供的安全服务，可以让网络管理员追踪公司计算机的互联网网站访问情况，提示公司计算机定期访问的"危险"网站和 IP 地址，从而降低病毒入侵的风险。

（8）无人驾驶卡车

在一些边远地区，交通条件和气候条件可能都比较恶劣，给石油和天然气开采行业的施工带来一些不可抗力的影响。此时企业可以运用物联网技术远程控制和远程通信无人驾驶卡车，则施工方无须派遣人员进行作业，减少了工程事故的发生，同时可以减少运营成本。

（9）WAN 监控

WAN 监控是指针对局域网内的计算机进行监视和控制，如图 15-3 所示。随着互联网的飞速发展，网络不仅成为企业内部的沟通桥梁，也是企业和外部进行各类业务往来的重要管道，因此 WAN 监控也显得越发重要。

图 15-3
WAN 监控

综上所述，物联网不仅仅为人们的日常生活提供便捷，其应用领域也涉及诸如工业、农业、环境、交通、物流、安保等方方面面。物联网有效地推动行业的智能化发展，使得有限的资源得到更加合理充分的使用分配，从而提高了行业效率、效益；在家居、医疗健康、教育、金融与服务业、旅游业等与生活息息相关的领域，从服务范围、服务方式到服务的质量等方面，都极大地改进了人们的生活质量；在涉及国防军事领域方面，大到卫星、导弹、飞机、潜艇等装备系统，小到单兵作战装备，物联网技术的嵌入有效提升了军事智能化、信息化与精准化，极大提升了军事战斗力。

15.4 物联网的发展趋势

随着万物互联的物联网时代的来临，其作为新一代信息技术的高度集成和综合运用，将对新一轮产业变革和经济社会绿色、智能、可持续发展起到重要作用。本节将主要引述《物联网白皮书（2018 年）》的部分内容，来介绍物联网未来的发展趋势。

PPT：15-4
物联网的发展趋势

1．新机遇

随着我国物联网行业应用需求升级，将为物联网产业发展带来新机遇。

① 传统产业智能化升级将驱动物联网应用进一步深化。当前物联网应用正在向工业研发、制造、管理、服务等业务全流程渗透，农业、交通、零售等行业物联网集成应用试点也在加速开展。

② 消费物联网应用市场潜力将逐步释放。全屋智能、健康管理、可穿戴设备、智能门锁、车载智能终端等消费领域市场保持高速增长，共享经济蓬勃发展，"双创"新活力持续迸发。

③ 新型智慧城市全面落地实施将带动物联网规模应用和开环应用。全国智慧城市由分批试点步入全面建设阶段，促使物联网从小范围局部性应用向较大范围规模化应用转变，从垂直应用和闭环应用向跨界融合、水平化和开环应用转变。

微课：15-4
物联网的发展趋势

2．新挑战

我国物联网产业核心基础能力相对薄弱、高端产品对外依存度高、原始创新能

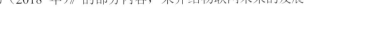

笔 记

力不足等问题长期存在。此外，随着物联网产业和应用加速发展，一些新问题日益突出，主要体现在以下几个方面：

① 产业整合和引领能力不足。当前全球巨头企业纷纷以平台为核心构建产业生态，通过兼并整合、开放合作等方式增强产业链上下游资源整合能力，在企业营收、应用规模、合作伙伴数量等方面均大幅领先。而我国缺少整合产业链上下游资源、引领产业协调发展的龙头企业，产业链协同性能力较弱。

② 物联网安全问题日益突出。数以亿计的设备接入物联网，针对用户隐私、基础网络环境等的安全攻击不断增多，物联网风险评估、安全评测等尚不成熟，成为推广物联网应用的重要制约因素。

③ 标准体系仍不完善。一些重要标准研制进度较慢，跨行业应用标准制定推进困难，尚难满足产业急需和规模应用需求。

因此，我国必须重新审视物联网对经济社会发展的基础性、先导性和战略性意义，牢牢把握物联网发展的新一轮重大转折机遇，进一步聚焦发展方向，优化调整发展思路，持续推动我国物联网产业保持健康有序发展，抢占物联网生态发展主动权和话语权，为我国国家战略部署的落地实施奠定坚实基础。

课后练习

文本：课后练习答案

一、选择题

1. （　　）年，比尔·盖茨在《未来之路》一书中就曾提到了"物联网"的设想。

　A．1990　　　　B．1995　　　　C．1996　　　　D．1999

2. 物联网是（　　）基础上的延伸和扩展的网络。

　A．互联网　　　B．设备　　　　C．计算机　　　D．系统

3. 物联网具有全面（　　）、可靠传输和智能处理 3 个主要特征。

　A．感知　　　　B．了解　　　　C．认识　　　　D．收获

4. 全面感知解决的是人和（　　）世界的数据获取问题。

　A．数字　　　　B．时空　　　　C．物理　　　　D．虚拟

5. 可靠传输是实现信息的交互和（　　），并进行各种有效的处理。

　A．流行　　　　B．开放　　　　C．破坏　　　　D．共享

6. 物联网的体系结构主要由（　　）、网络层和应用层共 3 个层次组成。

　A．感知　　　　B．设备　　　　C．软件　　　　D．系统

7. 感知层是物联网的基础，是让物品"（　　）"的先决条件，是联系物理世界与虚拟信息世界的纽带。

　A．说话　　　　B．行动　　　　C．听到　　　　D．看到

8. 传感器技术，在物联网中主要负责接收对象的"（　　）"内容。

　A．图像　　　　B．文字　　　　C．语言　　　　D．声音

9. 物联网网关是连接（　　）网络与传统通信网络的纽带。

　A．感知　　　　B．设备　　　　C．软件　　　　D．系统

10. 物联网作为新一代信息技术的高度集成和综合运用，将对新一轮产业变革和经济社会绿色、智能、(　　) 发展起到重要作用。

    A. 飞跃　　　　　B. 可持续　　　　　C. 阶段　　　　　D. 未来

二、填空题

1. 物联网，即_____相连的互联网。

2. 全面感知的主要功能是识别物体与_____。

3. 物联网通常需要用到现有的电信运行网络，包括无线网络和_____。

4. 物联网的网络层主要完成信息的_____和处理。

5. 物联网的应用层是物联网和用户（包括个人、组织或者其他系统）的_____。

单元 **16**

数字媒体

▶ 单元导读

　　数字媒体是指以二进制数的形式记录、处理、传播、获取过程的信息载体，包括数字化的文字、图形、图像、声音、视频影像和动画等感觉媒体，以及表示这些感觉媒体的表示媒体等，统称为逻辑媒体，此外还包括存储、传输、显示逻辑媒体的实物媒体。理解数字媒体的概念，掌握数字媒体技术是现代信息传播的通用技能之一。本章主要介绍数字媒体基础知识、数字文本、数字图像、数字声音、数字视频、HTML5 应用制作和发布等内容。

文本：单元设计

16.1　数字媒体技术概述

PPT：16-1
数字媒体技术概述

微课：16-1
数字媒体技术概述

笔 记

数字媒体技术是一种把文本、图形、图像、动画和声音等形式的信息结合在一起，并通过计算机进行综合处理和控制，能支持完成一系列交互式操作的信息技术。数字媒体是一种以计算机为中心的多种媒体的有机组合，这些媒体包括文本、图形、动画、静态视频、动态视频和声音等，并且人们在接收这些媒体信息时具有一定的主动性、交互性。

数字媒体有如下特征：多样性，体现在信息形式包含文字、图形、声音、图像、视频和动画等多种表现形式；集成性，既要对信息进行处理，还要将多种形式的信息有机地结合起来，对信息进行多通道获取、存储、组织与合成；交互性，用户可以更有效地控制和使用媒体，增加对媒体的注意、理解，延长信息的保留时间；实时性，声音与视频、动画图像等画面必须严格同步。

数字媒体技术常用的编辑工具有文字处理软件（如 Microsoft Word）、图形图像编辑工具（如 Adobe Photoshop）、声音素材编辑工具（如 Adobe Audition、Cakewalk 和 Sound Forge）、网络动画编辑工具（如 Adobe Animate）、动态 GIF 图片编辑工具（如 Ulead COOL 3D）、视频影片编辑工具（如 MediaStudio、Premiere 和 After Effects）以及数字媒体合成编辑工具（如 Authorware 和 Director）。

数字媒体的应用领域包括教育与培训（幼儿启蒙教育、中小学辅助教学、大众化教育和技能训练）、商业应用（商场导购系统、电子商场、网上购物和辅助设计）、家庭娱乐（立体影像和虚拟现实）、网络通信 （远程医疗和视听会议）、办公自动化（声音信息的应用和图像识别）以及电子地图等。

16.2　数字媒体新技术

16.2.1　虚拟现实技术

虚拟现实（Visual Reality，VR）技术是一种可以创建和体验虚拟世界的计算机仿真系统。它利用计算机生成一种模拟环境，是一种多源信息融合的、交互式的三维动态视景和实体行为的系统仿真，以使用户沉浸到该环境中。虚拟现实技术主要包括模拟环境、感知、自然技能和传感设备等方面，其中，模拟环境是由计算机生成的、实时动态的三维立体逼真图像；感知是指理想的 VR 应该具有一切人所具有的感知，除计算机图形技术所生成的视觉感知外，还有听觉、触觉、力觉以及运动等感知，甚至还包括嗅觉和味觉等，也称为多感知；自然技能是指人的头部转动，眼睛、手势或其他人体行为动作，由计算机来处理与参与者的动作相适应的数据，并对用户的输入作出实时响应，再分别反馈到用户的五官。观众可以借助数据手套等进入作品的内部，通过自身动作控制投影文本的生成过程。交互性和扩展的人机对话，是虚拟现实技术的独特优势。从整体意义上说，虚拟现实是以新型人机对话为基础的交互性的艺术形式，其最大优势在于建构作品与参与者的对话，并通过对话揭示意义生成的过程。

16.2.2　融媒体技术

"融媒体"是充分利用媒介载体，把广播、电视、报纸等既有共同点又存在互补性的不同媒体，在人力、内容、宣传等方面进行全面整合，实现"资源通融、内容兼容、宣传互融、利益共融"的新型媒体。目前新型媒体还不是一种固化的成熟的媒介组织形态，而是不断探索、不断创新的媒体融合方式和运营模式。

①　融媒体是技术媒体。融媒体是互联网时代的产物，因此需要应用各种互联网新技术。这些技术应用包括 3 部分：一是支撑融媒体的技术接入，包括基于云计算的基础平台和连接各种应用平台；二是基于用户需求的内容生产和分布，如数字技术、推荐算法等；三是满足垂直领域和个性化需求的服务提供，如电商、支付等，这里面既要硬件建设，也要软件开发。

②　融媒体是融合创新。融媒体的"融"需要将不同媒介组织和不同的社会资源通过整合、转换和配置在一起，这就意味着创新和挑战。而在其中，机制创新和顶层设计至关重要，需要兼顾市场各方的需求。这里面既有竞争与合作的博弈关系，也有开放与控制的平衡要求，因此在推进中需要过人的胆识和足够智慧。

③　融媒体也是智媒体。智媒体的"智"主要在于人工智能。人工智能对于融媒体，不只是解决效率问题，还要解决效益问题，例如通过大数据了解用户喜好、满足用户需求，进而取得融媒体商业利益。对于媒体来说，不仅要解决效率和效益问题，还要解决价值问题，如智能把关和优化算法体现文化价值，实现融媒体社会效益的最大化。

"融媒体"以发展为前提，以扬优为手段，把传统媒体与新媒体的优势发挥到极致，使单一媒体的竞争力变为数字媒体共同的竞争力，从而为"我"所用，为"我"服务。"融媒体"不是一个独立的实体媒体，而是一个把广播、电视、互联网的优势互为整合、互为利用，使其功能、手段、价值得以全面提升的一种运作模式，是一种实实在在的科学方法，是在实践中看得见摸得着的具体行为。超前布局新一代信息技术，如未来网络、类脑计算、人工智能、全息显示、虚拟现实、大数据认知分析、区块链等，抓住 5G 等 IP 技术大发展的契机，为融媒体升级打下坚实的技术基础。

16.3　数字媒体素材处理

16.3.1　文字素材处理

文字是人们通信的主要方式。在计算机中，文字是人与计算机之间信息交换的主要媒体。文字用二进制编码表示，也就是使用不同的编码来代表不同的文字。文本是各种文字的集合，是使用最多的一种符号媒体形式，是人和计算机交互作用的主要形式。文本是计算机文字处理程序的基础，也是数字媒体应用程序的基础。常用的文本文件格式有 TXT、RTF 以及 Word 文件的 DOC、DOT。在制作数字媒体作品时，虽然常用的数字媒体制作软件中都有文字编辑功能，但对于大量的文字信息一般不在集成时输入，而是预先在字处理软件中输入所需的文字信息后，再将其导入到数字媒体制作软件中，这时就需考虑文件的格式，因为有些数字媒体制作软件可能不支持该种类型的格式，导致文件无法导入。在数字媒体作品中，文本除了以文字的形式存在外，还会以图像的形式存在，此种形式多用于需要将文字以特殊效果表现出来，而在数字媒体集成软件中又较难实现的情况下。

在数字媒体集成软件中，有时需要美化或突出文字内容，这时如果该数字媒体集成软件若无法实现此功能，则可考虑通过以下方法实现：

① 直接在数字媒体集成软件中输入文字内容，然后再对其进行格式化。

② 在数字媒体集成软件中插入艺术字。具体步骤为：打开 Word，切换到"插入"选项卡，单击"文本"选项组中的"艺术字"按钮，在弹出的"艺术字库"列表框中选择一种艺术字形，在打开的"请在此处放置您的文字"处输入文字，并对艺术字的字体、字形、大小、文字内容等进行设置；选定艺术字，单击工具栏中的"复制"按钮，再切换到数字媒体集成软件中，选择"编辑"菜单中的"粘贴"命令即可。

③ 在数字媒体集成软件中插入公式。具体步骤为：打开 Word，切换到"插入"选项卡，单击"文本"选项组中的"对象"按钮，在打开的"对象"对话框中的"对象类型"列表框中选择"Microsoft 公式"选项，在出现的"对象"工具栏中单击合适的选项，再输入公式；选择输入好的公式，单击工具栏中的"复制"按钮，切换到数字媒体集成工具软件中，选择"编辑"菜单中的"粘贴"命令即可。

16.3.2 图形、图像处理

一般地说，凡是能被人类视觉系统所感知的信息形式或人们心目中的有形想象都称为图像。图像文件一般以位图形式保存。位图是一种最基本的图像形式，是在空间和亮度上已经离散化的图像，即可以把一幅位图图像看成一个矩阵，矩阵中的任一元素对应于图像的一个点，而相应的值对应于该点的灰度等级。图形是指从点、线、面到三维空间的黑白或彩色几何图形，也称向量图。图形是一种抽象化的图像，是对图像依据某个标准进行分析而产生的结果。常见的图像文件的格式有 BMP、PCX、GIF、TIF、JPG、TGA、DIB、PIC、PCD 等多种。以下是 Photoshop 常用的图像扫描操作方法。

1. 扫描图像

大多数图像处理软件都支持扫描仪，下面以 Photoshop 为例介绍扫描仪的使用方法。本例中使用的扫描仪型号是 HP Color LaserJet 2820 TWAIN。

① 安装扫描仪。在扫描仪产品包装箱中有详细的说明书和驱动软件，只要按其中的提示即可完成安装。

② 在 Photoshop 主界面中，选择菜单栏中的"文件"→"导入"→"WIA 支持"命令，如图 16-1 所示。

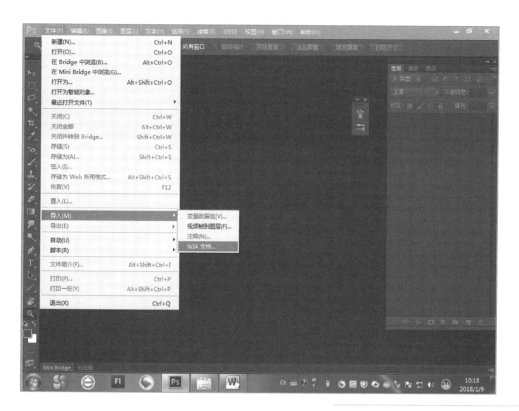

微课：16-3
Photoshop 案例制作

图 16-1
Photoshop 主界面

③ 弹出如图 16-2 所示的扫描仪设置对话框，选择相应的设备。将要扫描的图像正面朝下放入扫描仪中，合上盖子。

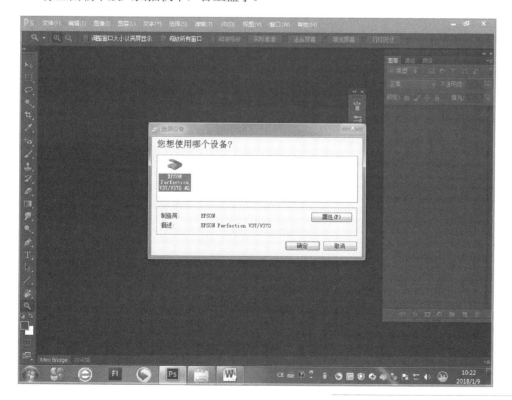

图 16-2
选择扫描仪

④ 设置合适的色彩和分辨率，选定扫描范围，单击"扫描"按钮开始扫描，如图 16-3 所示。

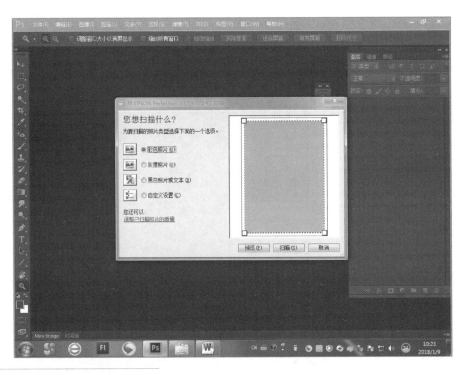

图 16-3
扫描参数设置

笔 记

⑤ 扫描完成后，单击"接受"按钮，图像即传送到 Photoshop 中，可以进行修改或保存备用。

2. 处理扫描照片中的投射阴影

如果被扫描图像的纸张太薄，纸张反面的内容可能会映射到扫描的图像上，影响图像的清晰度，这时需要进行适当的处理。具体步骤入下：

① 打开需要处理的图像。

② 选取"魔棒"工具，在属性栏中设置一个合适的容差，如 40 像素。

③ 在图上含有映射区域的地方单击鼠标左键，使其被选中。

④ 将前景色设置为白色，按〈Delete〉键，选中区域被清除。

3. 提高扫描图像的清晰度

如果扫描的图像不够清晰，可以对其进一步处理。具体步骤如下：

① 打开需要处理的图像。

② 选择菜单栏中的"滤镜"→"锐化"→"锐化"命令，图像清晰度立即提高。如果清晰度还不够，可再次执行"锐化"命令，直到满意为止。

4. 去除图像中的杂色和划痕

如果扫描得到的图像上有杂色和划痕，可以进行修整。具体步骤如下：

① 打开需要处理的图像。

② 将"图层"面板中的"背景"图层拖到面板下面"新建图层"图标上，复制一个名为"背景副本"的背景图层。

③ 单击"背景副本"图层，然后选择菜单栏中的"滤镜"→"杂色"→"蒙尘与划痕"命令，打开如图 16-4 所示的"蒙尘与划痕"对话框。

④ 调节"半径"和"阈值"参数，直至预览窗口中图像杂色不明显或划痕消失。

⑤ 单击"确定"按钮。

图 16-4
蒙尘与划痕设置

16.3.3 音频素材处理

随着数字媒体技术的发展，人们接触到大量的影视动画作品，其中的对白、解说等内容都需要专业的音频文件进行配制。这些音频文件涉及前期语音的录制和后期音效的处理，因此掌握相应的录音软件是设计师必不可少的一项技能。以下便以一款专业的录音软件为例进行介绍。

GoldWave（如图 16-5 所示）是一款数字音响编辑软件，虽然体积小巧，但实用性很强。使用它可以在计算机上录制、编辑、处理和转换音频文件。GoldWave 拥有多文档接口（MDI），可同时打开多个文件进行编辑；具有丰富的音频处理特效，可以对高级公式进行计算；还具有多种复杂的滤波器，有助于恢复和重新灌录音频资料。

微课：16-4
GoldWave 案例制作

图 16-5
GoldWave 工作界面

1. 选择音频内容

GoldWave 的选择操作很简单，充分利用了鼠标的左右键配合进行。在某一位置上左击鼠标就确定了选择部分的起始点，在另一位置上右击鼠标就确定了选择部分的终止点，这样选择的音频内容就将以高亮度显示。如果选择位置有误或者更换选择区域，可以使用"编辑"菜单下的"选择查看"命令（或使用快捷键〈Ctrl+W〉），然后再重新进行音频内容的选择。

2. 剪切、复制、粘贴、删除

GoldWave 除了使用"编辑"菜单下的命令选项外，快捷键也和其他 Windows 应用软件差不多。例如，要进行一段音频内容的剪切，首先要对剪切的部分进行选择，然后按〈Ctrl+X〉快捷键即可，稍事等待之后这段高亮度的选择部分就消失了。同理，可以用快捷键〈Ctrl+C〉进行复制、用〈Delete〉键进行删除、用快捷键〈Ctrl+Z〉进行恢复。

3. 时间标尺和显示缩放

在 GoldWave 中，改变显示比例的方法很简单，用"查看"菜单中的"放大"或"缩小"命令就可以完成，更便捷的方式是用快捷键〈Shift+↑〉放大、用〈Shift+↓〉缩小。如果想更详细地观测音频文件波形振幅的变化，那么就可以加大纵向的显示比例，方法同横向一样，用"查看"菜单中的"垂直放大""垂直缩小"命令或使用快捷键〈Ctrl+↑〉、〈Ctrl+↓〉即可，这时会看到出现纵向滚动条，拖动它就可以进行细致的观测。

4. 声道选择

对于立体声音频文件来说，在 GoldWave 中的显示是以平行的水平形式分别进行的。有时在编辑中只想对其中一个声道进行处理，另一个声道要保持原样不变化，直接选择将要进行作用的声道即可。

16.3.4　视频素材处理

影像视频是动态图像的一种，与动画一样，其由连续的画面组成，只是画面内容是真实景物的图像。视频文件的使用一般与标准有关，常用的文件格式主要有 AVI、MOV、MPG、DIR 和 DAT 等。常用的视频编辑软件为 Adobe Premiere，这是一款非线性视频编辑应用软件，主要用于影视后期编辑、合成、特技制作。Premiere 提供了采集、剪辑、调色、美化音频、字幕添加、输出、DVD 刻录等一整套流程，其优点是完成剪辑后仍可以随意修改，且不损害图像质量。

本节简要介绍使用 Premiere Pro CC 2017 进行视频剪辑的流程，首先新建项目文件，然后导入素材进行剪辑，最后输出视频文件。

1. 新建项目

① 新建项目。双击打开 Premiere，在启动界面修改项目名称为"风景"，修改保存位置，单击"确定"按钮，如图 16-6 所示。在"新建项目"对话框中，可以预设文件的视频格式、音频格式以及捕捉格式等。

② 新建序列。在菜单中选择"文件"→"新建"→"序列"命令，序列可以简单理解为时间，只有新建好一段"时间"，视频才可以进行制作、播放。

有效预设是用户根据实际需要选择的预设，可以理解为画布的大小。不同国家和地区的电视制式（电视信号的标准）有不同的标准，我国电视制式为 PAL，日本、

微课：16-5
Premiere 案例制作

韩国、美国等国家为 NTSC。在这里选择系统默认的选项即可，如图 16-7 所示。

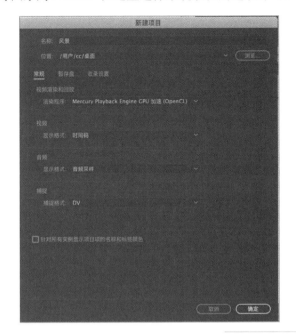

图 16-6
"新建项目"对话框

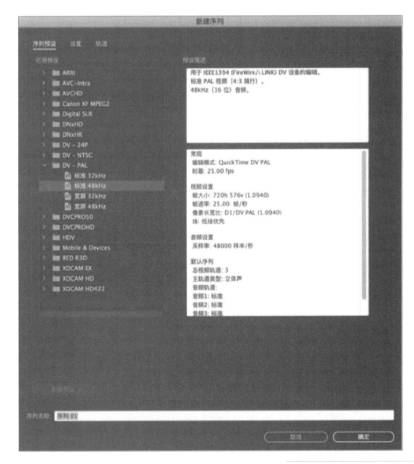

图 16-7
系列预设

2. 导入素材

① 打开项目列表。在项目面板的空白处"双击鼠标"，打开项目列表，如图 16-8 所示。

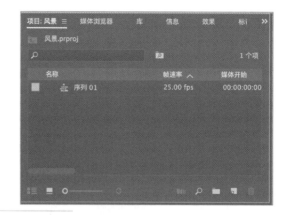

图 16-8
项目列表

② 导入素材。在项目列表中导入素材，包括图片素材、视频、音频等内容。

首先，新建素材箱。右击项目列表，在弹出的快捷菜单中选择"新建素材箱"命令，并修改素材箱名称，如图 16-9 所示。

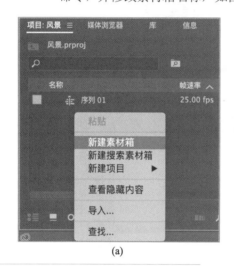
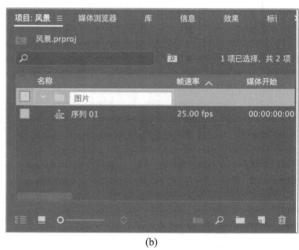

(a)   (b)

图 16-9
新建并重命名素材箱

接着，导入图片。右击项目列表，在弹出的快捷菜单中选择"导入"命令，在打开的对话框中选择图像，单击"导入"按钮，将所选素材导入到"图片"素材箱中，如图 16-10 所示。用同样的方式可以导入视频和音频文件。

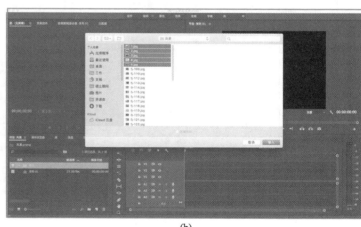

(a)   (b)

图 16-10
导入图片

3. 使用时间线

将导入的视频素材拖入"时间线"窗口的视频轨道中，如图16-11所示。在"工具箱"面板中利用"选择工具"▶，拖动轨道上的素材即可改变它们的位置。

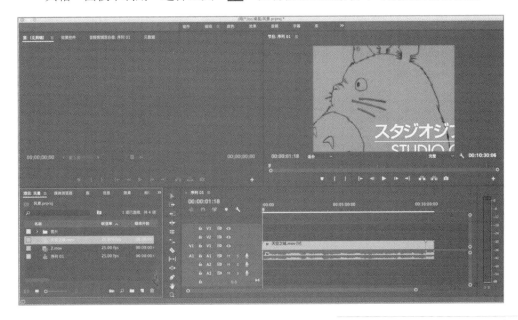

图 16-11
素材进入视频轨道

4. 素材的剪辑

① 调整时长。右击视频轨道中的视频素材，在弹出的快捷菜单中选择"速度/持续时间"命令，在打开的对话框中修改参数。设置完成后，素材长度被拉长到秒，如图16-12所示。

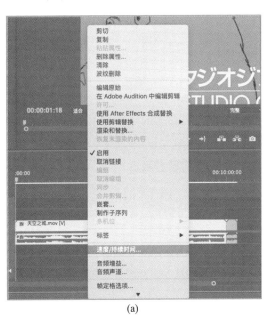

(a)

(b)

图 16-12
视频素材时间调整

② 创建字幕。单击"项目"窗口下方的"新建分项"按钮，在弹出的下拉菜单中选择 "字幕"命令，打开"新建字幕"对话框，单击"确定"按钮即可。

③ 添加文字。在"新建字幕"对话框中设置完成后，单击"确定"按钮。进入"字幕"面板，输入文字"天空之城"，并根据需要设计文字效果。

5. 素材的保存与导出

① 在"时间线"面板中选中要导出的素材，这也是确保时间线面板处于激活的状态。

② 选择菜单栏中的"文件"→"导出"→"媒体"命令，打开"导出设置"对话框，指定导出的路径、为导出文件起名并设置视频和音频选项，设置完毕之后单击"导出"按钮即可。导出完毕后软件会自动关闭对话框，如图 16-13 所示。

图 16-13
导出素材

课后练习

文本：课后练习答案

一、选择题

1. 按人类接收信息的渠道，可以将媒体划分为（　　）。
    A. 图、文、声、像等媒体
    B. 听觉媒体、视觉媒体、触觉媒体、其他知觉媒体
    C. 符号、图形、图像、视频、动画、声音等
    D. 符号类媒体和非符号类媒体

2. 下列媒体中属于视觉媒体的是（　　）。
① 动画　② 视频影像　③ 符号　④ 音乐
    A. ①，③，④   B. ①，②，④
    C. ①，②，③   D. 全部都是

3. 决定数码照相机成像质量的是（　　）。
    A. CCD 像素数   B. 存储功
    C. 色彩深度   D. 模/数转换器

4. 下列属于图形图像编辑与制作软件的是（　　）。
    A. Animate   B. Premiere   C. Cakewalk   D. Photoshop

5. 下列属于视频文件格式的是（　　）。
    A. JPG   B. AU
    C. ZIP   D. AVI

6. 使用录音机录制的声音文件格式为（　　）。
    A. MIDI   B. WAV   C. MP3   D. CD

7. 下列（　　）是音频数据的获取方法。
① 从 CD-ROM 的音频库中获取 MIDI 音乐
② 用 Windows 中的 CD 播放器直接录制
③ 用专用录音软件录制

④ 用 MIDI 作曲软件制作 MIDI 音乐

    A. ①，③，④   B. ①，②，④

    C. ①，②，③   D. 全部都是

8. 根据数字媒体的特性判断，以下属于数字媒体范畴的是（   ）。

① 交互式视频游戏   ② 有声图书   ③ 彩色画报   ④ 彩色电视

    A. ①   B. ①，②

    C. ①，②，③   D. 全部都是

9. 数字媒体技术的主要特性有（   ）。

① 多样性   ② 集成性   ③ 交互性   ④ 实时性

    A. ①   B. ①，②

    C. ①，②，③   D. 全部都是

10. 下列选项中属于数字媒体应用范围的是（   ）。

① 用计算机听音乐   ② 用计算机学英语   ③ 用计算机制作室内效果图
④ 用计算机玩游戏

    A. ①，③   B. ②，④

    C. ①，②，③   D. 全部都是

二、填空题

1. 声音包括_____、语音和_____3 种类型。

2. 媒体信息的表示形式有_____、_____、_____、声音、动画和视频。

3. 常用图片文件存储格式为_____、_____、_____、_____和_____。

4. 常用声音文件格式有_____、_____、_____、_____。

5. 数字视频的主要优点是_____、_____、网络共享。

6. 常见视频文件格式有_____、_____、_____、_____。

7. 有损压缩常用于对_____、_____和_____数据的压缩。

三、简答题

1. 列举常用的图像获取方式。

2. 录制声音的注意事项有哪些？

3. 数字媒体的应用领域有哪些？

四、操作题

简单完成一段自我介绍的视频剪辑。

信息技术基础

单元 17

虚拟现实

▶ 单元导读

　　虚拟现实（Virtual Reality，VR）又称为"灵境""赛博空间"等，最早被美国军方应用于军事仿真。从 20 世纪 80 年代末期至今，它集中体现了计算机技术、计算机图形学、多媒体技术、传感技术、显示技术、人机交互、人工智能等多个领域的最新发展。

文本：单元设计

17.1　虚拟现实的概念

在将人们带入电影视听感官新纪元的科幻电影《阿凡达》中，男主角被征召到外星球参与一个名为"阿凡达"的科研计划。主角进入到一台连接意识的机器中，当他进入睡眠状态时，他的意识却在外星人"阿凡达"的身体中醒来。借助这台机器，已经双腿瘫痪的主角在另外一个空间感受到了再次奔跑跳跃的快乐，如图 17-1 所示。

图 17-1
电影《阿凡达》剧照

影片《阿凡达》让人们感受到了借助软硬件设备的连接，可以让思维、活动去到虚拟世界的任何地方。现实生活中，随着 5G 时代的来临，许多现实世界的活动也转移到了虚拟世界，如社交、购物、学习、游戏等。通过头戴式显示器和实时定位（跟踪）系统，可以完全沉浸在通过计算机技术构建的虚拟环境中。

关于虚拟现实的概念，被业界称为"虚拟现实之父"的美国计算机科学家 Jaron Lanier（杰伦·拉尼尔）在其著作《虚拟现实——万象的开端》中给出了 52 种定义，如"一种媒体技术，对该技术而言测量比显示更重要""一种让人注意到体验本身的技术"以及"适用于信息时代战争的训练模拟器"等等。Jaron Lanier 试图从多个角度向阐述虚拟现实的内涵，他于 1984 年在硅谷成立的 VPL Research 公司也一直致力于虚拟现实技术的开发推广。

从学科思维的角度来理解虚拟现实，可以将其定义为一种"综合利用计算机系统和各种显示及控制等接口设备，在计算机上生成的可交互的三维环境中提供沉浸感"的技术，其典型特征就是"人机交互性"。用户可以通过显示设备在计算机生成的虚拟世界中感受真实的色彩、声音、气味、触觉等，或者说通过人机交互可以感受虚拟环境反馈给用户的作用力。

17.2　虚拟现实的发展历程

虚拟现实的发展历史一共可以分为 4 个阶段。

1.　酝酿阶段

1929 年，美国发明家 Edward Link（爱德华·林克）设计出了一款机械飞行模拟器，让乘坐者感觉和坐在真实飞机中操控是一样的，其主要用于在室内环境下训练飞行员。

1956 年，电影导演 Morton Heilig（莫顿·海利希）为了能够实现"为观众创造一个终极的全景体验"的梦想，开发了多通道仿真体验系统 Sensorama。这是一台能供 1～4 个人使用并满足 72% 视野范围的 3D 视频机器，其外观看起来更像是一台街头游戏机，Morton Heilig 将其称为"体验剧院"，如图 17-2 所示。

微课：17-2
虚拟现实的发展历程

2. 萌芽阶段

1968 年，被誉为"计算机图形学之父"的 Ivan Sutherland（伊凡·苏泽兰）设计了第一款头戴式显示器，并以自己的名字为其命名。Sutherland 的诞生，标志着头戴式虚拟现实设备与头部位置追踪系统的确立，并为现今的虚拟技术奠定了坚实基础。受到当时硬件技术限制，Sutherland 无法独立穿戴，必须在天花板上搭建支撑杆，如图 17-3 所示。

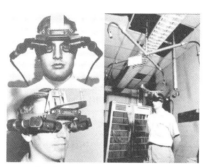

图 17-2
Morton Heilig 于 1956 年开发的
Sensorama
图 17-3
Ivan Sutherland 于 1968 年
开发的头戴式显示器 Sutherland

1972 年，美国企业家 Nolan Bushell（诺兰·布什内尔）开发出第一款交互式电子游戏《Pong（乒乓）》，如图 17-4 所示。这是一款规则极为简单的游戏，游戏界面中间一条长线作为所谓的"球网"，游戏双方各控制一条短线当作"球拍"，然后互相击打一个圆点，即所谓的"Pong"，失球最少者得最高分。这款游戏在商业上取得了成功，也使得 Nolan Bushell 创办的 Atari（雅达利）公司把游戏娱乐带入大众世界。

3. 雏形阶段

1984 年，NASA Ames 研究中心开发出用于火星探测的虚拟环境视觉显示器，如图 17-5 所示。该装置将探测器发回地面的数据输入计算机，从而构造了火星表面的三维虚拟环境。

图 17-4
Nolan Bushell 于 1972 年
推出的电子交互式游戏《Pong》
图 17-5
NASA Ames 研究中心于
1984 年研发的头戴式显示器

1984 年，离开了 Atari（雅达利）公司的 Jaron Lanier（杰伦·拉尼尔）和同伴创立了 VPL Research 公司。他组装了一台虚拟现实头盔，这是第一款真正投放于市场的虚拟现实商业产品，价值 10 万美元。5 年后，即 1989 年，Jaron Lanier 提出用 Virtual Reality 来表示虚拟现实。作为首次定义虚拟现实的先驱，他被称为"虚拟现实之父"，其所在的 VPL Research 公司也开始将虚拟现实技术作为商品进行推广和应用，但不幸的是该公司于 1990 年宣布破产。Jaron Lanier 目前仍在微软公司的实验室里致力于多人增强现实技术的研发。

4. 应用阶段

1993 年，日本著名的游戏厂商 SEGA（世嘉）株式会社计划发布基于其 MD 游戏机的虚拟现实头戴显示器。这款显示器凭借前卫的外观设计吸引了大量年轻人，但在游戏体验环节却反应平淡，最终 SEGA 不得不中止了该项目的后续研发计划。

1995 年，美国伊利诺伊大学的实验室里，兴奋的学生们在庆祝 CAVE 虚拟现实显示系统的问世。这是一种基于投影的沉浸式虚拟现实显示系统，其特点是分辨率高、沉浸感强、交互性好。CAVE 的原理比较复杂，它是以计算机图形学为基础，把高分辨率的立体投影显示技术、多通道视景同步技术、音响技术、传感器技术等完美地融合在一起，从而产生一个被三维立体投影画面包围的供多人使用的完全沉浸式的虚拟环境。CAVE 的产生对推动虚拟现实的发展起到了极大作用。

2012 年，19 岁的 Palmer Luckey（帕尔默·拉吉）创办了 Oculus VR 公司，并筹集了超过 240 万美元的资金用于第 6 代虚拟现实原型机的研发。其实早在 18 岁那年，他就在父母的车库里创造了第一款虚拟现实头显设备原型 CR1，并拥有 90° 视场角，如图 17-6 所示。2015 年 Oculus 宣布将把 Oculus Rift 带入大众消费领域，并于 2016 年 1 月开始在 20 多个国家和地区预售。

图 17-6
Oculus 头戴式虚拟现实设备（简称 VR 头盔）

17.3 虚拟现实技术应用

17.3.1 虚拟现实技术在游戏领域的应用

2018 年上映的科幻影片《头号玩家》讲述了一个现实生活中热爱电子游戏的男孩，凭借对虚拟游戏设计者的深入剖析，历经磨难找到隐藏在关卡里的三把钥匙，最终成功通关游戏的有趣故事。现实生活中，Steam 平台为玩家们提供了大量的 VR 游戏，配合虚拟现实头盔，就可以让用户进入一个可以交互的虚拟场景中体验惊险刺激的游戏内容，如图 17-7 和图 17-8 所示。

图 17-7
电影《头号玩家》剧照

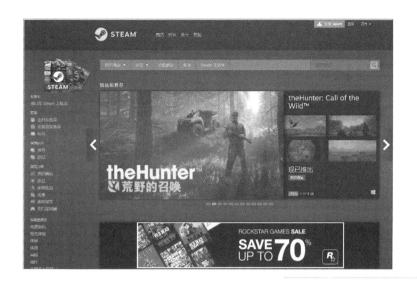

图 17-8
VR 游戏社区 Steam

17.3.2 虚拟现实技术在医学领域的应用

虚拟现实技术不只是在游戏领域有巨大潜力，在医疗领域同样有广阔空间，特别在医疗培训、临床诊疗、医学干预、远程医疗等方面具有一定的优势，如图 17-9 所示。2020 年 11 月，我国首个"虚拟现实医院计划"正式启动。"虚拟现实医院计划"将采用 VR/AR/MR、全息投影、人机接口、神经解码编码等技术，促进医、教、研、产一体化，提出未来新医疗全套解决方案。

图 17-9
虚拟现实技术在医疗培训中的应用

17.3.3 虚拟现实技术在军事领域的应用

虚拟现实技术应用于军事领域，通过虚拟现实技术模拟训练场、作战环境、灾难现场等，训练士兵在军事实战和危险应急的情况下如何做出快速有效的反应，对提高训练和演习效果起到了至关重要的作用。例如，采用虚拟现实技术让受训者置身于一座现代化"战争实验室"，营造出逼真战场氛围。在动感座舱里战士们戴上"VR 头盔"进行战争"预实践"，培养战术素养、锤炼心理素质，如图 17-10 所示。

图 17-10
虚拟现实技术在军事领域的应用

17.3.4 虚拟现实技术在教育领域的应用

虚拟现实技术能够将抽象的或者现实中不存在的事物直观呈现在人们面前。正是虚拟现实的这种技术优势，使得其成为当下创新课堂、创客教育等多种教学环境的新趋势。通过 VR 的交互环境、再现能力及一对一的实践，对学生学习中的抽象概念和原理进行可视化表现，可以有效提高学生的学习兴趣和学习效果。

17.3.5 虚拟现实技术的未来

一方面，随着近年来人工智能以及大数据等科技产业的持续发展，虚拟现实技术和产业也不断演进；另一方面，虚拟现实技术和应用的发展，如动态环境建模、多元数据处理、实时动作捕捉、实时定位跟踪、快速渲染处理等关键技术攻关，加快了虚拟现实技术产业化进程。

1. VR+城市

通过 VR 技术将城市各区域的规划布局、发展蓝图、城市简介、产业布局、"绿色发展"理念、治理情况等进行全面、综合性展示。配合实时语音解说、智能导图、智能导航等功能，指引用户全面、直观地了解城市面貌、城市建设过程。

2. VR+文化

公共文化机构建立互动体验空间，充分运用人机交互、虚拟现实、增强现实、3D 打印等现代技术，设立阅读、舞蹈、音乐、书法、绘画、摄影、培训等交互式文化体验专区，增强公共文化服务互动性和趣味性。

3. VR+旅游

旅游和文物保护方面，建设 VR 主题乐园、VR 全景展馆等，以创新文化传播的方式，推动虚拟现实在文物和艺术品展示等文化艺术领域应用，不断丰富"旅游+"业态，满足群众文化的消费升级需求。

17.4 不同虚拟现实引擎开发工具的特点和差异

Unity3D 和 Unreal Engine 4（虚幻 4 引擎）是目前虚拟现实开发的主流软件，拥有良好的人机交互操作界面和简单易懂的交互功能，并提供了丰富且具体的编写实例和控制编辑器，以及与 Max/Maya 等的输出插件。Unity3D 基于相对比较开放的原则，Unreal Engine 4 则基于相对比较封闭的原则，因此在一般意义上，在不修改源代码的情况下，Unity3D 可以自定义的自由度比 Unreal Engine 4 更高。在画面渲染方面，Unreal Engine 4 拥有更高的上限，但对硬件设备的配置要求也会更高。两款虚拟现实引擎各有特点，需要根据实际项目的需求选择适合的虚拟现实引擎进行项目开发。

17.4.1 Unity3D

Unity3D 是跨平台的虚拟现实开发工具，有直观的编辑环境，是一个全面的专业虚拟现实引擎。Unity3D 最大的优势是性价比高，它可以将程序发布成网页浏览的方式，用户不用下载客户端就可以直接体验。Unity3D 支持各种脚本语言包括

JavaScript、C#等，兼容各种操作系统，真正实现了跨平台。

1. 开发环境

Unity3D 具有视觉化的编辑窗口、详细的属性编辑器和动态的游戏预览。一个完整的 Unity3D 程序是由若干场景（Scene）组合起来的，每个场景中又包含有许多模型（Game Object），并通过脚本来控制它们的行为，而在场景所看到的内容是由摄像机（Camera）来呈现并控制的。Unity3D 拥有非常强大的物理引擎，能模拟现实世界中的物理现象，并且提供粒子系统这样一个功能来实现许多炫丽特效。正是因为这些特性，Unity3D 经常被用来快速的制作游戏或者开发游戏原型。

2. 层级式综合开发环境

层级式综合开发环境是一种层级式的组织结构，即父子链，模型与模型之间存在父子关系，即当父级对象移动时，子级对象也会一起移动，子级对象通过与父级对象的关系来确定本身位置。这样一种组织结构非常符合人的思维习惯，即通常说的整体与部分的关系，便于使用者快速掌握 Unity3D 的使用。

① 场景（Scene）：场景是 Unity3D 程序的基本组成单位，任何一个 Unity3D 程序都是由若干场景组合而成，程序通过脚本在这些场景之间转换。

② 模型（Game Object）与脚本：模型，在游戏开发中又叫作游戏对象。Unity3D 的设计是以面向对象理论为基础，所有的对象都是继承自 Object 对象，包括 GameObject 对象；不同类型的 Object 有自己的专有属性，Object 的行为则由脚本实现。

③ 摄像机（Camera）：如果把场景比作一个房间，摄像机就是房间的窗口。摄像机控制着场景能呈现给使用者的内容，一个场景能展现的内容是由若干摄像机叠加而成，这些摄像机之间存在一个前后顺序。

④ 物理引擎：Unity3D 内置对 nVIDIA 的 PhysX Physics Engine 的支持。开发者不再需要自己开发一套复杂的物理引擎，而只需要往 GameObject 上附加刚体、重力等物理特性，就可以使用这套物理引擎来模拟现实的物理现象。

⑤ 粒子系统：Unity3D 内置一套优秀的粒子系统，能完成许多特殊效果的制作。

3. 入门快捷、功能全面

Unity3D 是一款可以便捷地跨平台的游戏引擎，使用它开发程序可以不需要复杂的修改就能移植到其他平台的客户端。Unity3D 是一个层级式的综合开发环境，父子链式的组织结构非常符合人的思维习惯，并且具有视觉化的编辑界面，详细的属性编辑器和动态的游戏预览，使用者可以在一个非常短的周期内掌握 Unity3D 的使用。

4. Unity3D 工作流程

针对 Unity3D 引擎工作机制展开分析，可以发现 Unity3D 在虚拟现实项目制作中主要负责渲染与交互的功能，因此需要在前期工作中依据引擎的实际特点，对场景、用户界面进行初步创建。整套流程应包括场景的场景模型制作、用户界面制作、场景模型交互、用户界面交互等关键过程，直至将项目整体打包输出，发布成适合各类头显设备呈现的运行文件，从而以高效的制作手段完成整套应用流程，如图 17-11 所示。

笔 记

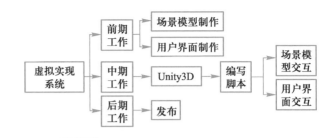

图 17-11
Unity3D 工作流程

17.4.2 Unreal Engine 4

Unreal Engine 4（虚幻 4 引擎）是由 Epic 公司开发的一款游戏引擎，是一套可完整构建虚拟现实、游戏、模拟和可视化的集成工具，可满足不同规模的开发团队需求。虚幻引擎的及时交互和渲染功能非常适用于各种非游戏应用的项目，包括汽车、航空、建筑、消费电子产品和复杂数据可视化等。

1. 材质系统

虚幻引擎的材质系统是基于物理实时渲染的系统，主要包括以下 3 个方面的关键技术。

① 固有色：通过浮点值储存物体的着色信息，并由 R（红色）、G（绿色）、B（蓝色）、A（Alpha）4 个通道构成，每个通道取值范围为 0.0～1.0，当取值超出既定范围，材质会产生自发光或吸收光线等特殊行为。此外，对于着色的联立计算，除了单通道标值联立多通道外，其他任何多通道之间的联立都必须通道类别一致。

② 纹理贴图：基于像素并被映射到材质表面的图像，其中包括纹理贴图、光照贴图、法线贴图及自发光贴图等不同通道。这些通道时常使用同一张贴图的纹理布局，但纹理贴图的不同的颜色实现的目的各不相同。

③ 属性输入：材质的最终效果是由多个部分混合影响组成的，每部分均是材质的输入接口，包括底色、高光及粗糙度等。但是，这并不是指所有的输入都能够同时使用，它的可用状态会受不同混合模式或着色模型的质量所决定。

2. 光照系统

虚幻引擎的光照系统采用的是全局光照明（Lightmass）算法。它利用区域阴影、漫反射交互反射及复杂光源光线追踪技术共同创建场景的光照贴图，包括以下 5 种描述场景的光源。

① 定向光源：一种不具备衰减的平行光线，能够模拟室外由远及近或无限远处的光源。

② 点光源：光源从某个基点均匀地向四周发出光线，当光线超出衰减半径时，光源不会对周围环境产生影响。

③ 聚光源：由基点向外发出的光线，且照射范围会沿着一组椎体进行衰减。

④ 矩形光源：从一个定义好尺寸的矩形平面内集中能量，并仅沿着 O_{xy} 轴正负方向的球形衰减范围内发射光线的光源。

⑤ 天光：一种对场景环境均匀照射、产生一定色彩扩散的光源。

3. 蓝图系统

蓝图系统（Blueprint）在虚幻引擎中是一种可视化脚本。它可以通过系统内部的桥接线将节点、事件、函数及变量按一定的逻辑或流程联立到一起，以此实现虚拟现实的各种交互功能。蓝图在引擎的每个独立关卡中都能单独设置，通过它不仅可以引用或操作关卡中的 Actor，管理关卡动态载入、检查点及其他关卡系统，同时还可以与放置在关卡中的其他蓝图进行交互，读取或设置任何变量、触发其可能包含的自定义事件等。

4. 物理系统

虚拟现实的体验效果并非仅依据渲染的画面质量，还需要具备相关动力学的体验效果。为此，虚幻引擎使用物理系统（PhysX）来驱动它的物理仿真计算并执行所有的碰撞计算。该系统可以准确执行碰撞检测以及实现物体之间的各种仿真交互，能够有效改善每个场景的代入感值，使用户可以认为自己正在与场景进行互动，而场景也会以某种方式对此做出回应。

5. 虚幻引擎工作流程

针对虚幻引擎工作机制展开分析，可以发现虚幻引擎在虚拟现实制作中仅能完成渲染与交互的功能，因此需要在 3ds Max 中依据引擎的实际特点，对场景进行初模创建。整套流程应包括场景的几何建模、综合优化、材质与灯光的属性设置、蓝图事件的建构、物理碰撞的绑定等关键过程，直至将场景整体打包输出成适合各类头显设备呈现的运行文件，如图 17-12 所示。

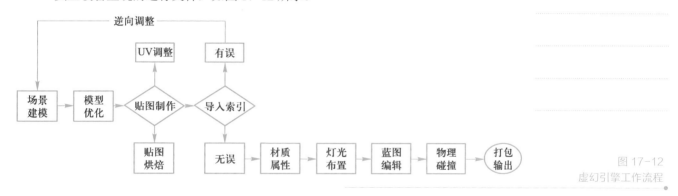

图 17-12
虚幻引擎工作流程

17.5　虚拟现实引擎开发工具 Unity3D 介绍

17.5.1　Unity3D 的简单应用

1. 软件下载与安装

在移动互联网新技术的加持下，虚拟现实产业迎来了高速发展的时代。随着未来虚拟现实技术的不断成熟，虚拟现实开发工具的使用将更加普及。本节将以目前市面上最为流行的虚拟现实引擎开发工具 Unity3D 为例进行介绍。

进入 Unity 官方网站，单击"下载 Unity"按钮，打开 Unity 编辑器下载列表。根据操作系统类型，选择对应的 Unity 编辑器。单击每个 Unity 版本右侧的"Release notes"按钮，可以查看对应版本的发布说明，如图 17-13 所示。

返回 Unity 官方首页，单击"在线购买"按钮，切换到"个人使用"页面。单击"免费使用"按钮，再单击 Returning users 页面的"从这里开始"按钮，进入 Unity Hub 下载页面，选中"Accept"复选框，单击"Download Unity Hub"按钮，如图 17-14 所示。

PPT：17.5 Unity3D 的简单应用

微课：17-5 Unity3D 的简单应用

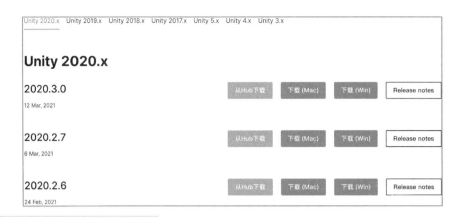

图 17-13
Unity3D 编辑器下载

图 17-14
Unity Hub 下载

打开 Unity Hub 界面，在"安装"页面中单击右上角的"安装"按钮，如图 17-15 所示，弹出可安装的 Unity3D 版本。

图 17-15
Unity Hub 界面

选择 Unity 2019.3.4f1，单击"下一步"按钮，在添加模块页面单击"完成"按钮，开启 Unity 编辑器的安装进程。安装完毕后，在安装页面会显示系统已安装的所有 Unity 版本，如图 17-16 所示。

图 17-16
Unity3D 安装完成后界面

　　TECH 版本每年发布 3 次，下一个版本上线时，将不再支持每个对应的 TECH
版本。LTS 为 Long Term Supprt 的缩写，即长期支持版本，该版本发布后，官方会
提供对其两年的技术支持。

　　2．新建项目

　　Unity 有不同的版本，如个人版、Pro 版、Plus 版等。所有的 Unity 编辑器在
进行使用之前都需要获得授权，所以在 Unity Hub 界面中单击右上角的"登录"按
钮，输入正确的 Unity ID。如果没有 Unity 账号，可以单击"立即注册"按钮获取
一个账号。

　　登录成功后，可以在"账号设置"菜单中管理许可认证。单击"激活新许可
认证"按钮，选择个人版，然后根据用户实际情况选择相应设置并单击"完成"
按钮。这时候会启动一个许可证的激活，完成后就可以创建项目并启动 Unity 编
辑器。

　　要启动用 Unity 编辑器，一般是创建一个空的项目。在 Unity Hub 中选择"项
目"栏，然后单击右上角的"新建"按钮，在弹出的下拉菜单中选择一个系统中已
安装的 Unity 编辑器的版本号，接下来创建的项目就会以当前选定的版本对应着
Unity 编辑器去进行创建，如图 17-17 所示。

图 17-17
新建项目

　　在"创建项目"页面，Unity 提供了 5 个模板，如果要创建 2D 的应用，可以选
择 2D 项目模板，默认情况下会选择 3D 模板。在右侧输入项目名称并指定存储位置，
设置完毕以后单击右下角的"创建"按钮，完成项目的创建。

　　3．Unity 编辑器的基本操作

　　打开项目，我们看到 Unity 会启动默认的窗口布局，在这里排列了几个在应用

程序开发过程当中会经常涉及的窗口。首先，在编辑器中占有非常大面积的窗口称为场景窗口（Scene），这是进行场景编辑所在的一个最主要的窗口，可以在这里非常直观地对场景当中的游戏对象进行操作。导入到模型以外的界面，以及光照摄像机等对象都可以在这里通过鼠标进行一些基本的操作。场景窗口有几个比较常用的操作，在窗口的顶端可以看到分别对应了在场景当中的一些基本操作按钮，如平移视口、移动游戏对象、旋转、缩放以及对于 UI 的一些操作，如图 17-18 所示。

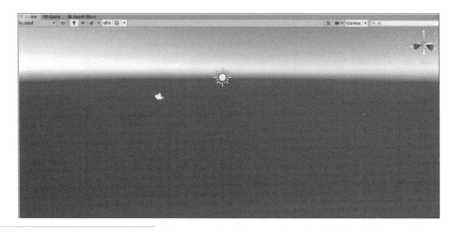

图 17-18
场景窗口

在菜单栏中选择"新建"命令，新建一个新的游戏对象（在 Unity 中可以操作的基本对象称为游戏对象，即 GameObject）。在菜单栏中选择"GameObject"命令，然后选择"3D Object"选项，新建一个模型（Cube）。Unity 内置了一些最基本的、常用的模型，可以在这里进行添加。

可以对游戏对象进行选取，然后进行移动操作。默认情况下，会激活这个移动的操作按钮，分别对应在 3D 环境中的 3 个轴向，可以通过拖拽不同的轴向让对象进行移动，另外可以对它进行旋转，也可以使用缩放工具，同样对应了 3 个轴向。这里综合了前面 3 种操作，其标志都非常明确，操作起来也比较方便，如图 17-19 所示。

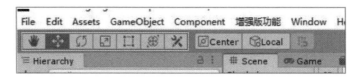

图 17-19
移动、旋转及缩放

当进行各种操作时，可以看到在右侧窗口中相应的一些属性值会发生变化，该窗口就是 Inspector 窗口，如图 17-20 所示，是选择游戏对象的一个属性面板，在这里可以动态地显示当前所选择游戏对象的相应属性。单击底部的"Add Component"按钮，可以为游戏对象添加特定的组件。

Hierarchy 窗口如图 17-21 所示，以树结构显示当前场景中存在的所有游戏对象。可以通过拖曳各子节点的位置关系，改变游戏对象之间的从属关系。在此窗口中右击，可以通过快捷菜单为场景添加相应的游戏对象。

Project 窗口用于管理项目所用到的各种类型的资源，包括模型、脚本、材质等。在此窗口中右击，在弹出的快捷菜单中选择"Create"命令，可为项目创建相应的资源；选择"Import"命令，可为项目导入资源包；通过将外部资源拖入到此窗口，可以快速为项目导入单一资源，如图 17-22 所示。

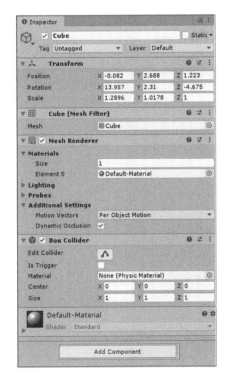

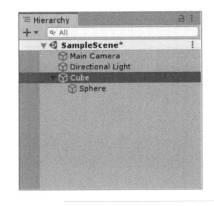

图 17-20
Inspector 窗口
图 17-21
Hierarchy 窗口

图 17-22
Project 窗口

Game 窗口用于预览程序运行效果，如图 17-23 所示。通过单击编辑器顶部的播放控制按钮，可以启动、关闭、暂停应用程序的运行。

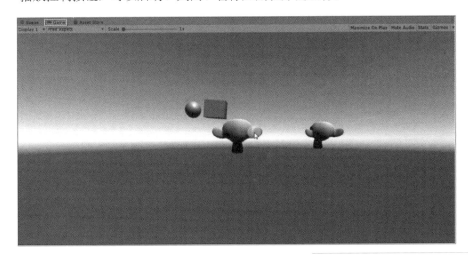

图 17-23
Game 窗口

17.5.2　Unity3D 虚拟现实应用程序开发

1.　SteamVR Unity Plugin 的下载与安装

在 Unity 编辑器中打开资源商店 Asset Store 并搜索 SteamVR。进入详情页后单击"Import"按钮，在打开的导入对话框中单击右下角的"Import"按钮，开启导入进程。导入完成后，在打开的对话框中单击"Accept All"按钮，如图 17-24 所示。

图 17-24
SteamVR Unity Plugin 导入窗口

在 Project 窗口中的 SteamVR 目录下双击 Simple Scene 场景文件，进入测试场景。此时可单击 Unity 编辑器的"Play"按钮，进行场景的测试。当启动程序时，如果初次运行程序，Unity 将弹出对话框，提示本项目没有为 SteamVR Input 创建动作，是否打开 SteamVR Input 窗口，单击"Yes"按钮。再次显示对话框，提示是否使用示例文件提供的 action.json，单击"Yes"按钮，此时打开 SteamVR Input 窗口，如图 17-25 所示。

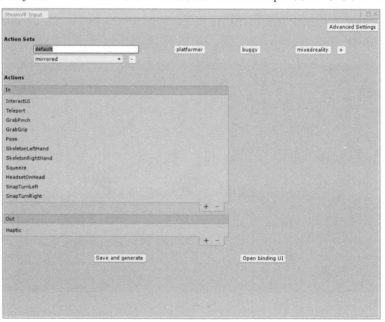

图 17-25
SteamVR Input 窗口

如果单击"Save and generate"按钮，SteamVR 将为设置的动作建立相关的类，存储在 Project 窗口的 SteamVR Input 文件夹下。如果单击"Open biding UI"按钮，将进入动作的按键绑定窗口，在该窗口中可以绑定输入按键，如图 17-26 所示。

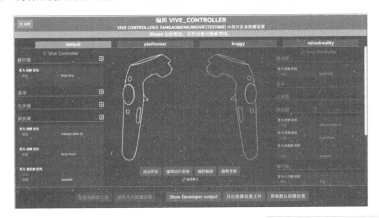

图 17-26
Open biding UI 窗口

2．SteamVR Interaction System 的使用

在 Unity 的 Project 窗口中，Interaction System 存在于 SteamVR 目录下，根据不同的功能以文件夹的形式组织，如图 17-27 所示。

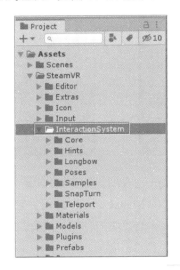

图 17-27
Interaction System 文件夹位置

在 Interaction System 的 Samples 目录下，有一个示例场景 Interactions Example。双击将其打开，单击 Unity 编辑器的"Play"按钮，运行此程序。Interaction System 能够提供传送、与物体对象的交互、按键高亮提示等功能，如图 17-28 所示。

Interaction System 中最为核心的组件是 Player 预制体。在程序开发中，需要保证场景中有且只有一个 Player。在 Player 游戏对象上挂载了 Player 类，通常情况下，不需要在 Inspector 窗口中进行设置，更多情况下是在开发过程中调用其提供的各种 API。它以单例模式存在，在开发中可直接调用其相关的属性和方法而不用创建其实例，如图 17-29 所示。

Player 游戏对象包含了两个手柄控制器所代表的游戏对象，称为 LeftHand 和 RightHand。这两个游戏对象分别挂载了 Hand 类，用于实现与其他游戏对象的交互。Player 游戏对象中包含一个 Snap Tourn 的子物体，该模块能够实现当用户单击"Trackpad"按钮左右分区时进行转身的功能，如图 17-30 所示。

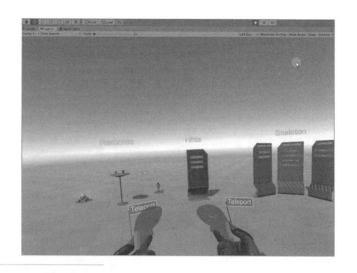

图 17-28
Interactions Example 场景

图 17-29
Player 预制体位置
图 17-30
Interactions Example 射箭场景

使用 Interaction System 完成场景的初始化，只需要将 Player 预制体拖入场景中，然后删除新建场景中自带的 Main Camera 即可。对于其他需要实现的功能，在未来的开发过程中只需要拖放其他模块的预制体或者在游戏对象上挂载需要的组件然后配置属性即可。

更多模块、功能可参考官方文档，此处不再赘述。

课后练习

文本：课后练习答案

一、填空题

1. 虚拟现实的英文全称是_____。

2. Unity3D 在虚拟现实项目制作中主要负责_____与_____的功能。

3. 在 Unity3D 编辑器中占有非常大面积的窗口称为_____。它是进行场景编辑所在的一个最主要的窗口，可以在这里非常直观地对场景当中的游戏对象进行操作。

二、简答题

1. 简述虚拟现实的基本概念。

2. 简要分析 Unity3D 和 Unreal Engine 4 的异同点。

单元

区块链

信息技术基础

▶ 单元导读

  在信息技术快速发展的背景下，区块链已日益受到人们的关注。作为一种新兴技术，区块链是分布式数据库存储、点对点传输、共识机制、加密算法等计算机技术在互联网时代的创新应用模式，被认为是继大型机、个人计算机、互联网之后计算模式的颠覆式创新。从应用角度来看，区块链在数据共享、优化业务流程、降低运营成本、建设可信社会有着关键和基础的作用。将区块链技术赋能传统行业可推动产业转型升级、提质增效创造新的价值。

  近年来，我国已高度重视区块链技术及产业，2020 年 4 月 20 日国家发改委明确将区块链技术纳入"新基建"的信息基础设施，2021 年"十四五"规划纲要中也明确将区块链技术列入数字经济重点产业。

文本：单元设计

18.1 区块链概述

18.1.1 区块链的基本概念

PPT: 18-1
区块链概述

微课: 18-1
区块链概述

区块链（Blockchain）作为一种新型的技术，已经受到全球金融与技术界的关注。关于区块链的定义众多，根据工信部于 2016 年发布的《中国区块链技术和应用发展白皮书（2016）》，从狭义上讲，区块链是一种按时间顺序将数据区块以顺序相连的方式组合成的一种链式数据结构，并以密码学方式保证不可篡改和不可伪造的分布式账本；从广义上讲，区块链技术是利用块链式数据结构来验证与存储数据、利用分布式节点共识算法来生成和更新数据、利用密码学的方式保证数据传输和访问的安全、利用由自动化脚本代码组成的智能合约来编程和操作数据的一种全新的基础架构和应用模式。

可以借助一个转账业务的例子来理解区块链。假设小明、小红和小王 3 个人分别向银行存款 100 元，因为"账本"是一种生活中常见和原始的记账方式，假设银行使用这种方式分别记录了小明、小红和小王的账户信息和操作记录，如图 18-1 所示。

图 18-1
中心化账本记录数据

现在小王向小红转账了 50 元，那么此时银行账本关于小红的存款就变为 150 元，而小王的存款改为 50 元，并且将记录相关操作记录。图 18-2 所示为交易后数据存储内容。

图 18-2
交易产生后的数据存储内容

在这个过程中，虽然转账业务是针对小王和小红，但是整个交易流程都是围绕银行展开。若银行的中心化账本由于一些异常原因，如异常事故或误操作导致小王向小红的转账记录丢失，那么小王和小红的账户信息将回滚至交易之前的 100 元，并且小王和小红没办法通过其他方式证明这笔转账记录的存在。图 18-3 所示为由发生异常所致的数据存储变化情况。

采用区块链技术可以很好地规避上述问题。基于区块链技术，小明、小红和小王的账户信息和操作记录将由他们 3 人通过去中心化的方式共同记录，例如上述发生的小王向小红转账后这条操作记录，通过区块链技术将分别被小明、小红和小王

3 人通过账本记录，任何一人发生账本丢失了，都可从另外两人的账本重新获取。同时，如果交易的参与方有作假行为，例如小王说自己只向小红转了 10 元，那么小红就可以通过小明进行公证，通过这种方式保证账本记录的正确性和安全性。图 18-4 所示为使用区块链技术后的数据存储方式。

中心化账本

账户信息	操作	状态
小明：100元	小明存款100元	存在
小红：100元	小红存款100元	存在
小王：100元	小红存款100元	存在
	小王向小红转账50元	消失

图 18-3
数据异常所致的存储变化情况

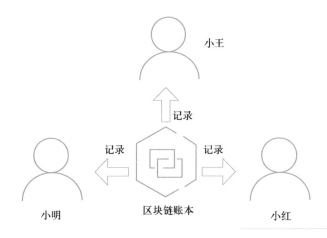

图 18-4
使用区块链账本的数据存储方式

　　尽管银行记错账的情况发生的概率非常低，但是区块链技术恰恰是在美国金融危机的大环境下被第一次提出。2008 年去中心化的区块链技术第一次被提出，其目的旨在实现减少以银行为代表的第三方中介组织存在的金融交易。区块链本质上就是去中心化的分布式账本，使用区块链技术可以有效保证数据存储的真实性。区块链的不可篡改性，让其存储的数据可信度更高、更加安全。

　　笔 记

18.1.2　区块链的发展历程

　　从 2008 年诞生开始，区块链技术一直在不断升级与演进，总体发展历程可分为 3 个阶段，即 1.0 模式、2.0 模式和 3.0 模式。在 1.0 模式中区块链技术主要应用于数字货币中；在 2.0 模式中区块链技术引入了智能合约在金融业务得到了延伸，相关区块链应用涵盖了金融机构和金融工具等。目前正处在区块链 3.0 模式的发展历程中，区块链技术的应用已不限于金融业务，覆盖包括供应链、医疗、物流等更多领域。

　　1．区块链 1.0

　　处于此模式的区块链技术主要应用于数字货币。早期有不少人将数字货币和区块链技术混为一谈，认为区块链就是数字货币，但其实质是区块链技术充当了数字货币的技术基础，后者还借鉴了诸多优秀开发人员的探索经验。

　　2．区块链 2.0

　　处于此模式的区块链技术是将数字货币与智能合约相结合，使区块链技术在金

笔记

融领域得到更广泛的应用，并且在流程上得到优化。相对于区块链 1.0 模式，2.0 模式中最大的升级之处在于植入了智能合约技术。

早在 1995 年，智能合约就由跨领域学者尼克·萨博（Nick Szabo）提出，其定义为一套以数字形式定义的承诺，包括合约参与方可以在合约中执行承诺的协议。与传统合约依靠法律进行背书相比，智能合约通过一串代码在计算机中形成规则，要求参与方严格执行。但是由于当时缺少可信的执行环境，所以其并没有被广泛应用于实际产业中。直到几种较成熟的数字货币诞生后，人们发现基于区块链技术的平台可以为智能合约天然提供可信的执行环境，从而有了诸多区块链 2.0 的代表技术应用。

3. 区块链 3.0

目前区块链技术正处于此模式阶段。在 3.0 模式阶段中，区块链技术将推向金融领域之外的更多应用场景，真正实现为各行各业提供去中心化解决方案的"可编程社会"。相较于 1.0 和 2.0 时代，3.0 时代的区块链技术不仅仅局限于货币、金融行业中，将对更大范围的人群产生影响，赋予更宽阔的世界，形成生态、多链的网络，真正实现价值互联。

18.1.3 区块链的特性

区块链拥有诸多特性，包括去中心化、共识性、不可篡改性、可追溯性以及可编程性。基于这些特性，区块链技术也具备了相对于传统技术的诸多功能优势。

1. 去中心化

去中心化是区块链最重要最显著的特性。与传统中心化业务相比，区块链的去中心化特性强调了去除"中心"的概念，如之前提到的银行转账的案例，传统中心化的业务为基于银行的转账业务实现，但是若转账的参与方借助区块链技术通过分布式账本的理念，形成一个没有"中心"的区块链网络，在区块链网络中的所有参与成员地位都相等，并且成员开展业务操作时不再需要借助类似银行的第三方"中介"加入，业务操作产生的数据将被区块链网络中所有的成员记载。通过去中心化，可以形成一个更自由、更透明、更公平的环境。

2. 共识性

基于去中心化的特性构建的区块链网络，需要借助共识性实现网络中的数据同步。传统中心化业务的计算机系统主要存在客户端和服务端两个角色，如在上述介绍转账业务中，银行就是充当服务端的角色，而小明、小红和小王就充当了客户端的角色。在这种系统架构的前提下，服务端将记录所有信息，而客户端只会记载与自身相关的信息。本质上，客户端依赖于服务端，地位是不相等的。在去中心化的区块链网络中，由于没有了"中心"的概念，所有加入的成员地位都相等，网络中所产生的数据需要被成员记录后才能生效，也就是说在网络中产生的业务操作需要形成共识后才会记录，通过这种共识性保证了区块链网络的平等性。进一步的，共识性也是构建区块链网络高可信度的基石。

3. 不可篡改性

由于使用区块链技术的网络是一种全民参与记账（数据记录），共同维护账本的系统，所以数据一旦形成共识被大家记录，篡改的成本将及其高昂。另一方面，在区块链网络中数据记录采用了密码学相关的技术，通过哈希函数、数字签名等防伪认证技术确保了数据的安全，极大增加了网络中恶意攻击者篡改、伪造和否认数据的难度与成本。

4. 可追溯性

相比于传统计算机网络，区块链在数据存储方面采用带有时间戳的链式区块结构存储数据，而通过时间戳可以保证区块数据存储的存在性。在传统中心化业务中，数据操作一般是 CRUD 模式，即包括增加（Create）、检索（Retrieve）、更新（Update）和删除（Delete），这将导致数据由于修改和删除无法追溯，区块链通过时间序列的形式记录所有数据的操作，从而规避这种异常的发生。图 18-5 所示为传统数据操作和区块链技术的数据操作的比较。由于区块链记录了所有的业务操作记录，可以更加准确知晓关注对象（账户信息）的信息变更情况。

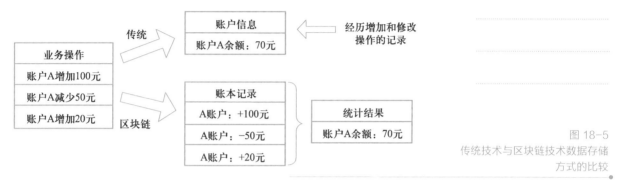

图 18-5
传统技术与区块链技术数据存储方式的比较

5. 可编程性

区块链具备脚本代码系统，如区块链 2.0 植入了智能合约技术，区块链网络的参与成员可以自行创建与自身业务关联的智能合约。通过智能合约规定业务流程，将预定义规则和条款转化为可自动执行的计算机程序，从而高效解决传统合约中存在第三方介入的高成本和低效率问题，降低合约参与方的违约风险和诚实合约方的经济损失。

18.2 区块链的分类

根据去中心化的数据开放程度与范围，目前区块链技术可以分为公有链、私有链和联盟链三大类。

18.2.1 公有链

公有链即为对所有用户开放的区块链技术，任何人都可以参与此类区块链技术构建的网络，在网络中没有权限设定，也没有身份认证。参与成员不仅可以在公有链中开展业务操作，更可以查看所有的数据，公有链中的数据是完全透明的。

几种常见的数字货币就是公有链的典型技术应用。在使用这类公有链技术时只需要下载相关的使用工具，通过工具即可以实现区块链钱包等操作，或快速创建智能合约以应用于专有业务。

由于在公有链中不存在第三方中介系统，任何业务的开展都需要依照实现约定的规则，例如通过智能合约设计业务开展的具体流程，通过此类方式确保交易安全性。

PPT：18-2
区块链的分类

微课：18-2
区块链的分类

在典型数字货币等公有链中都会存在诸多不确定因素，如节点数量不固定、节点是否作恶、节点是否在线等，需要借助监控工具实现对网络的实时监控。

18.2.2　私有链

与公有链相对应的是私有链技术。一般地，此类区块链技术构建的网络是完全中心化并且不对外开放。使用此类区块链技术主要是需要借助区块链的特有功能，如不可篡改、加密存储等实现一些关键业务，例如企业的票据管理、财务审计或一些政务管理系统等。在这些业务中，私有链技术主要起到了数据存储的作用，业务的实现还需要与中心化的系统相结合。

可以将某些数字货币技术应用在私有链中，只需要在一个不与外网连接的局域网中搭建公有链的技术就可成为一条私有链。由于与外界网络隔离，私有链将只能面向内部人员，从物理层面隔绝了公有链的开发性功能。目前诸多区块链技术在开发阶段都会在局域网中部署一条私有链用于测试。

18.2.3　联盟链

联盟链是介于公有链和私有链的一种区块链技术。与公有链相比，联盟链在成员加入方面设有"门槛"，在联盟链中天然植入了一套权限管理系统，联盟链成员在加入前需要经过权限系统的授权。在联盟链中有多个模块，加入的成员将根据权限系统在不同模块中使用不同功能。与公有链相比，联盟链另一大特点是没有完全去中心化，在联盟链中部分底层关键技术采用了分布式系统的概念实现，通过这类方式实现了数据的高速传输。

联盟链的最典型技术应用为超级账本 Fabric，此类区块链技术主要应用于企业或政府职能部门。由于公有链是完全去中心化的，数据的记录需要被所有区块链的成员记录，这个过程非常漫长，势必将导致业务数据产生的速率较低。使用联盟链技术借助权限系统有效限制了区块链网络参与成员的数量，相应的区块链网络中数据形成共识的成本和时间将大量下降，这更符合企业间高频数据传输的需求。

联盟链是目前区块链技术应用落地实践的热点，也是期望最大的区块链应用形态。在我国，联盟链未来的发展将主要集中于产业整体解决方案、平台连接运营和维护等方面，集中解决数据信任、公平、信任的实现，全力赋能实体产业，实现共赢。

18.3　区块链技术原理

区块链作为一个诞生不久的技术，整合了多方技术作为基础，包括加密算法、数字签名、P2P 网络、共识算法和智能合约等，这些技术在区块链诞生前就已在各种互联网应用被广泛应用。区块链在整合这些技术时既不是生搬硬套也不是重复使用，其在技术架构方面秉持着"去中心化"的思想，将引用的技术分别用于不同方面。例如，加密算法和数字签名用于保证网络数据的安全性和参与者的身份认证，共识算法用于保证数据同步的完整性。区块链在使用这些技术的同时，也针对自身架构的特性进行了部分改造。章节接下来将分别从分布式账本、密码算法、智能合约和共识机制这 4 个方面阐述原理。

18.3.1 分布式账本

在区块链概述中已经对区块链的"账本"作了部分介绍。对于"账本"这个概念，很多人的第一印象会与金融交易操作挂钩，其实"账本"可以理解为一个特殊的"数据仓库"。数据仓库从字面含义可以理解为专用于数据存储和管理的仓库。

在传统的数据仓库中，数据有添加、修改、删除操作，区块链的数据仓库则摒除了修改和删除的操作，只保留了添加操作。正如在之前银行转账的例子中描述的，在区块链的数据仓库中会添加某数据的修改和删除的操作，之后以统计的方式得出最终的结果。另外，区块链的"数据仓库"在数据存储方面比较特殊，区块链通过将某一时间段内产生的所有数据打包成一个数据块，也就是"区块"，并将所有"区块"以链的方式串连在一起，从而形成了之前所提到的区块链"账本"。图 18-6 所示为区块链账本的数据存储格式，在每个区块中除了包含这个时间段内产生的交易数据以外，还包含诸多其他内容，如区块的唯一标识、上一区块的标识、区块对应的时间戳等。

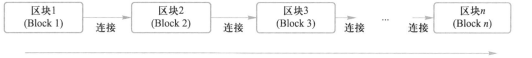

图 18-6
区块链账本的数据存储格式

基于这种特殊的数据仓库，区块链采用了 P2P 网络传输技术，使得区块链网络中产生的所有数据都被每个成员记录，这就是"去中心化"的核心概念。在区块链中每个成员都有权利知晓链中的存储数据内容，信息公开透明。通过这种方式，打破了传统业务中数据只能被中心节点记录的现状，使得每个参与的成员地位都相等。图 18-7 所示为去中心化业务场景中账本的存储方式。

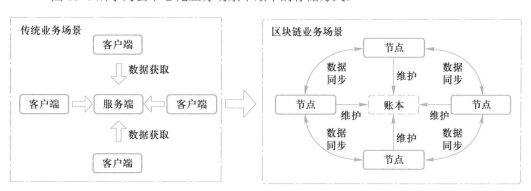

图 18-7
去中心化业务场景数据存储
方式

18.3.2 密码算法

密码算法是构建区块链信任体系的基石，使用密码算法可以保证区块链网络的数据安全。区块链技术主要用到了哈希算法（Hash）、数字签名这两类密码学算法技术。

哈希加密算法，通过将任何一串数据输入到算法中将得到一个 256 位的 Hash（散列）值。在区块链中使用哈希算法可以构建基于默克树（Merkle Tree）的特殊存储结构，通过这种存储结构可以让区块链网络的账本达到无法篡改的效果，保证了账本数据的真实性。

数字签名是用于验证数字和数据真实性和完整性的加密机制。在区块链中使用基于非对称的数字签名加密算法，其作用如下：

① 防止身份伪造。使用数字签名能够通过密码技术唯一标识区块链成员参与者的身份，通过此方式防止身份伪造。

② 防止数据篡改。使用数字签名可以对指定数据包作标识，通过公私钥对数字签名进行验签，防止数据伪造。

③ 提高数据安全性。使用数字签名能够加密要签名的消息，保证信息机密性。

18.3.3　智能合约

智能合约是在区块链 2.0 阶段融合的一种新兴工具，其定义为一套以数字形式定义的承诺，包括合约参与方可以在合约中执行承诺的协议。可以说，智能合约是区块链技术的灵魂。目前，区块链的智能合约是通过一套逻辑严谨、规则明确的代码实现，在区块链中智能合约相当于现实社会的法律一般，通过合约关系很好地规范参与成员的职责和利益。最关键的，基于智能合约的区块链可以取代目前涉及第三方中介的业务，如跨境清算、在线支付、版权存证，通过在智能合约中规定具体的业务实现流程，利用机器自动化的方式确定合约参与方的关系，从而以机械化的方式实现了传统业务中需要第三方中介才能实现的功能。目前，区块链 3.0 的研究重点在于拓展智能合约的应用范围，通过智能合约实现传统电子服务的相关业务，以去中心化的方式改变生产关系以及服务流程。

18.3.4　共识机制

共识机制是在区块链去中心化账本的基础上提出的，用于保证区块链中所有参与成员存储账本的数据统一性。由于区块链网络的参与成员往往很多，并且遍布全球各地，将众多节点组建起来形成一个统一的网络、保存同一份账本从而形成共识是非常困难的。针对这一难题，目前区块链技术设计了多种共识机制，包括工作量证明机制（Proof of Work，PoW）、权益证明（Proof of Stake，PoS）等。当区块链中有新数据产生需要被账本记录时，所有的参与成员将遵照区块链网络的共识机制记录数据，从而保证数据的统一性。

18.4　典型区块链技术与特点

PPT：18-4
典型区块链技术与特点

微课：18-4
典型区块链技术与特点

超级账本 Fabric（Hyperledger Fabric，HF）是由 Linux 基金会于 2015 年创建的开源分布式账本平台。与数字货币的公有链系统不同，HF 是一种联盟链技术，在创立时就锚定区块链平台的概念，其整体目标是区块链及分布式记账系统的跨行业发展与协作，并着重发展性能和可靠性。

HF 是一个带有身份审核和节点许可的联盟链系统，利用这两种机制，HF 可以给一系列已知的、具有身份标识的成员提供区块链技术支持。HF 作为联盟链，可以在区块链网络中设有多链，每条链都具有自己的账本并在物理上实现数据隔离，可以实现自己独有的业务。HF 相对于公有链技术另一大特点为采用了"执行—排序—验证—提交"模型，更好地扩充了 HF 平台的扩展性和灵活性。

　　区块链 3.0 阶段研究的重点是将基于以 HF 为代表的联盟链落地实际产业，将区块链技术赋能更多产业，将区块链的特性与传统业务相结合，改变现有服务流程从而提升效率。

18.5　区块链的应用领域

PPT：18-5
区块链应用案例

18.5.1　区块链在跨境结算中的应用

　　传统跨境结算的一般流程为支付方通过金融机构填写支付金额的申请表，金融机构利用币种清算系统和第三方机构最终实现支付业务，一般此交易流程将经历 3~5 个小环节，耗时 2~3 日才能完成。图 18-8 所示为一笔跨境汇款的传统实现流程。

图 18-8
传统跨境系统结算方式

　　目前传统结算方式最大的痛点为存在多个金融系统，每个金融系统相对孤立，没有形成整体，导致业务实现需要跨越多个平台。使用区块链可以很好地解决此类问题，即将多个金融机构的支付系统加入同一区块链网络中，借助区块链的特性在没有第三方机构的情况下实现业务转账。图 18-9 所示为基于区块链技术的跨境结算解决方式，利用区块链技术整合多方支付系统，可以在同一网络中快速实现支付业务。

微课：18-5
区块链应用案例

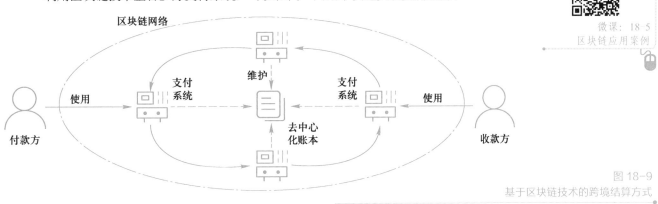

图 18-9
基于区块链技术的跨境结算方式

18.5.2　区块链在供应链中的应用

　　在商业活动中，供应链是必不可少的环节，一般包括核心企业、供应商、物流运输企业、客户等环节。以制造业的供应链为例，一般来说制造业的供应链会包括原料采购、加工、包装、销售等环节，整个供应链会涉及不同的行业与不同的企业，在地域上会涉及不同的城市、省份甚至是国家。基于以上情况，在传统的技术架构下供应链涉及的厂家与用户往往存在信息可信度低、同步低效等问题，另外由于各方数据都是单独管理，存在数据被篡改的风险。

使用区块链技术可以很好地改善目前供应链的现状。在区块链网络架构下，供应链的所有参与方将作为区块链的成员加入网络。由于区块链事先以智能合约的方式约定了业务相关流程，网络成员必须遵照约定开展工作，不存在数据篡改的问题。另一方面，借助区块链的去中心化账本技术，保证了区块链所有成员的数据互通，让数据公开透明，保证网络中成员地位的平等性。图 18-10 所示为在使用区块链技术下的供应链实现方式。

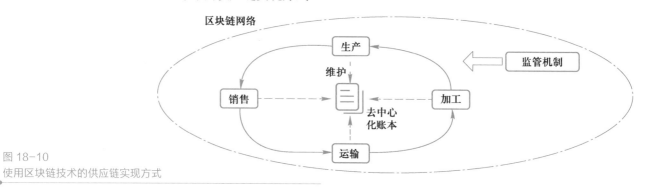

图 18-10
使用区块链技术的供应链实现方式

18.6   区块链的价值和前景

笔记

社会的发展与科技的进步有着密切的联系，区块链技术的产生与发展实际上是缩短了"信任"的距离。在人们的日常生活中，获取有效真实的信息往往需要依赖第三方中介机构对信息的收集和整理，单纯的点对点信息传输往往存在局限。区块链的产生恰到好处地弥补了这方面的缺陷，借助去中心化账本机制打破了现有传统业务中存在的不平等和"数据孤岛"现状，借助数字签名保证了数据的安全性，借助 P2P 技术和加密算法实现了点对点数据传输和数据加密。区块链整合了多方技术资源，旨在构建人人平等、公开透明、可信的社会价值体系，推动人类进入"智能时代"和"可信时代"。

目前，区块链已经历了 1.0、2.0 和 3.0 的发展阶段，应用范围逐渐从数字货币和金融领域扩充到更多、更广泛的应用场景。在未来，区块链技术将越发成熟和贴近人们的需求，随着区块链技术的不断普及，借助去中心化技术，人们日常生活中产生的数据通过区块链存储后将公开透明。借助区块链智能合约技术，人们的日常生活将趋于"合约化"，任何行为将根据"代码"的固定规则进行，从而使第三方的中介机构越来越少。长此以往，将实现社会交易成本降低的同时大幅提升社会效率。

课后练习

文本：课后练习答案

一、选择题

1. 区块链 1.0 时期的代表技术应用是（   ）。

    A. 智能合约   B. 数字货币

  C.　超级账本 Fabric   D.　公有链

2.　区块链技术具备以下（　　）特性。

  A.　去中心化   B.　不可篡改

  C.　可追溯   D.　共识性

3.　在区块链技术的账本是以（　　）方式存储数据的。

  A.　区块   B.　数组   C.　表   D.　文档

4.　超级账本 Fabric 具备以下（　　）特性。

  A.　身份验证   B.　多通道多链   C.　中心化存储   D.　数据不透明

5.　数字货币的账户体系是通过（　　）机制实现的。

  A.　外部账户   B.　合约账户   C.　UXTO   D.　传统账户体系

二、填空题

1.　按时间推移区块链可分为_____、_____和_____。

2.　区块链可以分为 3 个类别，分别为_____、_____和_____。

3.　区块链的技术原理包括_____、_____、_____和_____。

三、简答题

相对于传统中心化服务，区块链技术具有哪些技术特点？

参考文献

[1] 曾爱林. 计算机应用基础项目化教程（Windows 10+Office 2016）[M]. 北京：高等教育出版社，2019.

[2] 林政. 深入浅出：Windows 10 通用应用开发[M]. 2 版. 北京：清华大学出版社，2019.

[3] 贾如春，李代席. 计算机应用基础项目实用教程（Windows 10+Office 2016）[M]. 北京：清华大学出版社，2018.

[4] 全国计算机等级考试命题研究组. 全国计算机等级考试一级教程——计算机基础及 MS Office 应用（2013 版）[M]. 北京：高等教育出版社，2013.

[5] 龙马高新教育. 新编电脑办公（Windows 10+Office 2016 版）从入门到精通[M]. 北京：人民邮电出版社，2016.

[6] 计算机信息安全策略[DB/OL]. 百度文库，http://wenku.baidu.com/view/e18bbf403-3687e21af45a9ce.html，2017.

[7] 陶进，杨利润. 信息技术基础[M]. 北京：清华大学出版社，2015.

[8] 张玉慧. 网络信息检索与利用[M]. 北京：北京理工大学出版社，2017.

[9] 百度与其他搜索引擎网站的案例分析及比较最终[DB/OL]. 百度文库，http://wenku.baidu.com/view/07997487dd88d0d233d46a80.html，2017.

[10] 基于 Nutch 与 Lucene 构建网络搜索引擎[DB/OL]. 百度文库，https://wenku.baidu.com/view/c257a01beff9aef8941e0678.html，2017.

[11] 贾建萍. 新时期高校图书馆的读者服务[J]. 劳动保障世界，2018（17）：38.

[12] 刘芝奇. 数字图书馆的建设与发展[J]. 信息系统工程，2013（01）：115-116.

[13] 黄正洪，赵志华. 信息技术导论[M]. 北京：人民邮电出版社，2017.

[14] 鄂大伟，王兆明. 信息技术导论[M]. 北京：高等教育出版社，2017.

[15] PMI 项目管理协会. 项目管理知识体系指南（PMBOK 指南）（中文版）[M]. 6 版. 北京：电子工业出版社，2018.

[16] Harold K. 项目管理：计划、进度和控制的系统方法[M]. 12 版. 杨爱华，译. 北京：电子工业出版社，2018.

[17] Cynthia S D. 活用 PMBOK 指南：项目管理实战工具[M]. 3 版. 赵弘，译. 北京：电子工业出版社，2018.

[18] 几种常见的软件开发模型[EB/OL]. http://blog.sina.com.cn/s/blog_48d66f810101ap71.html，2013.

[19] 黄丽. 浅谈软件工程技术的发展[J]. 电子信息，2018，4：69.

[20] 嵩天. 全国计算机等级考试二级教程——Python 语言程序设计[M]. 北京：高等教育出版社，2021.

[21] 丁辉. Python 基础与大数据应用[M]. 北京：人民邮电出版社，2020.

[22] 张思民. Python 程序设计案例教程[M]. 北京：清华大学出版社，2018.

[23] 吕云翔，张璐，王佳玮. 云计算导论[M]. 北京：清华大学出版社，2017.

[24] 郎登何. 云计算基础及应用[M]. 北京：机械工业出版社，2016.

[25] 武志学. 云计算导论：概念、架构与应用[M]. 北京：人民邮电出版社，2016.

[26] 林子雨. 大数据基础编程、实验和案例教程[M]. 北京：清华大学出版社，2017.

[27] 廖劲为，于娟. 大数据产业研究综述[J]. 现代商贸工业，2018，39（06）：7-11.

[28] 陈军成，丁治明，高需. 大数据热点技术综述[J]. 北京工业大学学报，2017，43（03）：358-367.

[29] 祝智庭，孙妍妍，彭红超. 解读教育大数据的文化意蕴[J]. 电化教育研究，2017，38（01）：28-36.

[30] 高强，张凤荔，王瑞锦，等. 轨迹大数据：数据处理关键技术研究综述[J]. 软件学报，2017，28（04）：959-992.

[31] 宋杰，孙宗哲，毛克明，等. MapReduce 大数据处理平台与算法研究进展[J]. 软件学报，2017，28（03）：514-543.

[32] 姚哲. 大数据研究综述[J]. 宁波职业技术学院学报，2017，21(05)：36-40.

[33] 李铿. 基于大数据的广州城市道路交通管理创新研究[D]. 华南理工大学硕士论文，2017.

[34] 何庆柱，王强，李明俊，等. 大数据助力航空公司提升运行质量和服务体验[J]. 民航管理，2017，02：38-44.

[35] 李雨航. 大数据应用研究综述[J]. 科学大众（科学教育），2017，08：215-216.

[36] 刘丽君，邓子云. 物联网技术与应用[M]. 北京：清华大学出版社，2017.

[37] 赵涛. 基于"物联网"的城市智慧交通系统的应用研究[J]. 数字电子与应用，2018（3）：34-35.

[38] Wencai Ye. Research on the Application of Internet of Things Technology in Intelligent Home [C]. Proceedings of 2017 5th International Conference on Mechatronics,Materials,Chemistry and Computer Engineering（ICMMCCE 2017），2017（4）：200-211.

[39] 唐玉林. 物联网技术导论[M]. 北京：高等教育出版社，2014.

[40] 冯泽冰，方琳. 区块链技术增强物联网安全应用前景分析[J]. 电信网技术，2018（2）：1-5.

[41] 叶智全. 物联网在生活中的应用[J]. 电子技术与软件工程，2018（4）：9-10.

[42] 贾垂邦. 浅析物联网技术与发展[J]. 科技风，2018（1）：70-83.

[43] 高杰. 基于 RFID 技术物联网关键技术研究[J]. 江西通信科技，2018（2）：10-12.

[44] 汪丁鼎. 无线网络技术与规划设计[M]. 北京：人民邮电出版社，2020.

[45] 杨波. 大话通信[M]. 北京：人民邮电出版社，2019.

[46] 张传福. 5G 移动通信网络规划与设计[M]. 北京：人民邮电出版社，2020.

[47] 史忠植. 人工智能[M]. 北京：机械工业出版社，2016.

[48] Hinton G E. Deep Learning[C]. Invited Speaker，29th AAAI Conference on

Artificial Intelligence，Austin，2015.

[49] Shi Z Z, Ma G, Yang X, et al. Motivation Learning in Mind Model CAM[J]. International Journal of Intelligence Science，2015，5（2）：63-71.

[50] 中国电子技术标准化研究院. 人工智能标准化白皮书（2018 版）[S]. 国家标准化管理委员会，2018.

[51] 应行知. 什么是机器学习[J]. 中国计算机学会通讯，2017，13（4）：42-45.

[52] 周志华. 关于强人工智能[J]. 中国计算机学会通讯，2018，14（1）：45-46.

[53] 周婧，王晓楠. 人工智能时代信息技术教学模式探究[J]. 计算机教育，2017，（12）：109-112.

[54] 王新华，肖波. 人工智能及其在金融领域的应用[J]. 银行家，2017（12）：126-128.

[55] 钟文艳. 美国智能医疗产业发展现状分析[J]. 全球科技经济瞭望，2017，32（06）：38-44.

[56] MEB 记者秦牧. 标准化白皮书发布引导驱动人工智能有机成长[N]. 机电商报，2018-01-29.

[57] 赵晨阳. 机器学习综述[J]. 数字通信世界，2018（01）：109-109.

[58] 毛健，赵红东，姚婧婧. 人工神经网络的发展及应用[J]. 电子设计工程，2011（12）：62-65.

[59] 梁军. 搭乘安卓（Android）楼宇对讲实现"人居对话"，行业内顶尖的技术，开启了智能家居新时代![DB/OL]. 百度文库，https://wenku.baidu.com/view/8a35442e43323968011c92e6.html.

[60] 机器学习常见算法分类[DB/OL]. 百度文库，https://wenku.baidu.com/view/d4fbdc1c998fcc22bdd10dca.html.

[61] Jaron L. 虚拟现实：万象的新开端[M]. 赛迪研究院专家组，译. 北京：中信出版社，2018.

[62] 易盛. 虚拟现实：沉浸于 VR 梦境[M]. 北京：清华大学出版社，2019.

[63] 雷菡. 数字媒体艺术教育及实践探究——评《数字媒体艺术》[J]. 中国教育学刊，2020（12）.

[64] 江涛. 科学、艺术与数字传媒艺术的融合——评《数字媒体艺术概论》[J]. 领导科学，2020（17）.

[65] 靳太然. 数字媒体专业设计美学课程建设研究与实践——评《数字媒体技术与视觉艺术创新研究》[J]. 中国教育学刊，2020（08）.

[66] 华为区块链技术开发团队. 区块链技术及应用[M]. 北京：清华大学出版社，2019.

[67] 刘湘生. 江苏省区块链产业发展报告(2020) [R]. 江苏省互联网协会，2020.

[68] 袁勇. 区块链理论与方法[M]. 北京：清华大学出版社，2019.